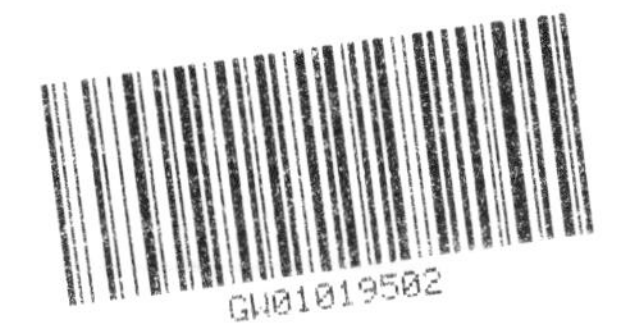
GW01019502

KORTABÓK

ROAD ATLAS STRASSENATLAS ATLAS ROUTIER

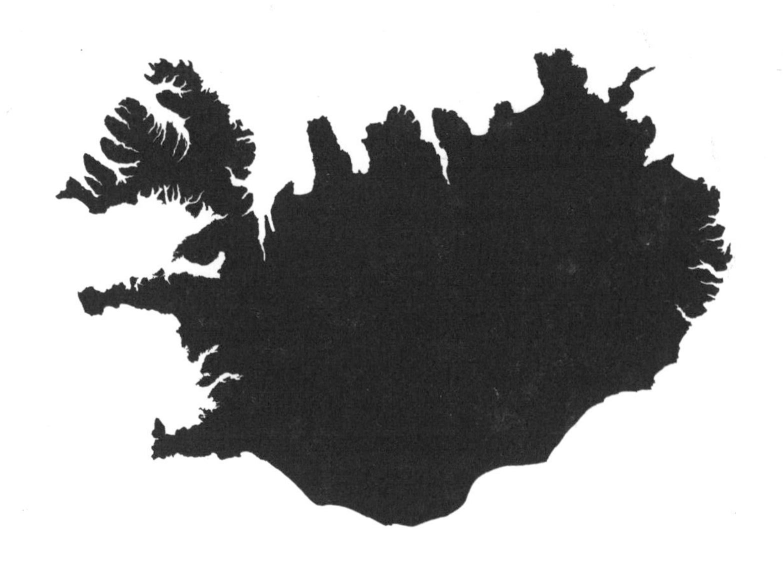

1 : 300 000

EFNISYFIRLIT / CONTENTS

Lykilkort / Key to map pages....................Innsíða kápu / Inside front cover
Kortaskýringar / Legends....................3

Íslandskort 1:1800 000 / Map of Iceland 1:1800 000....................4
Íslandskort 1:300 000 / Maps of Iceland 1:300 000....................6

Þéttbýliskort / Town Plans....................66

Reykjavík og nágrenni.......... 66
Álftanes.......... 75
Grundarhverfi.......... 75
Mosfellsbær.......... 75
Keflavík.......... 76
Njarðvík.......... 76
Ásbrú.......... 77
Sandgerði.......... 77
Grindavík.......... 78
Akranes.......... 78
Borgarnes.......... 79
Ólafsvík.......... 79
Grundarfjörður.......... 79
Stykkishólmur.......... 80
Ísafjörður.......... 80
Bolungarvík.......... 81
Blönduós.......... 81
Sauðárkrókur.......... 82
Siglufjörður.......... 82
Akureyri.......... 83
Ólafsfjörður.......... 84
Dalvík.......... 84
Húsavík.......... 85
Egilsstaðir.......... 85
Seyðisfjörður.......... 86
Neskaupstaður.......... 86
Eskifjörður.......... 87
Reyðarfjörður.......... 87
Höfn.......... 88
Hella.......... 88
Hvolsvöllur.......... 88
Selfoss.......... 89
Hveragerði.......... 89
Þorlákshöfn.......... 90
Vestmannaeyjar.......... 90

Sundlaugar / Swimming pools....................91
Söfn / Museums....................92
Tjaldsvæði / Camping sites....................94
Golfvellir / Golf fields....................95
Áhugaverðir fuglaskoðunarstaðir / Interesting bird-watching sites....................96
Nafnaskrá landakorta / Index to place names....................97
Götunafnaskrá / Index to city streets.................... 129
Vegalengdatafla / Road distances.......... Innsíða bakkápu / Inside back cover

---

Útgefandi: Mál og menning 17. útgáfa 2017
Published by: Mál og menning 17th edition 2017

Ritstjóri: Örn Sigurðsson
Höfundur Íslandskorta: Hans H. Hansen, Fixlanda.is
Höfundur þéttbýliskorta: Ólafur Valsson

Hönnun og umbrot: Guðjón Ingi Hauksson

Kortagrunnur er byggður á gögnum frá Landmælingum Íslands, Náttúrufræðistofnun Íslands, Fixlanda ehf og fleirum.
Prentun Oddi hf.
Vegir byggðir á GPS ferlum í samvinnu við Ferðaklúbbinn 4x4.

Varúð: Sumir hálendisslóðar geta verið varasamir og einungis færir vel búnum jeppum skamman tíma á ári!

Warning: Some highland tracks can be dangerous and only passable for well-equipped 4WD vehicles for a short period of the year!

Vorsicht: Einige Hochlandpisten sind nur einen kurzen Teil des Jahres und nur für gut ausgerüstete Geländefahrzeuge befahrbar!

Attention: Quelque pistes au centre du pays peuvent être dangereuses et accessibles seulement en voiture 4x4 en période limitée pendant l' été!

ISBN: 978-9979-3-3828-4

Skýringar / Legends / Zeichenerklärungen / Légende

. Hvammur	Bær Farm	Bauernhof Ferme
. (Dalur)	Eyðibýli eða rúst Abandoned farm or ruins	Verlassener Hof oder Ruine Ferme abandonnée ou ruines
	Kirkja Church	Kirche Église
	Neyðarskýli Emergency shelter	Nothütte Abri de secours
	Skáli, veiðihús, kofi Tourist hut or shelter	Schutzhütte, Hütte Refuge non gardé, baraque
	Vegur, bundið slitlag Road, hard surface	Asphaltierte Straße Route, goudronnée
	Vegur, malarborinn Road, gravel surface	Schotterstraße Route, non-gourdronnée
	Vegarslóð Track	Piste Chemin
	Veggöng Road tunnel	Tunnel Tunnel
	Ferja Ferry	Fähre Bateau
43	Vegnúmer Road number	Straßennummer Numéro de route
V	Vað Ford	Furt Gué
	Viti Lighthouse	Leuchtturm Phare
	Tjaldsvæði Camping site	Campingplatz Camping
	Sundlaug Swimming pool	Schwimmbad Piscine
	Flugvöllur Airfield	Flugplatz Aéroport
	Varmaaflstöð Thermal power station	Geothermalkraftwerk Station géo-thermique
	Vatnsaflstöð Hydro-electric power st.	Wasserkraftwerk Station hydro-éléctrique
.756	Hæð lands mæld í metrum Spot elevation, meters	Höhen in Metern Hauteur en mètres
132	Dýpi stöðuvatns í metrum Lake depth in meters	Seetiefe in Metern Profondeur du lac en mètres
	Hæðarlína, 100 metra Contour, 100 m	Höhenlinie, 100 m Courbe de niveau, 100 m
	Hæðarlína á jökli Contour on glacier	Höhenlinie auf Gletscher Courbe de niveau sur le glacier
	Óviss hæðarlína Uncertain contour	Unsichere Höhenlinie Courbe de niveau incertaine
	Þéttbýli Town, village	Orte Agglomération
	Vel gróið land Land with vegetation cover	Geschlossene Vegetation Terrain couvert de végétation
	Lítt gróið land Land with little vegetation	Spärliche Vegetation Terrain peu couvert en végétation
	Hraun Lava	Lava Lave
	Sandur, aur Sands, mudflats	Sandfläche, Lehmboden Sable, marécage
	Jökull Glacier	Gletscher Glacier
	Á, lækur River, brook	Fluss, Bach Rivière, ruisseau
	Stöðuvatn, tjörn, lón Lake, pond, reservoir	See, Teich, Stausee Lac, étang, lagon
	Fyrirhugað lón Planned reservoir	Geplanter Stausee Lagon prévu
	Strandlína, sjór Coastline, sea	Strandlinie, Meer Côte, mer

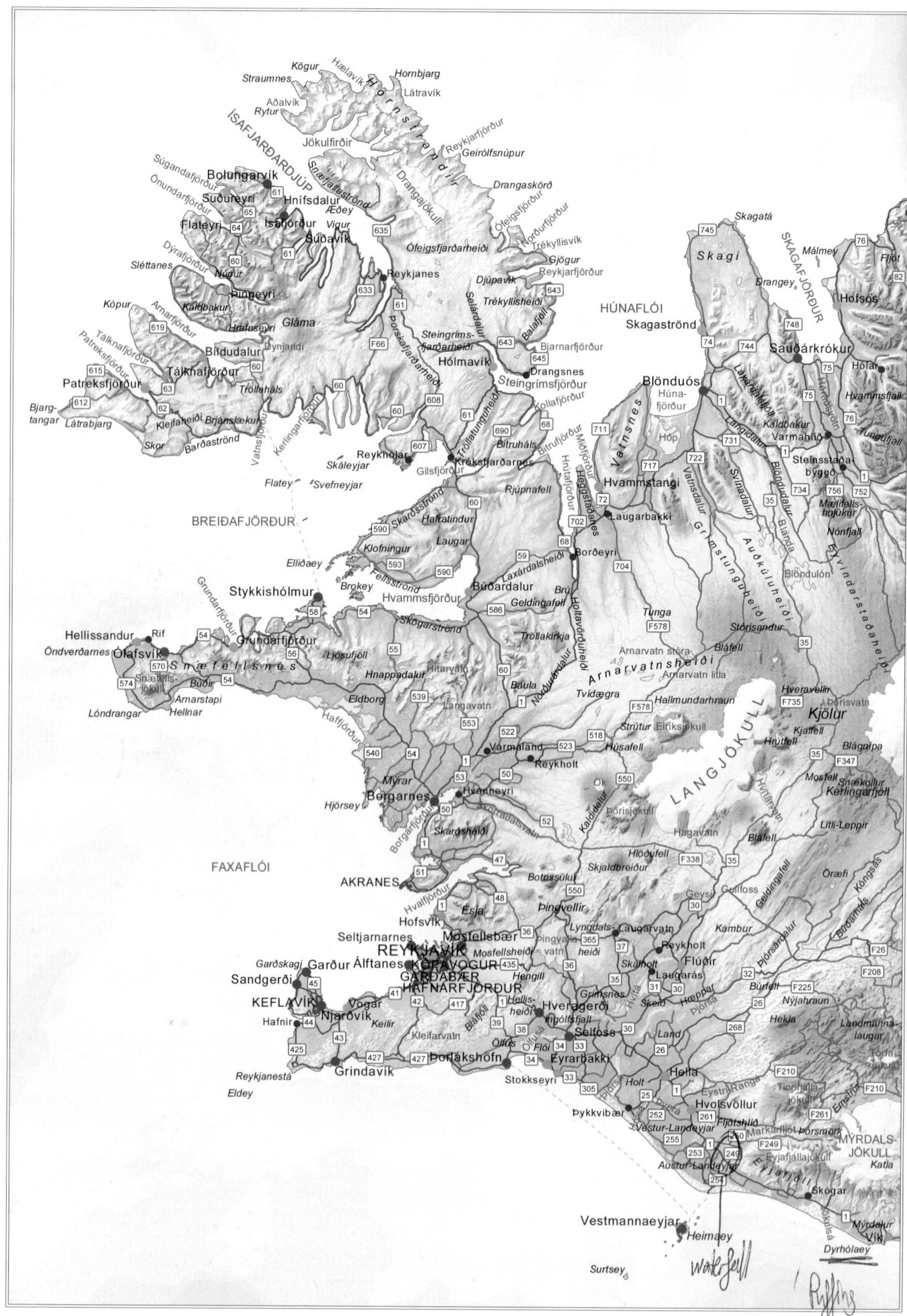

Kögur
Hælavík
Hornbjarg
Straumnes
Látravík
Aðalvík
Rytur
Hornstrandir
ÍSAFJARÐARDJÚP
Jökulfirðir
Reykjarfjörður
Geirólfsnúpur
Súgandafjörður
Bolungarvík
Önundarfjörður
Suðureyri
Hnífsdalur
Snæfjallaströnd
Drangajökull
Drangaskörð
Æðey
Flateyri
Ísafjörður
Vigur
Ófeigsfjörður
Norðurfjörður
Súðavík
Dýrafjörður
Trékyllisvík
Ófeigsfjarðarheiði
Gjögur
Sléttanes
Núpur
Reykjanes
Djúpavík
Reykjarfjörður
Þingeyri
Trékyllisheiði
Selárdalur
Kópur
Arnarfjörður
Kaldbakur
Hrafnseyri
Gláma
HÚNAFLÓI
Skagaströnd
Tálknafjörður
Patreksfjörður
Dynjandi
Steingrímsfjarðarheiði
Balafjöll
Bíldudalur
Bjarnarfjörður
Hólmavík
Drangsnes
Tálknafjörður
Steingrímsfjörður
Patreksfjörður
Tröllaháls
Kollafjörður
Bjargtangar
Látrabjarg
Kleifaheiði
Brjánslækur
Skor
Barðaströnd
Vatnsfjörður
Kerlingarfjörður
Tröllatunguheiði
Bitruháls
Bitrufjörður
Reykhólar
Skáleyjar
Króksfjarðarnes
Gilsfjörður
Flatey
Svefneyjar
Rjúpnafell
BREIÐAFJÖRÐUR
Skarðsströnd
Hafratindur
Laugar
Klofningur
Elliðaey
Brokey
Fellsströnd
Hvammsfjörður
Búðardalur
Grundarfjörður
Stykkishólmur
Skógarströnd
Hellissandur
Rif
Grundarfjörður
Öndverðarnes
Ólafsvík
Snæfellsnes
Snæfellsjökull
Ljósufjöll
Hnappadalur
Hítarvatn
Búðir
Arnarstapi
Hellnar
Lóndrangar
Eldborg
Langavatn
Haffjörður
Mýrar
Hjörsey
Borgarnes
Hvanneyri
Borgarfjörður
Skarðsheiði
FAXAFLÓI
AKRANES
Hvalfjörður
Esja
Hofsvík
Seltjarnarnes
Mosfellsbær
REYKJAVÍK
Mosfellsheiði
Garðskagi
Garður
Álftanes
KÓPAVOGUR
Sandgerði
GARÐABÆR
Hengill
HAFNARFJÖRÐUR
KEFLAVÍK
Vogar
Njarðvík
Hafnir
Keilir
Kleifarvatn
Bláfjöll
Hellisheiði
Hveragerði
Ingólfsfjall
Ölfus
Ölfusá
Flói
Selfoss
Grindavík
Þorlákshöfn
Eyrarbakki
Reykjanestá
Stokkseyri
Eldey
Skagatá
Skagi
SKAGAFJÖRÐUR
Málmey
Drangey
Hofsós
Fljót
Sauðárkrókur
Hólar
Blönduós
Húnafjörður
Vatnsnes
Hóp
Hvammstangi
Laugarbakki
Hrútafjörður
Miðfjörður
Heggstaðanes
Borðeyri
Laxárdalsheiði
Brú
Geldingafell
Holtavörðuheiði
Tröllakirkja
Norðurárdalur
Baula
Varmaland
Reykholt
Húsafell
Hvítársíða
Vatnsdalur
Grímstunguheiði
Auðkúluheiði
Svínadalur
Blöndudalur
Blanda
Blöndulón
Langidalur
Laxárdalsfjöll
Kaldbakur
Varmahlíð
Steinsstaðabyggð
Mælifellshnjúkur
Nónfjall
Hvammsfjall
Tungufjall
Eyvindarstaðaheiði
Stórisandur
Bláfell
Tunga
Arnarvatn stóra
Arnarvatnsheiði
Arnarvatn litla
Tvídægra
Hallmundarhraun
Strútur
Eiríksjökull
LANGJÖKULL
Hveravellir
Kjölur
Kjalfell
Hrútfell
Bláfnípa
Mosfell
Snækollur
Kerlingarfjöll
Litli-Leppir
Ok
Þórisjökull
Kaldidalur
Hagavatn
Bláfell
Hlöðufell
Skjaldbreiður
Botnssúlur
Þingvellir
Þingvallavatn
Lyngdalsheiði
Laugarvatn
Geysir
Gullfoss
Geldingafell
Kambur
Reykholt
Skálholt
Flúðir
Laugarás
Grímsnes
Hvítá
Skeið
Hreppar
Þjórsárdalur
Þjórsá
Búrfell
Nýjahraun
Hekla
Landmannalaugar
Land
Holt
Hella
Eystri-Rangá
Hvolsvöllur
Fljótshlíð
Þykkvibær
Vestur-Landeyjar
Austur-Landeyjar
Markarfljót
Þórsmörk
Eyjafjallajökull
Eyjafjöll
MÝRDALSJÖKULL
Katla
Skógar
Mýrdalur
Vík
Dyrhólaey
Vestmannaeyjar
Heimaey
Surtsey
Öræfi
Kóngsás

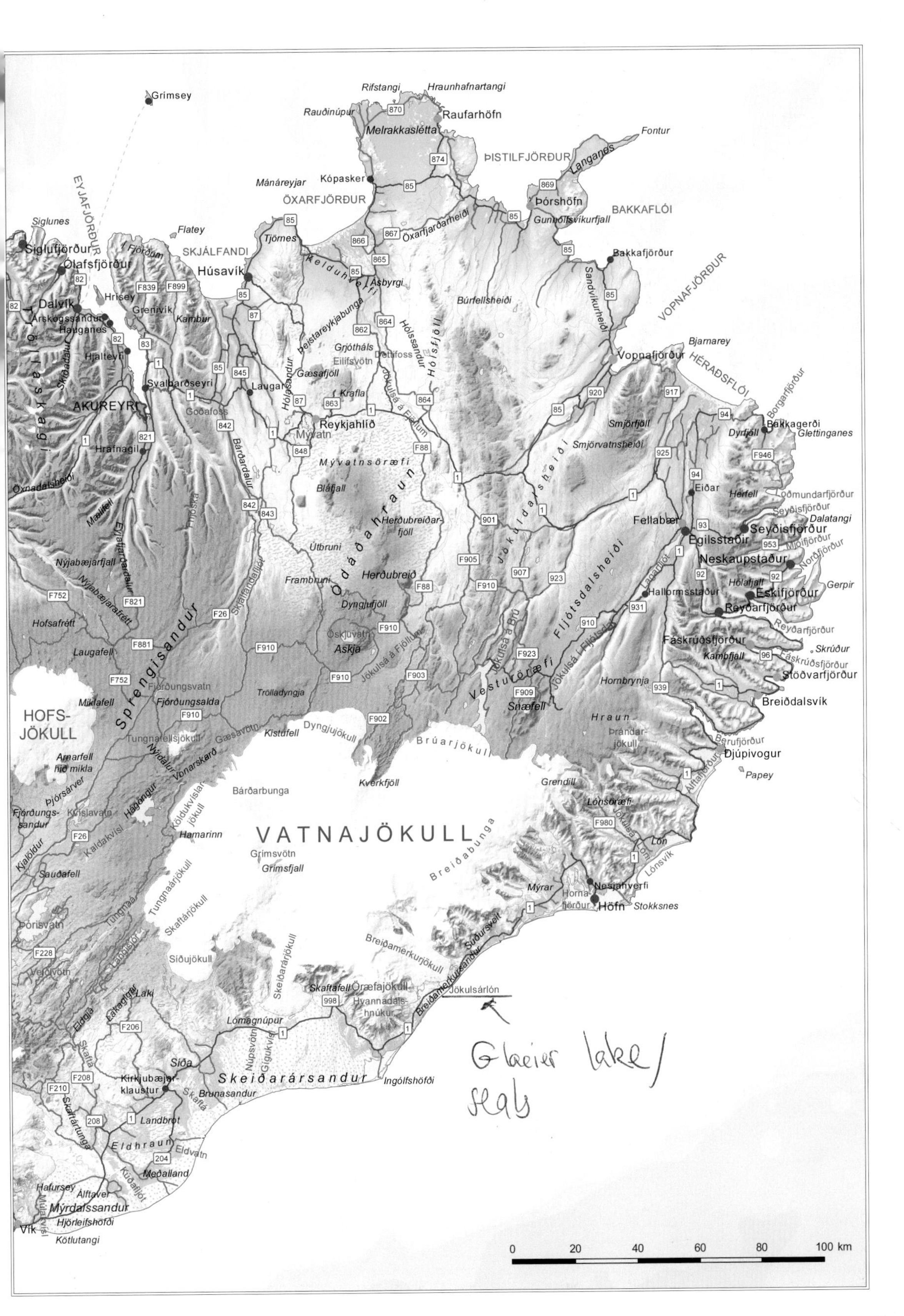
Grímsey
Rifstangi
Hraunhafnartangi
Rauðinúpur
Raufarhöfn
Melrakkaslétta
Fontur
ÞISTILFJÖRÐUR
Langanes
Mánáreyjar
Kópasker
ÖXARFJÖRÐUR
Þórshöfn
BAKKAFLÓI
Gunnólfsvíkurfjall
EYJAFJÖRÐUR
Siglunes
Flatey
Siglufjörður
Ólafsfjörður
SKJÁLFANDI
Tjörnes
Öxarfjarðarheiði
Bakkafjörður
Húsavík
Kelduhverfi
Ásbyrgi
Hrísey
Grenivík
Dalvík
Árskógssandur
Hauganes
Kambur
Þeistareykjabunga
Búrfellsheiði
Sandvíkurheiði
VOPNAFJÖRÐUR
Hólssandur
Hólsfjöll
Tröllaskagi
Skíðadalur
Hjalteyri
Gjóthals
Eilífsvötn
Dettifoss
Bjarnarey
Vopnafjörður
HÉRAÐSFLÓI
Borgarfjörður
Svalbarðseyri
Laugar
Gæsafjöll
Krafla
Hólasandur
Jökulsá á Fjöllum
AKUREYRI
Goðafoss
Reykjahlíð
Mývatn
Smjörfjöll
Smjörvatnsheiði
Bakkagerði
Dyrfjöll
Glettinganes
Hrafnagil
Bárðardalur
Mývatnsöræfi
Öxnadalsheiði
Bláfjall
Ódáðahraun
Jökuldalsheiði
Eiðar
Herfell
Loðmundarfjörður
Seyðisfjörður
Dalatangi
Fellabær
Egilsstaðir
Mjóifjörður
Neskaupstaður
Norðfjörður
Mælifell
Fnjóska
Herðubreiðarfjöll
Útbruni
Nýjabæjarfjall
Eyjafjarðardalur
Nýjabæjarafrétt
Framburni
Herðubreið
Dyngjufjöll
Fljótsdalsheiði
Lagarfljót
Hallormsstaður
Hólafjall
Eskifjörður
Gerpir
Reyðarfjörður
Hofsafrétt
Sprengisandur
Skjálfandafljót
Öskjuvatn
Askja
Jökulsá á Brú
Jökulsá í Fljótsdal
Fáskrúðsfjörður
Skrúður
Kambfjall
Laugafell
Stöðvarfjörður
Fjórðungsvatn
Fjórðungsalda
Trölladyngja
Vesturöræfi
Hornbrynja
Breiðdalsvík
HOFS-
JÖKULL
Miklafell
Snæfell
Hraun
Þrándarjökull
Tungnafellsjökull
Gæsavötn
Kistufell
Dyngjujökull
Brúarjökull
Berufjörður
Djúpivogur
Arnarfell
hið mikla
Nýidalur
Vonarskarð
Kverkfjöll
Papey
Þjórsárver
Hágöngur
Bárðarbunga
Grendill
Álftafjörður
Fjórðungssandur
Kvíslavatn
Köldukvíslarjökull
Lónsöræfi
Kjalöldur
Kaldakvísl
Hamarinn
VATNAJÖKULL
Jökulsá í Lóni
Lón
Grímsvötn
Grímsfjall
Lónsvík
Sauðafell
Breiðabunga
Tungnaárjökull
Mýrar
Nesjahverfi
Hornafjörður
Höfn
Stokksnes
Þórisvatn
Tungnaá
Skaftárjökull
Suðursveit
Breiðamerkurjökull
Skeiðarárjökull
Veiðivötn
Langisjór
Síðujökull
Jökulsárlón
Skaftafell
Öræfajökull
Hvannadalshnúkur
Breiðamerkursandur
Laki
Lakagígar
Eldgjá
Lómagnúpur
Skaftá
Núpsvötn
Gígjukvísl
Síða
Skeiðarársandur
Ingólfshöfði
Kirkjubæjarklaustur
Brunasandur
Skaftártunga
Landbrot
Eldhraun
Eldvatn
Meðalland
Kúðafljót
Hafursey
Álftaver
Mýrdalssandur
Múlakvísl
Hjörleifshöfði
Vík
Kötlutangi
0
20
40
60
80
100 km
Glacier lake/
seals

Kort/Map 1

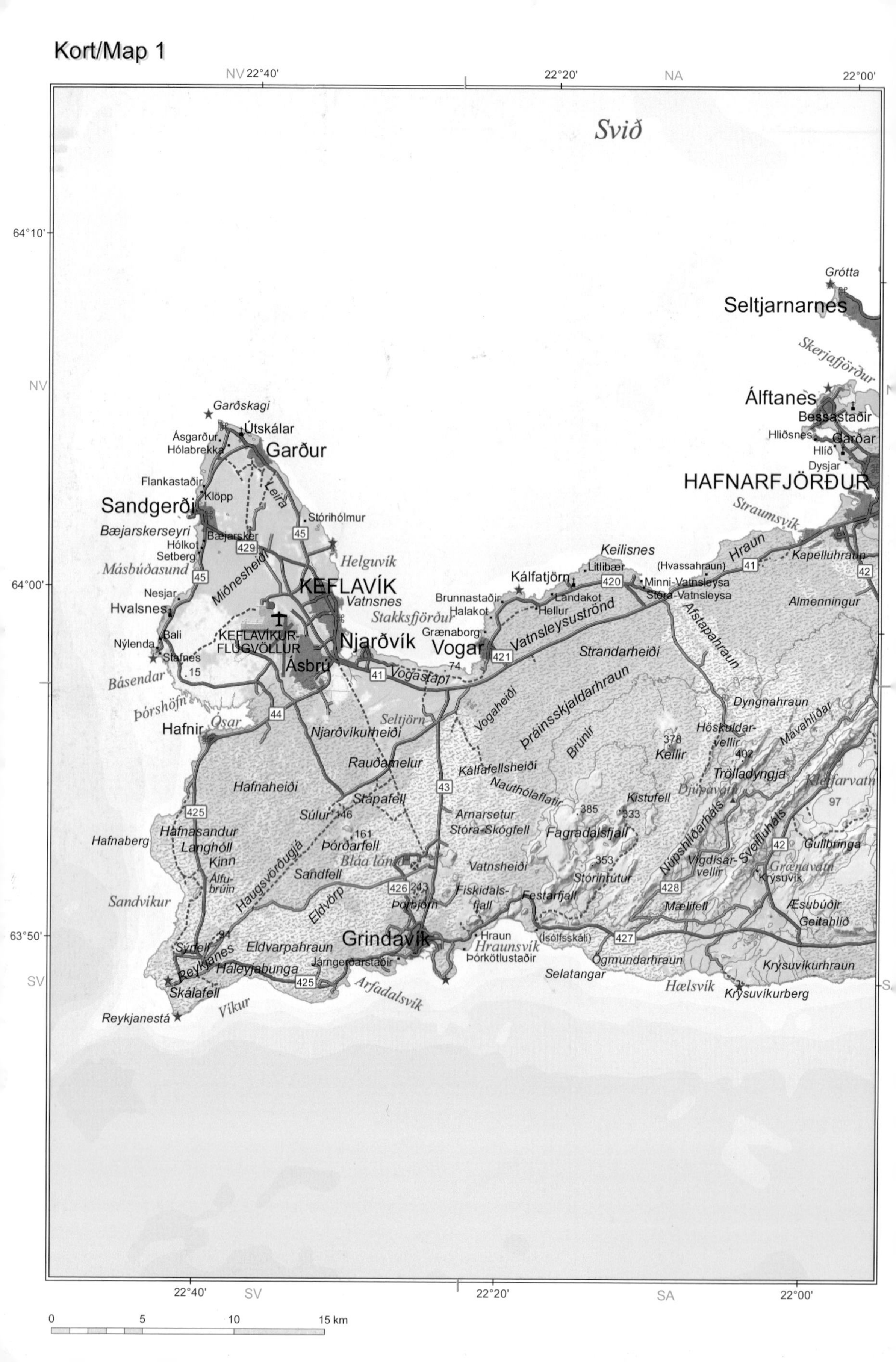
Svið
Grótta
Seltjarnarnes
Skerjafjörður
Álftanes
Bessastaðir
Hliðsnes
Garðar
Hlið
Dysjar
HAFNARFJÖRÐUR
Straumsvík
Garðskagi
Útskálar
Ásgarður
Hólabrekka
Garður
Flankastaðir
Klöpp
Sandgerði
Leira
Stórihólmur
Bæjarskerseyri
Bæjarsker
Hólkot
Setberg
Helguvík
Másbúðasund
Miðnesheiði
KEFLAVÍK
Nesjar
Hvalsnes
Vatnsnes
Stakksfjörður
Bali
Nýlenda
Stafnes
KEFLAVÍKUR-
FLUGVÖLLUR
Njarðvík
Ásbrú
Básendar
Þórshöfn
Ósar
Hafnir
Keilisnes
Kálfatjörn
Litlibær
Landakot
Hellur
Brunnastaðir
Halakot
Grænaborg
Vogar
Vatnsleysuströnd
(Hvassahraun)
Minni-Vatnsleysa
Stóra-Vatnsleysa
Hraun
Kapelluhraun
Almenningur
Afstapahraun
Strandarheiði
Vogastapi
Seltjörn
Njarðvíkurheiði
Vogaheiði
Þráinsskjaldarhraun
Brúnir
Dyngnahraun
Höskuldar-
vellir
Mávahlíðar
Keilir
Trölladyngja
Djúpavatn
Kleifarvatn
Rauðamelur
Kálfafellsheiði
Nauthólaflatir
Hafnaheiði
Stapafell
Súlur
Arnarsetur
Stóra-Skógfell
Kistufell
Fagradalsfjall
Núpshlíðarháls
Sveifluháls
Gullbringa
Hafnasandur
Hafnaberg
Langhóll
Kinn
Álfu-
brúin
Þórðarfell
Bláa lónið
Vatnsheiði
Stórihrútur
Vigdísar-
vellir
Grænavatn
Krýsuvík
Haugsvörðugjá
Sandfell
Eldvörp
Þorbjörn
Fiskidals-
fjall
Festarfjall
Mælifell
Æsubúðir
Geitahlíð
Sandvíkur
Grindavík
Hraun
Hraunsvík
(Ísólfsskáli)
Ögmundarhraun
Sýrfell
Reykjanes
Eldvarpahraun
Járngerðarstaðir
Þórkötlustaðir
Háleyjabunga
Selatangar
Hælsvík
Krýsuvíkurhraun
Krýsuvíkurberg
Skálafell
Arfadalsvík
Víkur
Reykjanestá
NV
NA
SV
SA
22°40'
22°20'
22°00'
64°10'
64°00'
63°50'
0
5
10
15 km

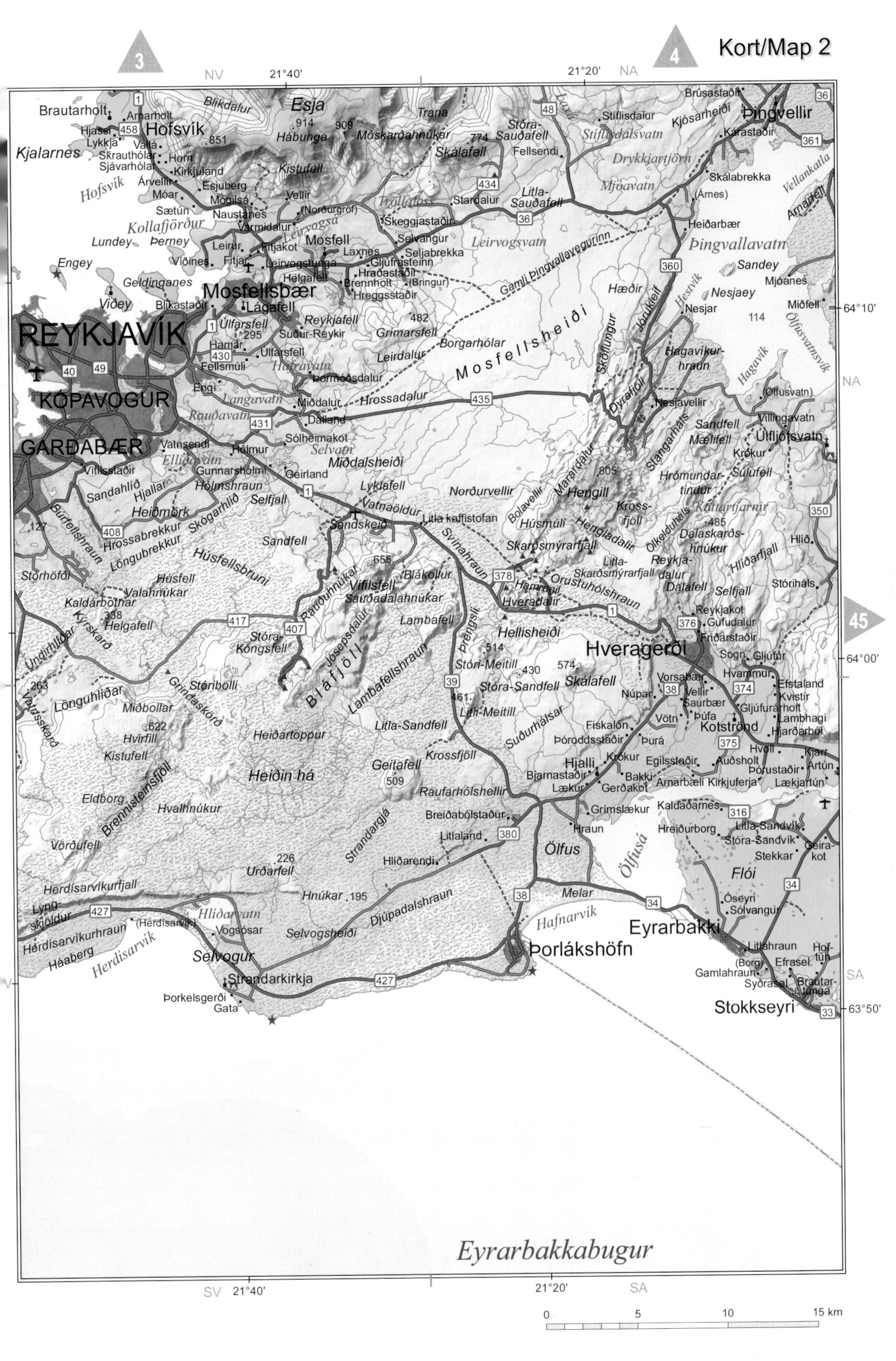
Kort/Map 2
REYKJAVÍK
KÓPAVOGUR
GARÐABÆR
Mosfellsbær
Hveragerði
Þorlákshöfn
Eyrarbakki
Stokkseyri
Þingvellir
Þingvallavatn
Esja
Hofsvík
Kjalarnes
Mosfellsheiði
Hengill
Bláfjöll
Hellisheiði
Ölfus
Flói
Selvogur
Strandarkirkja
Eyrarbakkabugur
Hafnarvík
Herdísarvík
Kotströnd
21°40'
21°20'
64°10'
64°00'
63°50'
0
5
10
15 km

Kort/Map 3

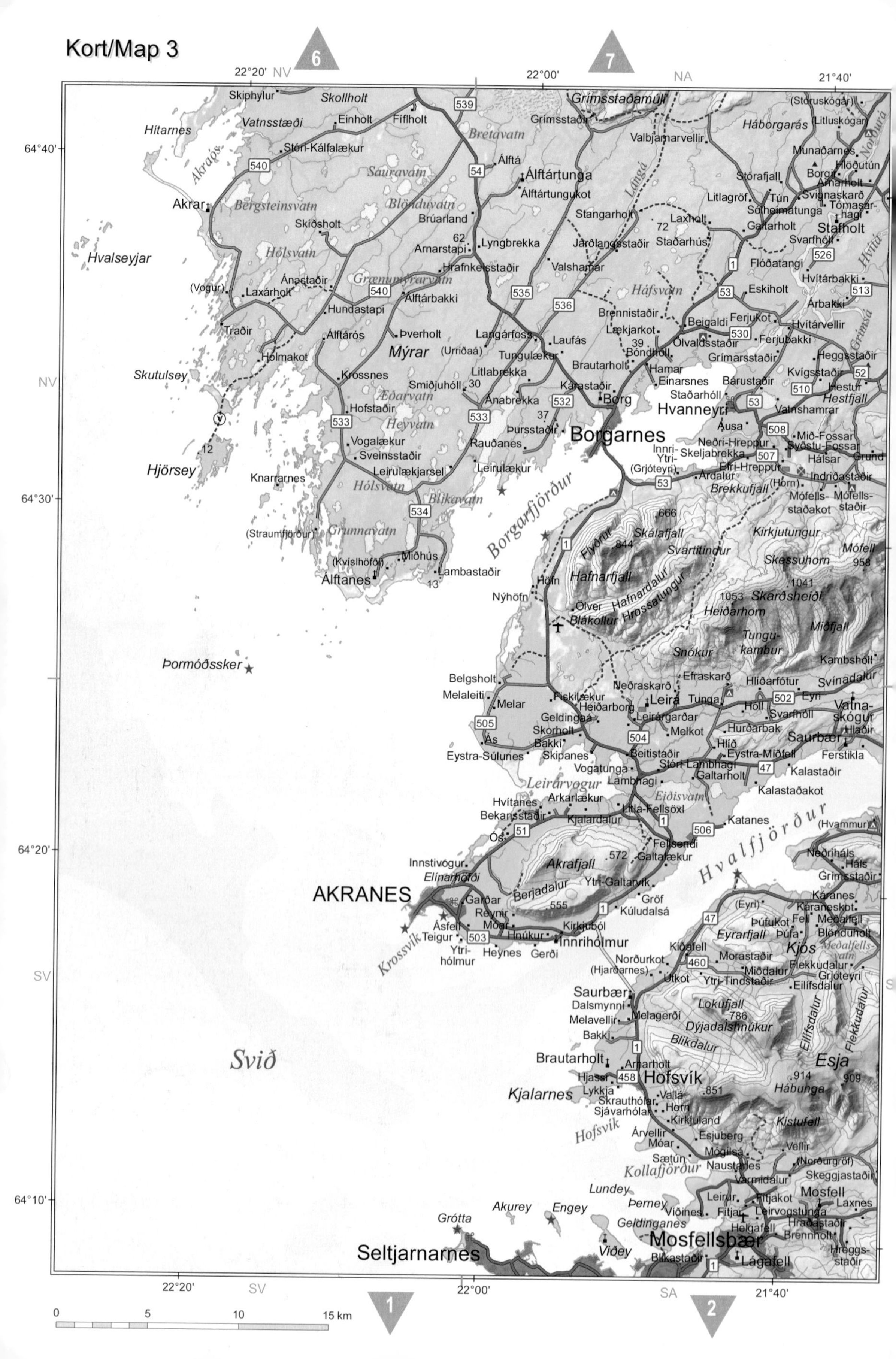
6
7
22°20'
22°00'
21°40'
NV
NA
SV
SA
64°40'
64°30'
64°20'
64°10'
Skiphylur
Skollholt
Hítarnes
Vatnsstæði
Einholt
Fíflholt
Stóri-Kálfalækur
Akraós
Akrar
Bergsteinsvatn
Sauravatn
Blönduvatn
Skíðsholt
Hvalseyjar
Hólsvatn
(Vogur)
Laxárholt
Ánastaðir
Grænumýrarvatn
Hundastapi
Traðir
Álftárós
Þverholt
Hólmakot
Skutulsey
Mýrar
Krossnes
Æðarvatn
Hofstaðir
Heyvatn
Vogalækur
Sveinsstaðir
Hjörsey
Knarrarnes
Leirulækjarsel
Hólsvatn
Blikavatn
Grunnavatn
(Straumfjörður)
(Kvíslhöfði)
Miðhús
Álftanes
Lambastaðir
Þormóðssker
Svið
Grímsstaðamúli
Grímsstaðir
Bretavatn
Álftá
Álftártunga
Álftártungukot
Brúarland
Lyngbrekka
Arnarstapi
Hrafnkelsstaðir
Álftárbakki
Langárfoss
(Urriðaá)
Laufás
Tungulækur
Smiðjuhóll
Litlabrekka
Ánabrekka
Þursstaðir
Rauðanes
Leirulækur
Valbjarnarvellir
Langá
Stangarholt
Laxholt
Staðarhús
Jarðlangsstaðir
Valshamar
Háfsvatn
Brennistaðir
Lækjarkot
Bóndhóll
Brautarholt
Kárastaðir
Borg
Borgarnes
Hamar
Einarsnes
Beigaldi
Ölvaldsstaðir
Ferjukot
Ferjubakki
Grímarsstaðir
Bárustaðir
Staðarhóll
Hvanneyri
Ausa
Innri-
Ytri-
(Grjóteyri)
Skeljabrekka
Neðri-Hreppur
Efri-Hreppur
Árdalur
Brekkufjall
Borgarfjörður
(Stóruskógar)
(Litluskógar)
Háborgarás
Norðurá
Munaðarnes
Hlöðutún
Stórafjall
Borgir
Arnarholt
Litlagröf
Tún
Svignaskarð
Sólheimatunga
Tómasarhagi
Galtarholt
Stafholt
Svarfhóll
Flóðatangi
Hvítá
Hvítárbakki
Eskiholt
Árbakki
Hvítárvellir
Grímsá
Heggsstaðir
Kvígsstaðir
Hestur
Hestfjall
Vatnshamrar
Mið-Fossar
Syðstu-Fossar
Grund
Hálsar
Indriðastaðir
(Horn)
Mófellsstaðakot
Mófellsstaðir
Kirkjutungur
Skessuhorn
Mófell
Skálafjall
Svartitindur
Flyðrur
Hafnarfjall
Hafnardalur
Hrossatungur
Höfn
Nýhöfn
Ölver
Blákollur
Skarðsheiði
Heiðarhorn
Tungukambur
Snókur
Miðfjall
Kambshóll
Belgsholt
Melaleiti
Melar
Fiskilækur
Neðraskarð
Efraskarð
Leirá
Heiðarborg
Tunga
Hlíðarfótur
Svínadalur
Eyri
Hóll
Svarfhóll
Vatnaskógur
Hlaðir
Geldingaá
Leirárgarðar
Melkot
Hurðarbak
Saurbær
Skorholt
Ás
Bakki
Eystra-Súlunes
Skipanes
Beitistaðir
Hlíð
Eystra-Miðfell
Ferstikla
Vogatunga
Stóri-Lambhagi
Galtarholt
Kalastaðir
Leirárvogur
Lambhagi
Eiðisvatn
Kalastaðakot
Hvítanes
Arkarlækur
Bekansstaðir
Litla-Fellsöxl
Kjalardalur
Katanes
(Hvammur)
Ós
Fellsendi
Galtalækur
Hvalfjörður
Neðrihálsi
Háls
Grímsstaðir
Innstivogur
Elínarhöfði
Akrafjall
Ytri-Galtarvík
AKRANES
Berjadalur
Gröf
Kúludalsá
Kiðafell
Garðar
Reynir
Móar
Kirkjuból
Ásfell
Teigur
Hnúkur
Innriholmur
Ytri-hólmur
Heynes
Gerði
Krossvík
Kárnes
Káraneskot
(Eyri)
Þúfukot
Fell
Meðalfell
Eyrarfjall
Þúfa
Blönduholt
Kjós
Meðalfellsvatn
Morastaðir
Norðurkot
(Hjarðarnes)
Miðdalur
Flekkudalur
Grjóteyri
Útkot
Ytri-Tindstaðir
Eilífsdalur
Saurbær
Dalsmynni
Lokufjall
Melavellir
Melagerði
Dýjadalshnúkur
Bakki
Blikdalur
Eilífsdalur
Flekkudalur
Brautarholt
Arnarholt
Esja
Hjassi
Hofsvík
Hábunga
Kjalarnes
Lykkja
Vallá
Skrauthólar
Horn
Sjávarhólar
Kirkjuland
Kistufell
Hofsvík
Árvellir
Móar
Esjuberg
Mógilsá
Vellir
Sætún
Naustanes
(Norðurgröf)
Kollafjörður
Varmidalur
Skeggjastaðir
Lundey
Leirur
Fitjakot
Mosfell
Þerney
Viðines
Fitjar
Leirvogstunga
Laxnes
Akurey
Engey
Geldinganes
Helgafell
Hraðastaðir
Grótta
Brennholt
Seltjarnarnes
Viðey
Mosfellsbær
Blikastaðir
Lágafell
Hreggsstaðir
1
2
0
5
10
15 km

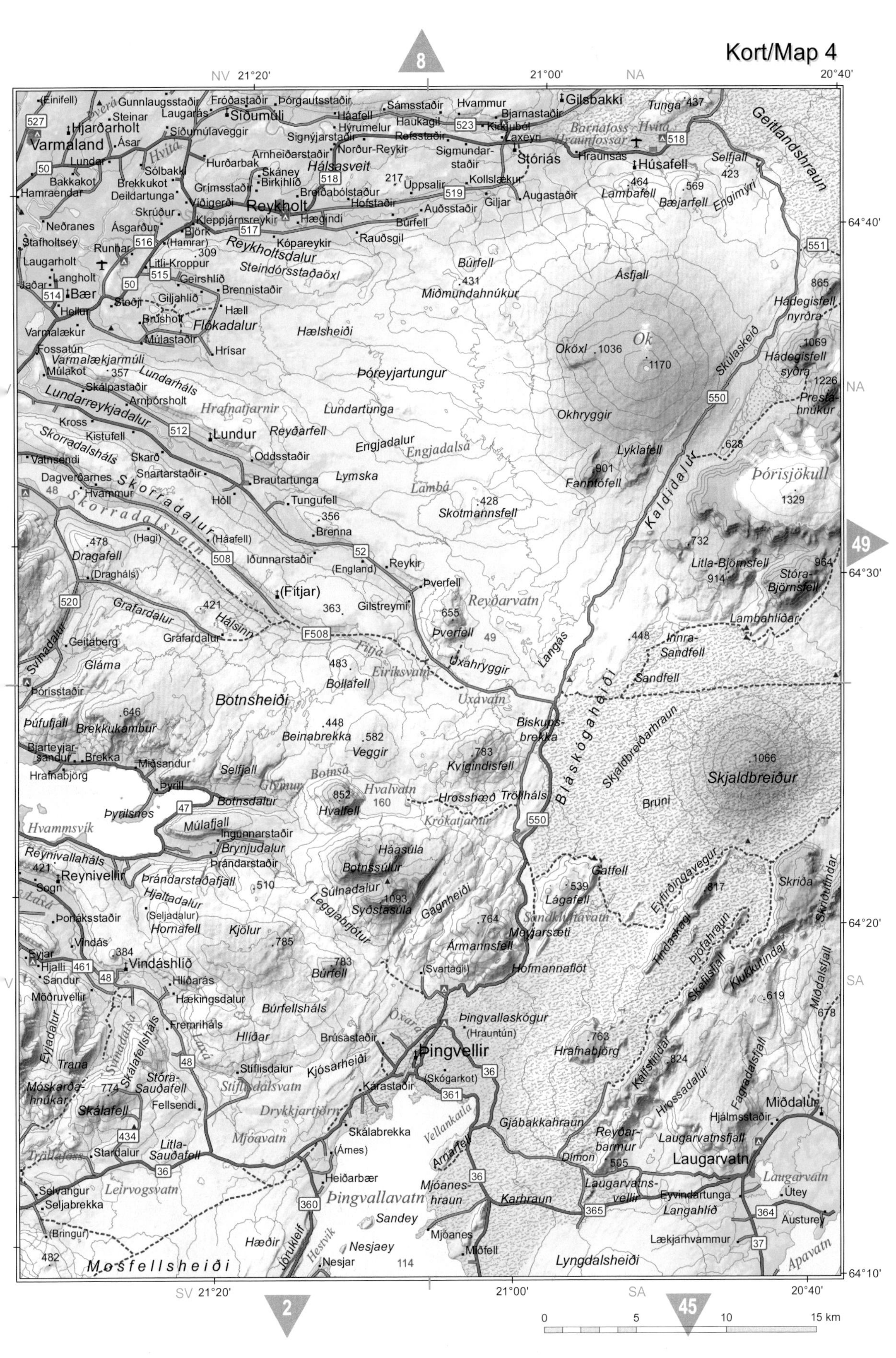
Kort/Map 4
8
NV
21°20'
21°00'
NA
20°40'
(Einifell)
Þverá
Gunnlaugsstaðir
Fróðastaðir
Þorgautsstaðir
Sámsstaðir
Hvammur
Gilsbakki
Tunga
437
527
Steinar
Laugarás
Síðumúli
Háafell
Bjarnastaðir
Hjarðarholt
Síðumúlaveggir
Hýrumelur
Haukagil
523
Kirkjuból
Barnafoss
Hvítá
Geitlandshraun
Varmaland
Ásar
Signýjarstaðir
Refsstaðir
Laxeyri
Hraunfossar
518
Hvítá
Arnheiðarstaðir
Norður-Reykir
Sigmundarstaðir
Stóriás
Hraunsás
Selfjall
Lundar
Hurðarbak
Skáney
Hálsasveit
Húsafell
423
50
Sólbakki
Birkihlíð
518
217
Kollslækur
464
.569
Bakkakot
Brekkukot
Grímsstaðir
Uppsalir
Engimýri
Hamraendar
Deildartunga
Breiðabólstaður
519
Augastaðir
Lambafell
Bæjarfell
Víðigerði
Reykholt
Hofstaðir
Giljar
Skrúður
Auðsstaðir
Neðranes
Ásgarður
Kleppjárnsreykir
Hægindi
Búrfell
64°40'
Stafholtsey
Björk
517
Rauðsgil
Runnar
516
(Hamrar)
Kópareykir
Reykholtsdalur
551
Laugarholt
309
Litli-Kroppur
Steindórsstaðaöxl
Búrfell
Ásfjall
Langholt
515
Geirshlíð
Jaðar
431
865
514
Bær
50
Brennistaðir
Miðmundahnúkur
Hádegisfell nyrðra
Hellur
Steðji
Giljahlíð
Hæll
Brúsholt
Flókadalur
Varmalækur
Hælsheiði
Múlastaðir
Ok
Fossatún
Hrísar
Okxöxl
1036
Skúlaskeið
1069
Varmalækjarmúli
1170
Hádegisfell syðra
Múlakot
357
Lundarháls
Þóreyjartungur
Skálpastaðir
1226
NA
Lundarreykjadalur
Arnþórsholt
550
Presta-hnúkur
Hrafnatjarnir
Lundartunga
Kross
Okhryggir
Kistufell
512
Lundur
Reyðarfell
Skorradalsháls
Engjadalur
Engjadalsá
628
Skarð
Lyklafell
Vatnsendi
Oddsstaðir
Snartarstaðir
Lymska
901
Dagverðarnes
Brautartunga
Þórisjökull
Fanntofell
48
Hvammur
Lambá
Skorradalur
Höll
Tungufell
428
1329
Skotmannsfell
Kaldidalur
Skorradalsvatn
356
Brenna
478
(Hagi)
(Háafell)
732
49
Dragafell
508
Iðunnarstaðir
52
Reykir
Litla-Björnsfell
964
(England)
64°30'
(Drághals)
914
Stóra-Björnsfell
Þverfell
520
421
(Fitjar)
Reyðarvatn
Grafardalur
Hálsinn
363
Gilstreymi
655
Lambahlíðar
Grafardalur
F508
Þverfell
49
448
Innra-Sandfell
Geitaberg
Fitjá
Svínadalur
Gláma
483
Eiríksvatn
Uxahryggir
Langás
Sandfell
Bollafell
Þórisstaðir
Botnsheiði
Uxavatn
Bláskógaheiði
646
Skjaldbreiðarhraun
Þúfufjall
Brekkukambur
448
Biskupsbrekka
Beinabrekka
582
Bjarteyjarsandur
Veggir
783
1066
Brekka
Kvígindisfell
Miðsandur
Skjaldbreiður
Hrafnabjörg
Selfjall
Glymur
Botnsá
Þyrill
852
Hvalvatn
Hrosshæð
Tröllháls
Bruni
Botnsdalur
Hvalfell
160
Þyrilsnes
47
Krókatjarnir
550
Hvammsvík
Múlafjall
Ingunnarstaðir
Brynjudalur
Háasúla
Reynivallaháls
Þrándarstaðir
Gatfell
421
Reynivellir
Botnssúlur
Skriða
Þrándarstaðafjall
510
539
817
Sogn
Súlnadalur
Eyfirðingavegur
Laxá
Hjaltadalur
1093
Syðstasúla
Gagnheiði
Lágafell
Skriðutindar
(Seljadalur)
Leggjabrjótur
Sandkluftavatn
Þorláksstaðir
Hornafell
764
Tindaskagi
64°20'
Kjölur
Meyjarsæti
Vindás
785
Ármannsfell
Þjófahraun
Eyjar
384
Hjalli
461
Vindáshlíð
783
Klukkutindar
Sandur
48
Búrfell
Hofmannaflöt
Skefilsfjall
SA
Hlíðarás
(Svartagil)
Miðdalsfjall
Möðruvellir
619
Hækingsdalur
Svínadalur
Eyjadalur
Búrfellsháls
Öxará
678
Fremriháls
Þingvallaskógur
Skálafellsháls
(Hrauntún)
Laxá
Hlíðar
Brúsastaðir
763
Hrafnabjörg
Þingvellir
Trana
Stíflisdalur
48
Kjósarheiði
824
Stóra-Sauðafell
36
Móskarðahnúkar
774
(Skógarkot)
Kálfstindar
Fagradalsfjall
Stíflisdalsvatn
Kárastaðir
Skálafell
Fellsendi
361
Hrossadalur
Miðdalur
Drykkjartjörn
Hjálmsstaðir
Vellankatla
Gjábakkahraun
434
Skálabrekka
Reyðarbarmur
Laugarvatnsfjall
Tröllafoss
Stardalur
Mjóavatn
Arnarfell
Litla-Sauðafell
(Árnes)
Laugarvatn
Dímon
505
36
36
Laugarvatn
Heiðarbær
Laugarvatnsvellir
Selvangur
Leirvogsvatn
Mjóanes-hraun
Eyvindartunga
Útey
Seljabrekka
Þingvallavatn
Karhraun
365
Langahlíð
364
360
Sandey
Austurey
(Bringur)
Mjóanes
Hestvík
Lækjarhvammur
Hæðir
Nesjaey
37
482
Jórukleif
Mjóanes
Mosfellsheiði
Nesjar
114
Lyngdalsheiði
Apavatn
64°10'
SV
21°20'
21°00'
SA
20°40'
2
45
0
5
10
15 km

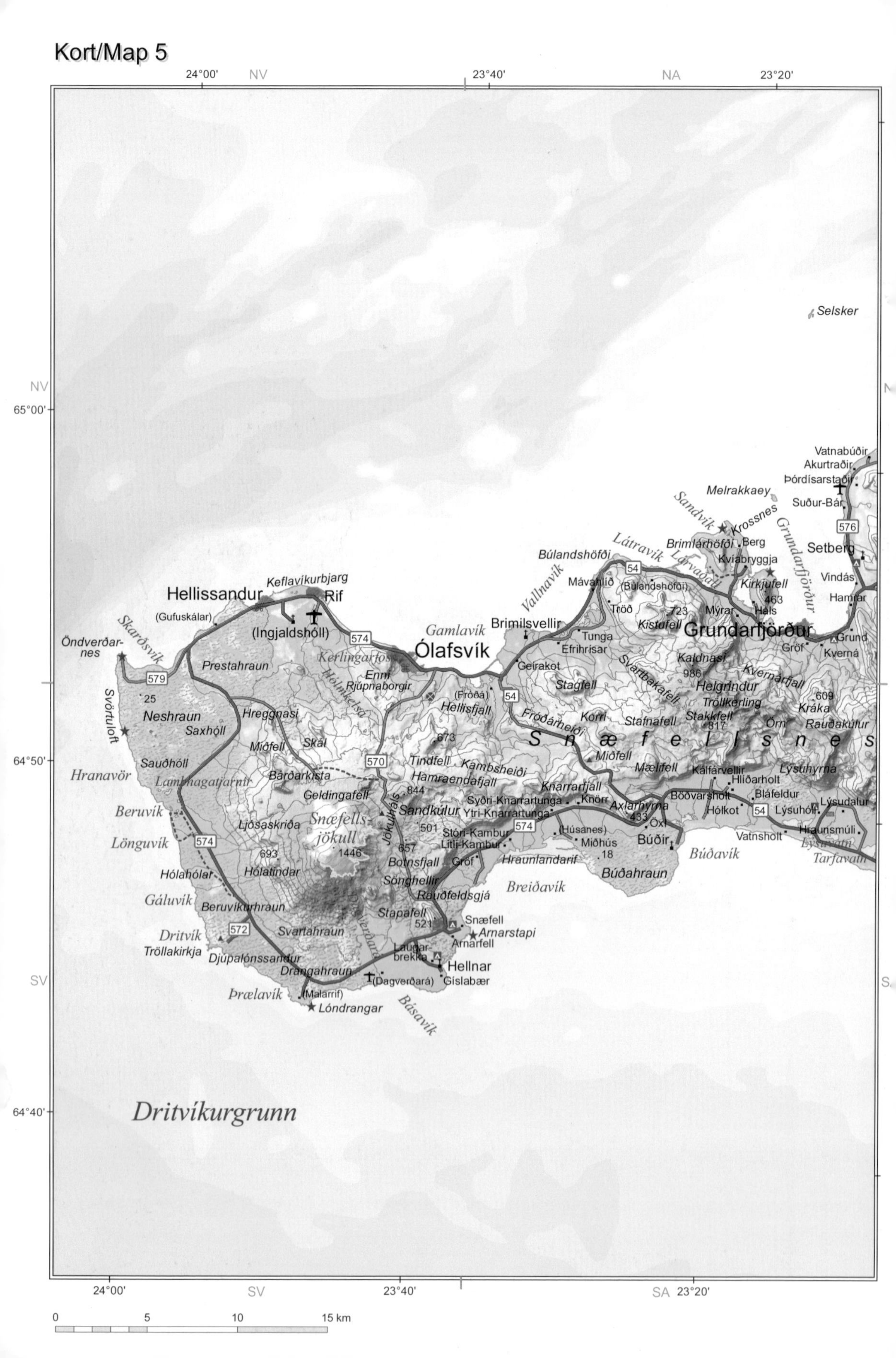

Kort/Map 5
24°00'
NV
23°40'
NA
23°20'
65°00'
64°50'
64°40'
SV
SA
Selsker
Vatnabúðir
Akurtraðir
Þórdísarstaðir
Melrakkaey
Suður-Bár
Sandvík
Krossnes
Grundarfjörður
Látravík
Brimlárhöfði
Berg
Setberg
Búlandshöfði
Kvíabryggja
Lárvaðall
Kirkjufell
Vindás
Mávahlíð
(Búlandshöfði)
463
Hamrar
Vallnavík
Tröð
723
Mýrar
Háls
Kistufell
Grundarfjörður
Grund
Brimilsvellir
Tunga
Gröf
Kverná
Efrihrísar
Kaldnasi
986
Kvernárfjall
Helgrindur
Tröllkerling
Stakkfell
817
609
Kráka
Rauðakúlur
Geirakot
Stagfell
Svartbakafell
Fróðárheiði
Korri
Stafnafell
Örn
Snæfellsnes
Miðfell
Mælifell
Kálfárvellir
Hlíðarholt
Lýsuhyrna
Knarrarfjall
Böðvarsholt
Bláfeldur
Lýsudalur
Syðri-Knarrartunga
Knörr
Axlarhyrna
Hólkot
Lýsuhóll
Ytri-Knarrartunga
433
Öxl
(Húsanes)
Vatnsholt
Hraunsmúli
Miðhús
Búðir
Lýsuvatn
18
Búðavík
Tarfavatn
Hraunlandarif
Búðahraun
Breiðavík
Hellissandur
Keflavíkurbjarg
Rif
(Gufuskálar)
(Ingjaldshóll)
574
Gamlavík
Ólafsvík
Skarðsvík
Öndverðarnes
Kerlingarfoss
Enni
Hólmkelsá
Rjúpnaborgir
Prestahraun
579
(Fróðá)
Hellisfjall
54
25
Svörtuloft
Neshraun
Hreggnasi
Saxhóll
Miðfell
Skál
673
Sauðhóll
570
Tindfell
Kambsheiði
Hranavör
Lambhagatjarnir
Bárðarkista
Hamraendafjall
Geldingafell
844
Beruvík
Sandkúlur
Jökulháls
Snæfellsjökull
Ljósaskriða
501
Stóri-Kambur
Litli-Kambur
Lönguvík
693
1446
657
Botnsfjall
Gröf
Hólahólar
Hólatindar
Sönghellir
Rauðfeldsgjá
Gáluvík
Beruvíkurhraun
Stapafell
521
Snæfell
Dritvík
572
Svartahraun
Arnarstapi
Arnarfell
Tröllakirkja
Djúpalónssandur
Laugarbrekka
Drangahraun
Hellnar
(Dagverðará)
Gíslabær
Þrælavík
(Malarrif)
Lóndrangar
Básavík
Dritvíkurgrunn
0
5
10
15 km

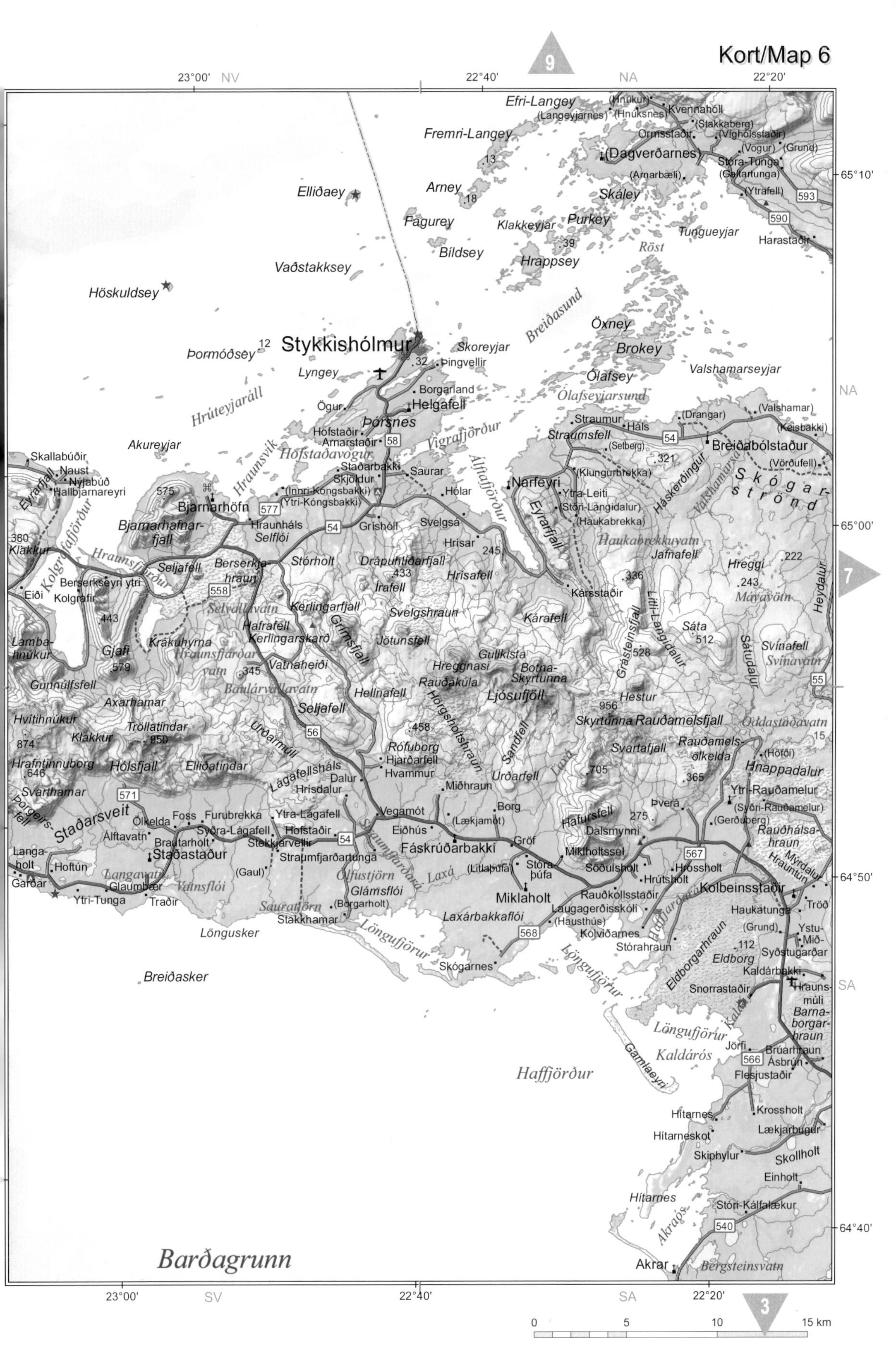

Kort/Map 6
9
7
3
23°00'
22°40'
22°20'
65°10'
65°00'
64°50'
64°40'
NV
NA
SV
SA
Efri-Langey
(Hnúkur)
(Langeyjarnes)
(Hnúksnes)
Kvennahóll
(Stakkaberg)
Fremri-Langey
Ormsstaðir
(Víghólsstaðir)
(Dagverðarnes)
(Vogur)
(Grund)
Stóra-Tunga
(Arnarbæli)
(Galtartunga)
Elliðaey
Arney
Skáley
(Ytrafell)
593
590
Fagurey
Klakkeyjar
Purkey
Tungueyjar
Harastaðir
Bíldsey
Röst
Hrappsey
Vaðstakksey
Höskuldsey
Breiðasund
Öxney
Þormóðsey
Stykkishólmur
Skoreyjar
Brokey
Þingvellir
Lyngey
Ólafsey
Valshamarseyjar
Borgarland
Ólafseyjarsund
Ögur
Helgafell
Hrúteyjarál
Þórsnes
(Drangar)
(Valshamar)
Straumur
Háls
Hofstaðir
Arnarstaðir
58
Vigrafjörður
Straumsfell
(Setberg)
54
Breiðabólstaður
(Keisbakki)
Akureyjar
Höfstaðavogur
Álftafjörður
.321
(Vörðufell)
Skallabúðir
Naust
Staðarbakki
Skjöldur
Saurar
Narfeyri
(Klungurbrekka)
Skógarströnd
Eyrarfjall
Nýjabúð
Hallbjarnareyri
575
(Innri-Kóngsbakki)
Hólar
Ytra-Leiti
Háskerðingur
Valshamarsá
Hraunsvík
(Ytri-Kóngsbakki)
(Stóri-Langidalur)
Bjarnarhöfn
577
Eyrarfjall
(Haukabrekka)
Kolgrafafjörður
Bjarnarhafnar-
fjall
Hraunháls
54
Grishóll
Svelgsá
Selflói
Hrísar
Haukabrekkuvatn
Jafnafell
.222
380
Klakkur
Hraunsfjörður
Stórholt
Drápuhlíðarfjall
245
Hreggi
Seljafell
Berserkja-
hraun
.433
Hrísafell
.336
.243
Berserkseyri ytri
Írafell
Heydalur
Eiði
Kolgrafir
558
Mávavötn
Kársstaðir
Selvallavatn
Kerlingarfjall
Svelgshraun
Lambahnúkur
443
Hafrafell
Grímsfjall
Kárafell
Kerlingarskarð
Sáta
Krákuhyrna
Jötunsfell
Litli-Langidalur
512
Sátudalur
Gjáfi
Hraunsfjarðarvatn
Gullkista
Svínafell
Svínavatn
579
345
Vatnaheiði
Hreggnasi
Botna-
Grásteinsfjall
528
Gunnúlfsfell
Baulárvallavatn
Rauðakúla
Skyrtunna
55
Axarhamar
Hellnafell
Ljósufjöll
Hestur
Seljafell
Hvítihnúkur
956
Tröllatindar
Urðarmúli
Skyrtunna
Rauðamelsfjall
Oddastaðavatn
950
56
.458
15
874
Klakkur
Hrafntinnuborg
Hólsfjall
Elliðatindar
Rófuborg
Svartafjall
Rauðamels-
ölkelda
(Höfði)
.646
Lágafellsháls
Hjarðarfell
Sandfell
Hnappadalur
Svarthamar
Dalur
Hvammur
Urðarfell
.705
.365
Þorgeirsfell
Hrísdalur
Ytri-Rauðamelur
571
Miðhraun
(Syðri-Rauðamelur)
Staðarsveit
Ölkelda
Foss
Furubrekka
Ytra-Lágafell
Vegamót
Borg
Hafursfell
275
Þverá
(Gerðuberg)
Rauðhálsa-
hraun
Álftavatn
Syðra-Lágafell
Hofstaðir
Eiðhús
(Lækjamót)
Dalsmynni
Mýrdalur
Brautarholt
Stekkjarvellir
54
Gröf
567
Hraunhólar
Langaholt
Staðastaður
Straumfjarðartunga
Fáskrúðarbakki
Miklholtssel
Hrossholt
Hoftún
(Gaul)
Straumfjarðará
(Litlaþúfa)
Stóra-
þúfa
Söðulsholt
Hrútsholt
Kolbeinsstaðir
64°50'
Garðar
Langavatn
Glaumbær
Vatnsflói
Álftfjörn
Laxá
Glámsflói
Miklaholt
Rauðkollsstaðir
Tröð
Ytri-Tunga
Traðir
Saurafjörn
(Borgarholt)
Laugagerðisskóli
Haukatunga
Stakkhamar
Laxárbakkaflói
(Hausthús)
Hlíðarvatn
(Grund)
Ystu-
Mið-
Syðstugarðar
Löngusker
Löngufjörur
568
Kolviðarnes
Stórahraun
.112
Eldborg
Eldborgarhraun
Skógarnes
Löngufjörur
Kaldárbakki
Breiðasker
Snorrastaðir
Hrauns-
múli
Barna-
borgar-
hraun
Löngufjörur
Kaldá
Gamlaeyri
Kaldárós
Jörfi
Brúarhraun
Haffjörður
566
Ásbrún
Flesjustaðir
Hítarnes
Krossholt
Hítarneskot
Lækjarbugur
Skiphylur
Skollholt
Einholt
Hítarnes
Stóri-Kálfalækur
Akraós
540
Barðagrunn
Akrar
Bergsteinsvatn
0
5
10
15 km

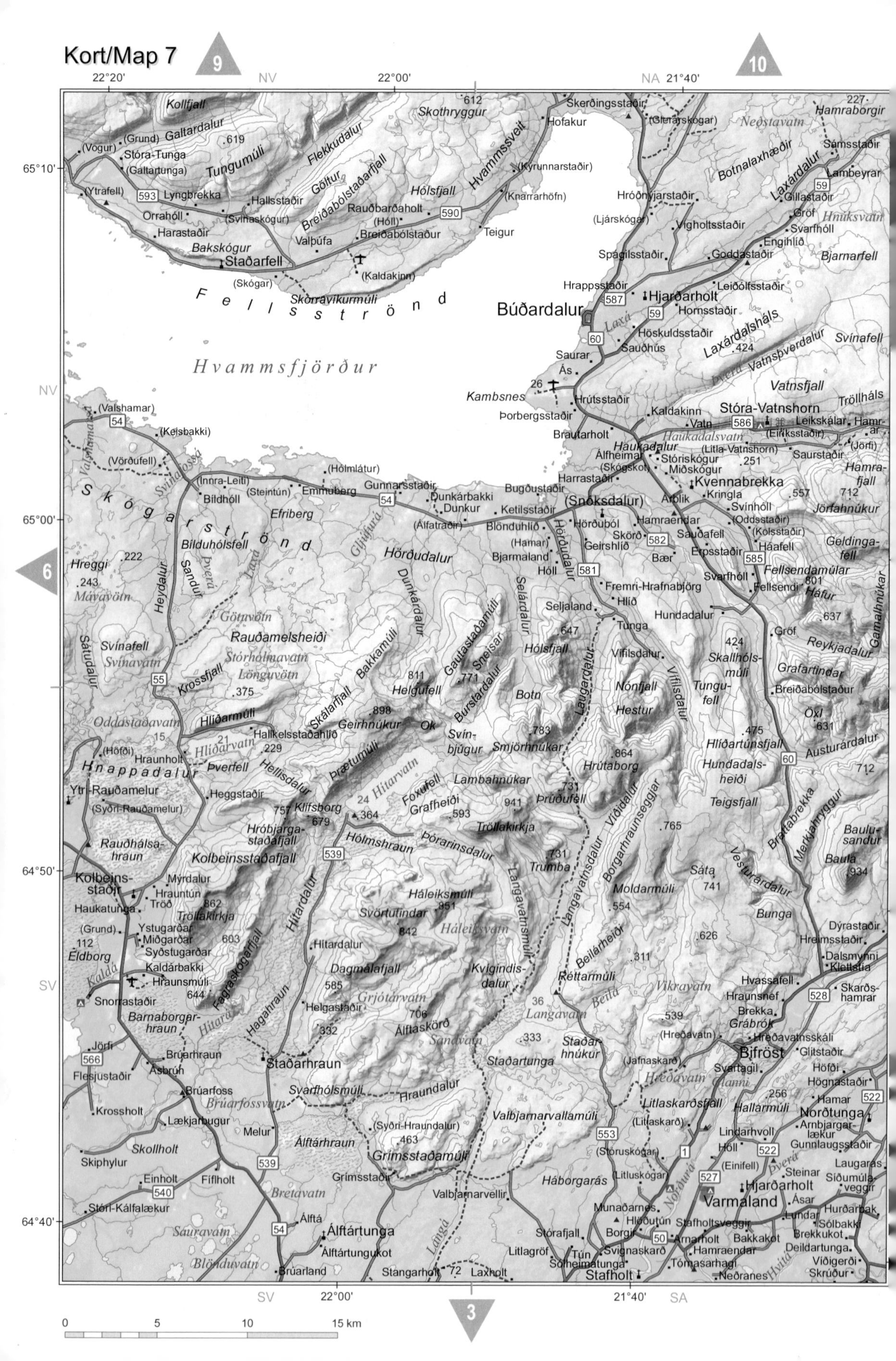
Kort/Map 7
9
10
6
3
22°20'
NV
22°00'
NA
21°40'
65°10'
65°00'
64°50'
64°40'
SV
SA
0
5
10
15 km
Kollfjall
Galtardalur
(Vogur)
(Grund)
Stóra-Tunga
(Galtartunga)
Tungumúli
.619
Flekkudalur
Skothryggur
.612
Hvammssveit
Breiðabólstaðarfjall
Göltur
Hólsfjall
(Ytrafell)
593
Lyngbrekka
Hallsstaðir
Orrahóll
(Svínaskógur)
Rauðbarðaholt
(Hóll)
590
Harastaðir
Valþúfa
Breiðabólstaður
Teigur
Bakskógur
Staðarfell
(Kaldakinn)
(Skógar)
Skorravíkurmúli
Fellsströnd
Hvammsfjörður
(Kýrunnarstaðir)
(Knarrarhöfn)
Hofakur
Skerðingsstaðir
(Glerárskógar)
Neðstavatn
227
Hamraborgir
Sámsstaðir
Lambeyrar
Botnalaxhæðir
Laxárdalur
59
Gillastaðir
Gróf
Hnúksvatn
Svarfhóll
Engihlíð
Bjarnarfell
Hróðnýjarstaðir
(Ljárskógar)
Vígholtsstaðir
Spágilsstaðir
Goddastaðir
Hrappsstaðir
587
Hjarðarholt
Leiðólfsstaðir
Búðardalur
59
Hornsstaðir
Laxá
60
Höskuldsstaðir
Sauðhús
Laxárdalsháls
.424
Saurar
Ás
Vatnsþverdalur
Þverá
Svínafell
Vatnsfjall
Tröllháls
26
Kambsnes
Hrútsstaðir
Þorbergsstaðir
Kaldakinn
Stóra-Vatnshorn
Vatn
586
Leikskálar
Hamrar
Brautarholt
Haukadalsvatn
(Eiríksstaðir)
(Jörfi)
Haukadalur
(Litla-Vatnshorn)
Saurstaðir
Álfheimar
Stóriskógur
.251
(Skógskot)
Miðskógur
Hamrafjall
Harrastaðir
Kvennabrekka
Bugðustaðir
Kringla
.557
712
Árblik
Svínhóll
Jörfahnúkur
(Snóksdalur)
(Valshamar)
54
(Kolsbakki)
(Vörðufell)
Valshamarsá
Svínafossá
(Hólmlátur)
(Innra-Leiti)
Bildhóll
(Steintún)
Emmuberg
Gunnarsstaðir
54
Dunkárbakki
Dunkur
Ketilsstaðir
Skógarströnd
Efriberg
(Álfatraðir)
Blönduhlíð
Hörðuból
Hamraendar
(Oddsstaðir)
(Kolsstaðir)
Bilduhólsfell
Gljúfurá
Hörðudalur
(Hamar)
Geirshlíð
Skörð
582
Sauðafell
Háafell
Geldingafell
Bjarmaland
Bær
Erpsstaðir
585
Hreggi
.222
Þverá
Laxá
Sandur
Hóll
581
Svarfhóll
Fellsendamúlar
.243
Mávavötn
Heydalur
Dunkárdalur
Selárdalur
Hörðudalur
Fremri-Hrafnabjörg
Fellsendi
.801
Hlíð
Háfur
Gamalhnúkur
Götuvötn
Seljaland
Hundadalur
Tunga
.637
Sátudalur
Rauðamelsheiði
Gautastaðamúli
.647
Gróf
Reykjadalur
Svínafell
Svínavatn
Stórhólmavatn
Bakkamúli
Sneisar
Hólsfjall
Vífilsdalur
424
Skallhólsmúli
Grafartindar
Krossfjall
Lönguvötn
811
.771
Laugardalur
Nónfjall
Tungufell
Breiðabólstaður
55
.375
Skálarfjall
Helgufell
Burstardalur
Botn
Vífilsdalur
Hestur
Öxl
.631
Oddastaðavatn
Hlíðarmúli
.898
Geirhnúkur
Ok
Svínbjúgur
.783
.475
Hlíðartúnsfjall
Austurárdalur
15
21
Hallkelsstaðahlíð
Smjörhnúkar
.864
60
712
(Höfði)
Hlíðarvatn
.229
Þrætumúli
Hrútaborg
Hundadalsheiði
Hraunholt
Hellisdalur
Hnappadalur
Þverfell
Foxufell
Lambahnúkar
.731
Teigsfjall
Ytri-Rauðamelur
Heggstaðir
24
Hítarvatn
Grafheiði
941
Þrúðufell
Bröttubrekka
Merkjahryggur
(Syðri-Rauðamelur)
757
Klifsborg
.364
.593
Viðidalur
Borgarhraunseggjar
Baulusandur
679
Hróbjargastaðafjall
Tröllakirkja
.765
Rauðhálsahraun
Hólmshraun
Þórarinsdalur
539
.731
Baula
Kolbeinsstaðafjall
Trumba
Sáta
741
.934
Vesturárdalur
Kolbeinsstaðir
Mýrdalur
Hrauntún
Langavatnsdalur
Háleiksmúli
Moldarmúli
Haukatunga
Tröð
862
.851
.554
Bunga
Tröllakirkja
Svörtutindar
Langavatnsmúli
(Grund)
Ystugarðar
Hítardalur
842
Háleiksvatn
Dýrastaðir
112
Miðgarðar
603
.626
Hreimsstaðir
Eldborg
Syðstugarðar
Fagraskógarfjall
Hítardalur
Beilárheiði
Dalsmynni
Kaldárbakki
Dagmálafjall
Kvígindisdalur
.311
Klettstía
Kaldá
Hraunsmúli
585
Réttarmúli
Vikravatn
Hvassafell
644
Skarðshamrar
Snorrastaðir
Helgastaðir
Grjótárvatn
36
Beilá
Hraunsnef
528
Barnaborgarhraun
706
Langavatn
Brekka
Hítará
Haganhraun
Álftaskörð
.539
Grábrók
332
Sandvatn
.333
Staðarhnúkur
(Hreðavatn)
Hreðavatnsskáli
Jörfi
Brúarhraun
Staðarhraun
Staðartunga
(Jafnaskarð)
Bifröst
Glitstaðir
566
Ásbrún
Svartagil
Höfði
Flesjustaðir
Brúarfoss
Hreðavatn
Glanni
Högnastaðir
Svarfhólsmúli
Hraundalur
Litlaskarðsfjall
.256
Hamar
522
Brúarfossvatn
Hallarmúli
Krossholt
Norðtunga
Lækjarbugur
Valbjarnarvallamúli
(Litlaskarð)
Lindarhvoll
Arnbjargarlækur
Melur
(Syðri-Hraundalur)
553
Hóll
522
Gunnlaugsstaðir
Skollholt
Álftárhraun
.463
(Stóruskógar)
1
(Einifell)
Þverá
Skiphylur
539
Grímsstaðamúli
Laugarás
Steinar
Einholt
Fiflholt
Grímsstaðir
Háborgarás
(Litluskógar)
527
Síðumúlaveggir
540
Bretavatn
Hjarðarholt
Stóri-Kálfalækur
Valbjarnarvellir
Norðurá
Varmaland
Ásar
Hurðarbak
Munaðarnes
Lundar
Sauravatn
Álftá
Hlöðutún
Stafholtsveggir
Sólbakki
54
Álftártunga
Stórafjall
Borg
Arnarholt
Bakkakot
Brekkukot
50
Deildartunga
Álftártungukot
Litlagröf
Tún
Svignaskarð
Hamraendar
Viðigerði
Blönduvatn
Sólheimatunga
Tómasarhagi
Hvítá
Brúarland
Langá
Stangarholt
72
Laxholt
Stafholt
Neðranes
Skrúður

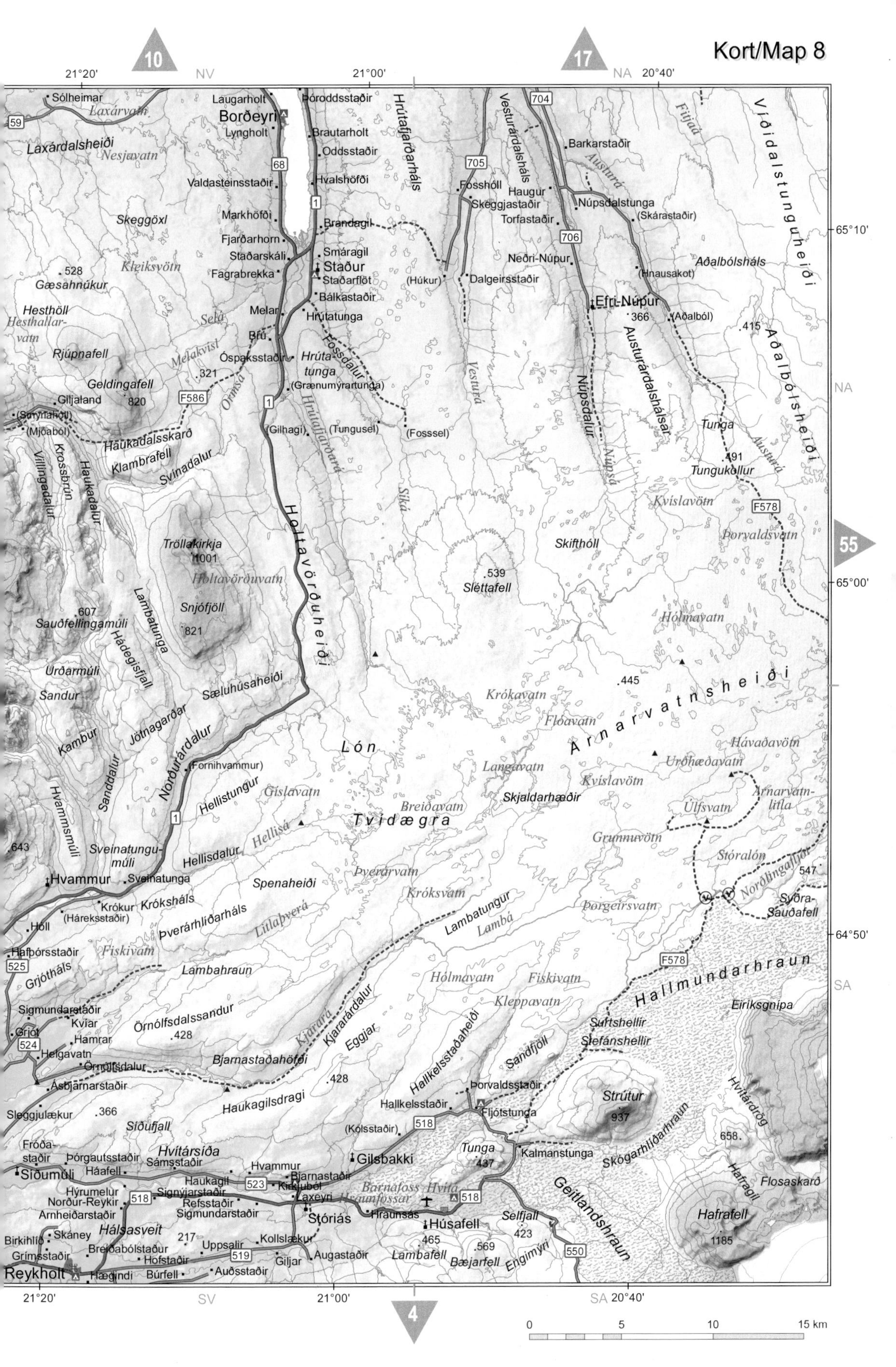
10
17
55
4
NV
NA
SV
SA
21°20'
21°00'
20°40'
65°10'
65°00'
64°50'
Sólheimar
Laxárvatn
Laxárdalsheiði
Nesjavatn
Laugarholt
Borðeyri
Lyngholt
Þóroddsstaðir
Brautarholt
Oddsstaðir
Hvalshöfði
Valdasteinsstaðir
Markhöfði
Brandagil
Fjarðarhorn
Staðarskáli
Smáragil
Staður
Staðarflöt
Fagrabrekka
Bálkastaðir
Hrútatunga
Melar
Brú
Óspaksstaðir
Hrúta-tunga
(Grænumýrartunga)
(Gilhagi)
(Tungusel)
(Fosssel)
Hrútafjarðarháls
Hrútafjarðará
Fossdalur
Vesturárdalsháls
Fosshóll
Skeggjastaðir
Haugur
Torfastaðir
Barkarstaðir
Austurá
Núpsdalstunga
(Skárastaðir)
Neðri-Núpur
(Húkur)
Dalgeirsstaðir
Efri-Núpur
(Hnausakot)
Aðalbólsháls
(Aðalból)
366
.415
Víðidalstunguheiði
Aðalbólsheiði
Fitjaá
Austurárdalsálsar
Núpsdalur
Núpsá
Vesturá
Tunga
.491
Tungukollur
Kvíslavötn
Þorvaldsvatn
Skiftthóll
.539
Sléttafell
Hólmavatn
Skeggöxl
Kleiksvötn
.528
Gæsahnúkur
Hesthöll
Hesthallar-vatn
Selá
Melakvísl
Rjúpnafell
Geldingafell
820
.321
Ormsá
Giljaland
(Sunnuhóll)
(Mjóaból)
Haukadalsskarð
Klambrafell
Svínadalur
Krossbrún
Haukadalur
Villingadalur
Tröllakirkja
1001
Holtavörðuvatn
Holtavörðuheiði
Snjófjöll
821
.607
Sauðfellingamúli
Lambatunga
Hádegisfjall
Urðarmúli
Sandur
Sæluhúsaheiði
Kambur
Jötnagarðar
Norðurárdalur
Sanddalur
(Fornihvammur)
Hellistungur
Gíslavatn
Hvammsmúli
.643
Sveinatungu-múli
Hellisá
Hellisdalur
Hvammur
Sveinatunga
Spenaheiði
Krókur
Krókháls
(Háreksstaðir)
Hóll
Hafþórsstaðir
Þverárhlíðarháls
Litlaþverá
Fiskivatn
Grjótháls
Lambahraun
Lón
Tvídægra
Breiðavatn
Þverárvatn
Króksvatn
Lambatungur
Lambá
Krókavatn
.445
Flóavatn
Arnarvatnsheiði
Langavatn
Kvíslavötn
Skjaldarhæðir
Grunnuvötn
Háavaðavötn
Urðhæðavatn
Úlfsvatn
Arnarvatn-litla
Stóralón
547
Norðlingafljót
Syðra-Sauðafell
Þorgeirsvatn
Hólmavatn
Fiskivatn
Kleppavatn
Hallmundarhraun
Eiríksgnípa
Surtshellir
Stefánshellir
Sandfjöll
Hallkelsstaðaheiði
Kjarará
Kjarárdalur
Eggjar
Sigmundarstaðir
Grjót
Kvíar
Hamrar
Helgavatn
Örnólfsdalur
Örnólfsdalssandur
.428
Bjarnastaðahöfði
Ásbjarnarstaðir
Haukagilsdragi
.428
Þorvaldsstaðir
Hallkelsstaðir
Fljótstunga
Strútur
937
Hvítárdrög
Sleggjulækur
.366
Síðufjall
(Kolsstaðir)
Fróða-staðir
Þorgautsstaðir
Hvítársíða
Sámsstaðir
Síðumúli
Háafell
Hvammur
Gilsbakki
Tunga
437
Kalmanstunga
Skógarhlíðarhraun
658.
Hafragil
Flosaskarð
Haukagil
Bjarnastaðir
Kirkjuból
Barnafoss
Hvíta
Hraunfossar
Hýrumelur
Norður-Reykir
Signýjarstaðir
Refsstaðir
Laxeyri
Sigmundarstaðir
Arnheiðarstaðir
Stóriás
Hraunsás
Húsafell
Selfjall
Geitlandshraun
Hafrafell
1185
Birkihlíð
Skáney
Hálsasveit
217
Kollslækur
Grímsstaðir
Breiðabólstaður
Uppsalir
Hofsstaðir
465
.569
423
Augastaðir
Giljar
Lambafell
Bæjarfell
Engimýri
Reykholt
Hægindi
Búrfell
Auðsstaðir
59
68
1
704
705
706
F578
F586
525
524
518
523
519
550
0
5
10
15 km

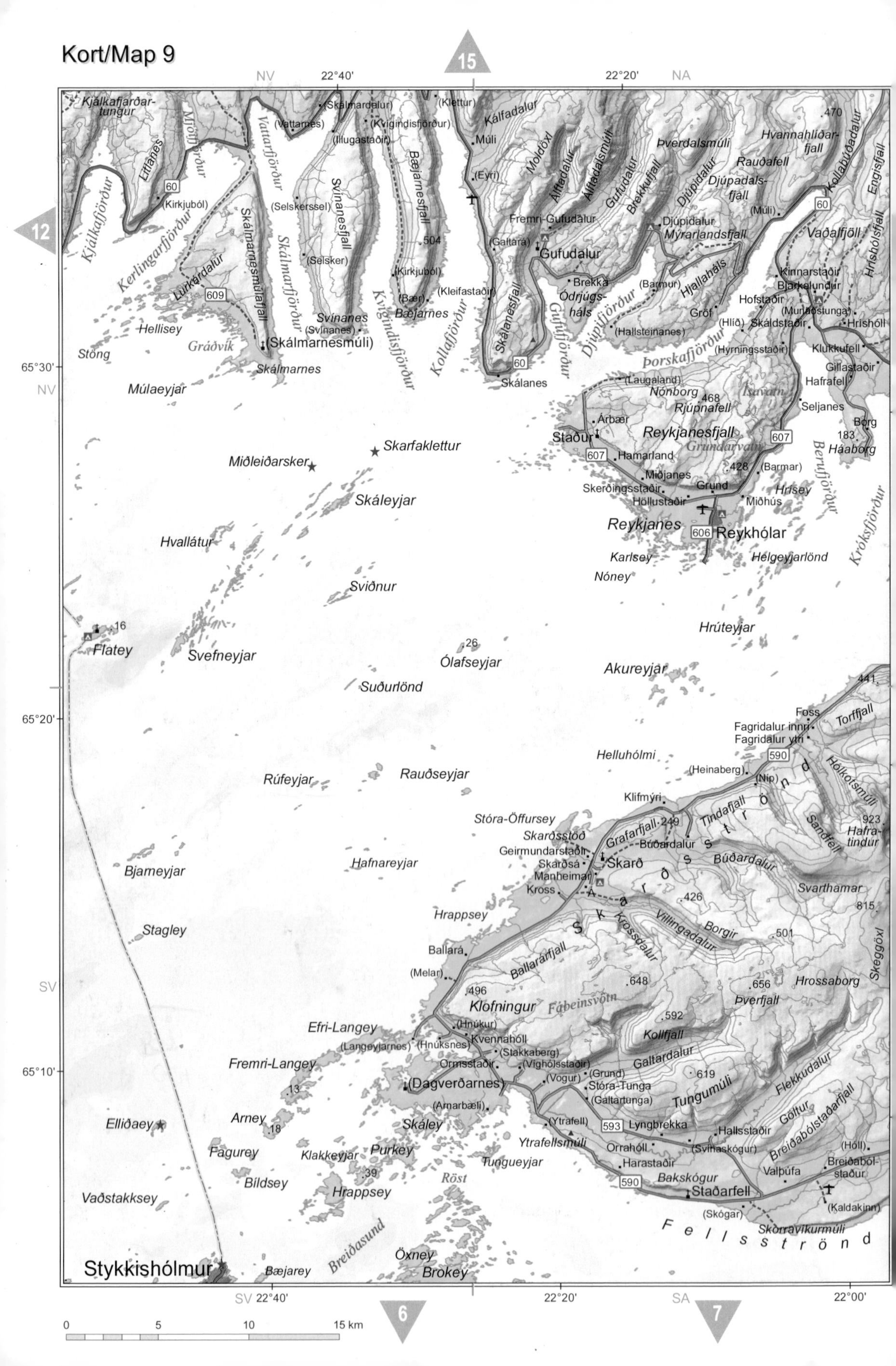
15
12
6
7
NV
NA
SV
SA
22°40'
22°20'
22°00'
65°30'
65°20'
65°10'
Kjálkafjarðar-tungur
Litlanes
Mjóifjörður
Kjálkafjörður
Kerlingarfjörður
Lurkardalur
Vattarfjörður
(Vattarnes)
(Skálmardalur)
(Illugastaðir)
(Kvígindisfjörður)
(Klettur)
Kálfadalur
Múli
(Eyri)
Moldóxl
Álftadalur
Álftadalsmúli
Gufudalur
Brekkufjall
Djúpidalur
Þverdalsmúli
Hvannahlíðar-fjall
Rauðafell
Djúpadals-fjall
Kollabúðadalur
Engisfjall
(Kirkjuból)
(Selskerssel)
Svínanesfjall
Bæjarnesfjall
504
Skálmarnesmúlafjall
Skálmarfjörður
(Selsker)
(Kirkjuból)
(Bær)
(Kleifastaðir)
Bæjarnes
Svínanes
(Svínanes)
Kvígindisfjörður
Kollafjörður
Fremri-Gufudalur
(Galtará)
Gufudalur
Djúpidalur
Mýrarlandsfjall
(Múli)
Vaðalfjöll
Hrísholsfjall
470
Brekka
Ódrjúgs-háls
(Barmur)
Hjallaháls
Kinnarstaðir
Bjarkalundur
Hofstaðir
(Munaðstunga)
Hrishóll
Gröf
(Hlíð)
Skáldstaðir
Klukkufell
(Hallsteinanes)
(Hyrningsstaðir)
Gillastaðir
Hafrafell
Seljanes
Skálanesfjall
Gufufjörður
Djúpifjörður
Þorskafjörður
609
60
607
606
590
593
Hellisey
Stöng
Gráðvík
(Skálmarnesmúli)
Skálmarnes
Skálanes
Múlaeyjar
(Laugaland)
Nónborg
468
Rjúpnafell
Ísavatn
Árbær
Staður
Reykjanesfjall
Grundarvatn
Borg
183
Háaborg
Hamarland
Berufjörður
Miðleiðarsker
Skarfaklettur
Miðjanes
.428
(Barmar)
Skerðingsstaðir
Grund
Hrísey
Höllustaðir
Miðhús
Skáleyjar
Reykjanes
Reykhólar
Króksfjörður
Hvallátur
Karlsey
Helgeyjarlönd
Nóney
Sviðnur
Hrúteyjar
16
Flatey
Svefneyjar
.26
Ólafseyjar
Akureyjar
Suðurlönd
441
Foss
Torffjall
Fagridalur innri
Fagridalur ytri
Helluhólmi
(Heinaberg)
(Níp)
Hólkotsmúli
Rúfeyjar
Rauðseyjar
Klifmýri
Tindafjall
Stóra-Öffursey
Skarðsstöð
Grafarfjall
249
Sandfell
923
Hafra-tindur
Geirmundarstaðir
Búðardalur
Skarð
Búðardalur
Skarðsá
Manheimar
Kross
Hafnareyjar
Bjarneyjar
Svarthamar
426
815
Skarðsströnd
Hrappsey
Krossdalur
Villingadalur
Borgir
501
Stagley
Ballará
Ballarárfjall
(Melar)
496
.648
.656
Hrossaborg
Skeggöxl
Klofningur
Fábeinsvötn
Þverfjall
.592
Efri-Langey
(Hnúkur)
Kollfjall
(Langeyjarnes)
(Hnúksnes)
Kvennahóll
(Stakkaberg)
Galtardalur
Flekkudalur
Fremri-Langey
Ormsstaðir
(Vígholsstaðir)
(Grund)
(Vogur)
Stóra-Tunga
.619
13
(Dagverðarnes)
(Galtartunga)
Tungumúli
(Arnarbæli)
Arney
Skáley
(Ytrafell)
Lyngbrekka
Hallsstaðir
Göltur
Elliðaey
18
Breiðabólstaðarfjall
Ytrafellsmúli
Fagurey
Klakkeyjar
Purkey
Orrahóll
(Svínaskógur)
(Hóll)
Tungueyjar
Harastaðir
Valþúfa
Breiðaból-staður
39
Röst
Bildsey
Bakskógur
Staðarfell
Vaðstakksey
Hrappsey
(Kaldakinn)
(Skógar)
Skorravíkurmúli
Fellsströnd
Breiðasund
Öxney
Stykkishólmur
Bæjarey
Brokey
0
5
10
15 km

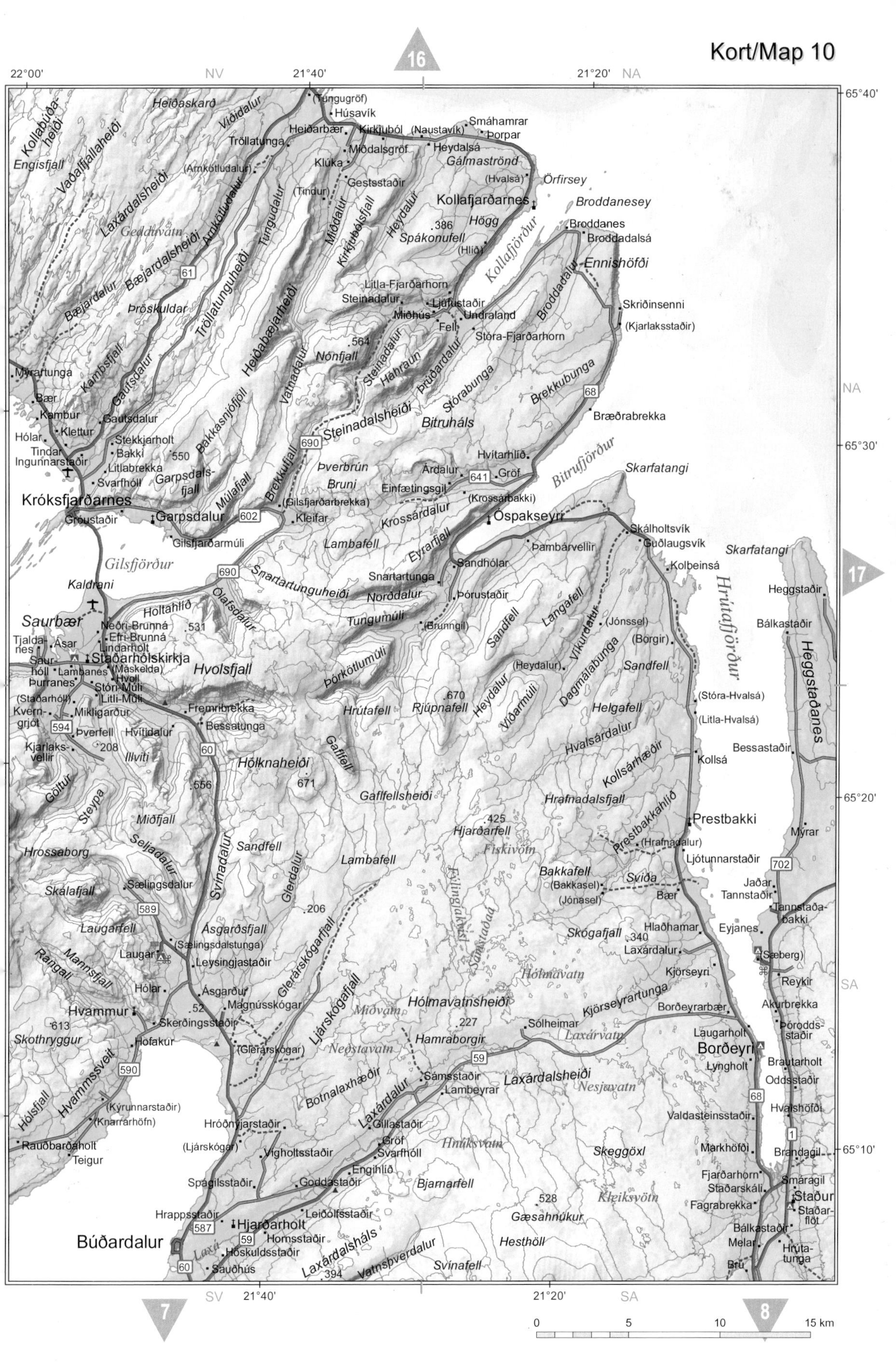
16
17
7
8
22°00'
NV
21°40'
21°20'
NA
65°40'
65°30'
65°20'
65°10'
SV
SA
0
5
10
15 km
Heiðaskarð
Kollabúðaheiði
Víðidalur
(Tungugröf)
Húsavík
Heiðarbær
Kirkjuból
(Naustavík)
Smáhamrar
Þorpar
Tröllatunga
Miðdalsgröf
Heydalsá
Gálmaströnd
Engisfjall
Vaðalfjallaheiði
(Arnkötludalur)
Klúka
Gestsstaðir
(Hvalsá)
Örfirsey
Laxárdalsheiði
Arnkötludalur
Tungudalur
(Tindur)
Miðdalur
Kirkjubólsfjall
Heydalur
Kollafjarðarnes
Broddanesey
Geddavatn
Bæjardalsheiði
.386
Högg
Broddanes
Spákonufell
Broddadalsá
(Hlíð)
Kollafjörður
Ennishöfði
61
Tröllatunguheiði
Bæjardalur
Þröskuldar
Heiðabæjarheiði
Litla-Fjarðarhorn
Steinadalur
Ljúfustaðir
Broddadalur
Skriðinsenni
Miðhús
Undraland
Fell
Stóra-Fjarðarhorn
(Kjarlaksstaðir)
.564
Nónfjall
Steinadalur
Hahraun
Þrúðardalur
Stórabunga
Brekkubunga
Mýrartunga
Kambsfjall
Gautsdalur
Vatnadalur
Bær
68
Kambur
Gautsdalur
Bakkasnjóföll
Steinadalsheiði
Bitruháls
Bræðrabrekka
Klettur
Hólar
Stekkjarholt
690
Tindar
Bakki
.550
Hvítarhlíð
Bitrufjörður
Ingunnarstaðir
Litlabrekka
Þverbrún
Skarfatangi
Garpsdalsfjall
Múlafjall
Brekkufjall
Árdalur
641
Gröf
Svarfhóll
Bruni
Einfætingsgil
Króksfjarðarnes
(Gilsfjarðarbrekka)
(Krossárbakki)
Krossárdalur
Óspakseyri
Gróustaðir
Garpsdalur
602
Kleifar
Skálholtsvík
Guðlaugsvík
Gilsfjarðarmúli
Lambafell
Eyrarfjall
Þambárvellir
Skarfatangi
Gilsfjörður
Kolbeinsá
Sandhólar
690
Snartartunga
Snartartunguheiði
Hrútafjörður
Kaldrani
Heggstaðir
Holtahlíð
Ólafsdalur
Norðdalur
Þórustaðir
Langafell
Saurbær
Tungumúli
(Jónssel)
Bálkastaðir
Neðri-Brunná
.531
(Brunngil)
Víkurdalur
Tjaldanes
Efri-Brunná
Sandfell
(Borgir)
Heggstaðanes
Ásar
Lindarholt
Staðarhólskirkja
Dagmálabunga
Saurhóll
Lambanes
(Máskelda)
Hvolsfjall
(Heydalur)
Sandfell
Hvoll
Þurranes
Stóri-Múli
Þorkötlumúli
Heydalur
(Staðarhóll)
Litli-Múli
.670
Víðarmúli
(Stóra-Hvalsá)
Kverngrjót
Mikligarður
Fremribrekka
Hrútafell
Rjúpnafell
Helgafell
594
Bessatunga
(Litla-Hvalsá)
Þverfell
Hvítidalur
Kjarlaksvellir
.208
Gaflfell
Hvalsárdalur
Illviti
60
Bessastaðir
Hólknaheiði
Kollsá
Kollsárhæðir
.556
Göltur
.671
Gaflfellsheiði
Hrafnadalsfjall
Steypa
Prestbakki
Miðfjall
.425
Prestbakkahlíð
Mýrar
Hjarðarfell
Seljadalur
Fiskivötn
(Hrafnadalur)
Sandfell
Hrossaborg
Ljótunnarstaðir
Gerðalur
Lambafell
702
Bakkafell
Svínadalur
Sviða
Sælingsdalur
Jaðar
(Bakkasel)
Skálafjall
Fýlingakvísl
Tannstaðir
(Jónasel)
Bær
589
.206
Tannstaðabakki
Laugarfell
Ásgarðsfjall
Glerárskógarfjall
Hlaðhamar
Eyjanes
Skógafjall
.340
Sámsstaðaá
(Sælingsdalstunga)
Laxárdalur
Laugar
Leysingjastaðir
Sæberg
Rangali
Mannsfjall
Hólmavatn
Kjörseyri
Reykir
Hólar
Ásgarður
Glerárskógar
Ljárskógafjall
Kjörseyrartunga
Akurbrekka
.52
Magnússkógar
Hólmavatnsheiði
Borðeyrarbær
Hvammur
Miðvatn
Þórodds-staðir
.613
Skerðingsstaðir
.227
Sólheimar
Skothryggur
Hofakur
Hamraborgir
Laxárvatn
Laugarholt
(Glerárskógar)
Neðstavatn
Borðeyri
Hvammssveit
59
Brautarholt
590
Lyngholt
Oddsstaðir
Sámsstaðir
Laxárdalsheiði
Nesjavatn
Lambeyrar
68
Botnalaxhæðir
(Kýrunnarstaðir)
Laxárdalur
Hvalshöfði
Hólsfjall
(Knarrarhöfn)
Valdasteinsstaðir
Hróðnýjarstaðir
Gillastaðir
1
Gröf
Rauðbarðaholt
Hnúksvatn
(Ljárskógar)
Svarfhóll
Skeggöxl
Markhöfði
Brandagil
Teigur
Vigholtsstaðir
Engihlíð
Fjarðarhorn
Smáragil
Spágilsstaðir
Goddastaðir
Bjarnarfell
Staðarskáli
.528
Kleiksvötn
Staður
Fagrabrekka
Staðarflöt
Hrappsstaðir
Hjarðarholt
Leiðólfsstaðir
Gæsahnúkur
587
Bálkastaðir
Hornsstaðir
59
Búðardalur
Laxá
Höskuldsstaðir
Laxárdalsháls
Hesthöll
Melar
Hrútatunga
Vatnsþverdalur
Svínafell
60
Sauðhús
.394
Brú
21°40'
21°20'

Kort/Map 11

24°40'
NV
24°20'
24°00'
NA
(Arnarnes)
Dýrafjörður
Hafnarnes
(Svalvogar)
(Hraun)
Hamar
Helgafell
622
Eyrarfjall
Keldudalur
Sléttanes
Tóarfjall
Hvanntó
65°50'
Djúpidalur
Skjöldur
Þverfjall
Lokinhamrar
(Hrafnabjörg)
Veturlandafjall
Kópanes
NV
458
Stapadalur
Kópur
Selárdalsfjall
Blesafjall
(Selárdalur)
Neðribær
(Álftamýri)
Uppsalafjall
(Uppsalir)
Arnarfjörður
Selárdalshlíðar
Fífustaðir
619
Miðmundahorn
.509
Kirkjubólsnúpur
Breiðufjöll
Fífustaðadalur
Grænahlíð
Selárdalsheiði
Klúkuhvilft
(Hóll)
Skjöldur
Feigsdalur
(Hringsdalur)
Litladalshorn
Krossi
Sellátrafjall
Fremrihvesta
Hvestunúpur
65°40'
(Sellátrar)
Hvestudalur
Tálknafjörður
Kvígindisfell
.674
Fagridalur
Þverfell
Patreksfjörður
Bíldudalsfjall
Blakknes
(Stóri-Laugardalur)
63
Tálkni
Hálfdán
Hænuvíkurhlíðar
468
Miðaftanshorn
617
Sveinseyri
Bæjarfjall
Kollsvík
Lambeyrarháls
Tálknafjörður
Tunguheiði
Hálfdánarfell
Hreggnasi
Hænuvíkurháls
Hænuvík
Innstatunga
Láginúpur
Skjöldur
Lambeyri
Gileyri
Vatnadalur
Eysteinseyri
Gjögrafjall
615
Vatneyri
Patreksfjörður
Tunguheiði
Dufansdalsheiði
Breiður
Fagrihvammur
Veturlandafjall
Hjallatún
Neðritunga
Örlygshöfn
Breiðavík
(Efritunga)
Kóngshæð
Botnsdalur
Miðvörðuheiði
Breiðavík
Hafnarfjall
Geitagil
Hnjótur
Vatnsdalur
63
612
Botnaheiði
.588
Bjarnarnúpur
Kvígindisdalur
62
Kjölur
Miklidalur
Hvallátur
.425
Svörtuloft
Hnjótsheiði
Vatnsdalsfjall
Kvígindisháls
Skersháls
Látravík
(Vesturbotn)
612
Látradalur
Stæður
(Sauðlauksdalur)
SV
Brunnahæð
Hvalsker
Þverhlíð
Látraröst
.458
Dalsfjall
65°30'
Arnarnúpur
Skápadalsmúli
Bjargtangar
Miðmundahæð
Kerlingarháls
(Skápadalur)
Látrabjarg
Látraheiði
Sandsfjöll
614
612
Kleifaheiði
62
Keflavík
Lambavatn
Skápadalsfjall
Brimnes
(Stakkar)
Rauðasandur
(Saurbær)
Stórhæð
Mikilidalur
Mábergsfjall
Sandsheiði
Bæjarvaðall
(Máberg)
(Haukaberg)
Holtsdalur
Oddavatn
611
Melanes
Skriðnafellsnúpur
Stóravatn
Skarðabrún
.657
(Hreggstaðir)
(Sjöundá)
Flatafjall
Selsker
663
(Siglunes)
Skor
Napi
Fossdalur
Stálfjall
Sigluneshlíðar
Ytranes
24°20'
SV
24°00'
SA
23°40'
0
5
10
15 km

Bird Cliff

red sand beach

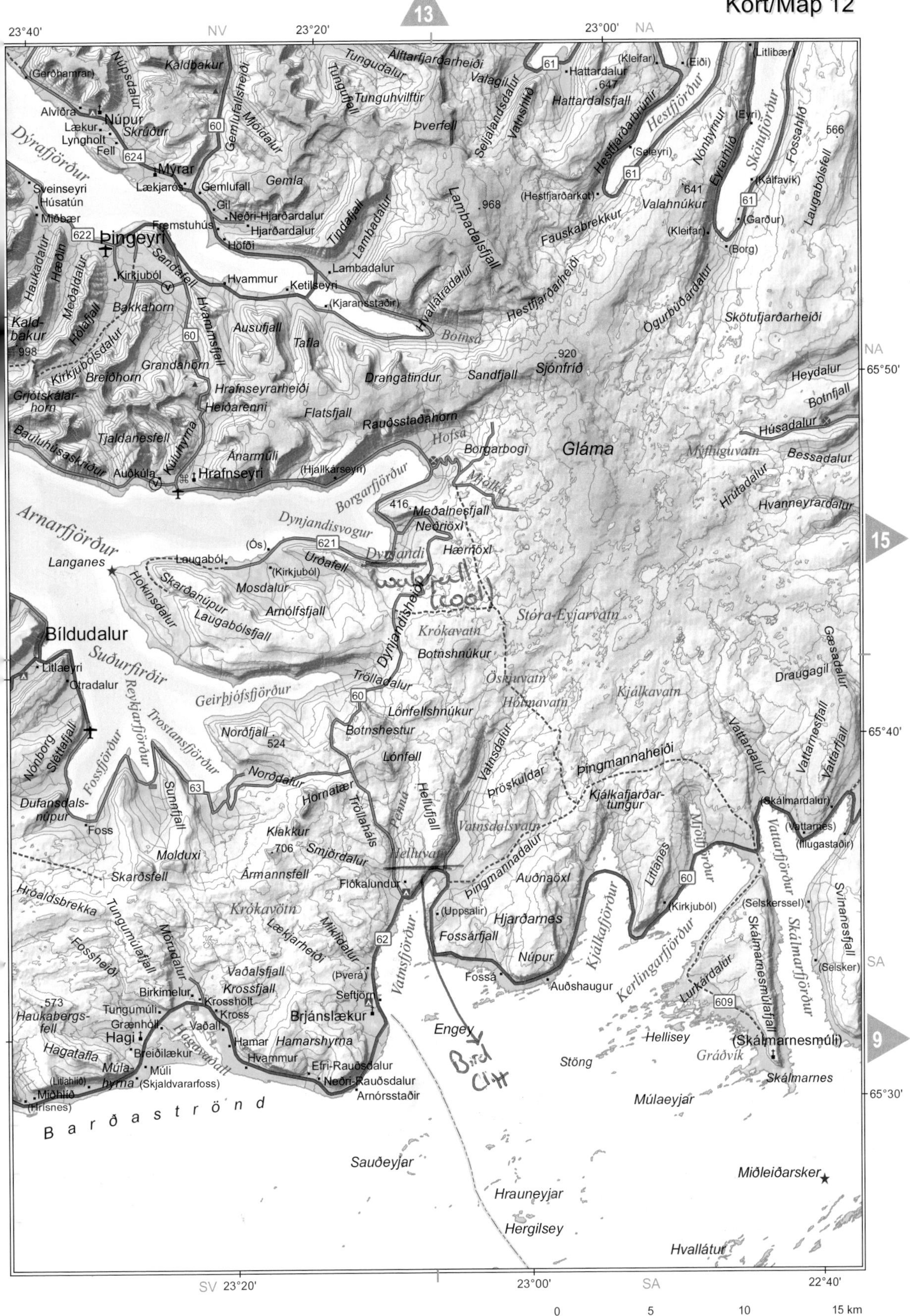

13
15
9
23°40'
NV
23°20'
23°00'
NA
65°50'
65°40'
65°30'
SV 23°20'
23°00'
SA
22°40'
0
5
10
15 km
Dýrafjörður
Arnarfjörður
Borgarfjörður
Dynjandisvogur
Suðurfirðir
Geirþjófsfjörður
Reykjarfjörður
Trostansfjörður
Fossfjörður
Vatnsfjörður
Kjálkafjörður
Kerlingarfjörður
Mjóifjörður
Vattarfjörður
Skálmarfjörður
Hestfjörður
Skötufjörður
Barðaströnd
Þingeyri
Hrafnseyri
Bíldudalur
Hagi
Brjánslækur
Flókalundur
Gláma
Sjónfríð
.920
Kaldbakur
Núpsdalur
Núpur
Skrúður
Alviðra
Lækur
Lyngholt
Fell
Mýrar
Lækjarós
Gemlufall
Gemla
Gil
Neðri-Hjarðardalur
Hjarðardalur
Höfði
Fremstuhús
Sveinseyri
Húsatún
Miðbær
Haukadalur
Hæðin
Meðaldalur
Hólafjall
Kirkjuból
Sandafell
Bakkahorn
Kaldbakur
998
Kirkjubólsdalur
Grandahorn
Breiðhorn
Grjótskálarhorn
Bauluhúsaskriður
Tjaldanesfell
Auðkúla
Kúlurhyrna
Ánarmúli
Hvamnsfjall
Hvammur
Ketilseyri
Lambadalur
(Kjaransstaðir)
Ausufjall
Tafla
Hrafnseyrarheiði
Heiðarenni
Flatsfjall
Drangatindur
Sandfjall
Rauðsstaðahorn
Hofsá
Borgarbogi
Mjólká
(Hjallkárseyri)
416.
Meðalnesfjall
Neðriöxl
Hærriöxl
(Ós)
Laugaból
Langanes
(Kirkjuból)
Urðafell
Dynjandi
Skarðanúpur
Hokinsdalur
Mosdalur
Laugabólsfjall
Arnólfsfjall
Dynjandisheiði
Krókavatn
Botnshnúkur
Stóra-Eyjarvatn
Öskjuvatn
Hólmavatn
Kjálkavatn
Trölladalur
Lónfellshnúkur
Botnshestur
Lónfell
Norðfjall
524
Norðdalur
Litlaeyri
Otradalur
Nónborg
Sléttafjall
Dufansdalsnúpur
Foss
Sunnfjall
Molduxi
Skarðsfell
Hornatær
Tröllaháls
Penna
Helfufjall
Klakkur
.706
Smjördalur
Ármannsfell
Hellluvatn
Vatnsdalur
Þröskuldar
Vatnsdalsvatn
Þingmannaheiði
Kjálkafjarðartungur
Þingmannadalur
Auðnaöxl
(Uppsalir)
Hjarðarnes
Fossárfjall
Núpur
Fossá
Auðshaugur
Litlanes
(Kirkjuból)
Krókavötn
Lækjarheiði
Mikilidalur
Hróaldsbrekka
Tungumúlafjall
Mórudalur
Fossheiði
Vaðalsfjall
Krossfjall
(Þverá)
Seftjörn
Birkimelur
Krossholt
Kross
Tungumúli
Grænhóll
Vaðall
Hamar
Hamarshyrna
Hvammur
Haukabergsfell
573
Hagatafla
Breiðilækur
Múlahyrna
Múli
(Skjaldvarfoss)
Hagavaðall
Efri-Rauðsdalur
Neðri-Rauðsdalur
Arnórsstaðir
(Litlahlíð)
Miðhlíð
(Hrísnes)
Engey
Sauðeyjar
Hrauneyjar
Hergilsey
Stöng
Hellisey
Múlaeyjar
Gráðvík
Skálmarnes
(Skálmarnesmúli)
Skálmarnesmúlafjall
Lurkardalur
Miðleiðarsker
Hvallátur
(Selskerssel)
(Selsker)
Svínanesfjall
(Skálmardalur)
(Vattarnes)
(Illugastaðir)
Vattardalur
Vattarnesfjall
Vattarfjall
Draugagil
Gæsadalur
Heydalur
Botnfjall
Húsadalur
Bessadalur
Mýfluguvatn
Hrútadalur
Hvanneyrardalur
Skötufjarðarheiði
Ögurbúðardalur
Hestfjarðarheiði
Fauskabrekkur
Lambadalsfjall
Lambadalur
Tindafjall
.968
Hvallátradalur
Botnsá
Tungudalur
Tungufjall
Tunguhvilftir
Álftarfjarðarheiði
Valagil
Þverfell
Seljalandsdalur
Vatnshlíð
Gemlufallsheiði
Mjóidalur
Hattardalur
.647
Hattardalsfjall
(Kleifar)
(Eiði)
(Litlibær)
Hestfjarðarbrúnir
(Seleyri)
(Hestfjarðarkot)
Nónhyrnur
Valahnúkur
641
Eyrarhlíð
(Eyri)
(Kleifar)
(Garður)
(Borg)
(Kálfavík)
Fossahlíð
566
Laugabólsfell
60
61
62
63
609
621
622
624
Bird Cliff

Kort/Map 13

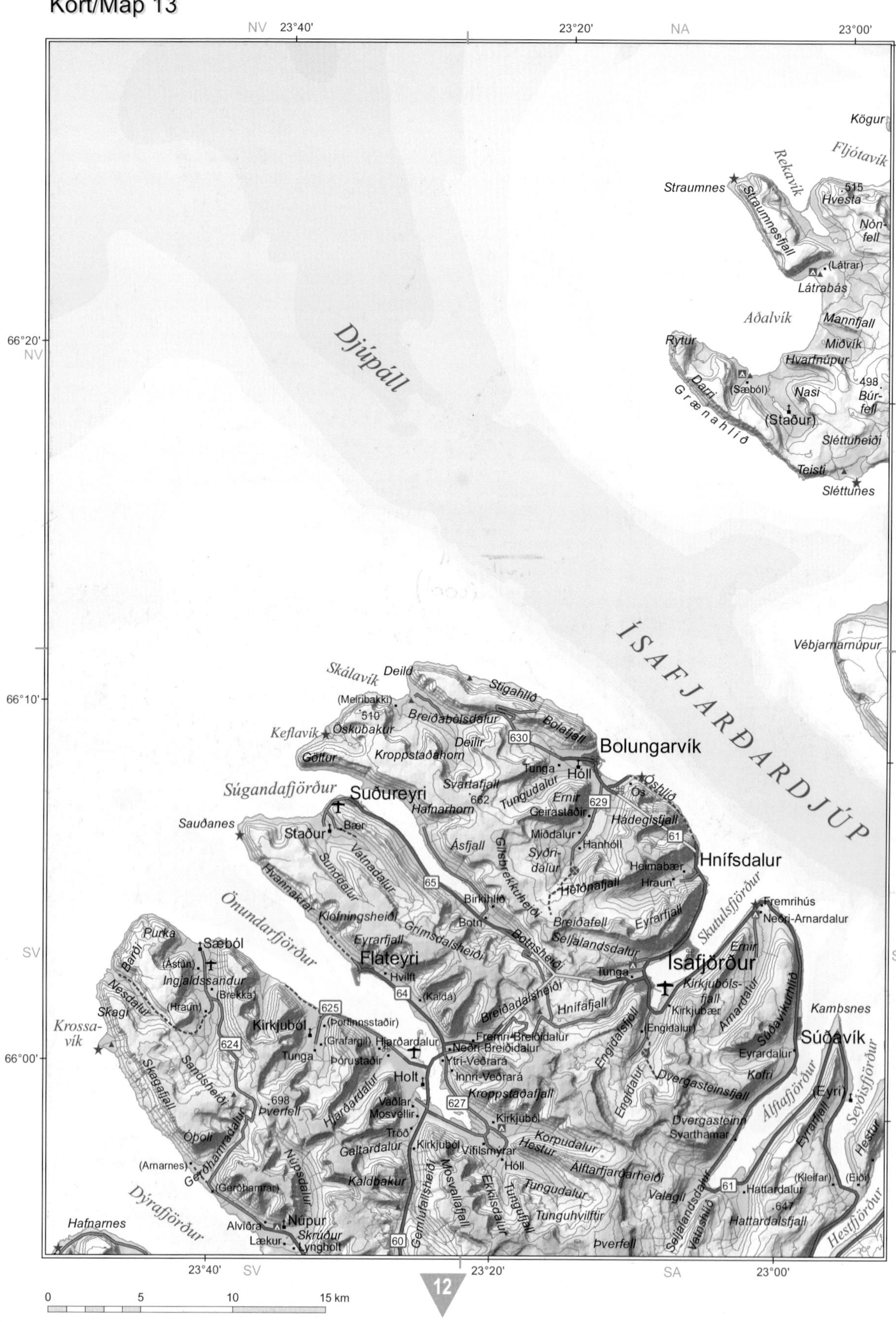

NV
23°40'
23°20'
NA
23°00'
Kögur
Fljótavík
Rekavík
Straumnes
Straumnesfjall
515
Hvesta
Nón-
fell
(Látrar)
Látrabás
Aðalvík
Mannfjall
Miðvík
Hvarfnúpur
498
Búr-
fell
Rytur
(Sæból)
Darri
Nasi
Grænahlíð
(Staður)
Sléttuheiði
Teisti
Sléttunes
66°20'
Djúpáll
ÍSAFJARÐARDJÚP
Vébjarnarnúpur
66°10'
Skálavík
Deild
Stigahlíð
(Meiribakki)
510
Breiðabólsdalur
Bolafjall
Keflavík
Óskubakur
Deilir
630
Bolungarvík
Göltur
Kroppstaðahorn
Tunga
Hóll
Súgandafjörður
Suðureyri
Svartafjall
Tungudalur
Ós
Óshlíð
662
Ernir
629
Sauðanes
Hafnarhorn
Geirastaðir
Hádegisfjall
Staður
Bær
Miðdalur
61
Vatnadalur
Ásfjall
Gilsbrekkuheiði
Hanhóll
Sunddalur
Syðri-
dalur
Hnífsdalur
Heimabær
Hvannahlíð
65
Hraun
Birkihlíð
Heiðnafjall
Fremrihús
Önundarfjörður
Klofningsheiði
Skutulsfjörður
Neðri-Arnardalur
Botn
Breiðafell
Eyrarfjall
Grímsdalsheiði
Botnsheiði
Seljalandsdalur
Ernir
Purka
Sæból
Eyrarfjall
Flateyri
Ísafjörður
Barði
(Ástún)
Tunga
Kirkjubólsfjall
Ingjaldssandur
Hvilft
Nesdalur
(Brekka)
64
(Kaldá)
Súðavíkurhlíð
(Hraun)
Hnífafjall
Arnardalur
Kambsnes
Skagi
625
Breiðadalsheiði
Kirkjubær
Krossa-
vík
Kirkjuból
(Þorfinnsstaðir)
Fremri-Breiðidalur
(Engidalur)
Súðavík
Engidalsfjöll
624
(Grafargil)
Hjarðardalur
Neðri-Breiðidalur
Eyrardalur
66°00'
Tunga
Þórustaðir
Ytri-Veðrará
Kofri
Sandsheiði
Holt
Innri-Veðrará
Dvergasteinsfjall
Skagafjall
698
Þverfell
Kroppstaðafjall
Engidalur
Hjarðardalur
Vaðlar
(Eyri)
Mosvellir
627
Dvergasteinn
Álftafjörður
Seyðisfjörður
Svarthamar
Kirkjuból
Eyrarfjall
Öþoli
Gerðhamradalur
Tröð
Hestur
Galtardalur
Kirkjuból
Hestur
Vífilsmýrar
Korpudalur
Núpsdalur
(Arnarnes)
Hóll
Álftarfjarðarheiði
(Kleifar)
(Eiði)
Gerðhamrar
Kaldbakur
Mosvallafjall
Tungudalur
Valagil
61
Hattardalur
(Gerðhamrar)
Dýrafjörður
Ekkilsdalur
Seljalandsdalur
647
Hestfjörður
Gemlufallsheiði
Tunguhvilftir
Vatnshlíð
Hattardalsfjall
Hafnarnes
Alviðra
Núpur
Tungufjall
Skrúður
Lækur
60
Þverfell
Lyngholt
23°40'
SV
23°20'
SA
23°00'
12
0
5
10
15 km

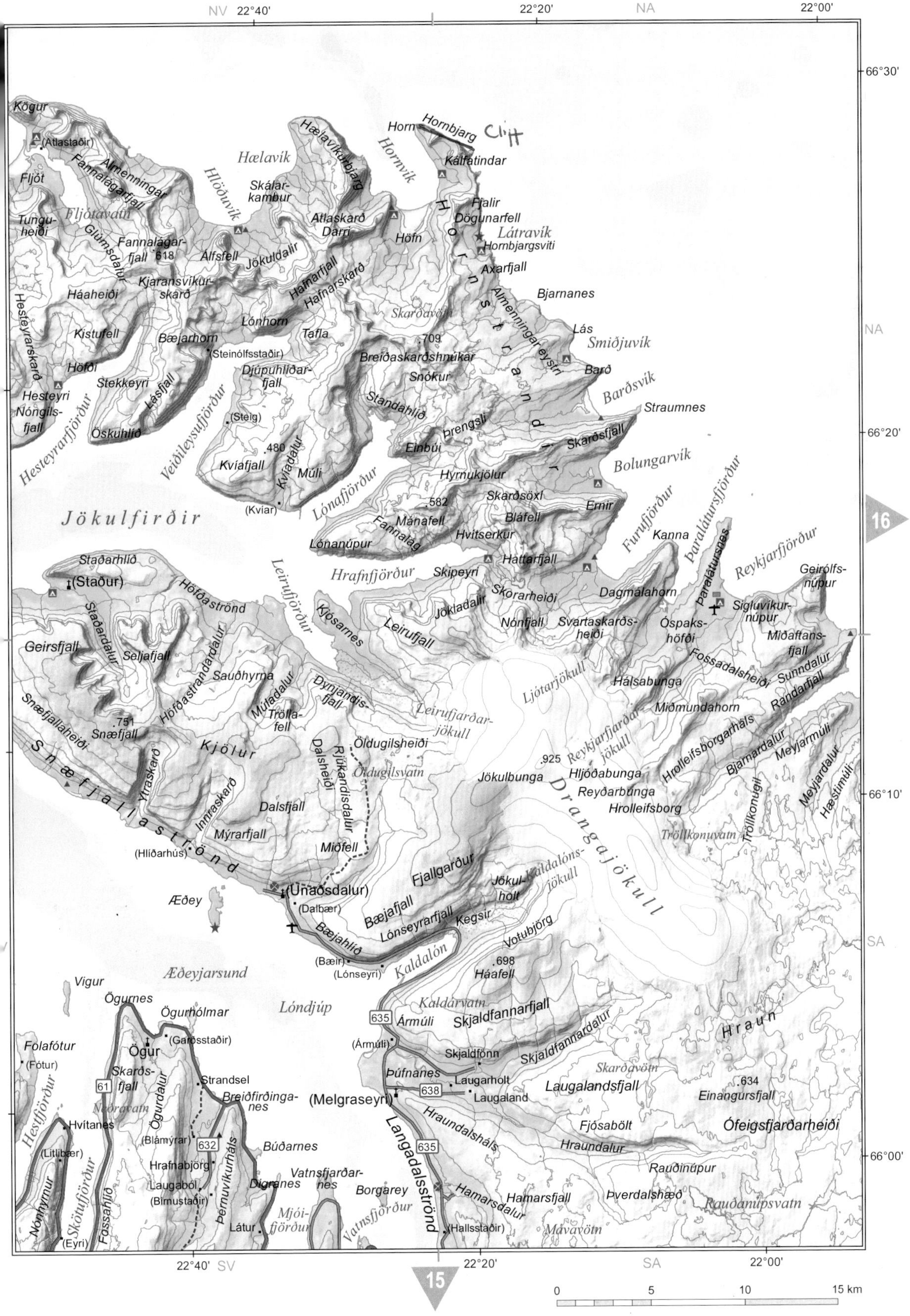

NV 22°40' 22°20' NA 22°00'

66°30'

Kögur
(Atlastaðir)
Almenningar
Fannalágarfjall
Fljót
Fljótavatn
Tunguheiði
Glúmsdalur
Fannalágarfjall 618
Hælavík
Hlöðuvík
Hælavíkurbjarg
Skálarkambur
Hornvík
Horn
Hornbjarg
Kálfatindar
Fjalir
Dögunarfell
Látravík
Hornbjargsviti
Atlaskarð
Darri
Höfn
Álfsfell
Jökuldalir
Hafnarfjall
Hafnarskarð
Kjaransvíkurskarð
Háaheiði
Hesteyrarskarð
Kistufell
Lónhorn
Tafla
Skarðavötn
Axarfjall
Bjarnanes
Almenningar eystri
Hornstrandir
Lás
Smiðjuvík
Bærjarhorn
(Steinólfsstaðir)
Djúpuhlíðarfjall
.709
Breiðaskarðshnúkar
Snókur
Barð
Barðsvík
Höfði
Stekkeyri
Hesteyri
Nónglisfjall
Lásfjall
Straumnes
Standahlíð
Hesteyrarfjörður
Veiðileysufjörður
(Steig)
Öskuhlíð
Þrengsli
Einbúi
Skarðsfjall
66°20'
Kvíafjall
.480
Kvíadalur
Múli
Bolungarvík
Lónafjörður
Hyrnukjölur
(Kvíar)
.582
Skarðsöxl
Jökulfirðir
Mánafell
Fannalág
Bláfell
Ernir
Furufjörður
Þaralátursfjörður
Lónanúpur
Hvítserkur
Kanna
Þaralátursnes
Reykjarfjörður
16
Staðarhlíð
(Staður)
Hrafnfjörður
Skipeyri
Hattarfjall
Geirólfsnúpur
Höfðaströnd
Leirufjörður
Skorarheiði
Dagmálahorn
Staðardalur
Kjósarnes
Jökladalir
Leirufjall
Nónfjall
Svartaskarðsheiði
Óspakshöfði
Sigluvíkurnúpur
Geirsfjall
Seljafjall
Miðaftansfjall
Fossadalsheiði
Sauðhyrna
Höfðastrandardalur
Dynjandisfjall
Ljótarjökull
Hálsabunga
Sunndalur
Múladalur
Tröllafell
Leirufjarðarjökull
Miðmundahorn
Randarfjall
Snæfjallaheiði
.751
Snæfjall
Kjölur
Öldugilsheiði
Reykjarfjarðarjökull
Hrolleifsborgarháls
Bjarnardalur
Meyjarmúli
Rjúkandisdalur
Dalsheiði
Öldugilsvatn
.925
Hljóðabunga
Meyjardalur
Hæstimúli
Ytraskarð
Snæfjallaströnd
Innraskarð
Jökulbunga
Drangajökull
Reyðarbunga
Hrolleifsborg
66°10'
Dalsfjall
Tröllkonugil
Tröllkonuvatn
Mýrarfjall
Miðfell
(Hlíðarhús)
Fjallgarður
Jökulholt
Kaldalónsjökull
Æðey
(Unaðsdalur)
(Dalbær)
Bæjafjall
Lónseyrarfjall
Kegsir
Bæjahlíð
Votubjörg
(Bæir)
(Lónseyri)
Kaldalón
.698
Háafell
SA
Æðeyjarsund
Vigur
Ögurnes
Ögurhólmar
Lóndjúp
Kaldárvatn
635
Ármúli
Skjaldfannarfjall
Hraun
Folafótur
(Fótur)
Ögur
(Garðsstaðir)
(Ármúli)
Skjaldfönn
Skjaldfannardalur
Skarðsfjall
Þúfnanes
Skarðavötn
61
Ögurdalur
Strandsel
Laugarholt
.634
Breiðfirðinganes
(Melgraseyri)
638
Laugaland
Laugalandsfjall
Einangursfjall
Nóravatn
Hvítanes
Hestfjörður
Langadalsströnd
Hraundalsháls
Fjósaból
Ófeigsfjarðarheiði
(Blámýrar)
632
Búðarnes
635
Hraundalur
66°00'
(Litlibær)
Skötufjörður
Hrafnabjörg
Þernuvíkurháls
Vatnsfjarðarnes
Rauðinúpur
Laugaból
(Birnustaðir)
Digranes
Borgarey
Hamarsdalur
Hamarsfjall
Þverdalshæð
Rauðanúpsvatn
Nónhyrnur
Fossahlíð
Mjóifjörður
Vatnsfjörður
Látur
(Hallsstaðir)
Mávavötn
(Eyri)

22°40' SV 22°20' SA 22°00'

15

0 5 10 15 km

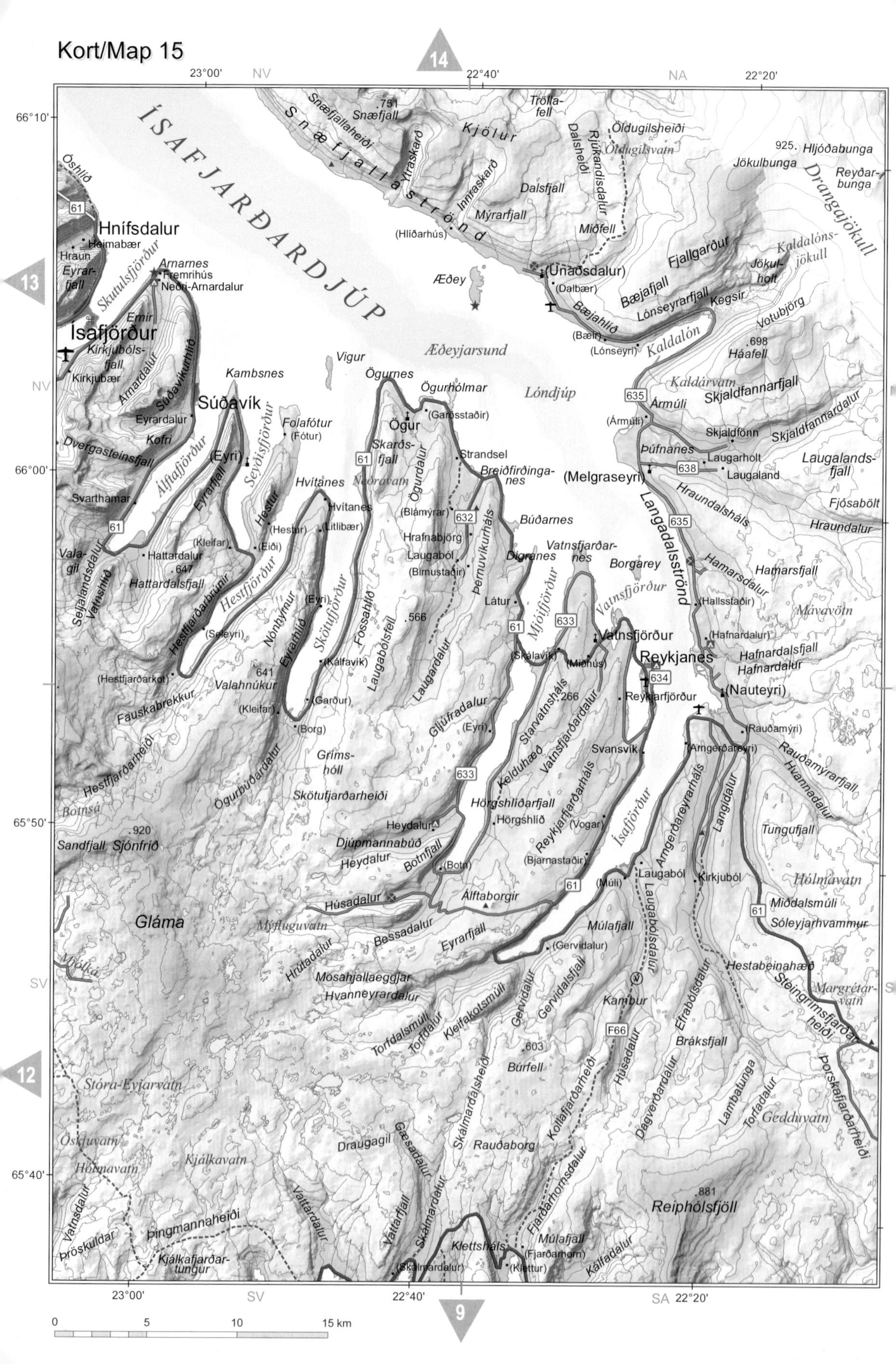
Kort/Map 15
14
13
12
9
23°00'
22°40'
22°20'
66°10'
66°00'
65°50'
65°40'
NV
NA
SV
SA
ÍSAFJARÐARDJÚP
Snæfjallaströnd
Snæfjallaheiði
Snæfjall
751
Kjölur
Tröllafell
Ytraskarð
Innraskarð
Dalsheiði
Rjúkandisdalur
Öldugilsheiði
Öldugilsvatn
Dalsfjall
Mýrarfjall
Miðfell
(Hlíðarhús)
925
Hljóðabunga
Jökulbunga
Reyðarbunga
Drangajökull
Kaldalónsjökull
Jökulholt
Fjallgarður
Bæjafjall
(Unaðsdalur)
(Dalbær)
Bæjahlíð
Lónseyrarfjall
Kegsir
Votubjörg
(Bær)
(Lónseyri)
Kaldalón
698
Háafell
Kaldárvatn
Skjaldfannarfjall
Skjaldfannardalur
Æðey
Æðeyjarsund
Vigur
Ögurnes
Ögurhólmar
Lóndjúp
Óshlíð
61
Hnífsdalur
Heimabær
Hraun
Eyrarfjall
Skutulsfjörður
Arnarnes
Fremrihús
Neðri-Arnardalur
Ernir
Ísafjörður
Kirkjubólsfjall
Kirkjubær
Arnardalur
Súðavíkurhlíð
Kambsnes
Súðavík
Eyrardalur
Kofri
Dvergasteinsfjall
Álftafjörður
(Eyri)
Eyrarfjall
Seyðisfjörður
Folafótur
(Fótur)
Ögur
(Garðsstaðir)
Skarðsfjall
Strandsel
Ögurdalur
Neðravatn
Hvítanes
Breiðfirðinganes
635
Ármúli
(Ármúli)
Skjaldfönn
Þúfnanes
Laugarholt
638
Laugaland
(Melgraseyri)
Laugalandsfjall
Fjósaból
Hraundalshals
Hraundalur
Langadalsströnd
Svarthamar
Hestur
(Hestur)
(Litlibær)
(Blámýrar)
632
Búðarnes
Valagil
Seljalandsdalur
Vatnshlíð
(Kleifar)
Hattardalur
(Eiði)
647
Hattardalsfjall
Hestfjörður
Hestfjarðarbrúnir
Hrafnabjörg
Laugaból
(Birnustaðir)
Þernuvíkurháls
Digranes
Vatnsfjarðarnes
Borgarey
Vatnsfjörður
Hamarsdalur
Hamarsfjall
(Hallsstaðir)
Mávavötn
Nónhyrnur
Eyrarhlíð
Skötufjörður
Fossahlíð
Laugabólsfell
566
Laugardalur
Mjóifjörður
Látur
633
(Hafnardalur)
(Seleyri)
641
(Kálfavík)
(Skálavík)
(Miðhús)
Reykjanes
634
Hafnardalsfjall
Hafnardalur
(Nauteyri)
(Hestfjarðarkot)
Valahnúkur
Fauskabrekkur
(Kleifar)
(Garður)
(Borg)
Starvatnsháls
266
Vatnsfjarðardalur
Reykjarfjörður
Gljúfradalur
(Eyri)
Svansvík
(Rauðamýri)
(Arngerðareyri)
Rauðamýrarfjall
Hvannadalur
Hestfjarðarheiði
Grímshóll
Skötufjarðarheiði
Keldunæð
Reykjarfjarðarháls
Hörgshlíðarfjall
Hörgshlíð
(Vogar)
Ísafjörður
Arngerðareyrarháls
Langidalur
Tungufjall
Botnsá
920
Sandfjall
Sjónfríð
Ögurbúðardalur
Heydalur
Djúpmannabúð
Heydalur
Botnfjall
(Botn)
(Bjarnastaðir)
(Múli)
Laugaból
Kirkjuból
Hólmavatn
Húsadalur
Álftaborgir
Laugabólsdalur
Miðdalsmúli
Sóleyjarhvammur
Gláma
Mýfluguvatn
Bessadalur
Eyrarfjall
Múlafjall
(Gervidalur)
Hestabeinahæð
Mjólká
Hrútadalur
Mosahjallaeggjar
Hvanneyrardalur
Gervidalsfjall
Kambur
Efrabólsdalur
Steingrímsfjarðarheiði
Margrétarvatn
Torfdalsmúli
Torfdalur
Kleifakotsmúli
Gervidalur
F66
Bráksfjall
603
Búrfell
Stóra-Eyjarvatn
Skálmardalsheiði
Húsadalur
Dagverðardalur
Lambatunga
Torfadalur
Gedduvatn
Þorskafjarðarheiði
Kollafjarðarheiði
Draugagil
Gæsadalur
Rauðaborg
Öskjuvatn
Hólmavatn
Kjálkavatn
Fjarðarhornsdalur
881
Reiphólsfjöll
Vatnsdalur
Vattardalur
Vattarfjall
Skálmardalur
Þingmannaheiði
Þröskuldar
Kjálkafjarðartungur
Klettsháls
Múlafjall
(Fjarðarhorn)
Kálfadalur
(Skálmardalur)
(Klettur)
0
5
10
15 km

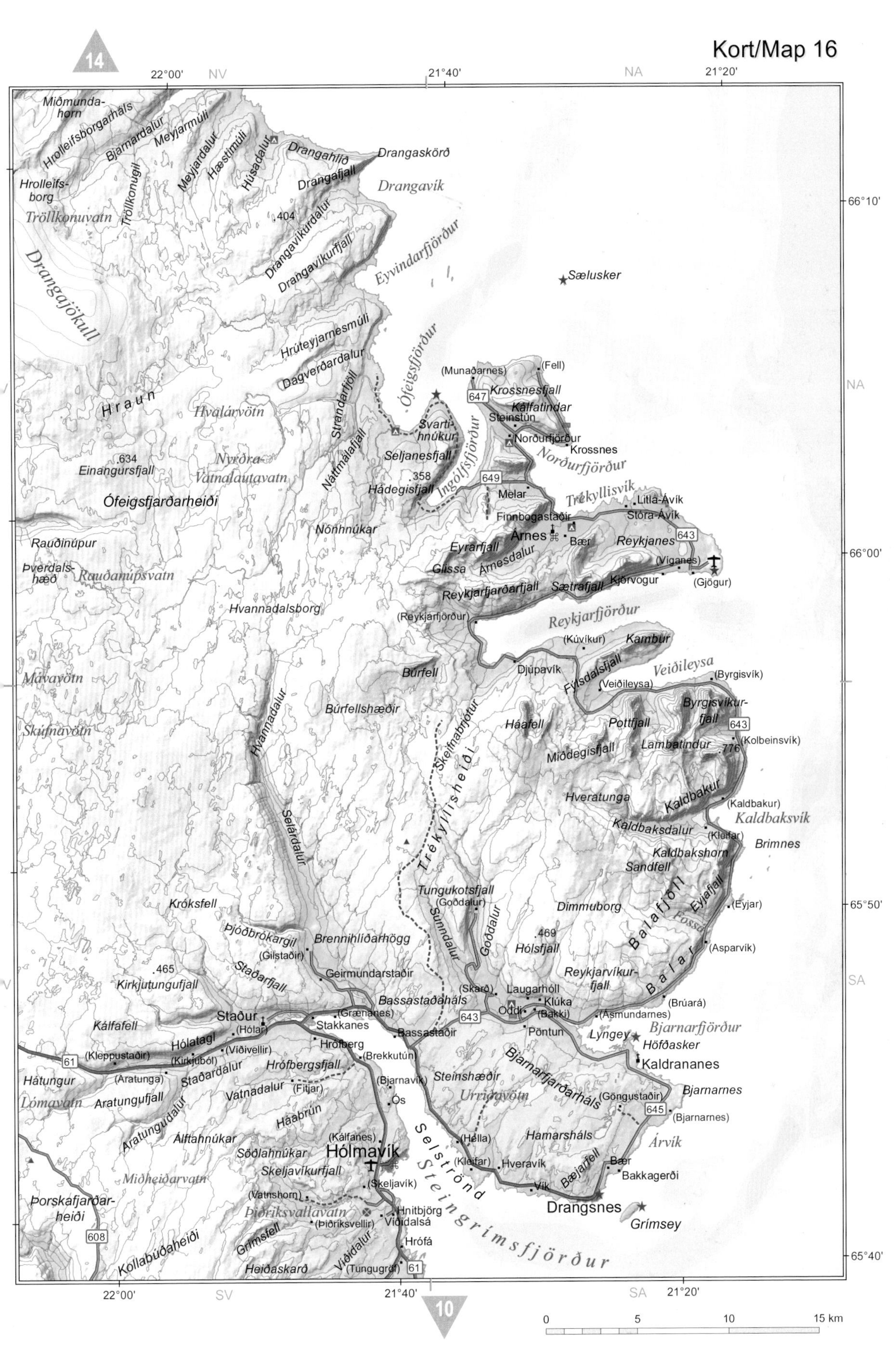
14
22°00'
NV
21°40'
NA
21°20'
Miðmunda-
horn
Hrolleifsborgarháls
Bjarnardalur
Meyjarmúli
Meyjardalur
Hæstimúli
Húsadalur
Drangahlíð
Drangaskörð
Drangafjall
Drangavík
Hrolleifs-
borg
Tröllkonugil
Tröllkonuvatn
.404
Drangavíkurdalur
Drangavíkurfjall
Eyvindarfjörður
66°10'
Drangajökull
Sælusker
Hrúteyjarnesmúli
Dagverðardalur
Ófeigsfjörður
Strandarfjöll
(Munaðarnes)
(Fell)
647
Krossnesfjall
Kálfatindar
Steinstún
NA
Hraun
Hvalárvötn
Svarti-
hnúkur
Norðurfjörður
Krossnes
Norðurfjörður
Nyrðra-
Vatnalautavatn
Náttmálafjall
Seljanesfjall
Ingólfsfjörður
.634
Einangursfjall
.358
Hádegisfjall
649
Melar
Trékyllisvík
Litla-Ávík
Ófeigsfjarðarheiði
Finnbogastaðir
Stóra-Ávík
Nónhnúkar
Árnes
Bær
Reykjanes
643
Rauðinúpur
Eyrarfjall
Árnesdalur
(Víganes)
66°00'
Þverdals-
hæð
Rauðanúpsvatn
Glissa
Reykjarfjarðarfjall
Sætrafjall
Kjörvogur
(Gjögur)
Hvannadalsborg
(Reykjarfjörður)
Reykjarfjörður
(Kúvíkur)
Kambur
Djúpavík
Fjósdalsfjall
Veiðileysa
(Byrgisvík)
Mávavötn
Búrfell
(Veiðileysa)
Byrgisvíkur-
fjall
Búrfellshæðir
Skeifnabrjótur
Háafell
Pottfjall
643
Skúfnavötn
Hvannadalur
Miðdegisfjall
Lambatindur
.776
(Kolbeinsvík)
Trékyllisheiði
Hveratunga
Kaldbakur
(Kaldbakur)
Kaldbaksvík
Seljárdalur
Kaldbaksdalur
(Kleifar)
Brimnes
Kaldbakshorn
Sandfell
Balafjöll
Tungukotsfjall
(Goðdalur)
Dimmuborg
Eyjafjall
Króksfell
Sunndalur
Goðdalur
(Eyjar)
65°50'
Þjóðbrókargil
Brennihlíðarhögg
.469
Fossá
(Gilstaðir)
Hólsfjall
(Asparvík)
.465
Staðarfjall
Geirmundarstaðir
Reykjarvíkur-
fjall
Balar
Kirkjutungufjall
(Skarð)
Laugarhóll
SA
Bassastaðaháls
Klúka
(Brúará)
Staður
(Grænanes)
Stakkanes
643
Oddi
(Bakki)
(Ásmundarnes)
Kálfafell
(Hólar)
Hólatagl
Hrófberg
Bassastaðir
Pöntun
Lyngey
Bjarnarfjörður
Höfðasker
61
(Klepppustaðir)
(Kirkjuból)
(Víðivellir)
(Brekkutún)
Kaldrananes
Hátungur
(Aratunga)
Staðardalur
Hrófbergsfjall
(Bjarnavík)
Steinshæðir
Bjarnarfjarðarháls
Bjarnarnes
Lómavatn
Aratungufjall
Vatnadalur
(Fitjar)
Ós
Urriðavötn
(Göngustaðir)
645
(Bjarnarnes)
Háabrún
Aratungudalur
(Kálfanes)
Selströnd
Hamarsháls
Árvík
Álftahnúkar
Söðlahnúkar
Hólmavík
(Hella)
Miðheiðarvatn
Skeljavíkurfjall
(Kleifar)
Hveravík
Bæjarfell
Bær
Bakkagerði
Þorskafjarðar-
heiði
(Skeljavík)
(Vatnshorn)
Vík
Drangsnes
Grímsey
Þiðriksvallavatn
Hnitbjörg
(Þiðriksvellir)
Víðidalsá
608
Grímsfell
Steingrímsfjörður
Kollabúðaheiði
Hrófá
Víðidalur
65°40'
Heiðaskarð
(Tungugröf)
61
22°00'
SV
21°40'
SA
21°20'
10
0
5
10
15 km

Kort/Map 17

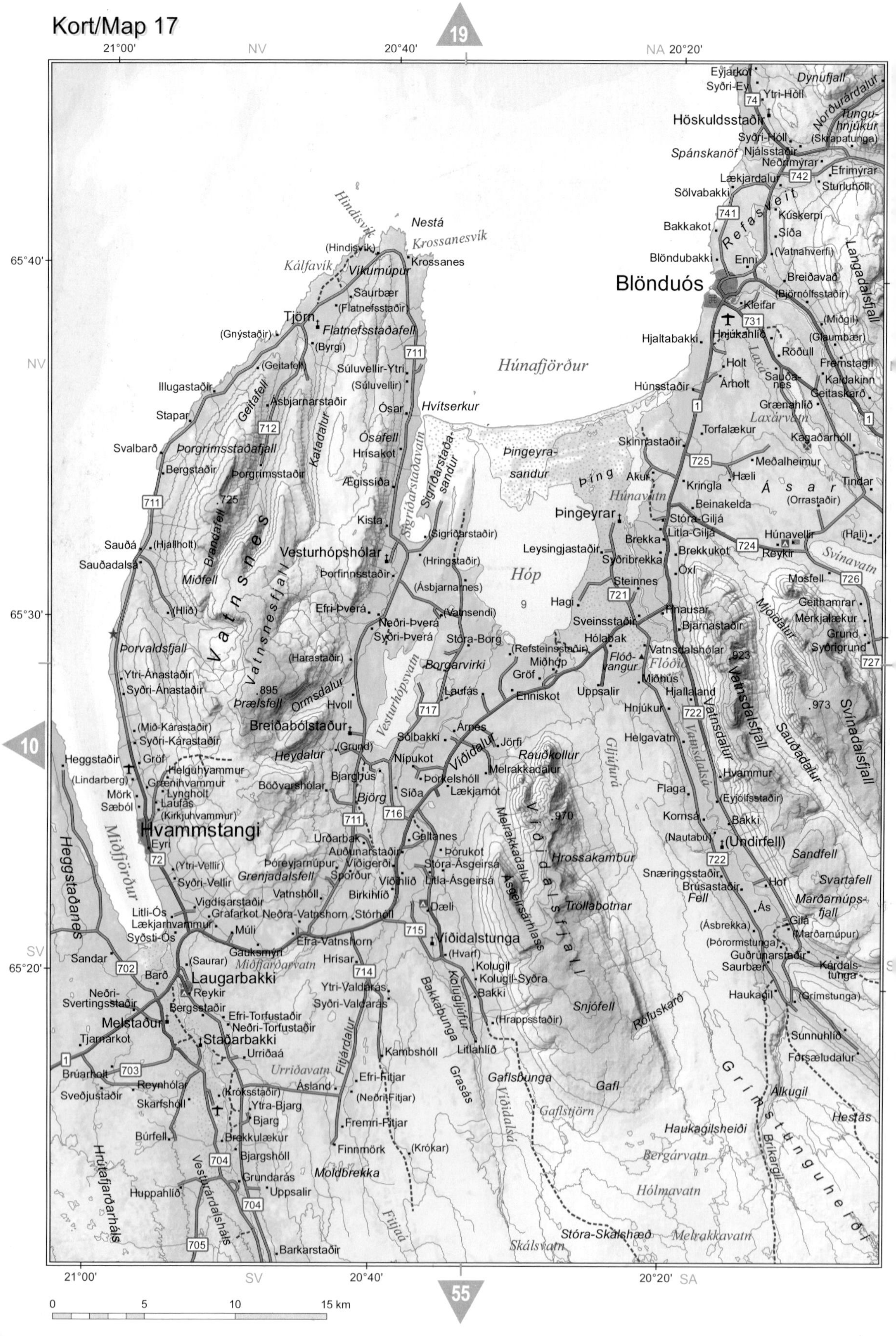

19

21°00' NV 20°40' NA 20°20'

65°40' NV 65°30' 65°20' SV

10

Eyjarkot
Syðri-Ey
Ytri-Hóll
Dynufjall
Norðurárdalur
Tungu-hnjúkur
(Skrapatunga)
Höskuldsstaðir
Syðri-Hóll
Njálsstaðir
Spánskanöf
Neðrimýrar
Efrimýrar
Lækjardalur
Sturluhóll
Sölvabakki
Refasveit
Kúskerpi
Bakkakot
Síða
Langadalsfjall
(Vatnahverfi)
Blöndubakki
Enni
Breiðavað
Blönduós
(Björnólfsstaðir)
Kleifar
(Miðgil)
Hjaltabakki
Hnjúkahlíð
(Glaumbær)
Fremstagil
Röðull
Laxá
Holt
Kaldakinn
Sauða-nes
Geitaskarð
Húnsstaðir
Árholt
Grænahlíð
Laxárvatn
Torfalækur
Kagaðarhóll
Skinnastaðir
Meðalheimur
Hæli
Akur
Þing
Kringla
Ásar
Tindar
Húnavatn
(Orrastaðir)
Beinakelda
Stóra-Giljá
Húnavellir
(Hali)
Litla-Giljá
Reykir
Brekkukot
Svínavatn
Öxl
Mosfell
Geithamrar
Merkjalækur
Grund
Syðrigrund
Mjóidalur
923
Vatnsdalsfjall
973
Svínadalsfjall
Sauðadalur
Hvammur
(Eyjólfsstaðir)
Bakki
(Undirfell)
Sandfell
Hof
Svartafell
Marðarnúpsfjall
Gilá
(Marðarnúpur)
Guðrúnarstaðir
Saurbær
Kárdalstunga
Haukagil
(Grímstunga)
Sunnuhlíð
Forsæludalur
Alkugil
Hestás
Grímstunguheiði
Brikargil
Haukagilsheiði
Bergárvatn
Hólmavatn
Stóra-Skálshæð
Melrakkavatn
Skálsvatn

Hindisvík
Nestá
Krossanesvík
(Hindisvík)
Krossanes
Kálfavík
Víkurnúpur
Saurbær
(Flatnefsstaðir)
Tjörn
Flatnefsstaðafell
(Gnýstaðir)
(Byrgi)
Súluvellir-Ytri
(Súluvellir)
Húnafjörður
(Geitafell)
Illugastaðir
Geitafell
Ásbjarnarstaðir
Ósar
Hvítserkur
Stapar
Katadalur
Ósafell
Hrísakot
Svalbarð
Þorgrímsstaðafjall
Þorgrímsstaðir
Bergstaðir
Ægissíða
Sigríðarstaðavatn
Sigríðarstaða-sandur
Þingeyra-sandur
725
Brandafell
Vatnsnes
Kista
Þingeyrar
(Sigríðarstaðir)
Sauðá
(Hjallholt)
Vesturhópshólar
Leysingjastaðir
Brekka
Syðribrekka
Sauðadalsá
(Hringstaðir)
Hóp
Þorfinnsstaðir
Miðfell
(Ásbjarnarnes)
Steinnes
Vatnsnesfjall
Hagi
9
(Hlíð)
Efri-Þverá
(Vatnsendi)
Neðri-Þverá
Sveinsstaðir
Bjarnastaðir
Þrnausar
Syðri-Þverá
Stóra-Borg
Hólabak
Þorvaldsfjall
(Refsteinsstaðir)
Vatnsdalshólar
(Harastaðir)
Borgarvirki
Miðhóp
Flóðvangur
Flóðið
Ytri-Ánastaðir
Gröf
Miðhús
Syðri-Ánastaðir
Vesturhópsvatn
Laufás
Enniskot
Uppsalir
Hjallaland
895
Ormsdalur
Hnjúkur
Þrælsfell
Hvoll
Vatnsdalur
(Mið-Kárastaðir)
Breiðabólstaður
Árnes
Syðri-Kárastaðir
Sólbakki
Jörfi
Helgavatn
Víðidalur
Gljúfurá
Vatnsdalsá
Heggstaðir
Gröf
(Grund)
Rauðkollur
Heydalur
Núpukot
Melrakkadalur
(Lindarberg)
Helguhvammur
Bjarghús
Þorkelshóll
Grænihvammur
Böðvarshólar
Lyngholt
Síða
Lækjamót
Flaga
Mörk
Laufás
Björg
Víðidalsfjall
Sæból
(Kirkjuhvammur)
970
Kornsá
Melrakkadalur
Hvammstangi
Urðarbak
Galtanes
(Nautabú)
Heggstaðanes
Eyri
Auðunarstaðir
Þórukot
Hrossakambur
Miðfjörður
(Ytri-Vellir)
Þóreyjarnúpur
Víðigerði
Stóra-Ásgeirsá
Grenjadalsfell
Spórður
Snæringsstaðir
Syðri-Vellir
Víðihlíð
Litla-Ásgeirsá
Brúsastaðir
Vatnshóll
Birkihlíð
Fell
Ásgeirsárhlass
Vigdísarstaðir
Dæli
Tröllabotnar
Ás
Litli-Ós
Grafarkot
Neðra-Vatnshorn
Stórhóll
(Ásbrekka)
Lækjarhvammur
Syðsti-Ós
Múli
Efra-Vatnshorn
Víðidalstunga
(Þórormstunga)
Sandar
Gauksmýri
Hrísar
(Hvarf)
Kolugil
(Saurar)
Miðfjarðarvatn
Kolugil-Syðra
Barð
Laugarbakki
Ytri-Valdarás
Kolugljúfur
Bakki
Snjófell
Neðri-Svertingsstaðir
Reykir
Syðri-Valdarás
Bakkabunga
Rófuskarð
Bergsstaðir
Efri-Torfustaðir
Melstaður
Neðri-Torfustaðir
(Hrappsstaðir)
Tjarnarkot
Staðarbakki
Urriðaá
Kambshóll
Litlahlíð
Fitjárdalur
Brúarholt
Urriðavatn
Efri-Fitjar
Grasás
Gaflsbunga
Gafl
Reynhólar
Ásland
Sveðjustaðir
(Króksstaðir)
(Neðri-Fitjar)
Skarfshóll
Ytra-Bjarg
Víðidalsá
Gaflstjörn
Bjarg
Fremri-Fitjar
Búrfell
Brekkulækur
Hrútafjarðarháls
Finnmörk
(Krókar)
Bjargshóll
Grundarás
Moldbrekka
Vesturárdalsháls
Huppahlíð
Uppsalir
Fitjaá
Barkarstaðir

711 712 711 711 716 717 721 722 722 724 725 726 727 731 741 742 74 1 1 1 72 702 703 704 704 705 714 715

21°00' SV 20°40' 20°20' SA

55

0 5 10 15 km

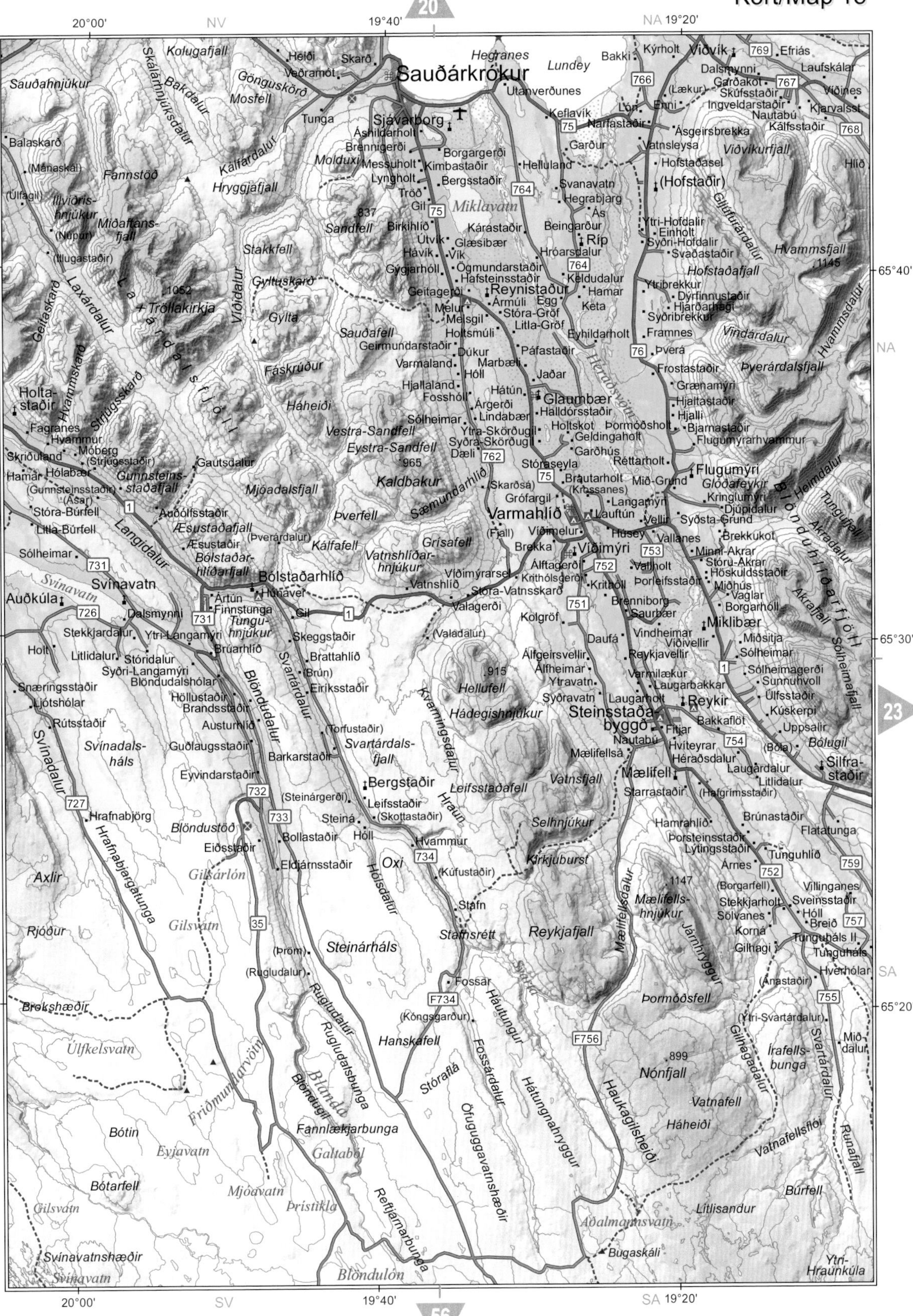
20
20°00'
NV
19°40'
NA 19°20'
Sauðárkrókur
Hegranes
Lundey
Bakki
Kýrholt
Viðvík
769
Efriás
Dalsmynni
Garðakot
767
Laufskálar
766
(Lækur)
Skúfsstaðir
Víðines
Ingveldarstaðir
Kjarvalsst.
Nautabú
Kálfsstaðir
768
Kolugafjall
Heiði
Skarð
Veðramót
Utanverðunes
Keflavík
Lón
Enni
75
Narfastaðir
Ásgeirsbrekka
Sauðahnjúkur
Skálárhnjúksdalur
Bakdalur
Gönguskörð
Mosfell
Tunga
Sjávarborg
Áshildarholt
Brennigerði
Borgargerði
Garður
Vatnsleysa
Viðvíkurfjall
Balaskarð
(Mánaskál)
Moldux
Messuholt
Kimbastaðir
Helluland
Hofstaðasel
Hlíð
Fannstöð
Kálfárdalur
Lyngholt
Bergsstaðir
Svanavatn
(Hofstaðir)
(Úlfagil)
Illviðris-hnjúkur
Hryggjafjall
Tröð
764
Hegrabjarg
Gil
Miklavatn
Ás
Miðaftans-fjall
(Núpur)
837
Sandfell
Birkihlíð
Kárastaðir
Beingarður
Ytri-Hofdalir
Einholt
Útvík
Glæsibær
Ríp
Syðri-Hofdalir
Hávík
Vík
Hróarsdalur
Svaðastaðir
Hvammsfjall
(Illugastaðir)
Stakkfell
Gýgjarhóll
Ögmundarstaðir
Hafsteinsstaðir
Keldudalur
Hofstaðafjall
1145
65°40'
Laxárdalur
Geitaskarð
Gyltuskarð
Geitagerði
Reynistaður
Hamar
Ytribrekkur
Dýrfinnustaðir
1052
Tröllakirkja
Víðidalur
Melur
Ármúli
Egg
Keta
Hjarðarhagi
Syðribrekkur
Hvammsdalur
Gylta
Melsgil
Stóra-Gröf
Litla-Gröf
Framnes
Vindárdalur
Sauðafell
Holtsmúli
Eyhildarholt
Hvammsskarð
Laxárdalsfjöll
Geirmundarstaðir
Dúkur
Pafastaðir
76
Þverá
NA
Varmaland
Marbæli
Héraðsvötn
Frostastaðir
Þverárdalsfjall
Fáskrúður
Hóll
Jaðar
Holta-staðir
Hjaltaland
Fosshóll
Hátún
Glaumbær
Grænamýri
Hjaltastaðir
Strjúgsskarð
Háheiði
Árgerði
Halldórsstaðir
Hjalli
Sólheimar
Lindabær
Holtskot
Þormóðsholt
Bjarnastaðir
Fagranes
Vestra-Sandfell
Ytra-Skörðugil
Geldingaholt
Flugumýrarhvammur
Hvammur
Eystra-Sandfell
Syðra-Skörðugil
Garðhús
Skriðuland
Móberg
(Strjúgsstaðir)
965
Dæli
762
Réttarholt
Flugumýri
Heimdalur
Hamar
Hólabær
Gautsdalur
Stóraseyla
Gunnsteins-staðafjall
Kaldbakur
Sæmundarhlíð
75
Brautarholt
Miðgrund
Glóðafeykir
(Gunnsteinsstaðir)
(Skarðsá)
(Krossanes)
Kringlumýri
Tunguljall
(Ásar)
Mjóadalsfjall
Grófargil
Langamýri
Djúpidalur
Stóra-Búrfell
1
Auðólfsstaðir
Varmahlíð
Lauftún
Vellir
Syðsta-Grund
Akradalur
Langidalur
Þverfell
Víðimelur
Hlíðarfjall
Litla-Búrfell
Æsustaðafjall
(Fjall)
Húsey
Vallanes
Brekkukot
Æsustaðir
(Þverárdalur)
Kálfafell
Grísafell
Brekka
Víðimýri
753
Minni-Akrar
Sólheimar
731
Bólstaðar-hlíðarfjall
Vatnshlíðar-hnjúkur
Álftagerði
752
Vallholt
Stóru-Akrar
Blönduhlíðarfjöll
Svínavatn
Bólstaðarhlíð
Víðimýrarsel
Krithólsgerði
Þorleifsstaðir
Höskuldsstaðir
Svínavatn
Ártún
Húnaver
Vatnshlíð
Stóra-Vatnsskarð
Kritholl
Miðhús
Akrafjall
Auðkúla
Finnstunga
Gil
1
Brenniborg
Vaglar
726
Dalsmynni
Tungu-hnjúkur
Valagerði
751
Saurbær
Borgarhóll
731
Kolgröf
Miklibær
Stekkjardalur
Ytri-Langamýri
(Valadalur)
Vindheimar
Víðivellir
Miðsitja
65°30'
Holt
Brúarhlíð
Skeggstaðir
Daufá
Sólheimar
Sólheimafjall
Litlidalur
Stóridalur
Brattahlíð
Álfgeirsvellir
Reykjavellir
1
Syðri-Langamýri
(Brún)
915
Álfheimar
Sólheimagerði
Blöndudalshólar
Eiríksstaðir
Ytravatn
Varmilækur
Sunnuhvoll
Snæringsstaðir
Svartárdalur
Hellufell
Laugarbakkar
Ljótshólar
Höllustaðir
Syðravatn
Laugarholt
Reykir
Úlfsstaðir
Brandsstaðir
Hádegishnjúkur
Steinsstaða-byggð
23
Rútsstaðir
Blöndudalur
Kúskerpi
Austurhlíð
Kvarningsdalur
Fitjar
Bakkaflöt
(Torfustaðir)
Uppsalir
Svínadals-háls
Guðlaugsstaðir
Svartárdals-fjall
Nautabú
Hvíteyrar
754
(Bóla)
Bólugil
Barkarstaðir
Mælifellsá
Héraðsdalur
Silfra-staðir
Svínadalur
Eyvindarstaðir
Bergstaðir
Vatnsfjall
Mælifell
Laugardalur
Litlidalur
732
Leifsstaðafell
Starrastaðir
727
(Steinárgerði)
Leifsstaðir
Hraun
(Hafgrímsstaðir)
Hrafnabjörg
733
Steiná
(Skottastaðir)
Selhnjúkur
Brúnastaðir
Blöndustöð
Hamrahlíð
Flatatunga
Hóll
Hvammur
Þorsteinsstaðir
Eiðsstaðir
Bollastaðir
Lýtingsstaðir
Hrafnabjargatunga
Oxi
734
Kirkjuburst
Tunguhlíð
Axlir
Eldjárnsstaðir
Árnes
759
Gilsárlón
Hólsdalur
(Kúfustaðir)
752
1147
(Borgarfell)
Villinganes
Mælifells-hnjúkur
Stekkjarholt
Sveinsstaðir
Stafn
Mælifellsdalur
Sölvanes
Hóll
Rjóður
Gilsvatn
35
Stafnsrétt
Reykjafjall
Járnhryggur
Breið
757
Korná
Tunguháls II
Gilhagi
Tunguháls
Steinárháls
(Þröm)
Svarta
SA
(Rugludalur)
Fossar
(Ánastaðir)
Hvetholar
Rugludalur
Þormóðsfell
755
Brokshæðir
F734
Hávitungur
65°20'
(Kóngsgarður)
(Ytri-Svartárdalur)
Miðdalur
Rugludalsbunga
F756
Úlfkelsvatn
Fossárdalur
Írafells-bunga
Hanskafell
899
Nónfjall
Gilhagadalur
Svartárdalur
Blöndugil
Blanda
Stóraflá
Hátungnahryggur
Vatnafell
Friðmundarvötn
Haukagilsheiði
Háheiði
Fannlækjarbunga
Ófuggugavatnshæðir
Bótin
Vatnafellsflói
Runafjall
Eyjavatn
Galtaból
Bótarfell
Mjóavatn
Reftjarnarbunga
Búrfell
Gilsvatn
Þrístikla
Aðalmannsvatn
Litlisandur
Svínavatnshæðir
Bugaskáli
Ytri-Hraunkúla
Svínavatn
Blöndulón
20°00'
SV
19°40'
SA 19°20'
56
0
5
10
15 km

Kort/Map 19

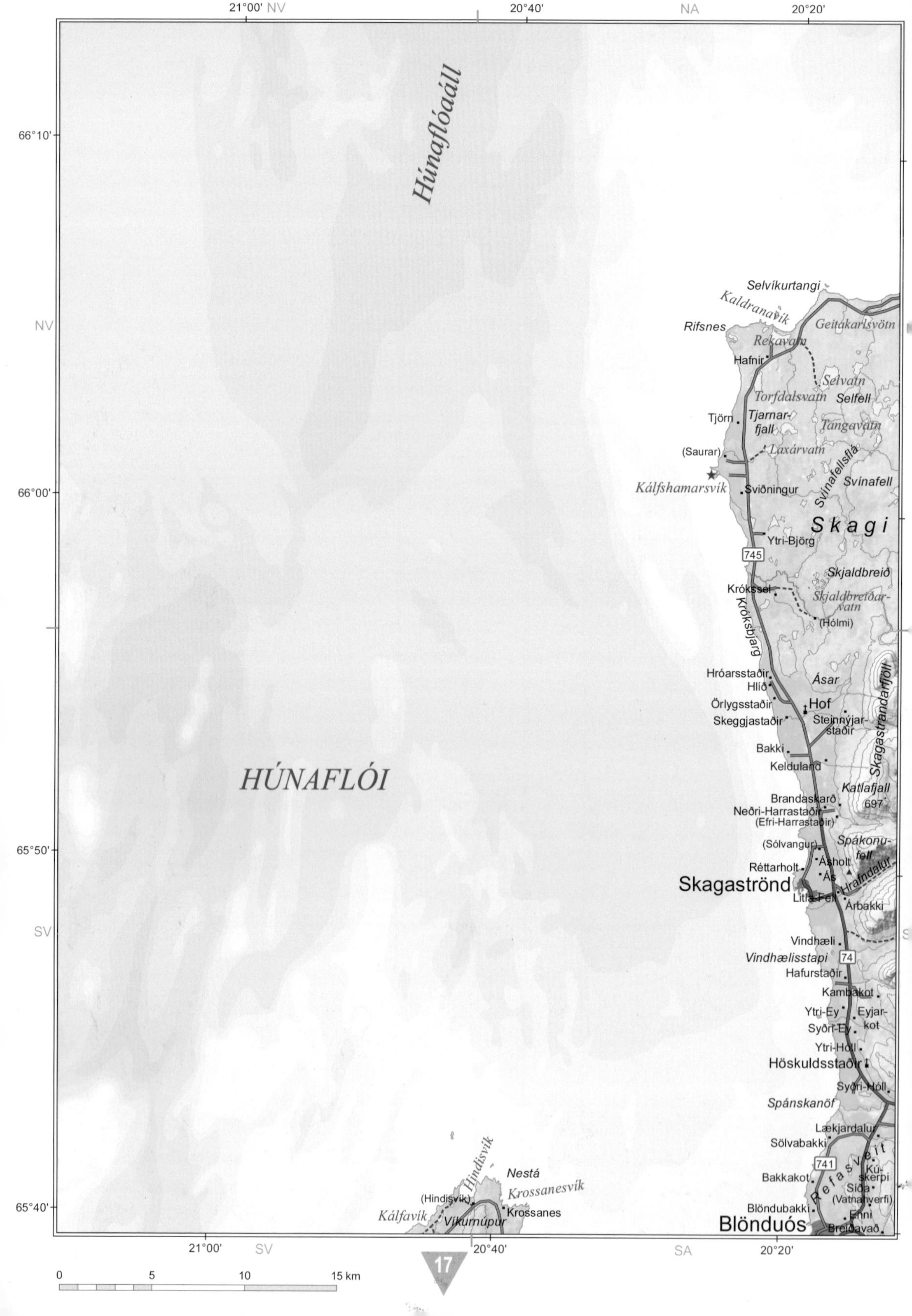

21°00' NV
20°40'
NA
20°20'
66°10'
66°00'
65°50'
65°40'
NV
SV
Húnaflóaáll
HÚNAFLÓI
Selvíkurtangi
Kaldranavík
Rifsnes
Geitakarlsvötn
Rekavatn
Hafnir
Selvatn
Torfdalsvatn
Selfell
Tjörn
Tjarnarfjall
Tangavatn
(Saurar)
Laxárvatn
Svínafellsflá
Svínafell
Kálfshamarsvík
Sviðningur
Skagi
Ytri-Björg
745
Skjaldbreið
Krókssel
Skjaldbreiðarvatn
(Hólmi)
Króksbjarg
Hróarsstaðir
Hlíð
Ásar
Örlygsstaðir
Hof
Skeggjastaðir
Steinnýjarstaðir
Skagastrandarfjöll
Bakki
Kelduland
Katlafjall
697
Brandaskarð
Neðri-Harrastaðir
(Efri-Harrastaðir)
(Sólvangur)
Spákonufell
Ásholt
Réttarholt
Ás
Skagaströnd
Hrafndalur
Litla-Fell
Árbakki
Vindhæli
Vindhælisstapi
74
Hafurstaðir
Kambakot
Ytri-Ey
Eyjarkot
Syðri-Ey
Ytri-Hóll
Höskuldsstaðir
Syðri-Hóll
Spánskanöf
Lækjardalur
Sölvabakki
741
Refasveit
Bakkakot
Kúskerpi
Síða
(Vatnahverfi)
Blöndubakki
Enni
Blönduós
Breiðavað
Hindisvík
Nestá
Krossanesvík
(Hindisvík)
Krossanes
Kálfavík
Víkurnúpur
21°00'
SV
20°40'
SA
20°20'
0
5
10
15 km

Kort/Map 20
20°00' NV
19°40'
NA
19°20'
66°10'
66°00'
65°50'
NA
SA
SV
21
18
0
5
10
15 km
SKAGAFJÖRÐUR
Skagi
Hraunsvík
Skagatá
Hraun
Víkur
(Kelduvík)
Mána-
haugur
Hraunsvatn
Nesá
(Neðranes)
(Efranes)
Efranesvatn
Malland
Keta
Ölvesvatn
Bjargavík
Kjölur
Ketubjörg
Aravatn
745
Kleif
Lágmúli
Vörðufell
Hvalnes
Skagasel
Melrakkafell
Ketubruni
Selnes
Búrfell
Ölvesvatn
Selá
Fossavík
Langavatn
Hóll
Selvatn
Gauksstaðir
Skagastrandarfjöll
Fossbunga
Hraunvatn
Skefilsstaðir
Bjarnarfell
Sævarland
Þorbjargarstaðir
Glerhallavík
Refshali
Stórhóll
Reykjadiskur
Grettislaug
(Hvammur)
(Reykir)
Laxárdalur
Bjarnarvötn
Tindastóll
Ingveldarstaðir
Tungufell
(Hafragil)
748
Reykjaströnd
Þverárvötn
Ranafell
Réttarfell
(Skíðastaðir)
Hólakot
707
Árbakkafjall
Þverárflár
995
(Hrafnagil)
Fagranes
Hallárdalur
Sandfell
(Herjólfsstaðir)
Hamarshlíð
Hörfell
Pokafell
(Illugastaðir)
Meyjarland
744
Skúfur
744
Reiðskarð
Dynufjall
Norðurárdalur
Hvammshlíðarfjall
Þverá
Gönguskarðsá
Einhyrningur
Kolugafjall
(Breiðstaðir)
Heiði
Skarð
(Skúfur)
Sauðahnjúkur
Skálárhnjúksdalur
Bakdalur
Veðramót
Sauðárkrókur
Göngusköð
Mosfell
Tunguhnjúkur
Njáls-
staðir
(Skrapatunga)
Tunga
Sjávarborg
Balaskarð
Áshildarholt
742
Neðrimýrar
Efrimýrar
Sturluhóll
Laxárdalur
(Mánaskál)
Fannstöð
Kálfárdalur
Brennigerði
Borgargerði
Messuholt
Kimbastaðir
Molduxi
Lyngholt
Bergsstaðir
Hryggjafjall
Tröð
(Úlfagil)
Illviðris-
hnjúkur
Miðaftans-
fjall
837
Gil
75
Miklavatn
Sandfell
Birkihlíð
(Núpur)
Útvík
Kárastaðir
Langadalsfjall
(Illugastaðir)
Stakkfell
Vík
Glæsibær
Fljótavík
Mýrnavík
Straumnes
Reykjarhóll
76
(Heiði)
Sléttuhlíð
(Keldur)
Stafárdalur
(Fjall)
Hrolleifshöfði
786
Málmeyjarsund
Fell
Hraun
(Skálá)
Málmey
Tjarnir
Glæsibær
Tungufjall
Arnarstaðir
Lónkot
Róðhóll
Höfði
Róðuhóls-
hnjúkur
Hrolleifsdalur
Höfðadalur
Kögur
Þórðarhöfði
Höfða-
vatn
Drangey
Vatn
Mannskaðahóll
Mýrakot
Barnadalsfjall
Bær
Litlabrekka
Þrastarstaðir
784
76
Enginlíð
Hraunsfjall
Vogar
Hof
Ljótsstaðir
Hofsós
Sandfell
Enni
Hólkot
Grafarós
781
Nýlendi
Grindur
Brúarland
Gröf
Eyrarland
Stafshóll
Skuggabjörg
Háleggsstaðir
Miðhús
Tumabrekka
Brekkukot
Ósland
Melstaður
Marbæli
Kolkuós
Kross
Þúfur
Stóragerði
Hlíðarendi
Miklibær
Sleitustaðir
Smiðsgerði
Landsendi
Brimnes
Neðriás
Laufhóll
769
Hegranes
Bakki
Kýrholt
Víðvík
Efriás
Lundey
767
766
76
Dalsmynni
Utanverðunes
(Lækur)
Garðakot
Keflavík
Lón
Enni
75
Narfastaðir
Ásgeirsbrekka
Garður
Vatnsleysa
Viðvíkurfjall
Helluland
Hofstaðasel
Svanavatn
764
(Hofstaðir)
Hegrabjarg
Gljúfurárdalur
764
Ás
Beingarður
Ytri-Hofdalir
Einholt
Ríp
Syðri-Hofdalir
Hróarsdalur
Svaðastaðir

Kort/Map 21

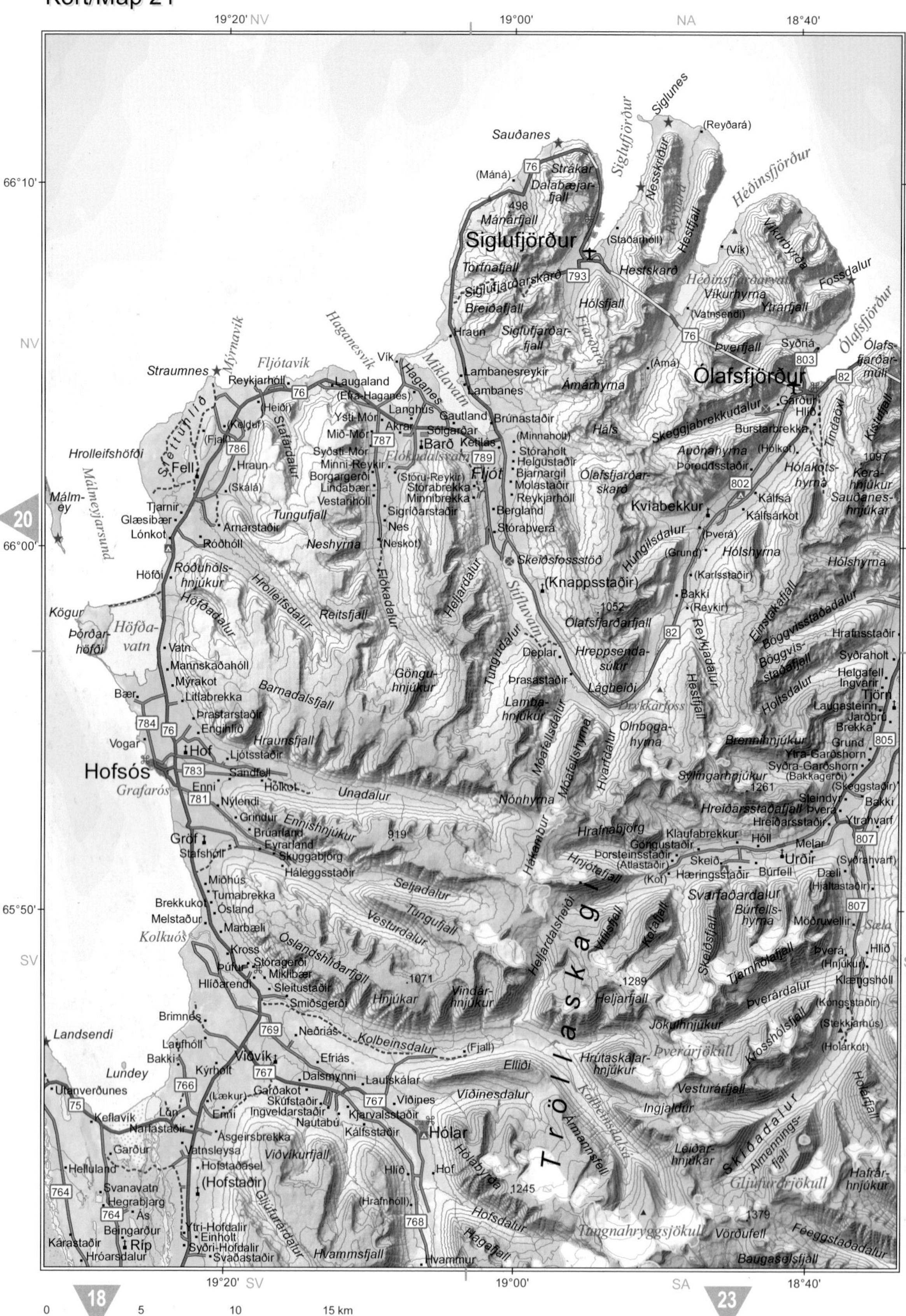

19°20' NV
19°00'
NA
18°40'
66°10'
66°00'
65°50'
NV
SV
20
18
23
19°20' SV
19°00'
SA
18°40'
0
5
10
15 km
Siglunes
(Reyðará)
Sauðanes
Siglufjörður
Héðinsfjörður
76
Strákar
(Máná)
Dalabæjarfjall
Nesskriður
498
Mánárfjall
Siglufjörður
(Staðarhóll)
Hestfjall
(Vík)
Víkurbyrða
Torfnafjall
Siglufjarðarskarð
793
Hestskarð
Héðinsfjarðarvatn
Fossdalur
Breiðafjall
Hólsfjall
Víkurhyrna
Ytrárfjall
Ólafsfjörður
Haganesvík
Mýrnavík
Hraun
Siglufjarðarfjall
(Vatnsendi)
Fljótavík
Vík
Miklavatn
76
Þverfjall
Syðriá
Ólafsfjarðarmúli
Straumnes
Reykjarhóll
Laugaland
Haganes
Lambanesreykir
(Árná)
803
82
Ólafsfjörður
(Efra-Haganes)
Lambanes
Ámárhyrna
Garður
Hlíð
(Heiði)
Langhús
Gautland
Brúnastaðir
Skeggjabrekkudalur
Kistufjall
Sléttuhlíð
(Keldur)
Stafárdalur
Ysti-Mór
Akrar
Sólgarðar
(Minnaholt)
Háls
Burstarbrekka
Tindaöxl
(Fjall)
Mið-Mór
787
Barð
Ketilás
Stóraholt
Auðnahyrna
(Hólkot)
1097
Hrolleifshöfði
786
Syðsti-Mór
Flókadalsvatn
789
Helgustaðir
Þóroddsstaðir
Hólakotshyrna
Kerahnjúkur
Fell
Hraun
Minni-Reykir
Fljót
Bjarnargil
Ólafsfjarðarskarð
Borgargerði
(Stóru-Reykir)
Molastaðir
802
Málmeyjarsund
(Skálá)
Lindabær
Stórabrekka
Reykjarhóll
Kálfsá
Sauðaneshnjúkar
Málmey
Vestanhóll
Minnibrekka
Kvíabekkur
Tjarnir
Tungufjall
Sigríðarstaðir
Bergland
Kálfsárkot
Glæsibær
Arnarstaðir
Nes
Stóraþverá
Hungilsdalur
(Þverá)
Lónkot
Neshyrna
(Neskot)
(Grund)
Hólshyrna
Róðhóll
Skeiðsfossstöð
Hólshyrna
Höfði
Róðuhólshnjúkur
Hrolleifsdalur
Flókadalur
(Knappsstaðir)
(Karlsstaðir)
Höfðadalur
Heljardalur
Stífluvatn
Bakki
Einstakafjall
Kögur
Reitsfjall
1052
(Reykir)
Böggvisstaðadalur
Þórðarhöfði
Höfðavatn
Ólafsfjarðarfjall
82
Hrafnsstaðir
Vatn
Tungudalur
Deplar
Hreppsendasúlur
Reykjadalur
Böggvisstaðafjall
Syðraholt
Mannskaðahóll
Gönguhnjúkur
Helgafell
Mýrakot
Barnadalsfjall
Þrasastaðir
Lágheiði
Hestfjall
Hólsdalur
Ingvarir
Bær
Litlabrekka
Lambahnjúkur
Drykkarfoss
Tjörn
Þrastarstaðir
Laugasteinn
784
76
Enghlíð
Móafellsdalur
Móafellshyrna
Hvarfdalur
Olnbogahyrna
Jarðbrú
Brekka
Vogar
Hraunsfjall
Brennihnjúkur
Grund
Hof
Ljótsstaðir
Ytra-Garðshorn
805
Hofsós
783
Sandfell
Sylingarhnjúkur
Syðra-Garðshorn
Grafarós
Hólkot
Unadalur
1261
(Bakkagerði)
Enni
Nónhyrna
(Skeggstaðir)
781
Nýlendi
Steindyr
Bakki
Grindur
Ennishnjúkur
Hreiðarsstaðafjall
Þverá
Ytrahvarf
Brúarland
919
Hreiðarsstaðir
Gröf
Eyrarland
Hákambur
Hrafnabjörg
Klaufabrekkur
Hóll
807
Stafshóll
Skuggabjörg
Göngustaðir
Melar
Háleggsstaðir
Þorsteinsstaðir
(Atlastaðir)
Skeið
Urðir
Hnjótafjall
(Syðrahvarf)
Miðhús
Seljadalur
(Kot)
Hæringsstaðir
Búrfell
Dælí
Tumabrekka
Heljardalsheiði
(Hjaltastaðir)
Brekkukot
Ósland
Tungufjall
Svarfaðardalur
Melstaður
Vesturdalur
Kolafjell
Búrfellshyrna
807
Kolkuós
Marbæli
Möðruvellir
Sæla
Kross
Óslandshlíðarfjöll
Skeiðsfjall
Tjarnarfjall
Hlíð
Þúfur
Stóragerði
Þverá
Miklibær
1071
(Hnjúkur)
Hlíðarendi
Sleitustaðir
1289
Klængshóll
Hnjúkar
Vindárhnjúkur
Heljarfjall
Þverárdalur
Smiðsgerði
(Kóngsstaðir)
Brimnes
Tröllaskagi
Jökulhnjúkur
Krossholsfjall
(Stekkjarhús)
769
Neðriás
Landsendi
Kolbeinsdalur
(Fjall)
Þverárjökull
(Hólárkot)
Laufhóll
Viðvík
Elliði
Hrútaskálarhnjúkur
Bakki
Kýrholt
Efriás
Lundey
767
Dalsmynni
Laufskálar
Vesturárfjall
Hólafjall
766
Utanverðunes
(Lækur)
Garðakot
767
Víðines
Víðinesdalur
Kolbeinsdalsá
Ingjaldur
75
Lón
Skúfstaðir
Kjarvalsstaðir
Keflavík
Enni
Ingveldarstaðir
Nautabú
Hólar
Ármannsfell
Skíðadalur
Narfastaðir
Kálfsstaðir
Ásgeirsbrekka
Leiðarhnjúkar
Almenningsfjall
Garður
Vatnsleysa
Viðvíkurfjall
Hólabyrða
Helluland
Hofstaðasel
Hlíð
Hof
Hafrárhnjúkur
Svanavatn
(Hofstaðir)
Gljúfurárjökull
764
Hegrabjarg
(Hrafnhóll)
1245
764
Ás
Gljúfurárdalur
1379
Beingarður
Hofsdalur
Tungnahryggsjökull
Vörðufell
Féeggstaðadalur
Kárastaðir
Ríp
Ytri-Hofdalir
768
Einholt
Hrafnhóll
Hegafjall
Hróarsdalur
Syðri-Hofdalir
Hvammsfjall
Svaðastaðir
Hvammur
Baugaselsfjall

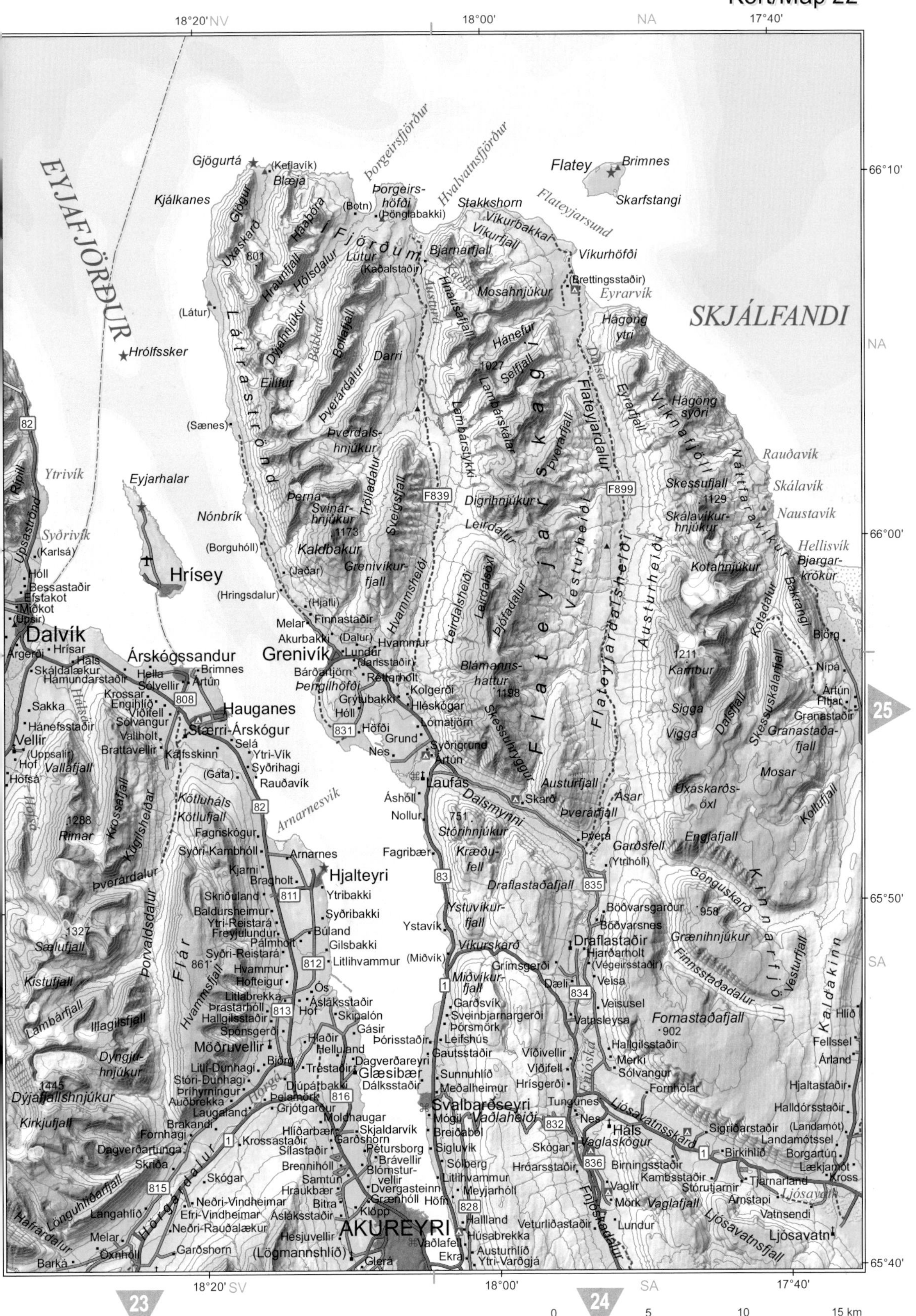
18°20' NV
18°00'
NA
17°40'
EYJAFJÖRÐUR
SKJÁLFANDI
Gjögurtá
(Keflavík)
Blæja
Kjálkanes
Þorgeirsfjörður
Hvalvatnsfjörður
Þorgeirs-
höfði
(Botn)
(Þönglabakki)
Flatey
Brimnes
Skarfstangi
Flateyjarsund
Stakkshorn
Víkurbakkar
Víkurfjall
Víkurhöfði
Gjögur
Uxaskarð
801
Hnjóra
Í Fjörðum
Lútur
(Kaðalstaðir)
Bjarnarfjall
Hraunfjall
Hólsdalur
(Brettingsstaðir)
Eyrarvík
Mosahnjúkur
(Látur)
Látraströnd
Dýjahnjúkur
Bakkaá
Bollafjall
Hnausafjall
Hágöng
ytri
Hrólfssker
Darri
Hánefur
1027
Selfjall
Eilífur
Þverárdalur
Lambárskálar
Flateyjardalur
Dalsá
Eyrarfjall
Víknafjöll
Hágöng
syðri
(Sænes)
Þverdals-
hnjúkur
Lambárstykki
Kjálkanes
Þverárfjall
Náttfaravíkur
Rauðavík
Skálavík
Naustavík
Ytrivík
Eyjarhalar
Þerna
Svínár-
hnjúkur
Tröllsdalur
Sveigsfjall
F839
Digrihnjúkur
F899
Skessufjall
1129
Skálavíkur-
hnjúkur
Nónbrík
1173
Leirdalur
Flateyjarskagi
Vesturheiði
Hellisvík
Syðrivík
(Borguhóll)
Kaldbakur
Bjargar-
krókur
Upsaströnd
Ripill
(Karlsá)
Hóll
Bessastaðir
Efstakot
Miðkot
(Upsir)
Hrísey
(Jaðar)
Grenivíkur-
fjall
Leirdalsheiði
Leirdalsöxl
Flateyjardalsheiði
Austurheiði
Kotahnjúkur
Kotadalur
Bakrangi
(Hringsdalur)
(Hjalli)
Hvammsheiði
Þjófadalur
Dalvík
Melar
Finnastaðir
Akurbakki
(Dalur)
Hvammur
Björg
82
Árgerði
Hrísar
Hals
Árskógssandur
Grenivík
Lundur
(Jarlsstaðir)
Bárðartjörn
Réttarholt
Blámanns-
hattur
1211
Kambur
Nípá
Skáldalækur
Hámundarstaðir
Hella
Brimnes
Sólvellir
Ártún
Þengilhöfði
Kolgerði
Hléskógar
1198
Ártún
Fljótar
Krossar
Engihlíð
Víðifell
808
Hauganes
Grýtubakki
Sigga
Dalsfjall
Skessuskálarfjall
Granastaðir
Sakka
Hálsá
Hánefsstaðir
Sólvangur
Stærri-Árskógur
Höll
Lómatjörn
Vigga
Granastaða-
fjall
Vellir
(Uppsalir)
Hof
Vallholt
Brattavellir
Selá
831
Höfði
Grund
Skessuhryggur
Kálfsskinn
Ytri-Vík
Nes
Svöngrund
Ártún
Mosar
Vallafjall
Syðrihagi
(Gata)
Rauðavík
Hofsá
Laufás
Austurfjall
Ásar
Uxaskarðs-
öxl
Kotluháls
82
Kötlufjall
Arnarnesvík
Áshóll
Dalsmynni
Skarð
Þverárfjall
Kollufjall
1288
Krossafjall
Nollur
751
Rimar
Kúgilsheiðar
Fagriskógur
Stórihnjúkur
Þverá
Garðsfell
Engjafjall
Syðri-Kambhóll
Arnarnes
Fagribær
Kræðu-
fell
(Ytrihóll)
Þverárdalur
Kjarni
Hjalteyri
Bragholt
83
Draflastaðafjall
835
Gönguskarð
Kinnarfjöll
Skriðuland
811
Ytribakki
958
Þorvaldsdalur
Baldursheimur
Ytri-Reistará
Syðribakki
Ystuvíkur-
fjall
Böðvarsgarður
Böðvarsnes
1327
Freyjulundur
Pálmholt
Búland
Gilsbakki
Ystavík
Draflastaðir
Grænihnjúkur
Sælufjall
Flár
Syðri-Reistará
Víkurskarð
Hjarðarholt
861
Hvammur
812
Litlihvammur
(Miðvík)
(Vegeirsstaðir)
SA
Hofteigur
Grímsgerði
Finnsstaðadalur
Vesturfjall
Kistufjall
Hvammsfjall
Ós
1
Miðvíkur-
fjall
Dæli
Veisa
Kaldakinn
Litlabrekka
Ásláksstaðir
Lambárfjall
Þrastarhóll
813
Hof
Garðsvík
834
Veisusel
Hallgilsstaðir
Skipalón
Sveinbjarnargerði
Fornastaðafjall
Hlíð
Illagilsfjall
Spónsgerði
Gásir
Þórsmörk
Vatnsleysa
902
Þórisstaðir
Leifshús
Hallgilsstaðir
Fellssel
Hlaðir
Helluland
Dyngju-
hnjúkur
Möðruvellir
Björg
Dagverðareyri
Gautsstaðir
Víðivellir
Merki
Árland
Litli-Dunhagi
Tréstaðir
Glæsibær
Víðifell
Sólvangur
Stóri-Dunhagi
Sunnuhlíð
Fnjóská
Þríhyrningur
Djúpárbakki
Dálksstaðir
Meðalheimur
Hrísgerði
Fornhólar
Hjaltastaðir
1445
Auðbrekka
Dýjafjallshnjúkur
Þelamörk
816
Svalbarðseyri
Tungunes
Halldórsstaðir
Grjótgarður
Hörgá
Lögaland
Moldhaugar
Mógil
Vaðlaheiði
832
Nes
Háls
Ljósavatnsskarð
Sigríðarstaðir
(Landamót)
Kirkjufjall
Brakandi
Hlíðarbær
Skjaldarvík
Breiðaból
Fornhagi
1
Krossastaðir
Garðshorn
Skógar
Vaglaskógur
Landamótssel
Dagverðartunga
Sílastaðir
Pétursborg
Sigluvík
1
Birkihlíð
Borgartún
Skriða
Brenniholl
Blómstur-
vellir
Sólberg
Hróarsstaðir
836
Birningsstaðir
Lækjamót
815
Skógar
Samtún
Litlihvammur
Kambsstaðir
Tjarnarland
Kross
Hörgárdalur
Hraukbær
Dvergasteinn
Meyjarhóll
Vaglir
Stórutjarnir
Ljósavatn
Lönguhlíðarfjall
Neðri-Vindheimar
Bitra
Grænhóll
Höfn
828
Mörk
Vaglafjall
Arnstapi
Langahlíð
Efri-Vindheimar
Ásláksstaðir
Klöpp
Vatnsendi
Hallland
Hafrárdalur
Neðri-Rauðalækur
AKUREYRI
Veturliðastaðir
Lundur
Melar
Hesjuvellir
Húsabrekka
Ljósavatn
Öxnhóll
Vaðlafell
Austurhlíð
Garðshorn
(Lögmannshlíð)
Fnjóskadalur
Ljósavatnsfjall
Barká
Glerá
Ekra
Ytri-Varðgjá
66°10'
66°00'
65°50'
65°40'
18°20' SV
18°00'
SA
17°40'
23
24
25
0
5
10
15 km

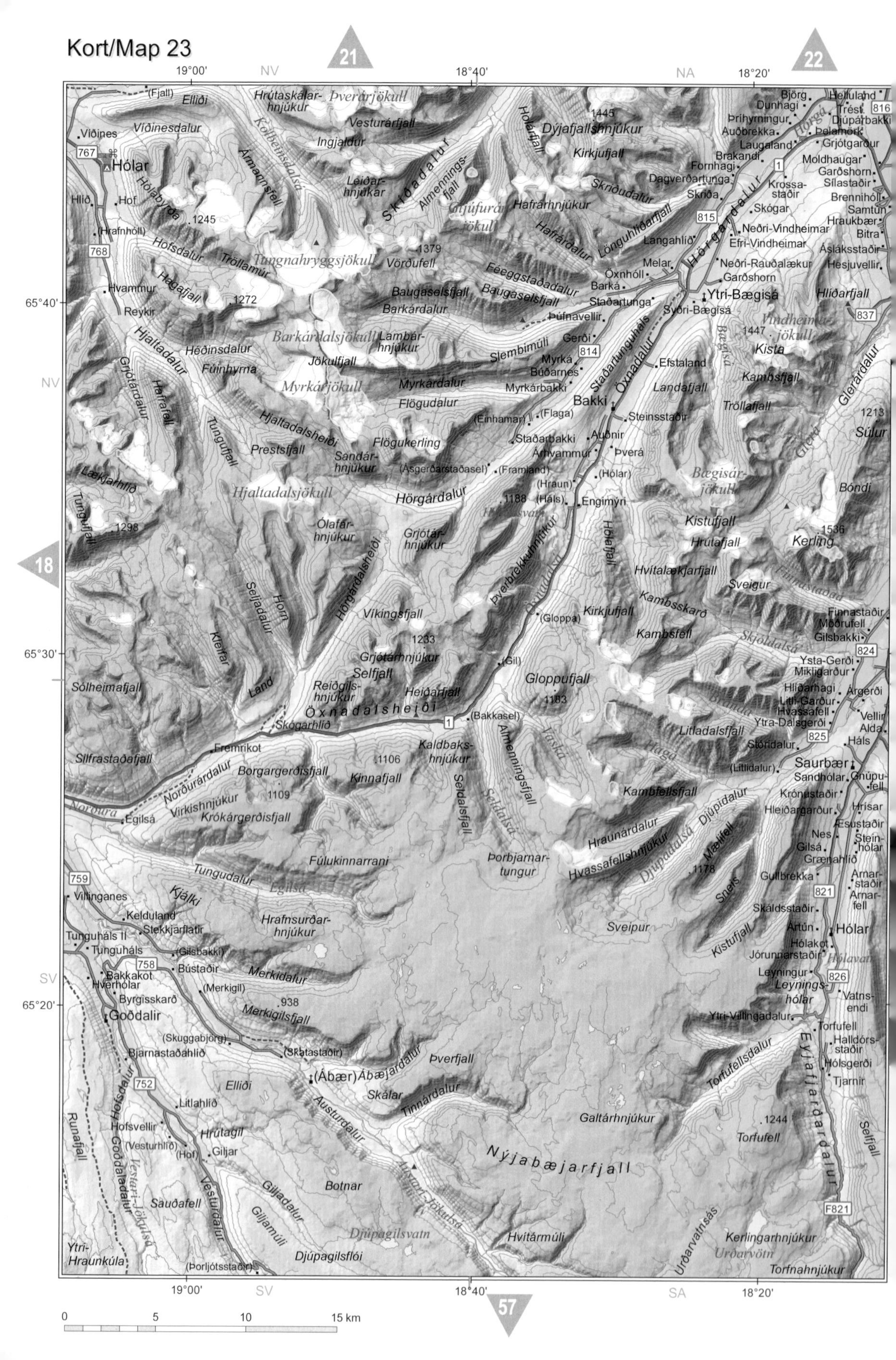

Kort/Map 23
21
22
18
57
19°00'
18°40'
18°20'
NV
NA
SV
SA
65°40'
65°30'
65°20'
0
5
10
15 km
Hólar
Hof
Hlíð
Víðines
Elliði
(Fjall)
(Hrafnhóll)
Hvammur
Reykir
767
768
Víðinesdalur
Hólabyrða
Hofsdalur
Tröllamúr
Hagafjall
Hjaltadalur
Héðinsdalur
Fúinhyrna
Grjótárdalur
Hafrafall
Tungufjall
Lækjarhlíð
Ármannsfell
Kolbeinsdalsá
Hrútaskálarhnjúkur
Þverárjökull
Vesturárfjall
Ingjaldur
Leiðarhnjúkar
Skíðadalur
Almenningsfjall
Gljúfurárjökull
Tungnahryggsjökull
Vörðufell
Barkárdalsjökull
Lambárhnjúkur
Jökulfjall
Myrkárjökull
Hjaltadalsheiði
Prestsfjall
Sandárhnjúkur
Hjaltadalsjökull
Flögukerling
Flögudalur
Myrkárdalur
Barkárdalur
Baugaselsfjall
Hólafjall
Dýjafjallshnjúkur
Kirkjufjall
Skriðudalur
Hafrárhnjúkur
Hafrárdalur
Féeggstaðadalur
Lönguhlíðarfjall
Slembimúli
1445
1245
1379
1272
1298
1188
1233
1183
1106
1109
1178
1447
1213
1536
1244
938
Björg
Dunhagi
Þríhyrningur
Auðbrekka
Laugaland
Brakandi
Fornhagi
Dagverðartunga
Skriða
Langahlíð
Melar
Öxnhóll
Barká
Staðartunga
Þúfnavellir
Gerði
Myrká
Búðarnes
Myrkárbakki
Helluland
Tréstr
Djúpárbakki
Þelamörk
Grjótgarður
Moldhaugar
Garðshorn
Sílastaðir
Krossastaðir
Skógar
Brennihóll
Samtún
Hraukbær
Bitra
Ásláksstaðir
Hesjuvellir
Neðri-Vindheimar
Efri-Vindheimar
Neðri-Rauðalækur
Garðshorn
Ytri-Bægisá
Syðri-Bægisá
Hlíðarfjall
Hörgá
Hörgárdalur
Vindheimajökull
Bægisá
Kista
Kambsfjall
Tröllafjall
Glerárdalur
Glerá
Súlur
Bóndi
Kerling
Efstaland
Landafjall
Staðartunguháls
Öxnadalur
Bakki
Steinsstaðir
Auðnir
Þverá
Staðarbakki
Árhvammur
(Einhamar)
(Flaga)
(Ásgerðarstaðasel)
(Framland)
(Hólar)
(Hraun)
(Háls)
Engimýri
Hörgárdalur
Ólafárhnjúkur
Grjótárhnjúkur
Hörgárdalsheiði
Víkingsfjall
Grjótárhnjúkur
Selfjall
Reiðgilshnjúkur
Heiðarfjall
Öxnadalsheiði
Þverbrekkuhnjúkur
Öxnadalsá
Hólafjall
Hvítalækjarfjall
Kambsskarð
Kambsfell
Kirkjufjall
(Gloppa)
(Gil)
Gloppufjall
Bægisárjökull
Kistufjall
Hrútafjall
Sveigur
Finnastaðir
Möðrufell
Gilsbakki
Skjóldalsá
Ysta-Gerði
Mikligarður
Hlíðarhagi
Litli-Garður
Hvassafell
Ytra-Dalsgerði
Árgerði
Vellir
Alda
Háls
Stórdalur
Litladalsfjall
Flaga
(Litlidalur)
Saurbær
Sandhólar
Gnúpufell
Krónustaðir
Hleiðargarður
Hrísar
Æsustaðir
Nes
Gilsá
Steinhólar
Grænahlíð
Gullbrekka
Arnarstaðir
Arnarfell
Skáldsstaðir
Ártún
Hólakot
Hólar
Jórunnarstaðir
Hólavatn
Leyningur
Leyningshólar
Vatnsendi
Ytri-Villingadalur
Torfufell
Halldórsstaðir
Hólsgerði
Tjarnir
Eyjafjarðardalur
Torfufellsdalur
Torfufell
Selfjall
Kambfellsfjall
Djúpidalur
Djúpadalsá
Hraunárdalur
Hvassafellshnjúkur
Mælifell
Sneis
Kistufjall
Sveipur
Þorbjarnartungur
Almenningsfjall
Vaská
Seldalsá
Seldalsfjall
Kaldbakshnjúkur
(Bakkasel)
Skógarhlíð
Sólheimafjall
Kleifar
Land
Seljadalur
Horn
Tungufjall
Fremrikot
Silfrastaðafjall
Norðurárdalur
Norðurá
Borgargerðisfjall
Kinnafjall
Virkishnjúkur
Krókárgerðisfjall
Egilsá
Fúlukinnarrani
Tungudalur
Egilsá
Kjálki
Hrafnsurðarhnjúkur
Villinganes
Kelduland
Stekkjarflatir
Tunguháls II
Tunguháls
(Gilsbakki)
Bakkakot
Hverhólar
Bústaðir
Byrgisskarð
(Merkigil)
Merkidalur
Merkigilsfjall
Goðdalir
(Skuggabjörg)
Bjarnastaðahlíð
(Skatastaðir)
(Ábær)
Ábæjardalur
Þverfjall
Elliði
Skálar
Tinnárdalur
Austurdalur
Litlahlíð
Hofsvellir
(Vesturhlíð)
(Hof)
Giljar
Hrútagil
Runafjall
Hofsdalur
Goðdaladalur
Vestari-Jökulsá
Vesturdalur
Sauðafell
Giljadalur
Giljamúli
Botnar
Austari-Jökulsá
Djúpagilsvatn
Djúpagilsflói
Ytri-Hraunkúla
(Þorljótsstaðir)
Hvítármúli
Nýjabæjarfjall
Galtárhnjúkur
Urðarvatnsás
Kerlingarhnjúkur
Urðarvötn
Torfnahnjúkur
1
752
758
759
814
815
816
821
824
825
826
837
F821

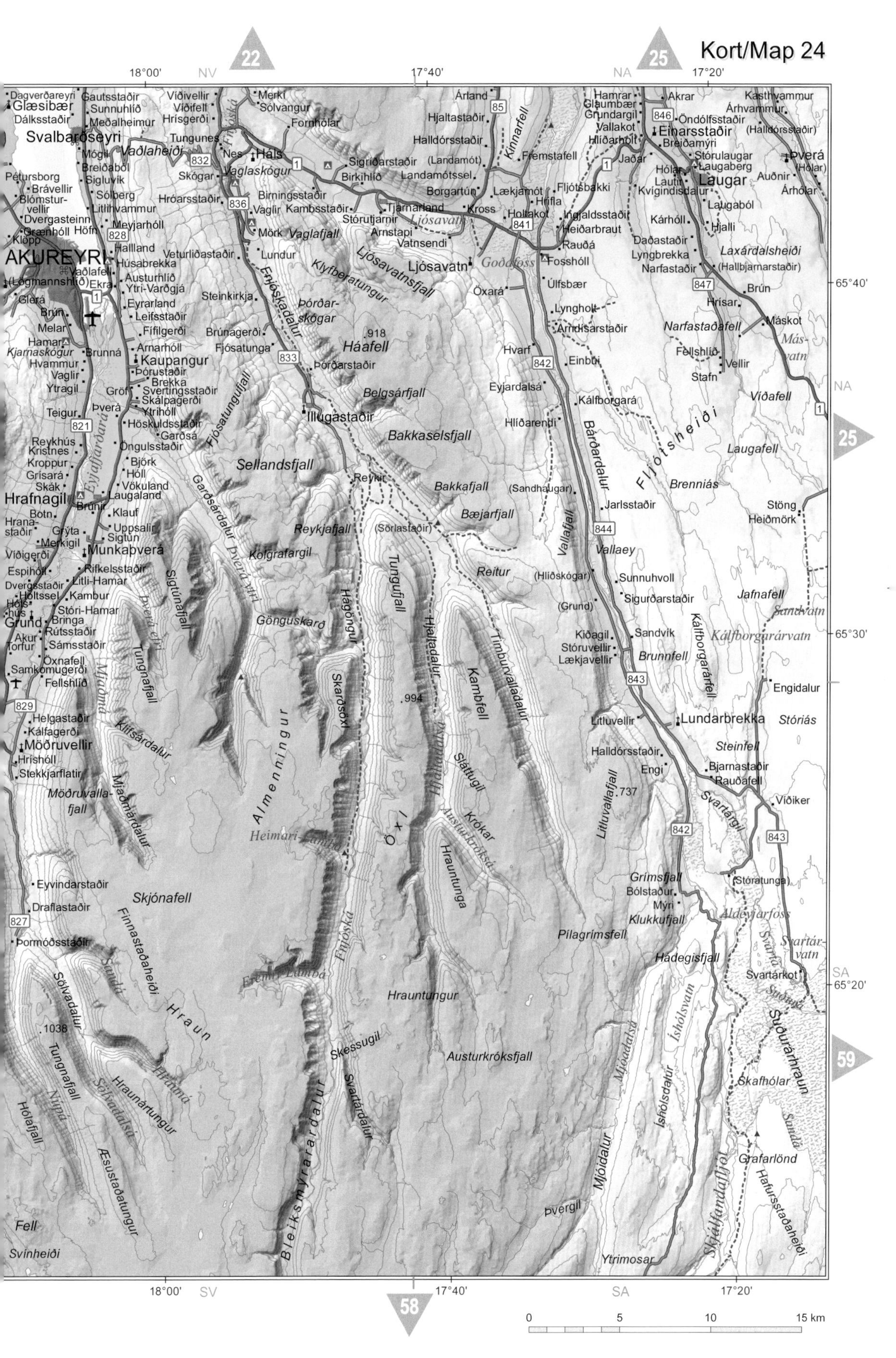
22
25
18°00'
NV
17°40'
NA
17°20'
Dagverðareyri
Glæsibær
Dálksstaðir
Gautsstaðir
Sunnuhlíð
Meðalheimur
Viðivellir
Viðifell
Hrísgerði
Merki
Sólvangur
Fornhólar
Árland
85
Hjaltastaðir
Halldórsstaðir
Kinnarfell
Hamrar
Glaumbær
Grundargil
Vallakot
Hlíðarholt
Akrar
846
Öndólfsstaðir
Einarsstaðir
Breiðamýri
Kasthvammur
Árhvammur
(Halldórsstaðir)
Svalbarðseyri
Tungunes
Mógil
Vaðlaheiði
832
Nes
Háls
Fnjóská
Sigríðarstaðir
(Landamót)
Fremstafell
Jaðar
Stórulaugar
Hólar
Laugaberg
Laugar
Lautir
Þverá
(Hólar)
Auðnir
Árhólar
Pétursborg
Brávellir
Blómsturvellir
Breiðaból
Sigluvík
Sólberg
Litlihvammur
Skógar
Vaglaskógur
Birkihlíð
Landamótssel
Borgartún
Lækjamót
Fljótsbakki
Kvígindisdalur
Laugaból
Hróarsstaðir
836
Birningsstaðir
Kambsstaðir
Tjarnarland
Kross
Hrifla
Holtakot
Ingjaldsstaðir
Dvergasteinn
Grænhóll
Höfn
Meyjarhóll
828
Vaglir
Stórutjarnir
Ljósavatn
Arnstapi
841
Heiðarbraut
Kárhóll
Hjalli
Klöpp
Hallland
Mörk
Vaglafjall
Vatnsendi
Rauðá
Daðastaðir
Lyngbrekka
Laxárdalsheiði
AKUREYRI
Veturliðastaðir
Lundur
Ljósavatnsfjall
Klyfberatungur
Ljósavatn
Goðafoss
Fosshóll
Narfastaðir
(Hallbjarnarstaðir)
Vaðlafell
Húsabrekka
Austurhlíð
Ytri-Varðgjá
Ekra
(Lögmannshlíð)
Glerá
Eyrarland
Leifsstaðir
Fífilgerði
Steinkirkja
Fnjóskadalur
Þórðarskógar
Öxará
Úlfsbær
847
Brún
Hrísar
65°40'
Brún
Melar
Hamar
Kjarnaskógur
Hvammur
Vaglir
Ytragil
Brunná
Arnarhóll
Kaupangur
Þórustaðir
Brekka
Svertingsstaðir
Skálpagerði
Ytrihóll
Brúnagerði
Fjósatunga
.918
Háafell
833
Þórðarstaðir
Lyngholt
Arndísarstaðir
Hvarf
842
Einbúi
Narfastaðafell
Máskot
Másvatn
Fellshlíð
Vellir
Stafn
Gröf
Þverá
Teigur
821
Höskuldsstaðir
Fjósatungufjall
Belgsárfjall
Illugastaðir
Eyjardalsá
Kálfborgará
Hlíðarendi
Víðafell
NA
1
Reykhús
Kristnes
Kroppur
Grísará
Skák
Eyjafjarðará
Garðsá
Öngulsstaðir
Björk
Höll
Vökuland
Laugaland
Sellandsfjall
Bakkaselsfjall
Bárðardalur
Fljótsheiði
Laugafell
Hrafnagil
Botn
Hranastaðir
Brúnir
Klauf
Uppsalir
Sigtún
Reykir
Bakkafjall
Bæjarfjall
(Sandhaugar)
Jarlsstaðir
Brenniás
Stöng
Heiðmörk
Grýta
Merkigil
Munkaþverá
Víðigerði
Espihóll
Rifkelsstaðir
Litli-Hamar
Dvergsstaðir
Holtssel
Hólshús
Kambur
Stóri-Hamar
Grund
Bringa
Garðsárdalur
Þverárdalur
Kolgrafargil
Reykjafjall
(Sörlastaðir)
Tungufjall
844
Vallafjall
Vallaey
Reitur
(Hlíðskógar)
Sunnuhvoll
Sigurðarstaðir
(Grund)
Jafnafell
Sandvatn
Sigtúnafjall
Þverá ytri
Gönguskarð
Hágöngur
Hjaltadalur
Timburvalladalur
Kiðagil
Sandvík
Stóruvellir
Lækjavellir
Brunnfell
Kálfborgarárfell
Kálfborgarárvatn
65°30'
Akur
Torfur
Rútsstaðir
Sámsstaðir
Samkomugerði
Oxnafell
Fellshlíð
Tungnafjall
Mjaðmá
Skarðsöxl
Kambfell
843
Engidalur
829
Helgastaðir
Kálfagerði
Möðruvellir
Hrísholl
Stekkjarflatir
Klifsárdalur
Almenningur
.994
Litluvellir
Lundarbrekka
Stóriás
Halldórsstaðir
Engi
Steinfell
Bjarnastaðir
Rauðafell
Möðruvallafjall
Mjaðmárdalur
Sláttugil
Litluvallafjall
.737
Víðiker
Heimari-Lambá
Öxl
Krókar
Austurkróksá
Hrauntunga
842
Svartárgil
843
Eyvindarstaðir
Skjónafell
Grímsfjall
Bólstaður
Mýri
Klukkufjall
(Stóratunga)
Aldeyjarfoss
Draflastaðir
827
Finnastaðaheiði
Fnjóská
Pílagrímsfell
Svartá
Svartárvatn
Þormóðsstaðir
Sandá
Fremri-Lambá
Hádegisfjall
Svartárkot
SA
65°20'
Sölvadalur
Hraun
Hrauntungur
Íshólsvatn
Suðurárhraun
Suðurá
.1038
Skessugil
Austurkróksfjall
59
Tungnafjall
Hraunárá
Sölvadalsá
Hraunártungur
Svartárdalur
Mjóadalsá
Íshólsdalur
Skafhólar
Hólafjall
Núpá
Æsustaðatungur
Bleiksmýrardalur
Mjóidalur
Skjálfandafljót
Gráfarlönd
Hafursstaðaheiði
Sandá
Fell
Þvergil
Svínheiði
Ytrimosar
18°00'
SV
17°40'
SA
17°20'
58
0
5
10
15 km

Kort/Map 25

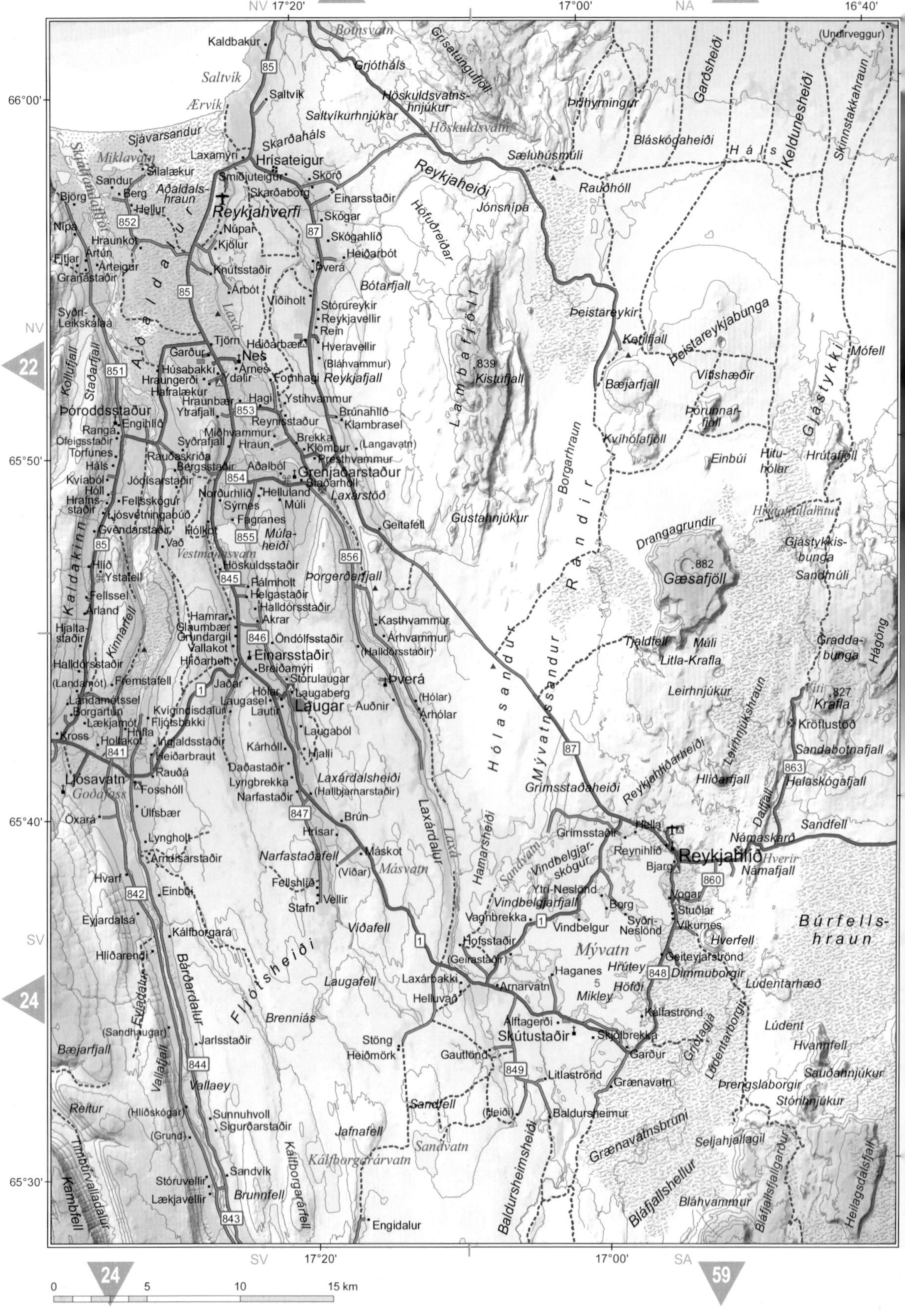

27 28 22 24 24 59

NV 17°20' 17°00' NA 16°40'

66°00' 65°50' 65°40' 65°30'

NV SV SV 17°20' 17°00' SA

Kaldbakur
Botnsvatn
Grísatungufjöll
Grjótháls
Saltvík
Höskuldsvatnshnjúkur
Þríhyrningur
Garðsheiði
(Undirveggur)
Keldunesheiði
Skinnstakkahraun
Ærvík
Saltvíkurhnjúkar
Höskuldsvatn
Bláskógaheiði
Sjávarsandur
Skarðaháls
Sæluhúsmúli
Háls
Miklavatn
Skjálfandafljót
Laxamýri
Hrísateigur
Reykjaheiði
Rauðhóll
Sílalækur
Smiðjuteigur
Skörð
Sandur
Berg
Aðaldalshraun
Skarðaborg
Höfuðreiðar
Jónsnípa
Björg
Hellur
Einarsstaðir
Reykjahverfi
Nípá
Skógar
Hraunkot
Núpar
Skógahlíð
Fitjar
Artún
Kjölur
Heiðarbót
Árteigur
Knútsstaðir
Þverá
Granastaðir
Aðaldalur
Árbót
Bótarfjall
Víðiholt
Laxá
Stórureykir
Þeistareykir
Þeistareykjabunga
Syðri-Leikskálaá
Reykjavellir
Lambafjöll
Rein
Ketilfjall
Tjörn
Heiðarbær
Hveravellir
Mófell
Garður
Nes
(Bláhvammur)
Vítishæðir
Kollufjall
Staðarfjall
Húsabakki
Árnes
839
Kistufjall
Bæjarfjall
Hraungerði
Ýdalir
Fornhagi
Reykjafjall
Gjástykki
Hafralækur
Hraunbær
Hagi
Ystihvammur
Þórunnarfjöll
Þóroddsstaður
Ytrafjall
Reynisstaður
Brúnahlíð
Klambrasel
Rangá
Engihlíð
Miðhvammur
Brekka
Kvíhólafjöll
Óféigsstaðir
Syðrafjall
Hraun
Klömbur
(Langavatn)
Borgarhraun
Torfunes
Rauðaskriða
Presthvammur
Hituhólar
Hrútafjöll
Háls
Bergsstaðir
Aðalból
Grenjaðarstaður
Einbúi
Kvíaból
Jódísarstaðir
Staðarhóll
Hóll
Norðurhlíð
Helluland
Laxárstöð
Hrafnsstaðir
Fellsskógur
Sýrnes
Múli
Randir
Ljósvetningabúð
Fagranes
Gustahnjúkur
Hrafnafjallahraun
Gvendarstaðir
Hólkot
Múlaheiði
Geitafell
Drangagrundir
Vað
Vestmannsvatn
Gjástykkisbunga
Kaldakinn
Hlíð
Höskuldsstaðir
882
Gæsafjöll
Ystafell
Þorgerðarfjall
Sandmúli
Pálmholt
Fellssel
Helgastaðir
Árland
Halldórsstaðir
Kinnarfell
Akrar
Hamrar
Kasthvammur
Hjaltastaðir
Glaumbær
Árhvammur
Tjaldfell
Múli
Graddabunga
Grundargil
Öndólfsstaðir
Hágöng
Vallakot
(Halldórsstaðir)
Litla-Krafla
Einarsstaðir
Hlíðarholt
Hólasandur
Halldórsstaðir
Breiðamýri
(Landamót)
Fremstafell
Jaðar
Stórulaugar
Þverá
Mývatnssandur
Víti
Landamótssel
Hólar
Laugaberg
(Hólar)
Leirhnjúkur
827
Krafla
Borgartún
Kvígindisdalur
Laugasel
Laugar
Auðnir
Árhólar
Lækjamót
Fljótsbakki
Lautir
Leirhnjúkshraun
Kröflustöð
Kross
Hrifla
Laugaból
Holtakot
Ingjaldsstaðir
Kárhóll
Hjalli
Sandabotnafjall
Heiðarbraut
Reykjahlíðarheiði
Ljósavatn
Rauðá
Daðastaðir
Laxárdalsheiði
Hlíðarfjall
Halaskógafjall
Goðafoss
Fosshóll
Lyngbrekka
Grímsstaðaheiði
Narfastaðir
(Hallbjarnarstaðir)
Öxará
Úlfsbær
Brún
Laxárdalur
Hamarsheiði
Dalfjall
Sandfell
Hrísar
Hella
Lyngholt
Grímsstaðir
Námaskarð
Máskot
Reynihlíð
Reykjahlíð
Arndísarstaðir
Narfastaðafell
Vindbelgjarskógur
Sandvatn
Bjarg
Hverir
Námafjall
Hvarf
(Víðar)
Másvatn
Laxá
Fellshlíð
Ytri-Neslönd
Vogar
Einbúi
Vellir
Vindbelgjarfjall
Borg
Stuðlar
Búrfellshraun
Eyjardalsá
Stafn
Vagnbrekka
Syðri-Neslönd
Víkurnes
Víðafell
Vindbelgur
Kálfborgará
Hofsstaðir
Mývatn
Hverfell
Hlíðarendi
Fljótsheiði
(Geirastaðir)
Geiteyjarströnd
Hrútey
Dimmuborgir
Laugafell
Laxárbakki
Haganes
Lúdentarhæð
Eyjadalur
Höfði
Helluvað
Arnarvatn
5
Mikley
Kálfaströnd
Brenniás
Bárðardalur
Álftagerði
Grjótagjá
Lúdentarborgir
Lúdent
(Sandhaugar)
Skútustaðir
Skjólbrekka
Hvannfell
Jarlsstaðir
Stöng
Garður
Bæjarfjall
Heiðmörk
Gautlönd
Sauðahnjúkur
Litlaströnd
Grænavatn
Vallafjall
Þrengslaborgir
Vallaey
Stórihnjúkur
Sandfell
Reitur
(Hlíðskógar)
(Heiði)
Baldursheimur
Sunnuhvoll
Sigurðarstaðir
Grænavatnsbruni
Jafnafell
Seljahjallagil
Timburvalladalur
(Grund)
Sandvatn
Baldursheimsheiði
Kálfborgarárvatn
Sandvík
Bláfjallsfjallgarður
Heilagsdalsfjall
Stóruvellir
Bláfjallshellur
Lækjavellir
Brunnfell
Kálfborgarárfell
Bláhvammur
Kambfell
Engidalur

85 852 87 85 851 853 854 855 856 845 846 1 841 847 842 860 1 1 848 844 849 843 863 87

0 5 10 15 km

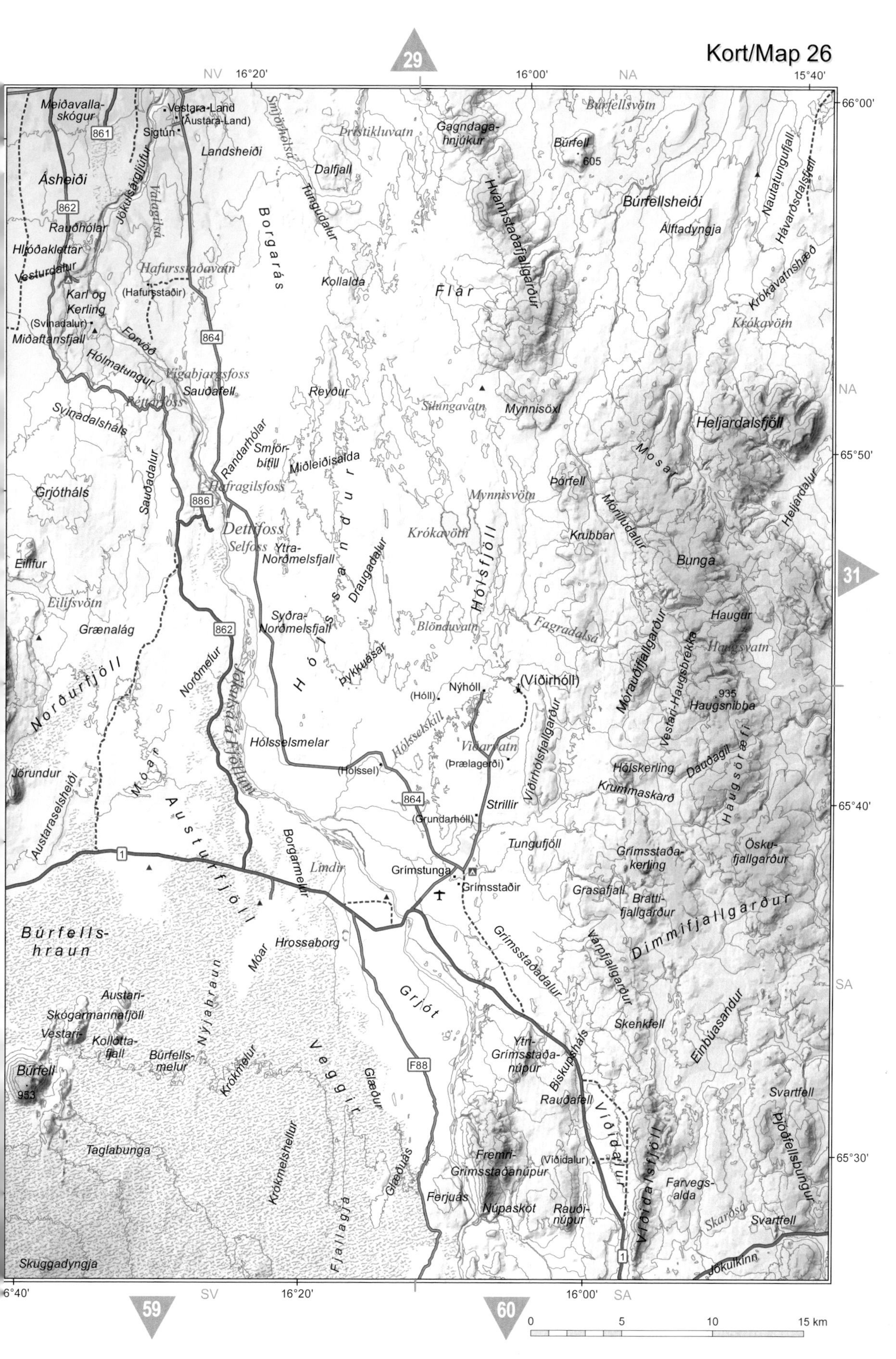
29
NV
16°20'
16°00'
NA
15°40'
66°00'
Meiðavalla-skógur
Vestara-Land
(Austara-Land)
Sigtún
861
Landsheiði
Ásheiði
Jökulsárgljúfur
Valagilsá
862
Rauðhólar
Hljóðaklettar
Vesturdalur
Hafursstaðavatn
(Hafursstaðir)
Karl og Kerling
(Svínadalur)
Miðaftansfjall
Forvöð
864
Hólmatungur
Vígabjargsfoss
Sauðafell
Réttarfoss
Svínadalsháls
Sauðadalur
Grjótháls
Randarhólar
Smjör-bítill
Miðleiðisalda
Hafragilsfoss
886
Dettifoss
Selfoss
Ytra-Norðmelsfjall
Eilífur
Eilífsvötn
Grænalág
Syðra-Norðmelsfjall
Norðurfjöll
Norðmelur
Jökulsá á Fjöllum
Hólsselsmelar
Jörundur
Móar
Austaraselsheiði
Austurfjöll
Borgarmelur
1
Lindir
Smjörhólsá
Þrístikluvatn
Dalfjall
Tungudalur
Borgarás
Kollalda
Reyður
Hólssandur
Draugadalur
Þykkuásar
Gagndaga-hnjúkur
Hvannstaðafjallgarður
Flár
Silungavatn
Mynnisöxl
Mynnisvötn
Krókavötn
Blönduvatn
Hólsfjöll
Nýhóll
(Hóll)
(Víðirhóll)
Hólsselskíll
Víðarvatn
(Hólssel)
(Þrælagerði)
864
Strillir
(Grundarhóll)
Tungufjöll
Grímstunga
Grímsstaðir
Búrfellsvötn
Búrfell
605
Búrfellsheiði
Álftadyngja
Nautatungufjall
Hávarðsdalsfjall
Krókavatnshæð
Krókavötn
NA
Heljardalsfjöll
Mosar
65°50'
Þórfell
Mörliudalur
Krubbar
Heljardalur
Bunga
31
Fagradalsá
Haugur
Haugsvatn
Víðirhólsfjallgarður
Möðrudalsfjallgarður
Vestari-Haugsbrekka
935
Haugsnibba
Hólskerling
Dauðagil
Haugsöræfi
Krummaskarð
65°40'
Grímsstaða-kerling
Ösku-fjallgarður
Grasafjall
Bratti-fjallgarður
Dimmifjallgarður
Búrfells-hraun
Hrossaborg
Móar
Grjót
Grímsstaðadalur
Varpfjallgarður
SA
Austari-
Skógarmannafjöll
Vestari-
Kollótta-fjall
Nýjahraun
Búrfells-melur
Krókmelur
Veggir
Gæður
F88
Ytri-Grímsstaða-núpur
Biskupsháls
Skenkfell
Einbúasandur
Búrfell
953
Rauðafell
Víðidalur
Svartfell
Þjóðfellsbungur
Taglabunga
Krókmelshellur
Fjallagjá
Glæðuás
Fremri-Grímsstaðanúpur
(Víðidalur)
Víðidalsfjöll
65°30'
Ferjuás
Núpaskot
Rauði-núpur
Farvegs-alda
Skarðsá
Svartfell
Skuggadyngja
Jökulkinn
6°40'
SV
16°20'
16°00'
SA
59
60
0
5
10
15 km

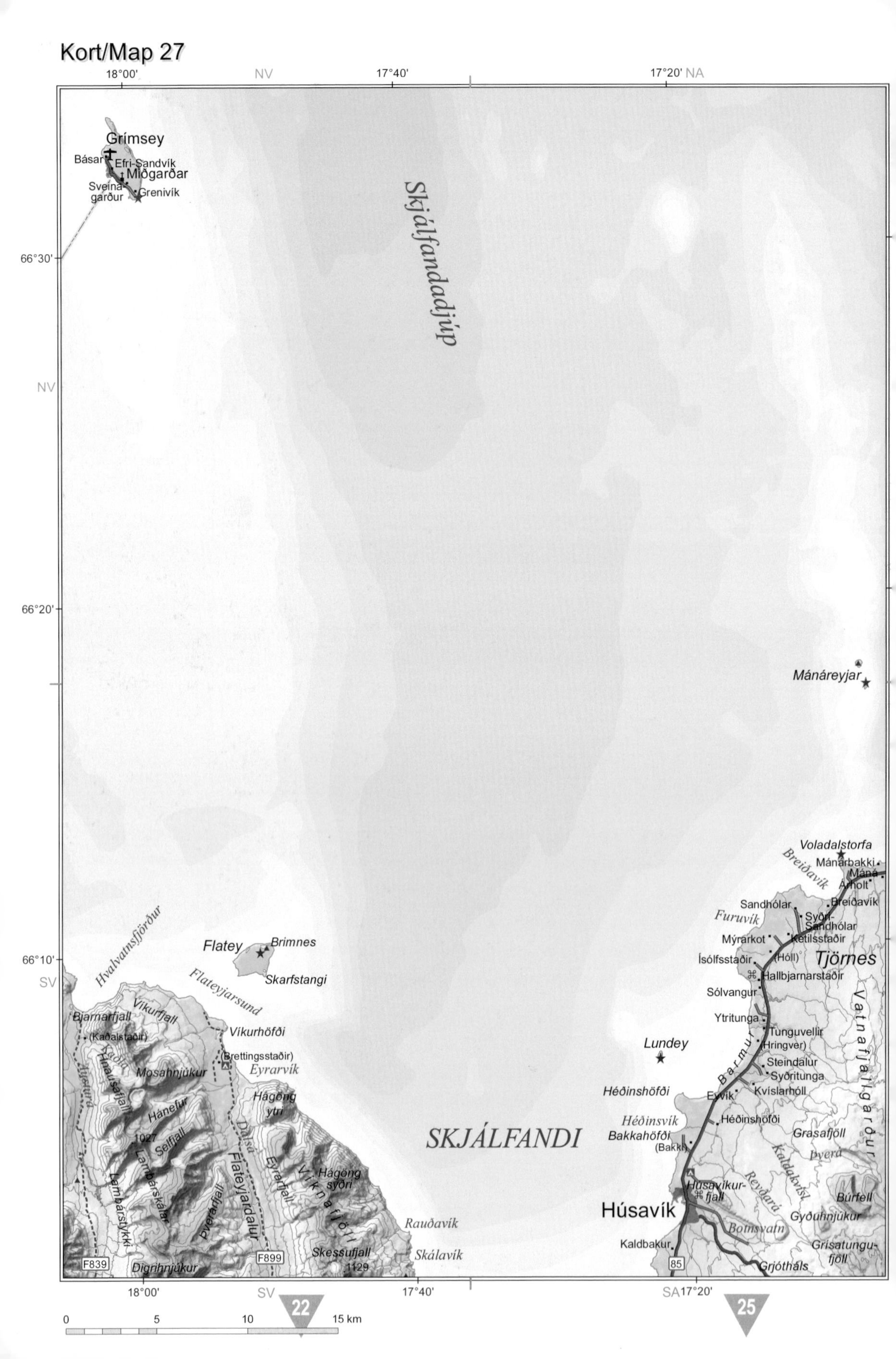
18°00'
NV
17°40'
17°20' NA
66°30'
66°20'
66°10'
SV
SA
Grímsey
Básar
Efri-Sandvík
Miðgarðar
Sveina-garður
Grenivík
Skjálfandadjúp
Mánáreyjar
Voladalstorfa
Breiðavík
Mánárbakki
Máná
Árholt
Sandhólar
Syðri-Sandhólar
Furuvík
Mýrarkot
Ketilsstaðir
Ísólfsstaðir
(Hóll)
Tjörnes
Hallbjarnarstaðir
Sólvangur
Vatnafjallgarður
Ytritunga
Tunguvellir
(Hringver)
Lundey
Barmur
Steindalur
Syðritunga
Héðinshöfði
Eyvík
Kvíslarhóll
Héðinsvík
Grasafjöll
Bakkahöfði
(Bakki)
Kaldakvísl
Þverá
Húsavíkurfjall
Reydará
Búrfell
Húsavík
Botnsvatn
Gyðuhnjúkur
Kaldbakur
Grísatungufjöll
Grjótháls
85
Flatey
Brimnes
Skarfstangi
Hvalvatnsfjörður
Flateyjarsund
Víkurhöfði
Bjarnarfjall
Víkurfjall
(Kaðalstaðir)
(Brettingsstaðir)
Eyrarvík
Mosahnjúkur
Hágöng ytri
Hánefur
Selfjall
1027
Dalsá
Flateyjardalur
Eyjarfjall
Víknafjöll
Hágöng syðri
Lambárskálar
Þverárfjall
Lambárstykki
SKJÁLFANDI
Rauðavík
Skálavík
Skessufjall
1129
F839
F899
Digrihnjúkur
22
25
0
5
10
15 km

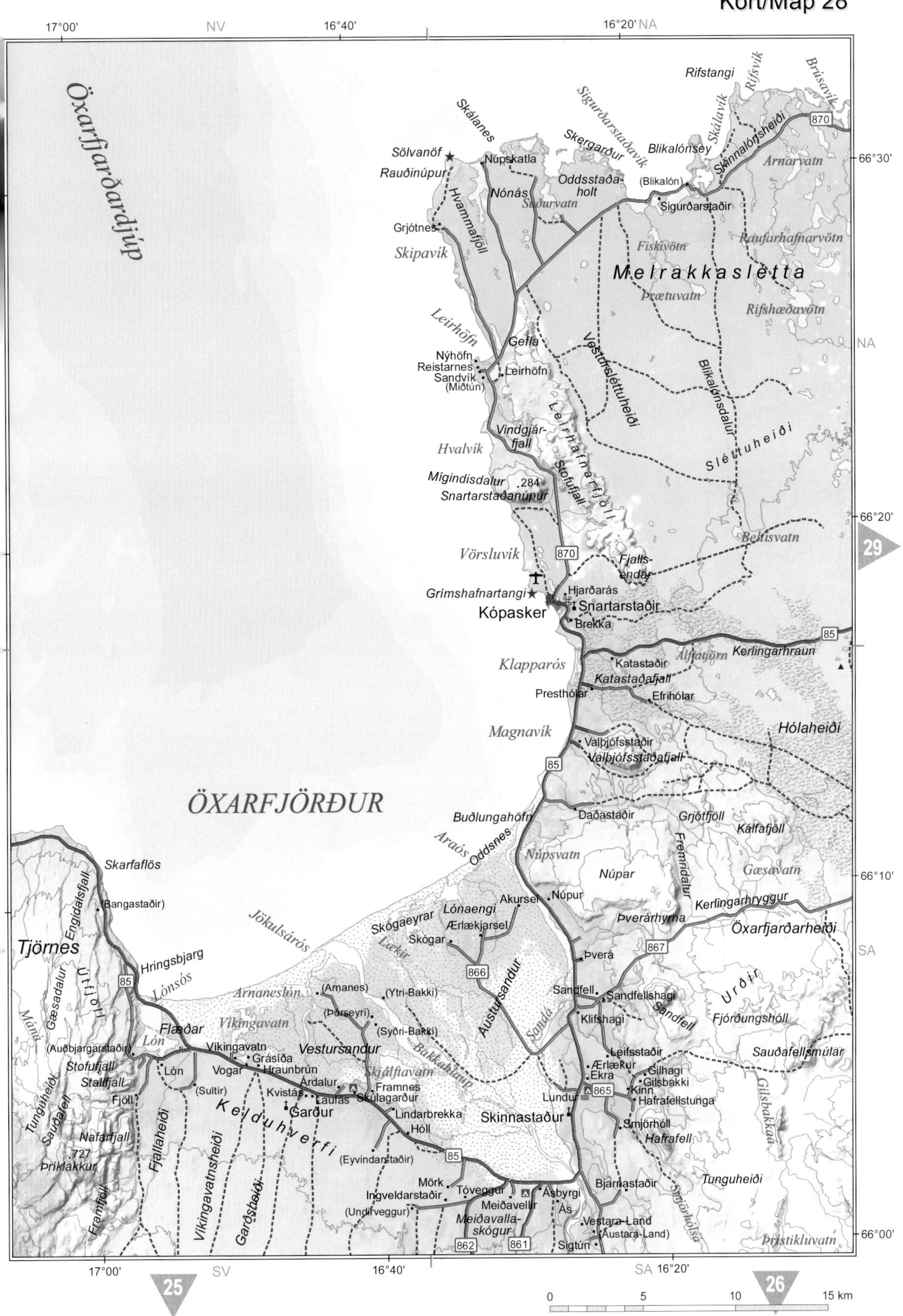

17°00'
NV
16°40'
16°20'
NA
Öxarfjarðardjúp
Rifstangi
Rifsvík
Brúsavík
Skálanes
Sigurðarstaðavík
Skálavík
Skergarður
Blikalónsey
Sölvanöf
Núpskatla
Rauðinúpur
Oddsstaða-holt
(Blikalón)
Skinnalónsheiði
870
Arnarvatn
66°30'
Nónás
Suðurvatn
Sigurðarstaðir
Hvammafjöll
Grjótnes
Fiskivötn
Raufarhafnarvötn
Skipavík
Melrakkaslétta
Þrætuvatn
Rifshæðavötn
Leirhöfn
Gefla
Vesturslettuheiði
NA
Nýhöfn
Reistarnes
Sandvík
(Miðtún)
Leirhöfn
Blikalónsdalur
Leirhafnarfjöll
Vindgjár-fjall
Hvalvík
Sléttuheiði
Stofufjall
Mígindisdalur
.284
Snartarstaðanúpur
66°20'
Beltisvatn
29
Vörsluvík
870
Fjalls-endar
Hjarðarás
Grímshafnartangi
Snartarstaðir
Kópasker
Brekka
85
Klapparós
Álftatjörn
Kerlingarhraun
Katastaðir
Katastaðafjall
Presthólar
Efrihólar
Magnavík
Hólaheiði
Valþjófsstaðir
Valþjófsstaðafjall
85
ÖXARFJÖRÐUR
Buðlungahöfn
Daðastaðir
Grjótfjöll
Kálfafjöll
Araós
Oddsnes
Fremridalur
Núpsvatn
Núpar
Gæsavatn
66°10'
Skarfaflös
Akursel
Núpur
Kerlingarhryggur
(Bangastaðir)
Lónaengi
Þverárhyrna
Engidalsfjall
Jökulsárós
Skógaeyrar
Ærlækjarsel
Öxarfjarðarheiði
Tjörnes
Skógar
Lækir
867
SA
Hringsbjarg
Þverá
866
Austursandur
Útfjöll
Gæsadalur
85
Lónsós
Arnaneslón
(Arnanes)
(Ytri-Bakki)
Sandfell
Sandfellshagi
Urðir
Máná
Víkingavatn
(Þórseyri)
Sandá
Klifshagi
Sandfell
Fjórðungshóll
Flæðar
(Syðri-Bakki)
Lón
Bakkahlaup
(Auðbjargarstaðir)
Víkingavatn
Vestursandur
Leifsstaðir
Sauðafellsmúlar
Stofufjall
Grásíða
Hraunbrún
Ærlækur
Stallfjall
Lón
Vogar
Árdalur
Skjálftavatn
Ekra
Gilhagi
Gilsbakki
(Sultir)
Framnes
Lundur
865
Kinn
Fjöll
Kvistás
Laufás
Skúlagarður
Gilsbakkaá
Keldhuverfi
Garður
Hafrafellstunga
Tunguheiði
Sauðafell
Lindarbrekka
Skinnastaður
Smjörhóll
Fjallaheiði
Höll
Hafrafell
Nafarfjall
.727
Víkingavatnsheiði
85
Þríklakkur
(Eyvindarstaðir)
Tunguheiði
Mörk
Garðsheiði
Tóveggur
Ásbyrgi
Bjarnastaðir
Smjörhólsá
Framfjöll
Ingveldarstaðir
Meiðavellir
Ás
(Undirveggur)
Meiðavalla-skógur
Vestara-Land
(Austara-Land)
66°00'
862
861
Sigtún
Þistikluvatn
17°00'
SV
16°40'
SA 16°20'
25
26
0
5
10
15 km

Kort/Map 29

16°20' NV 16°00' NA 15°40'

Rifstangi
Rifsvík
Brúsavík
Hraunhafnartangi
Þorgeirsdys
Harðbaksvík
Sigurðarstaðavík
Skálavík
Skinnalónsheiði
870
Skergarður
Blikalónsey
Hraunhafnar-vatn
Arnarvatn
Ásmundarstaðir
Núpskatla
66°30'
Oddsstaða-holt
(Blikalón)
Nónás
Suðurvatn
Sigurðarstaðir
Raufarhafnarheiði
Höskuldarnes
Fiskivötn
Raufarhafnarvötn
Raufarhöfn
Melrakkaslétta
Vogur
Austursléttuheiði
Þrætuvatn
874
Hólsvík
Rifshæðavötn
Súlur
Gefla
NV
Vestursléttuheiði
Blikalónsdalur
Bæjarvatn
Hóll
Höfði
Ormarslón
Leirhöfn
Melrakkanes
Deildarvatn
Sveinungsvík
Leirhafnarfjöll
Illuga-fjall
Grjótfjöll
Bakkanesfjall
Hálshæðir
Afrétt
Vindgjár-fjall
Mjóavatn
Atlanúpur
Sléttuheiði
Fremra-Deildarvatn
Stofufjall
Deildarfjöll
Hólmavatn
284
Snartarstaðar-núpur
Bláskriða
(Grasgeiri)
Deildarvatn
Selfjöll
66°20'
Beltisvatn
Hvilftarvatn
870
874
Þernuvatn
Fjalls-endar
Þorskfjall
Hjarðarás
Hófaskarð
Krossavík
Kópasker
Snartarstaðir
Loki
Kollavík
Brekka
Kollavík
85
Borgir
Vatnastykki
Fjallgarður
Rauðanes
Klapparós
Katastaðir
Aluatjörn
Kerlingarhraun
Seljaheiði
Viðarfjall
(Vellir)
Katastaðafjall
Presthólar
Efrihólar
Sjóhúsavík
Hjálmarvík
Stóra-Viðarvatn
Magnavík
Hólaheiði
Sævarland
Valþjófsstaðir
Valþjófsstaðafjall
Brekknakot
Hjálmarnes
85
867
Hermundarfell
Svalbarð
Ytra-Áland
Hagaland
Sandvatn
Flaga
85
Daðastaðir
Grjótfjöll
Helgafell
Garður
Kálfafjöll
Garðsdalur
Svalbarðstunga
Núpsvatn
Fremridalur
Flautafell
Gæsavatn
Núpar
Syðra-Áland
66°10'
Múlar
Núpur
Kerlingarhryggur
Fjallalækjarsel
Þverárhyrna
Öxarfjarðarheiði
Súlnafell
(Urðarsel)
Flotavatn
SV
867
Þverfell
Skriðuvatnshæð
(Kúðá)
Austur-sandur
Þverá
Urðir
Stóra-Kvígindisfjall
Sandfell
Sandfellshagi
Súlnafjallgarður
Þverfell
Álandstunga
Sandfell
Þverfellsvatn
Hölkná
Klifshagi
Fjórðungshóll
Djúpárbotnar
866
Sandá
Lambafjall
Leifsstaðir
Sauðafellsmúlar
Sandá
Ærlækur
Gilhagi
Djúpá
Svalbarðsá
Ekra
Gilsbakki
Dalsheiði
865
Kinn
Gilsbakkaá
Hafrafellstunga
Laufskálafjallgarður
703
Skinnastaður
Smjörhóll
Svalbarðsnúpur
Balafell
Hafrafell
Hlíðarhorn
85
Bjarnastaðir
Tunguheiði
Ásbyrgi
Hölknárdalur
Meiða-vellir
861
Ás
Smjörhólsá
Fremrafjallshlíð
Búrfellsvötn
Vestara-Land
Meiðavalla-skógur
(Austara-Land)
Gagndaga-hnjúkur
Þrístikluvatn
66°00'
Sigtún
Búrfell

16°20' SV 16°00' SA 15°40'

0 5 10 15 km

26

Langanesgrunn
ÞISTILFJÖRÐUR
BAKKAFLÓI
Langanes
Fontur
Skeglubjörg
Gjögrahorn
Lambeyri
Tófuöxl
(Skoruvík)
(Skálar)
Trjábás
Skoruvíkurbjarg
Hraunnes
Fúlavík
(Læknesstaðir)
Læknesstaðaheiði
Brimnes
Hrafnabjörg
Hrollaugsstaðaheiði
Skálabjarg
Skálanes
Skálanesvík
(Heiði)
(Hrollaugsstaðir)
Heiðarnes
Hrollaugs-staðafjall
(Heiðarhöfn)
Heiðarfjall
Heiðarhöfn
(Eiði)
Eiðisvík
Eiðisvatn
Lambanes
(Ártún)
Grenjanes
Litlanes
Kíll
Hlíð
Hlíðar-fjall
Naustin
Sauðanes
Ytra-Lón
Fagranesskarð
Bjarnarfjall
Kistufjall
444
(Eldjárnsstaðir)
(Grund)
Þverá
Þverárhyrna
(Hóll)
Sauðaneshals
Lónsá
Sjónarhóll
Stórafjall
(Fagranes)
Syðra-Lón
Tumavík
Þórshöfn
Melrakkaás
Hleiðólfsfjall
Selfjall
(Jaðar)
Lónafjörður
Brekknaheiði
Ytri-Brekkur
Hááas
Kaldakinn
Sætún
Holt
Gunnarsstaðir
Laxárdalur
Syðri-Brekkur
719
Gunnólfsvíkurfjall
Brúarland
Brekknafjall
Þernuvatn
Úrðarfjall
Gunnólfsvík
Hvammur
Hallgilsstaðir
Þverfell
Fell
Laxá
Garðsá
Nónás
Krókavatn
Finnafjörður
Helkunduheiði
Langanesströnd
(Saurbær)
Hraunatangi
Helluland
Laxárdalur
Miklavatn
Tungusel
Gilsártunga
Álfhóll
Saurbæjarháls
Þverfell
Miðfjarðarnes
(Steintún)
Svartnes
Torfuhorn
Kverká
Nón-öxl
Miðfjörður
Bjarg
Bakkafjörður
Víðvíkurbjörg
(Þorsteins-staðir)
Saurbæjarvatn
Saurbæjará
Miðfjörður
(Melavellir)
Þorvaldsstaðir
Lindarbrekka
(Djúpilækur)
Bakkafjörður
Grasadalsfjall
Selháls
Skeggjastaðir
Bakki
Digranes
Hafralónsá
(Hávarðs-staðir)
Þröskuldar
Fálkafoss
Álftavatn
(Víðvík)
Snjófoss
Hölkná
(Veðramót)
Draugafoss
Víðvíkurheiði
Hvanntóarhryggur
Reiðaxlarvatn
Reiðaxlir
Kverkártunga
Miðfjarðará
(Dalhús)
Tunguselsheiði
Tunguá
Rauðanúpur
Hólmavatn
Miðfjarðarheiði
Staðarheiði
Bakkaheiði
Þverfell
869
85
868
91
15°20'
15°00'
14°40'
66°30'
66°20'
66°10'
66°00'
NV
NA
SV
SA
31
0
5
10
15 km

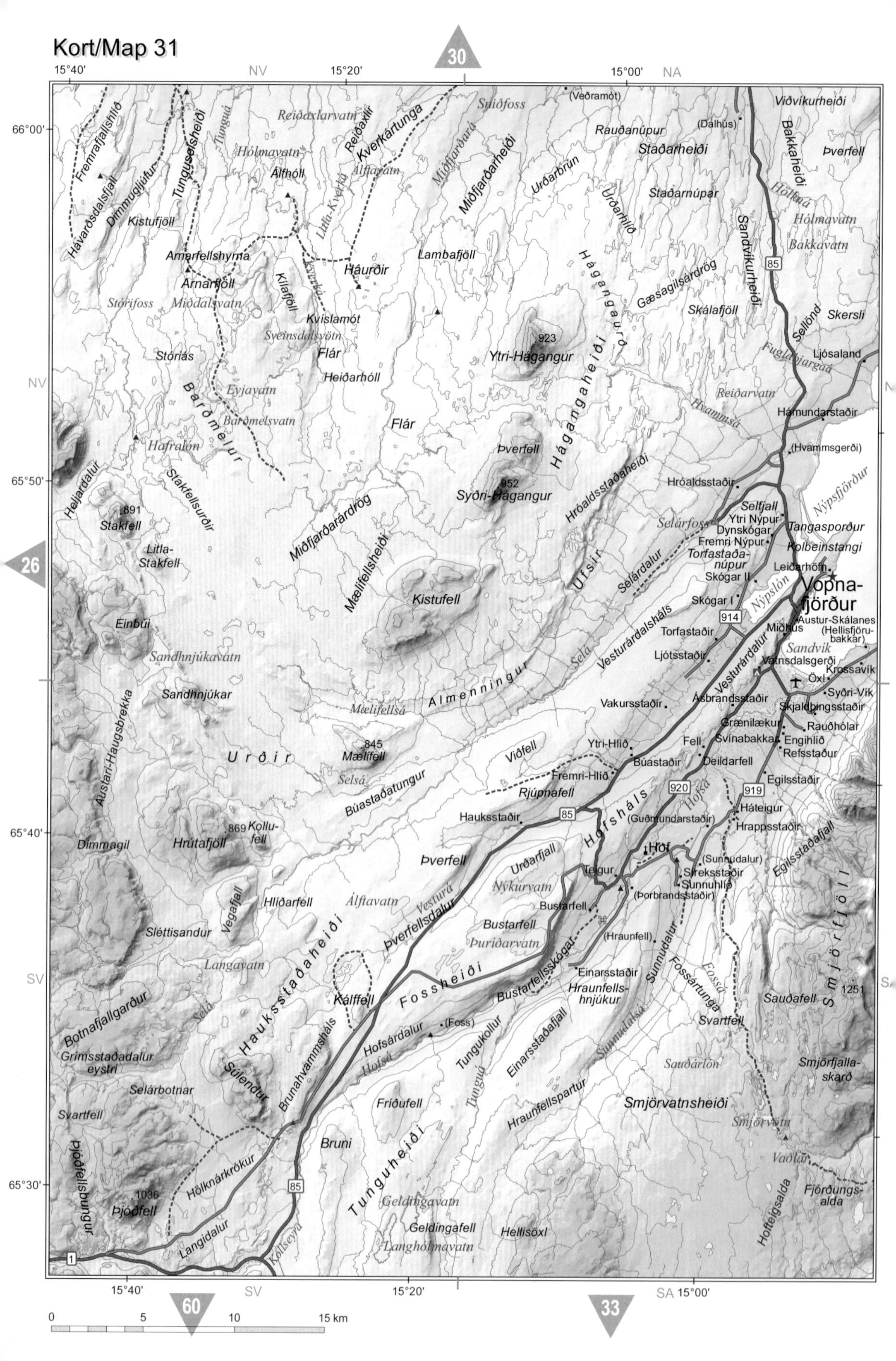
Kort/Map 31
30
26
60
33
15°40'
15°20'
15°00'
66°00'
65°50'
65°40'
65°30'
NV
NA
SV
SA
Fremrafjallshlíð
Hávarðsdalsfjall
Dimmugljúfur
Kistufjöll
Tunguselsheiði
Tunguá
Arnarfellshyrna
Arnarfjöll
Stórifoss
Miðdalsvatn
Stóriás
Hólmavatn
Álfhóll
Reiðaxlarvatn
Reiðaxlir
Kverkártunga
Álftavatn
Litla-Kverká
Kverká
Kílafjöll
Kvíslamót
Sveinsdalsvötn
Flár
Heiðarhóll
Háurðir
Eyjavatn
Barðmelur
Barðmelsvatn
Hafralón
Stakfellsurðir
Heljardalur
891
Stakfell
Litla-Stakfell
Einbúi
Sandhnjúkavatn
Sandhnjúkar
Austari-Haugsbrekka
Urðir
Dimmagil
869
Hrútafjöll
Kollufell
Vegafjall
Hlíðarfell
Sléttisandur
Langavatn
Botnafjallgarður
Grímsstaðadalur eystri
Selárbotnar
Svartfell
Þjóðfellsbungur
1036
Þjóðfell
Hölknárkrókur
Langidalur
1
85
Sníðfoss
Miðfjarðará
Miðfjarðarheiði
Lambafjöll
Urðarbrún
Urðarhlíð
Hágangaurð
923
Ytri-Hágangur
Hágangaheiði
Þverfell
952
Syðri-Hágangur
Hróaldsstaðaheiði
Miðfjarðarárdrög
Mælifellsheiði
Kistufell
Ufsir
Almenningur
Mælifellsá
845
Mælifell
Selsá
Búastaðatungur
Viðfell
Rjúpnafell
Þverfell
Álftavatn
Vesturá
Þverfellsdalur
Haukstaðaheiði
Kálffell
Fossheiði
Brunahvammsháls
Súlendur
Hofsárdalur
Hofsá
(Foss)
Tungukollur
Tunguá
Fríðufell
Bruni
Tunguheiði
Geldingavatn
Geldingafell
Langhólmavatn
Kolfseyra
Urðarfjall
Nykurvatn
Bustarfell
Þuríðarvatn
Bustarfellsskógar
Einarsstaðafjall
Hraunfellspartur
Hellisöxl
Smjörvatnsheiði
(Veðramót)
Rauðanúpur
(Dalhús)
Staðarheiði
Staðarnúpar
Sandvíkurheiði
Gæsagilsárdrög
Skálafjöll
Viðvíkurheiði
Bakkaheiði
Þverfell
Hölkná
Hólmavatn
Bakkavatn
Sellönd
Skersli
Ljósaland
Fuglabjargaá
Reiðarvatn
Hvammsá
Hámundarstaðir
(Hvammsgerði)
Hróaldsstaðir
Selfjall
Ytri Nýpur
Dynskógar
Fremri Nýpur
Nýpsfjörður
Tangasporður
Kolbeinstangi
Selárfoss
Torfastaðanúpur
Selárdalur
Skógar II
Leiðarhöfn
Vopnafjörður
Nýpslón
Skógar I
Vesturárdalsháls
914
Torfastaðir
Miðhús
Austur-Skálanes
(Hellisfjörubakkar)
Sandvík
Ljótsstaðir
Vatnsdalsgerði
Krossavík
Selá
Vesturárdalur
Öxl
Syðri-Vík
Vakursstaðir
Ásbrandsstaðir
Skjaldþingsstaðir
Grænilækur
Rauðhólar
Svínabakkar
Engihlíð
Refsstaður
Ytri-Hlíð
Fell
Búastaðir
Deildarfell
Fremri-Hlíð
Egilsstaðir
920
919
Hofsháls
Hauksstaðir
(Guðmundarstaðir)
Háteigur
Hrappsstaðir
Hof
(Sunnudalur)
Egilsstaðafjall
Teigur
Streksstaðir
Sunnuhlíð
(Þorbrandsstaðir)
(Hraunfell)
Einarsstaðir
Hraunfellshnjúkur
Sunnudalur
Fossártunga
Fossá
Sunnudalsá
Smjörfjöll
1251
Sauðafell
Svartfell
Sauðárlón
Smjörfjallaskarð
Smjörvötn
Vaðlar
Fjórðungsalda
Hofteigsalda
0
5
10
15 km

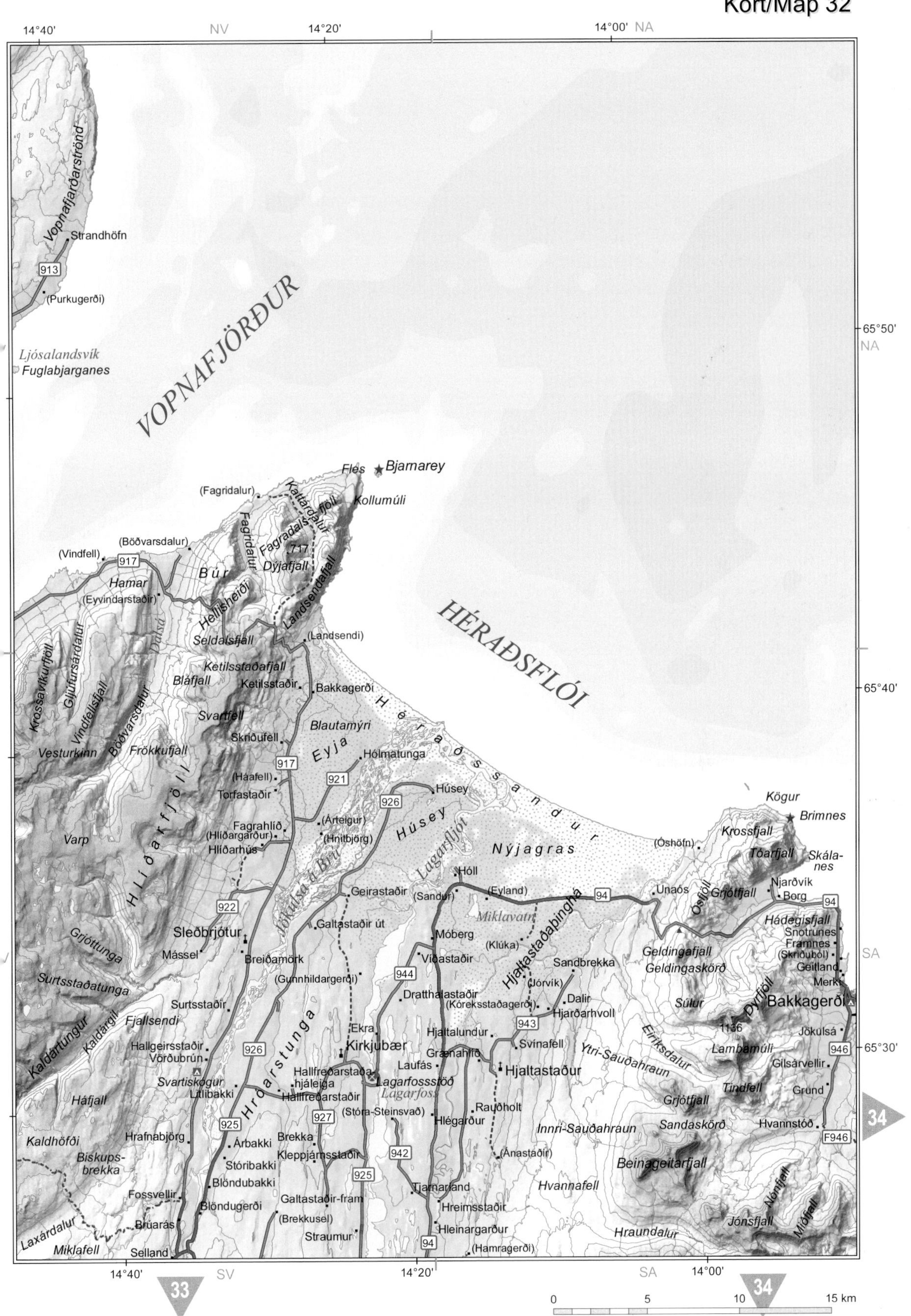

VOPNAFJÖRÐUR
HÉRAÐSFLÓI
Vopnafjarðarströnd
Strandhöfn
913
(Purkugerði)
Ljósalandsvík
Fuglabjarganes
Fles
Bjarnarey
Kollumúli
(Fagridalur)
Kattárdalur
Fagradalsfjöll
Fagridalur
717
Dýjafjall
Landsendafjall
(Böðvarsdalur)
(Vindfell)
917
Búr
Hamar
(Eyvindarstaðir)
Hellisheiði
Dalsá
Seldalsfjall
(Landsendi)
Krossavíkurfjöll
Gljúfursárdalur
Vindfellsfjall
Böðvarsdalur
Ketilsstaðafjall
Bláfjall
Ketilsstaðir
Bakkagerði
Svartfell
Skriðufell
Blautamýri
Vesturkinn
Frökkufjall
Eyja
Hólmatunga
Héraðssandur
(Háafell)
921
Torfastaðir
926
Húsey
Fagrahlíð
(Árteigur)
(Hlíðargarður)
(Hnitbjörg)
Hlíðarhús
Varp
Hlíðarfjöll
Jökulsá á Brú
Lagarfljót
Nýjagras
(Óshöfn)
Kögur
Brimnes
Krossfjall
Tóarfjall
Skálanes
Hóll
Geirastaðir
(Sandur)
(Eyland)
94
Unaós
Ósfjöll
Grjótfjall
Njarðvík
Borg
922
Miklavatn
Hjaltastaðaþinghá
Hádegisfjall
Snotrunes
Framnes
(Skriðuból)
Geitland
Merki
Sleðbrjótur
Galtastaðir út
Móberg
Geldingafjall
Geldingaskörð
Grjóttunga
Mássel
Breiðamörk
Viðastaðir
(Klúka)
Sandbrekka
Surtsstaðatunga
944
(Gunnhildargerði)
(Jórvík)
Súlur
Dyrfjöll
Bakkagerði
Surtsstaðir
Dratthalastaðir
(Kóreksstaðagerði)
Dalir
Hjarðarhvoll
Hróarstunga
Kaldártungur
Kaldárgil
Fjallsendi
Ekra
Hjaltalundur
943
Eiríksdalur
1136
Jökulsá
Hallgeirsstaðir
Vörðubrún
926
Kirkjubær
Svínafell
Ytri-Sauðahraun
Lambamúli
946
Laufás
Grænahlíð
Hjaltastaður
Gilsárvellir
Svartiskógur
Hallfreðarstaða-hjáleiga
Lagarfossstöð
Lagarfoss
Tindfell
Grund
Háfjall
Litlibakki
Hallfreðarstaðir
(Stóra-Steinsvað)
Rauðholt
Grjótfjall
925
927
Hlégarður
Innri-Sauðahraun
Sandaskörð
Hvannstóð
Kaldhöfði
Hrafnabjörg
Árbakki
Brekka
F946
Biskups-brekka
Stóribakki
Kleppjárnsstaðir
942
(Ánastaðir)
Beinageitarfjall
925
Blöndubakki
Tjarnarland
Hvannafell
Nónfjall
Fossvellir
Blöndugerði
Galtastaðir-fram
Hreimsstaðir
Brúarás
(Brekkusel)
Hleinargarður
Jónsfjall
Miðfjall
Laxárdalur
Straumur
Hraundalur
94
Miklafell
Selland
(Hamragerði)
14°40'
NV
14°20'
14°00'
NA
65°50'
65°40'
65°30'
SA
SV
33
34
0
5
10
15 km

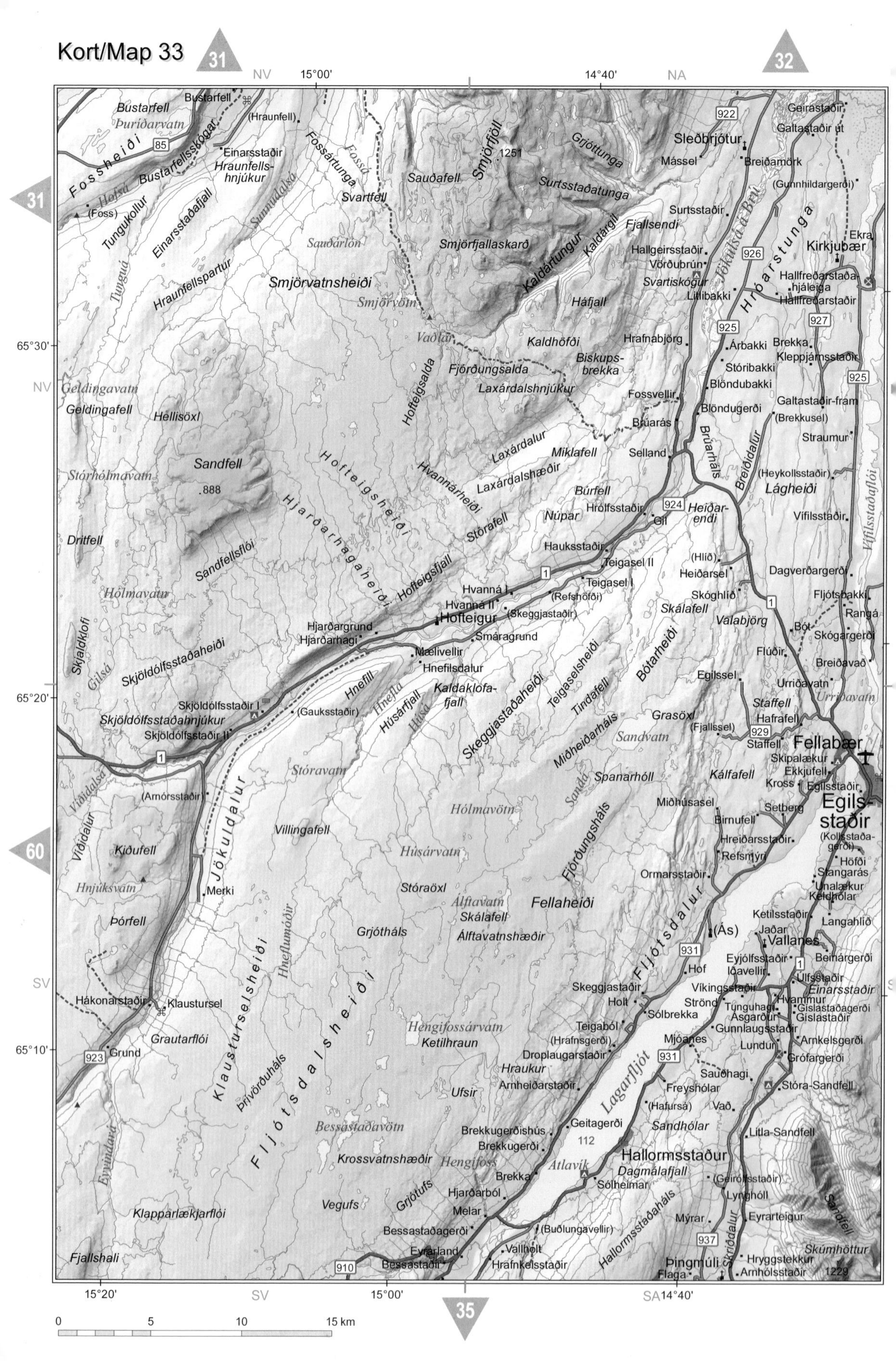

Kort/Map 33
31
32
31
60
35
NV
15°00'
14°40'
NA
Bustarfell
Bustarfell
Þuríðarvatn
(Hraunfell)
85
Fossheiði
Bustarfellsskógar
Einarsstaðir
Hraunfells-
hjúkur
Fossártunga
Fossá
Smjörfjöll
1251
Grjóttunga
Sleðbrjótur
Mássel
Breiðamörk
922
Geirastaðir
Galtastaðir út
Hofsá
(Foss)
Tungukollur
Einarsstaðafjall
Sunnudalsá
Sauðafell
Svartfell
Surtsstaðatunga
(Gunnhildargerði)
Surtsstaðir
Jökulsá á Brú
Hróarstunga
Fjallsendi
Sauðárlón
Smjörfjallaskarð
Kaldárgil
Kaldártungur
Hallgeirsstaðir
Vörðubrún
926
Ekra
Kirkjubær
Tunguá
Hraunfellspartur
Smjörvatnsheiði
Smjörvötn
Svartiskógur
Litlibakki
Hallfreðarstaða-
hjáleiga
Hallfreðarstaðir
Háfjall
927
925
Vaðlar
Kaldhöfði
Hrafnabjörg
Árbakki
Brekka
Kleppjárnsstaðir
65°30'
NV
Fjórðungsalda
Biskups-
brekka
Stóribakki
Blöndubakki
925
Geldingavatn
Geldingafell
Hellisöxl
Hofteigsalda
Laxárdalshnjúkur
Fossvellir
Blöndugerði
Galtastaðir-fram
(Brekkusel)
Brúarás
Straumur
Sandfell
Laxárdalur
Miklafell
Selland
Brúarháls
Breiðidalur
Stórhólmavatn
Hofteigsheiði
Hvannárheiði
Laxárdalshæðir
(Heykollsstaðir)
Lágheiði
888
Búrfell
Hrólfsstaðir
924
Heiðar-
endi
Gil
Vífilsstaðir
Vífilsstaðaflói
Hjarðarhagaheiði
Núpar
Stórafell
Dritfell
Hauksstaðir
(Hlíð)
Sandfellsflói
Hofteigsfjall
Teigasel II
1
Heiðarsel
Dagverðargerði
Teigasel I
Hólmavatn
Hvanná I
(Refshöfði)
Skóghlíð
Fljótsbakki
Hvanná II
(Skeggjastaðir)
1
Rangá
Skálafell
Valabjörg
Hjarðargrund
Hofteigur
Bót
Skjaldklofi
Hjarðarhagi
Smáragrund
Skógargerði
Skjöldólfsstaðaheiði
Mælivellir
Bótarheiði
Flúðir
Gilsá
Hnefilsdalur
Teigaselsheiði
Breiðavað
Kaldaklofa-
fjall
Egilssel
Urriðavatn
65°20'
Skjöldólfsstaðir I
Hnefill
Skeggjastaðaheiði
Tindafell
Urriðavatn
Skjöldólfsstaðahnjúkur
(Gauksstaðir)
Hnefla
Staffell
Skjöldólfsstaðir II
Húsárfjall
Grasöxl
Hafrafell
Húsá
(Fjallssel)
929
1
Miðheiðarháls
Sandvatn
Staffell
Fellabær
Stóravatn
Skipalækur
Víðidalsá
Jökuldalur
Spanarhóll
Kálfafell
Ekkjufell
Kross
Egilsstaðir
(Arnórsstaðir)
Sandá
Miðhúsasel
Egils-
staðir
Hólmavötn
Setberg
Víðidalur
Birnufell
(Kollsstaða-
gerði)
Villingafell
Fjórðungsháls
Kiðufell
Húsárvatn
Hreiðarsstaðir
Refsmýri
Höfði
Ormarsstaðir
Stangarás
Hnjúksvatn
Merki
Stóraöxl
Unalækur
Álftavatn
Fellaheiði
Keldhólar
Ketilsstaðir
Þórfell
Skálafell
Langahlíð
Hneflumóðir
Grjótháls
Álftavatnshæðir
(Ás)
Jaðar
Vallanes
Fljótsdalur
931
Eyjólfsstaðir
Beinárgerði
Iðavellir
1
Hof
Úlfsstaðir
SV
Skeggjastaðir
Víkingsstaðir
Einarsstaðir
Hákonarstaðir
Klaustursel
Klausturselsheiði
Holt
Strönd
Hvammur
Tunguhagi
Gíslastaðagerði
Sólbrekka
Ásgarður
Gíslastaðir
Grautarflói
Teigaból
Gunnlaugsstaðir
Hengifossárvatn
(Hrafnsgerði)
Mjóanes
Arnkelsgerði
65°10'
Ketilhraun
Droplaugarstaðir
931
Lundur
923
Grund
Fljótsdalsheiði
Grófargerði
Hraukur
Sauðhagi
Þrívörðuháls
Arnheiðarstaðir
Stóra-Sandfell
Freyshólar
Ufsir
(Hafursá)
Vað
Lagarfljót
Bessastaðavötn
Brekkugerðishús
Geitagerði
Sandhólar
Eyvindará
112
Litla-Sandfell
Brekkugerði
Hallormsstaður
Krossvatnshæðir
Hengifoss
Atlavík
Dagmálafjall
Brekka
(Geirólfsstaðir)
Sólheimar
Vegufs
Grjótufs
Hjarðarból
Lynghóll
Klapparlækjarflói
Melar
Hallormsstaðaháls
Sandfell
Mýrar
Eyrarteigur
Bessastaðagerði
(Buðlungavellir)
937
Skriðdalur
Skúmhöttur
Eyrarland
Vallholt
Fjallshali
Hryggstekkur
Bessastaðir
Hrafnkelsstaðir
Þingmúli
910
Arnhólsstaðir
Flaga
1229
15°20'
SV
15°00'
SA
14°40'
0
5
10
15 km

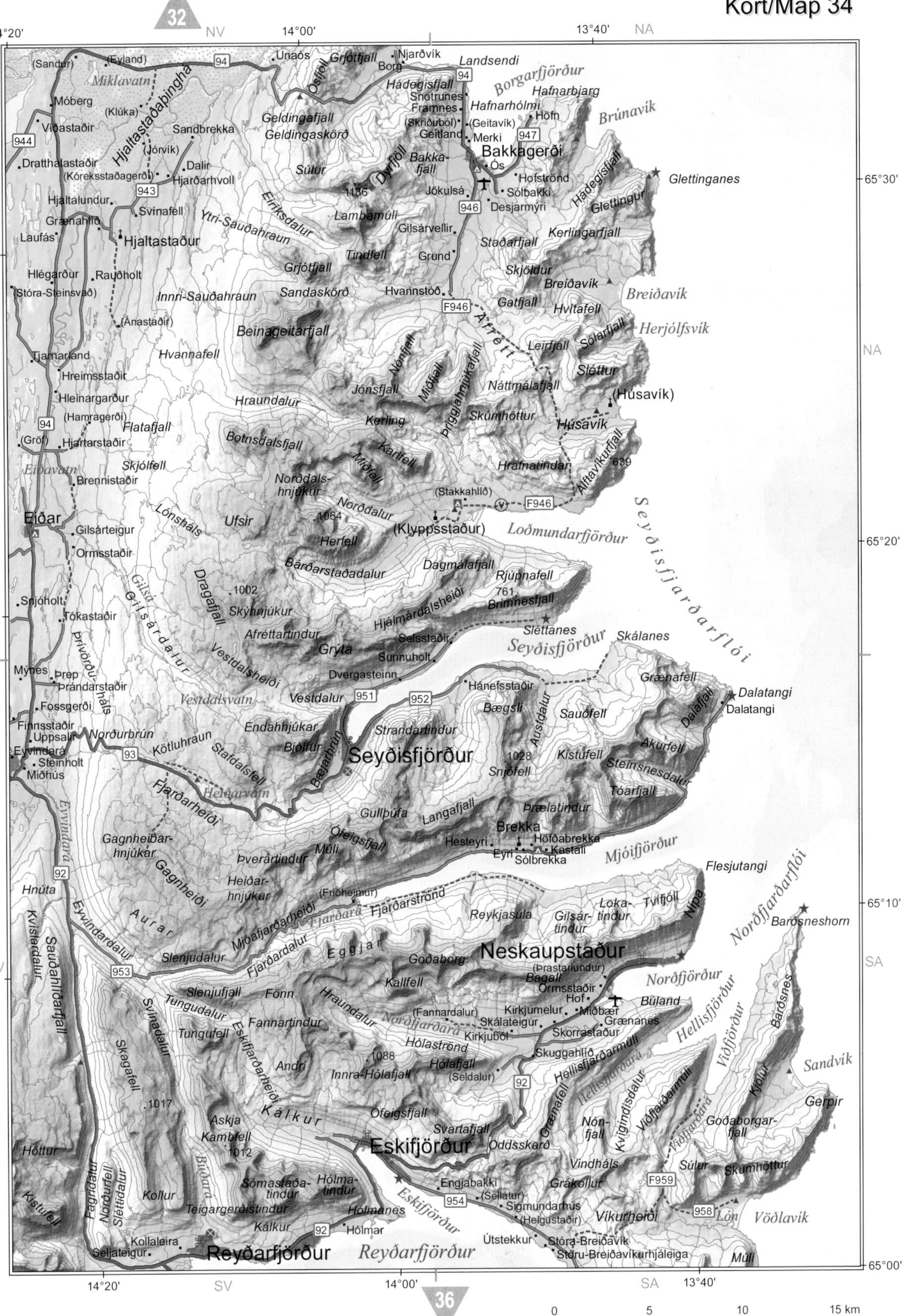
32
36
NV
NA
SV
SA
14°00'
13°40'
14°20'
65°30'
65°20'
65°10'
65°00'
Borgarfjörður
Bakkagerði
Glettinganes
Hjaltastaður
Breiðavík
Herjólfsvík
Húsavík
(Húsavík)
Eiðar
Loðmundarfjörður
(Klyppsstaður)
Seyðisfjarðarflói
Seyðisfjörður
Skálanes
Dalatangi
Mjóifjörður
Brekka
Norðfjarðarflói
Neskaupstaður
Norðfjörður
Barðsneshorn
Gerpir
Eskifjörður
Reyðarfjörður
Vöðlavík
Sandvík
0
5
10
15 km

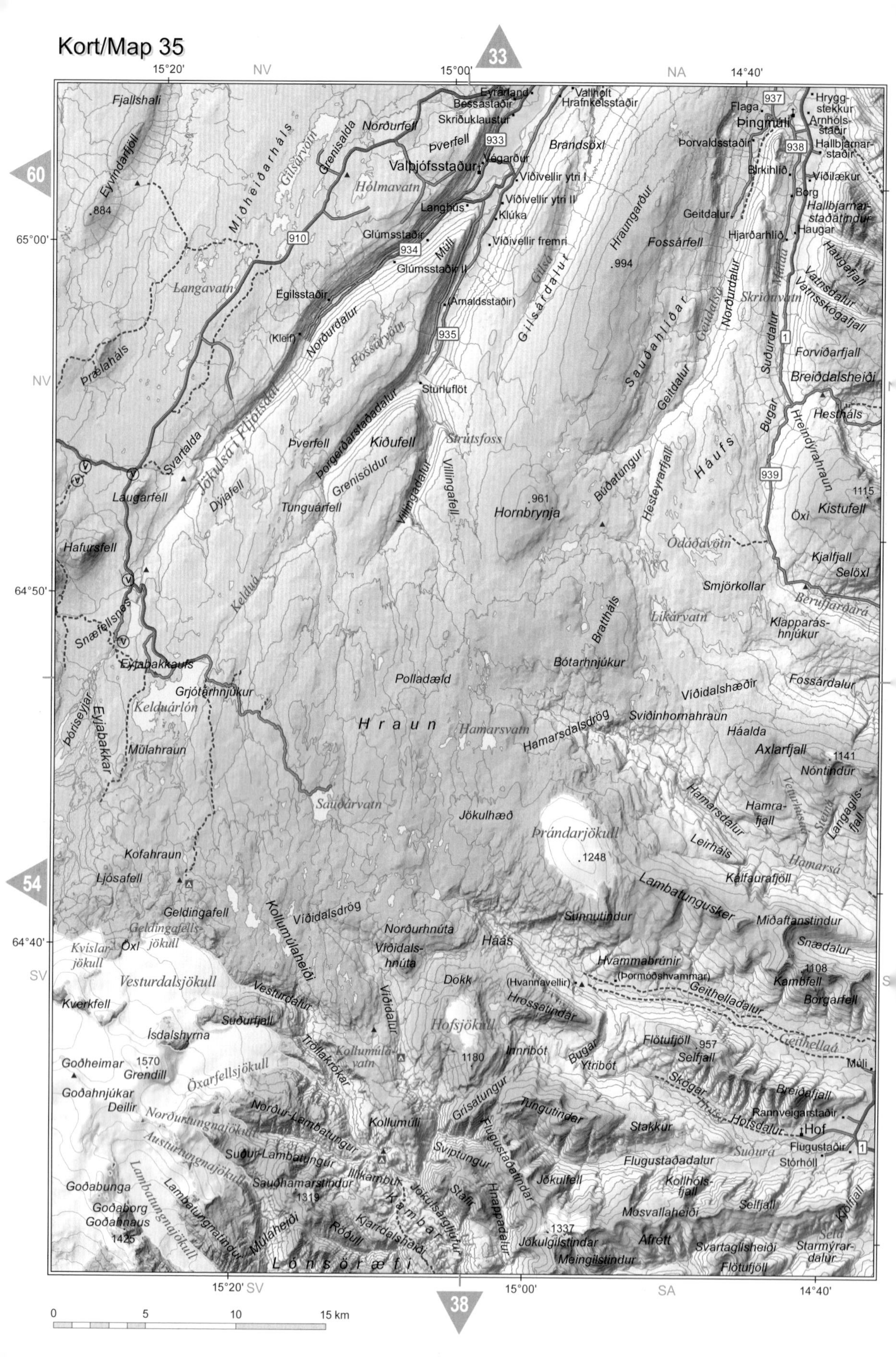
Kort/Map 35
33
60
54
38
15°20'
NV
15°00'
NA
14°40'
65°00'
64°50'
64°40'
SV
SA
Fjallshali
Eyvindarfjöll
884
Miðheiðarháls
Gilsárvötn
Grenisalda
Norðurfell
Hólmavatn
Eyrarland
Bessastaðir
Skriðuklaustur
Vallholt
Hrafnkelsstaðir
Þverfell
933
Végarður
Valþjófsstaður
Brandsöxl
Víðivellir ytri I
Víðivellir ytri II
Langhús
Klúka
Víðivellir fremri
910
Glúmsstaðir
934
Múli
Glúmsstaðir II
Langavatn
Egilsstaðir
(Arnaldsstaðir)
(Kleif)
Norðurdalur
Fossárvötn
935
Gilsárdalur
Gilsá
Hraungarður
994
Fossárfell
Þrælaháls
Jökulsá í Fljótsdal
Sturluflöt
Þorgerðarstaðadalur
Þverfell
Kiðufell
Strútsfoss
Svartalda
Laugarfell
Dýjafell
Grenisöldur
Tunguárfell
Villingadalur
Villingafell
961
Hornbrynja
Búðatungur
Hesteyrarfjall
Háufs
Hafursfell
Kelduá
Snæfellsnes
Eyjabakkajökull
Eyjabakkar
Grjótárhnjúkur
Kelduárlón
Þóriseyjar
Múlahraun
Polladæld
Hraun
Hamarsvatn
Bratthals
Bótarhnjúkur
Líkárvatn
Sauðárvatn
Jökulhæð
Þrándarjökull
1248
Kofahraun
Ljósafell
Geldingafell
Geldingafellsjökull
Kollumúlaheiði
Víðidalsdrög
Norðurhnúta
Víðidalshnúta
Háás
Sunnutindur
Lambatungusker
Hvammabrúnir
(Hvannavellir)
(Þormóðshvammar)
Geithelladalur
Kvíslarjökull
Öxl
Vesturdalsjökull
Vesturdalur
Dökk
Hrossatindar
Kverkfell
Suðurfjall
Ísdalshyrna
Tröllakrókar
Kollumúlavatn
Víðidalur
Hofsjökull
1180
Innribót
Bugar
Ytribót
Flötufjöll
957
Selfjall
Goðheimar
1570
Grendill
Öxarfellsjökull
Goðahnjúkar
Deilir
Norðurtungnajökull
Norður-Lambatungur
Kollumúli
Grísatungur
Tungutindar
Skógar
Hofsdalur
Stakkur
Austurtungnajökull
Suður-Lambatungur
Sviptungur
Flugustaðatindar
Flugustaðadalur
Suðurá
Lambatungnajökull
Sauðhamarstindur
Illikambur
1319
Kambar
Jökulsárgljúfur
Stafir
Hnappadalur
Jökulfell
Kollhólsfjall
Goðabunga
Goðaborg
Goðahnaus
1425
Lambatungnatindur
Múlaheiði
Röðull
Kjarrdalsheiði
1337
Jökulgilstindar
Mosvallaheiði
Afrétt
Svartagilsheiði
Selfjall
Meingilstindur
Lónsöræfi
Flötufjöll
Flaga
937
Þingmúli
Hryggstekkur
Arnhólsstaðir
Hallbjarnarstaðir
Þorvaldsstaðir
938
Birkihlíð
Víðilækur
Borg
Geitdalur
Hallbjarnarstaðatindur
Hjarðarhlíð
Haugar
Haugafjall
Vatnsdalur
Vatnsskógafjall
Sauðahlíðar
Geitdalsá
Norðurdalur
Skriðuvatn
Suðurdalur
1
Forviðarfjall
Breiðdalsheiði
Geitdalur
Bugar
Hreindýrahraun
Hestháls
939
1115
Kistufell
Öxl
Ódáðavötn
Kjalfjall
Selöxl
Smjörkollar
Berufjarðará
Klapparáshnjúkur
Fossárdalur
Víðidalshæðir
Sviðinhornahraun
Hamarsdalsdrög
Háalda
Axlarfjall
1141
Nóntindur
Hamarsdalur
Hamrafjall
Leirháls
Langagilsfjall
Hamarsá
Kálfaurafjöll
Miðaftanstindur
Snædalur
1108
Kambfell
Borgarfell
Geithellaá
Múli
Breiðafjall
Rannveigarstaðir
Hof
Flugustaðir
Stórhóll
Selfjall
Kolfjall
Starmýrardalur
0
5
10
15 km

34

14°20' NV 14°00' NA 13°40'

65°00' 64°50' 64°40' 64°30'

NA SA

Reyðarfjörður
Kollaleira
Seljateigur
Áreyjar
Slétta
1229
Skúmhöttur
F936
(Grænahlíð)
Kollfell
Hjálmeyri
(Eyri)
Reyðarfjörður
Stóra-Breiðavík
Stóru-Breiðavíkurhjáleiga
Litla-Breiðavík
(Bjarg)
Svartafjall
Múli
Haugar
92
Sléttuströnd
Hádegisfjall
Eyrarfjall
Eyrardalur
(Berunes)
Bruni
Þernunes
Þórudalur
Tröllafjall
Skógdalur
Skógdalsfjall
Djúpidalur
Kambfjall
Stuðlar
Kollufell
1026
Sauðdalsfell
1097
Lambafell
Rauðafell
955
Breiðdalur
Torfnes
Stuðlaheiði
Hrútafell
Hafrafell
96
Búðaheiði
Hafranes
Kolmúli
Þórshöfn
Ljósafjall
Gagnheiði
Dalsá
Dalir
Daladalur
(Hólagerði)
Gestsstaðir
Gilsárdalur
Sparar-fjall
Vattarnes
Smjörhnúta
Ljósaland
Fáskrúðsfjörður
Tungufell
Hnausa-fjall
Hróarsdalur
Suðurfjall
Tunga
Kappeyri
Brimnes
Höfðahús
Reyðarfjall
Hafnarnes
Kolfreyjustaður
Þverfell
1201
Kambfjall
(Tunguholt)
Lækjamót
(Kolfreyja)
Skrúður
Horn
Þórusfjall
Tungudalur
96
Sævarendaströnd
Eyri
Víkurgerði
Vík
Andey
Norðurdalur
Aurar
Bæjar-tindur
Jökuldalur
Hvalfjall
Fáskrúðsfjörður
Lambafell
Háöxl
Þverfell
Vaðhorn
Gilsárdalur
Afrétt
1091
Sandfell
Hvammur
Hafnarnes
Þorgrímsstaðir
Þorvaldsstaðir
1069
Þúfutindur
Leirufell
Tungufell
Álftafell
Kumlafell
Hellufjall
(Höskuldsstaðasel)
Suðurdalur
Tó
(Tóarsel)
Hlíðarendi
Stöðvará
Engihlíð
Kistufjall
Priklakkar
Skarð
Gilsá
Gilsárstekkur
Stöðvardalur
Stöð
Höskuldsstaðir
(Jórvík)
Háaleiti
Stöðvarfjörður
Ásunnarstaðafell
Óseyri
Lönd
962
Stöðvarfjörður
Ásunnarstaðir
Ásgarður
Breiðitindur
(Flaga)
Kleifarháls
Fanndalsfjall
Matarhnjúkur
1
Innrikleif
(Árnastaðir)
Breiðdalur
Lambafell
Heyklif
Fell
Ormsstaðir
Gljúfraborg
Mosfell
966
Brekkuborg
Staðarborg
Fellsás
Þverhamar
96
Kambanes
Flögutindur
Heydalir
Snæhvammur
Randversstaðir
Breiðdalsvík
Rauðafell
Skriðufjall
Múli
Eyjar
Melshorn
Hvannabrekka
Fagridalur
(Lágafell)
1
Berufjörður
Skjöldólfs-staðir
964
Breiðdalsvík
Fossdalur
Fossárfell
Kelduskógar
Ós
Fagridalur
988
Lindarbrekka
Grænafell
Skúta
Eyjafjall
Lagheiði
Skáli
Eyjólfsstaðir
Fossárvík
Mýrafells-tindur
Sátur
Streitishvarf
Grjótholatindur
Kjalfjall
Krossdalur
1
Smátinda-fjall
Gautavík
Krossdalur
Núpstindur
(Streiti)
Dys
Runná
Steinketill
Urðarteigur
Hrossatindur
Kross
Fagrihvammur
Hamraborg
Núpur
Berunes
1069
Þiljuvellir
(Krossgerði)
Búlandstindur
Karlsstaðir
Goðaborg
Berufjörður
Gíslatangi
Búlandsdalur
Fellstindur
Teigarhorn
Kápugil
Framnes
Fell
Flötufjöll
Merki
Askur
Hamarssel
98
Djúpivogur
Hamar
Tögl
Hamarsfjörður
Bragðavellir
Holusund
Eskilsey
Stapaey
Sniðafjall
Hnúta
Arnarey
Einidals-fjall
Krákshamars-fjall
Melrakkanesós
Papey
Melrakkanes
1
Bláþjörg
Geithellar
Starmýrarfjörur
Álftafjörður
Hærukollsnes
Hofs-hólmar
(Stekkjartún)
Hnaukar
Starmýri
Þvottá
1
Sellönd

SV 14°20' 14°00' SA

38

0 5 10 15 km

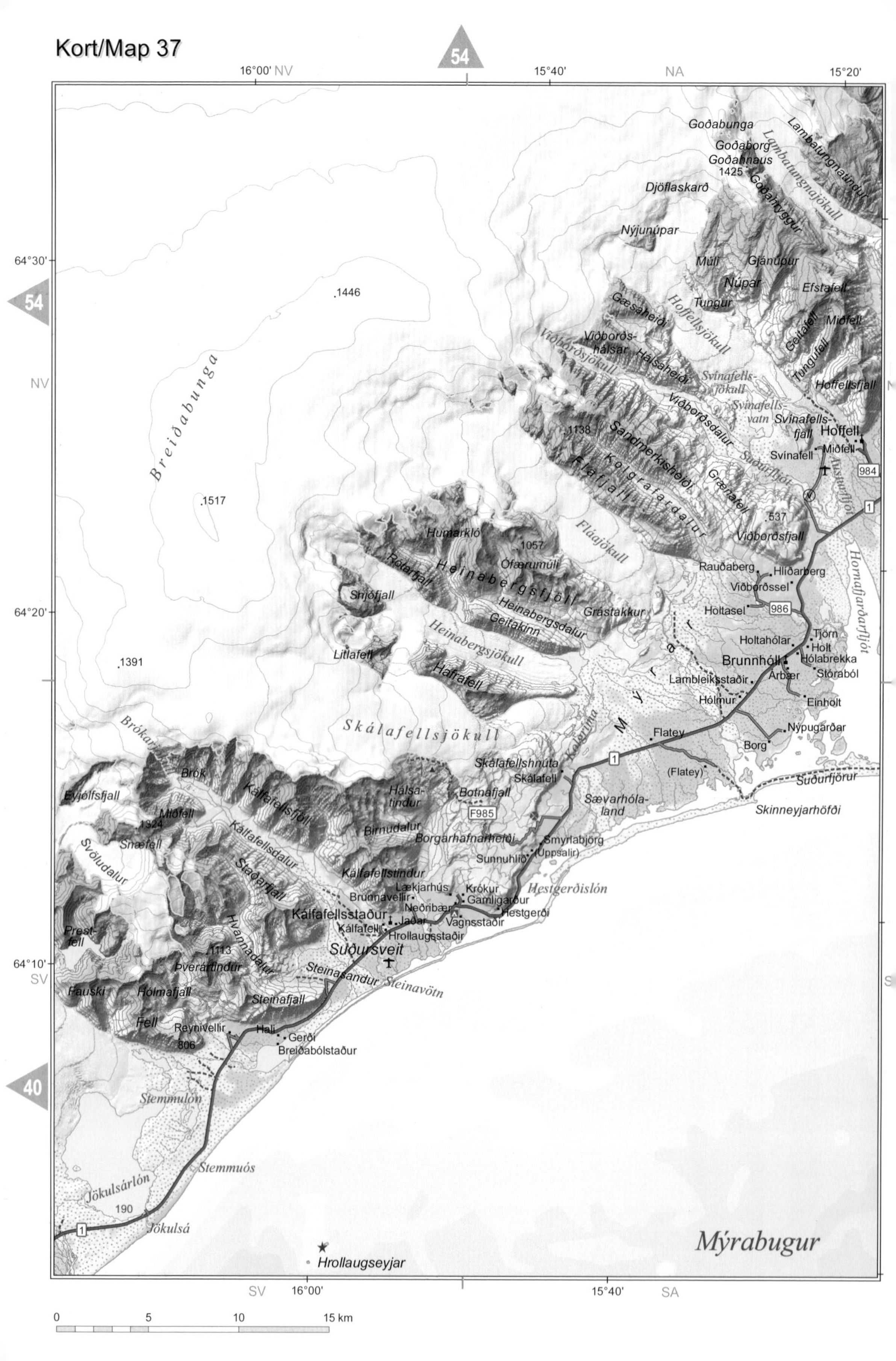
54
16°00' NV
15°40'
NA
15°20'
64°30'
64°20'
64°10'
NV
SV
40
SV
16°00'
15°40'
SA
Goðabunga
Goðaborg
Goðahnaus
1425
Lambatungnatindur
Lambatungnajökull
Goðahryggur
Djöflaskarð
Nýjunúpar
Múli
Gjánúpur
Núpar
Tungur
Efstafell
Geitafell
Miðfell
Tungufell
Hoffellsfjall
Hoffellsjökull
Gæsaheiði
Viðborðs-
hálsar
Hálsaheiði
Viðborðsjökull
Svínafells-
jökull
Svínafells-
vatn
Svínafells-
fjall
Hoffell
Miðfell
Svínafell
Viðborðsdalur
Suðurfljót
Austurfljót
984
1
.1446
Breiðabunga
.1517
.1138
Sandmerkisheiði
Kolgrafardalur
Flájfjall
Grænafell
.537
Viðborðsfjall
Fláajökull
Hornafjarðarfljót
Humarkló
1057
Ófærumúli
Heinabergsfjöll
Rotarfjall
Snjófjall
Heinabergsdalur
Geitakinn
Grástakkur
Rauðaberg
Hlíðarberg
Viðborðssel
Holtasel
986
Holtahólar
Tjörn
Holt
Hólabrekka
Stóraból
Brunnhóll
Árbær
Lambleiksstaðir
Hólmur
Einholt
Heinabergsjökull
Litlafell
Hafrafell
.1391
Mýrar
Nýpugarðar
Borg
Flatey
(Flatey)
Suðurfjörur
Skinneyjarhöfði
Skálafellsjökull
Brókarjökull
Brók
Eyjólfsfjall
Miðfell
1324
Snæfell
Svöludalur
Kálfafellsfjöll
Kálfafellsdalur
Staðarfjall
Skálafellshnúta
Skálafell
Kolgríma
Botnafjall
Hálsa-
tindur
F985
Birnudalur
Borgarhafnarheiði
Sævarhóla-
land
Smyrlabjörg
(Uppsalir)
Sunnuhlíð
Kálfafellstindur
Brunnavellir
Lækjarhús
Krókur
Gamligarður
Neðribær
Hestgerðislón
Hestgerði
Kálfafellsstaður
Kálfafell
Jaðar
Vagnsstaðir
Hrollaugsstaðir
Prest-
fell
Hvannadalur
1113
Suðursveit
Þverártindur
Steinasandur
Steinavötn
Fauski
Hólmafjall
Steinafjall
Fell
Reynivellir
Hali
Gerði
Breiðabólstaður
806
Stemmulón
Stemmuós
Jökulsárlón
190
Jökulsá
Hrollaugseyjar
Mýrabugur
0
5
10
15 km

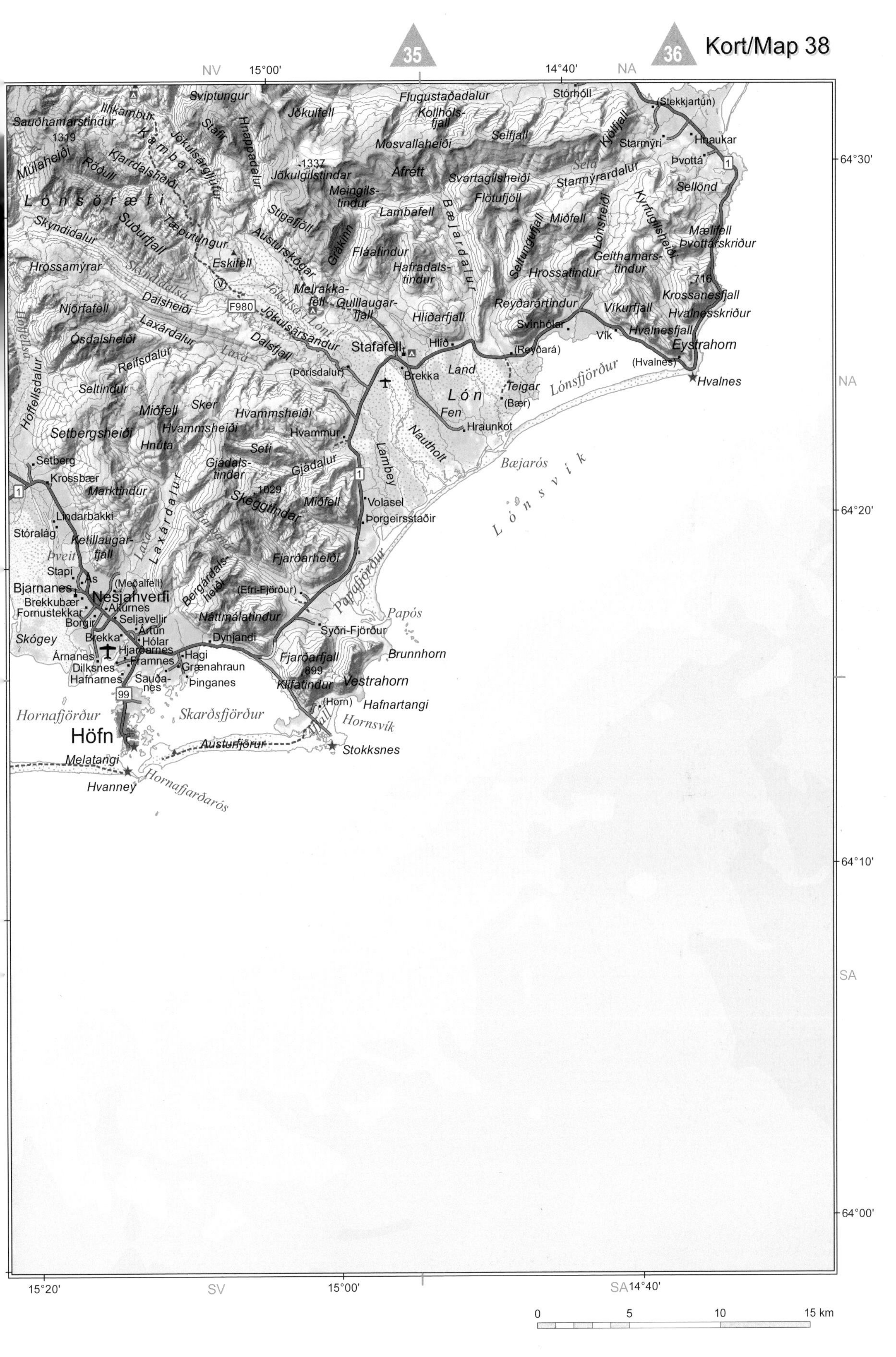

Kort/Map 38
35
36
NV
15°00'
14°40'
NA
Sviptungur
Illikambur
Sauðhamarstindur
1319
Múlaheiði
Röðull
Kjarrdalsheiði
Kambar
Jökulsárgljúfur
Stafir
Hnappadalur
Jökulfell
Flugustaðadalur
Kollhólsfjall
Mosvallaheiði
Stórhóll
(Stekkjartún)
Kjólfjall
Selfjall
Starmýri
Hnaukar
Þvottá
1
64°30'
1337
Jökulgilstindar
Afrétt
Svartagilsheiði
Starmýrardalur
Sellönd
Meingilstindur
Flötufjöll
Lónsöræfi
Suðurfjall
Lambafell
Bæjardalur
Miðfell
Lónsheiði
Kyrfuglsheiði
Mælifell
Þvottárskriður
Skyndidalur
Tæputungur
Stigafjöll
Austurskógar
Grákinn
Flaatindur
Seltungufjall
Geithamarstindur
Hrossamýrar
Eskifell
Hafradalstindur
Hrossatindur
716
Krossanesfjall
Njörfafell
Dalsheiði
F980
Melrakkafell
Gulllaugarfjall
Hlíðarfjall
Reyðarártindur
Víkurfjall
Hvalnesskriður
Svínhólar
Vík
Hvalnesfjall
Laxárdalur
Ósdalsheiði
Jökulsársandur
Dalsfjall
Stafafell
Hlíð
(Reyðará)
Eystrahorn
Reifsdalur
(Þórisdalur)
Brekka
Land
(Hvalnes)
Lónsfjörður
Hvalnes
NA
Seltindur
Lón
Teigar
(Bær)
Hoffellsdalur
Miðfell
Sker
Hvammsheiði
Fen
Hraunkot
Setbergsheiði
Hvammsheiði
Hvammur
Hnúta
Nautholt
Seti
Lambey
Setberg
Gjádalstindar
Gjádalur
Bæjarós
Krossbær
1
Marktindur
1029
Lónsvík
Skeggtindar
Miðfell
Volasel
64°20'
Lindarbakki
Þorgeirsstaðir
Stóralág
Ketillaugarfjall
Þveit
Fjarðarheiði
Stapi
Ás
Bjarnanes
(Meðalfell)
Bergárdalsheiði
(Efri-Fjörður)
Papafjörður
Nesjahverfi
Brekkubær
Akurnes
Fornustekkar
Seljavellir
Náttmálatindur
Papós
Borgir
Skógey
Brekka
Ártún
Hólar
Dynjandi
Syðri-Fjörður
Brunnhorn
Árnanes
Hjarðarnes
Hagi
Fjarðarfjall
Dilksnes
Framnes
Grænahraun
899
Hafnarnes
Sauðanes
Þinganes
Klifatindur
Vestrahorn
99
(Horn)
Hafnartangi
Hornafjörður
Skarðsfjörður
Hornsvík
Höfn
Austurfjörur
Stokksnes
Melatangi
Hvanney
Hornafjarðarós
64°10'
SA
64°00'
15°20'
SV
15°00'
SA
14°40'
0
5
10
15 km

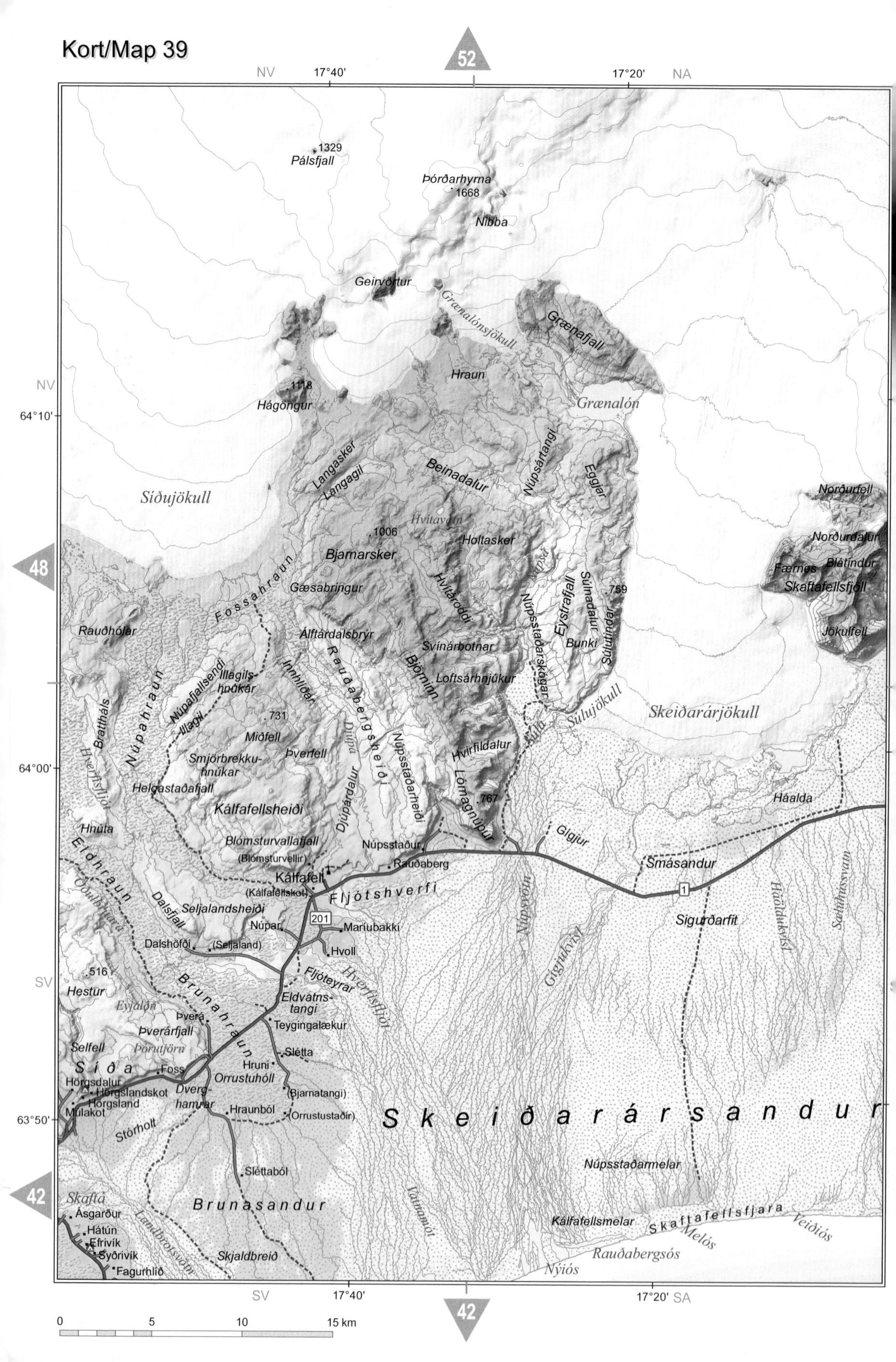
Kort/Map 39
52
48
42
42
NV
17°40'
17°20'
NA
64°10'
64°00'
63°50'
SV
SA
1329
Pálsfjall
Þórðarhyrna
1668
Nibba
Geirvörtur
Grænalónsjökull
Grænafjall
Hraun
Grænalón
1118
Hágöngur
Langasker
Langagil
Beinadalur
Núpsártangi
Eggjar
Síðujökull
Hvítavatn
1006
Holtasker
Bjarnarsker
Fossahraun
Gæsabringur
Hvítároddi
Núpsá
Eystrafjall
Súlnadalur
759
Súlutindar
Núpsstaðarskógar
Bunki
Rauðhólar
Álftárdalsbrýr
Svínárbotnar
Rauðabergsheiði
Björninn
Loftsárhnjúkur
Innhliðar
Núpafjallsendi
Illagilshnúkar
Illagil
731
Núpahraun
Bratthals
Miðfell
Þverfell
Djúpá
Núpsstaðarheiði
Hvirfildalur
Súla
Súlujökull
Skeiðarárjökull
Smjörbrekkuhnúkar
Hverfisfljót
Helgastaðafjall
Djúpárdalur
Lómagnúpur
767
Háalda
Kálfafellsheiði
Hnúta
Blómsturvallafjall
Núpsstaður
Gígjur
(Blómsturvellir)
Rauðaberg
Smásandur
Eldhraun
Kálfafell
(Kálfafellskot)
Fljótshverfi
1
Dalsfjall
Seljalandsheiði
201
Núpar
Maríubakki
Dalshöfði
(Seljaland)
Hvoll
Núpsvötn
Sigurðarfit
Háöldukvísl
Sæluhúsvatn
Gígjukvísl
516
Hestur
Brunahraun
Fljóteyrar
Eldvatnstangi
Eyjalón
Þverá
Teygingalækur
Þverárfjall
Selfell
Þórutjörn
Slétta
Síða
Foss
Hruni
Orrustuhóll
Hörgsdalur
Hörgslandskot
Hörgsland
Dverghamrar
(Bjarnatangi)
Múlakot
Hraunból
(Orrustustaðir)
Skeiðarársandur
Stórholt
Núpsstaðarmelar
Sléttaból
Skaftá
Brunasandur
Vatnarót
Ásgarður
Kálfafellsmelar
Skaftafellsfjara
Veiðiós
Hátún
Melós
Efrivík
Landbrotsvötn
Rauðabergsós
Syðrivík
Skjaldbreið
Nýiós
Fagurhlíð
Norðurfell
Norðurdalur
Færnes
Blátindur
Skaftafellsfjöll
Jökulfell
0
5
10
15 km

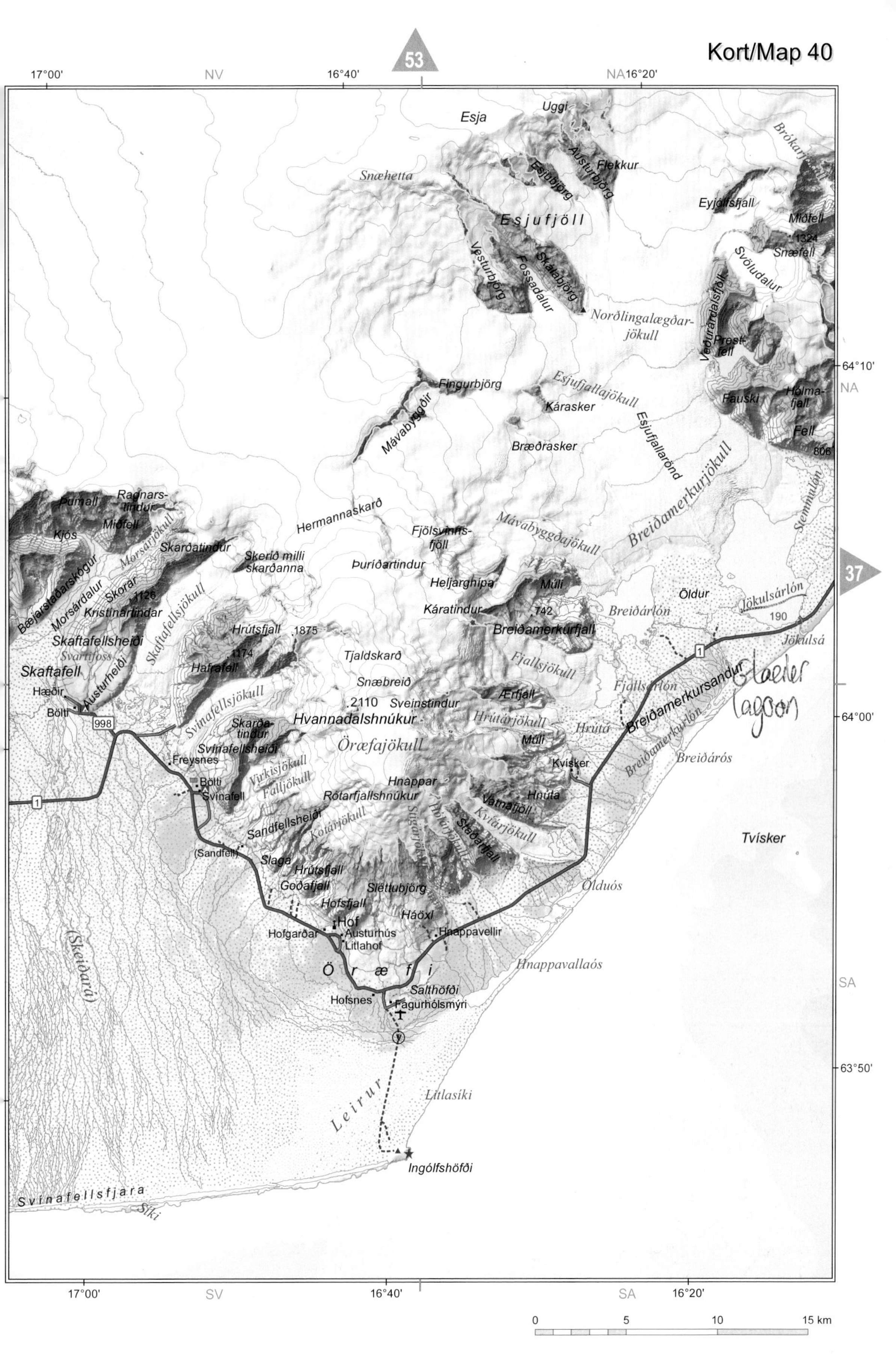
53
37
17°00'
NV
16°40'
NA
16°20'
64°10'
64°00'
63°50'
SV
SA
Esja
Uggi
Austurbjörg
Flekkur
Esjubjörg
Snæhetta
Esjufjöll
Vesturbjörg
Fossadalur
Skálabjörg
Norðlingalægðarjökull
Eyjólfsfjall
Miðfell
1324
Snæfell
Svöludalur
Veðurárdalsfjöll
Prestfell
Fingurbjörg
Esjufjallajökull
Kárasker
Esjufjallarönd
Mávabyggðir
Bræðrasker
Fauski
Hólmafjall
Fell
806
Breiðamerkurjökull
Stemmulón
Þumall
Ragnarstindur
Miðfell
Kjós
Morsárjökull
Skarðatindur
Hermannaskarð
Skerið milli skarðanna
Fjölsvinnsfjöll
Mávabyggðajökull
Þuríðartindur
Bæjarstaðarskógur
Morsárdalur
Skorar
1126
Kristínartindar
Skaftafellsjökull
Heljarghipa
Múli
Öldur
Jökulsárlón
190
Kárатindur
742
Breiðárlón
Breiðamerkurfjall
Jökulsá
Hrútsfjall
1875
Skaftafellsheiði
Svartifoss
1174
Hafrafell
Tjaldskarð
Fjallsjökull
Skaftafell
Austurheiði
Hæðir
Bölti
998
Snæbreið
2110
Sveinstindur
Ærfjall
Fjallsárlón
Breiðamerkursandur
Glacier lagoon
Svínafellsjökull
Skarðatindur
Hvannadalshnúkur
Hrútárjökull
Hrúta
Öræfajökull
Múli
Breiðamerkurlón
Breiðárós
Svínafellsheiði
Kvísker
Freysnes
Virkisjökull
Falljökull
Bölti
Svínafell
1
Hnappar
Rótarfjallshnúkur
Vatnafjöll
Hnúta
Kotárjökull
Stigárjökull
Kvíárjökull
Sandfellsheiði
Staðarfjall
Tvísker
(Sandfell)
Slaga
Hrútsfjall
Goðafjall
Slettubjörg
Ölduós
Hofsfjall
Háöxl
Hof
Hofgarðar
Austurhús
Litlahof
Hnappavellir
(Skeiðará)
Öræfi
Hnappavallaós
Salthöfði
Hofsnes
Fagurhólsmýri
Litlasíki
Leirur
Ingólfshöfði
Svínafellsfjara
Síki
0
5
10
15 km

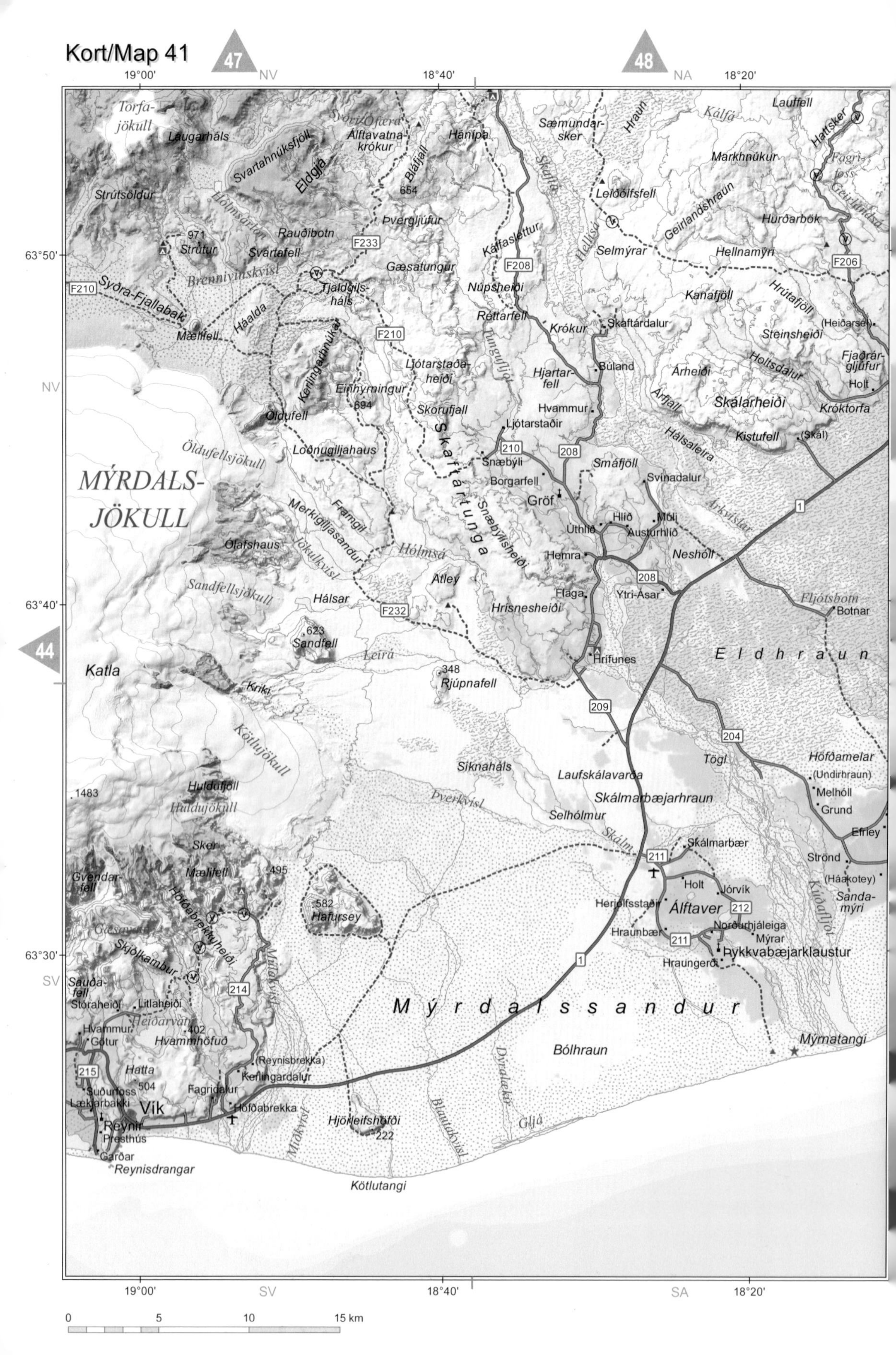

47
NV
48
NA
44
19°00'
18°40'
18°20'
63°50'
63°40'
63°30'
NV
SV
SA
Torfa-jökull
Laugarháls
Strútsöldur
Svartahnúksfjöll
Eldgjá
Syðri-Ófæra
Álftavatna-krókur
Bláfjall
654
Háníps
Hólmsárlón
971
Strútur
Rauðibotn
Svartafell
Þvergljúfur
F233
Brennivínskvísl
Gæsatungur
F210
Syðra-Fjallabak
Tjaldgils-háls
Mælifell
Háalda
Kerlingarhnúkar
Einhyrningur
694
Ljótarstaða-heiði
Skorufjall
Öldufell
Loðnugiljahaus
Öldufellsjökull
MÝRDALS-JÖKULL
Merkigiljasandur
Framgil
Ólafshaus
Jökulkvísl
Hólmsá
Sandfellsjökull
Hálsar
Atley
F232
623
Sandfell
Leirá
Katla
Kriki
348
Rjúpnafell
Kötlujökull
Síknaháls
1483
Huldufjöll
Huldujökull
Þverkvísl
Sker
Mælifell
495
Gvendar-fell
582
Hafursey
Höfðabrekkuheiði
Skjólkambur
Múlakvísl
Sauða-fell
214
Stóraheiði
Litlaheiði
Heiðarvatn
Hvammur
Götur
402
Hvammhöfuð
215
Hatta
504
Suðurfoss
Lækjarbakki
Reynir
Presthús
Garðar
Reynisdrangar
Vík
Fagridalur
Höfðabrekka
(Reynisbrekka)
Kerlingardalur
Hjörleifshöfði
222
Kötlutangi
Miðkvísl
Blautakvísl
Dynalækur
Gljá
Mýrdalssandur
Bólhraun
Mýrnatangi
Káfaslettur
F208
Núpsheiði
Réttarfell
Tungufljót
Skaftártunga
Hjartar-fell
Hvammur
Ljótarstaðir
210
Snæbýli
Borgarfell
Gröf
208
Snæbýlisheiði
Úthlíð
Hlíð
Múli
Austurhlíð
Hemra
Flaga
Ytri-Ásar
Hrísnesheiði
Hrífunes
209
Laufskálavarða
Skálmarbæjarhraun
Selhólmur
Skálm
211
Skálmarbær
Holt
Jórvík
Herjólfsstaðir
Álftaver
212
Hraunbær
Norðurhjáleiga
Mýrar
Þykkvabæjarklaustur
Hraungerði
1
Sæmundar-sker
Hraun
Skaftá
Leiðólfsfell
Hellisá
Selmýrar
Skaftárdalur
Krókur
Búland
Smáfjöll
Svínadalur
Nesholt
Árkvíslar
Kálfá
Lauffell
Hattsker
Fagri-foss
Geirlandsá
Markhnúkur
Geirlandshraun
Hurðarbök
Hellnamýri
F206
Kanafjöll
Hrútafjöll
(Heiðarsel)
Steinsheiði
Holtsdalur
Fjaðrár-gljúfur
Holt
Árheiði
Árfjall
Skálarheiði
Króktorfa
Hálsaleira
Kistufell
(Skál)
Fljótsbotn
Botnar
Eldhraun
204
Tögl
Höfðamelar
(Undirhraun)
Melhóll
Grund
Efriey
Strönd
(Háakotey)
Kúðafljót
Sanda-mýri
0
5
10
15 km

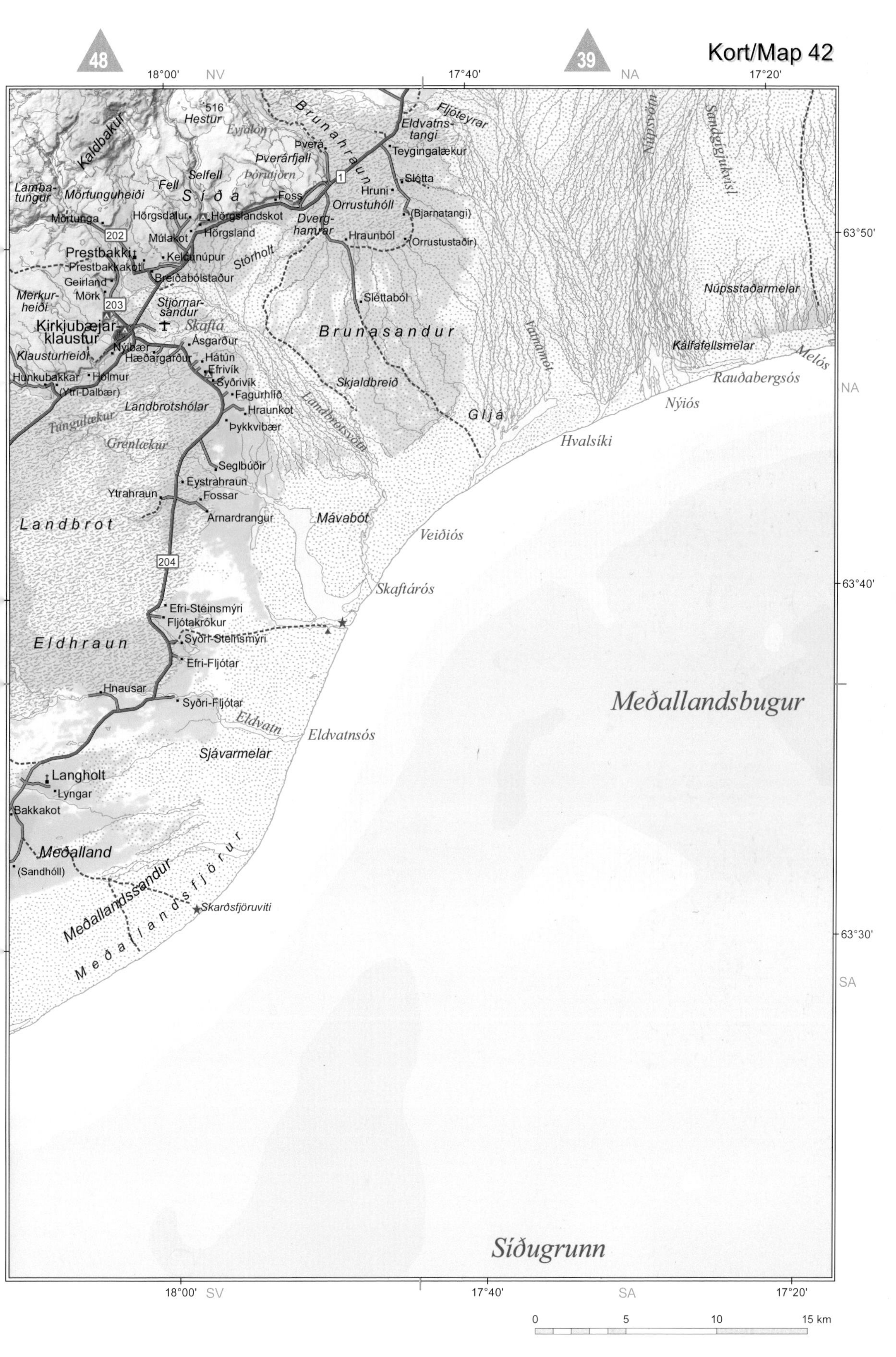
48
39
18°00'
NV
17°40'
NA
17°20'
516
Hestur
Eyjólón
Kaldbakur
Brunahraun
Fljóteyrar
Eldvatns-tangi
Þverá
Teygingalækur
Þverárfjall
Lamba-tungur
Mörtunguheiði
Fell
Selfell
Þórutjörn
Slétta
Hruni
Síða
Foss
Orrustuhóll
Mörtunga
Hörgsdalur
Hörgslandskot
(Bjarnatangi)
Dverg-hamrar
202
Múlakot
Hörgsland
Hraunból
(Orrustustaðir)
Prestbakki
Keldunúpur
Stórholt
Prestbakkakot
Geirland
Breiðabólstaður
Merkur-heiði
Mörk
203
Stjórnar-sandur
Sléttaból
Kirkjubæjar-klaustur
Skaftá
Brunasandur
Nýibær
Ásgarður
Klausturheiði
Hæðargarður
Hátún
Efrivík
Hunkubakkar
Hólmur
Syðrivík
(Ytri-Dalbær)
Fagurhlíð
Skjaldbreið
Landbrotshólar
Hraunkot
Landbrotsvötn
Tungulækur
Þykkvibær
Grenlækur
Seglbúðir
Eystrahraun
Ytrahraun
Fossar
Landbrot
Arnardrangur
Mávabót
204
Efri-Steinsmýri
Fljótakrókur
Syðri-Steinsmýri
Eldhraun
Efri-Fljótar
Hnausar
Syðri-Fljótar
Eldvatn
Eldvatnsós
Sjávarmelar
Langholt
Lyngar
Bakkakot
Meðalland
(Sandhóll)
Meðallandssandur
Meðallandsfjörur
Skarðsfjöruviti
Núpsvötn
Sandgígjukvísl
Núpsstaðarmelar
Kálfafellsmelar
Melós
Rauðabergsós
Nýiós
Varnamót
Gljá
Hvalsíki
Veiðiós
Skaftárós
Meðallandsbugur
Síðugrunn
63°50'
63°40'
63°30'
SA
SV
0
5
10
15 km

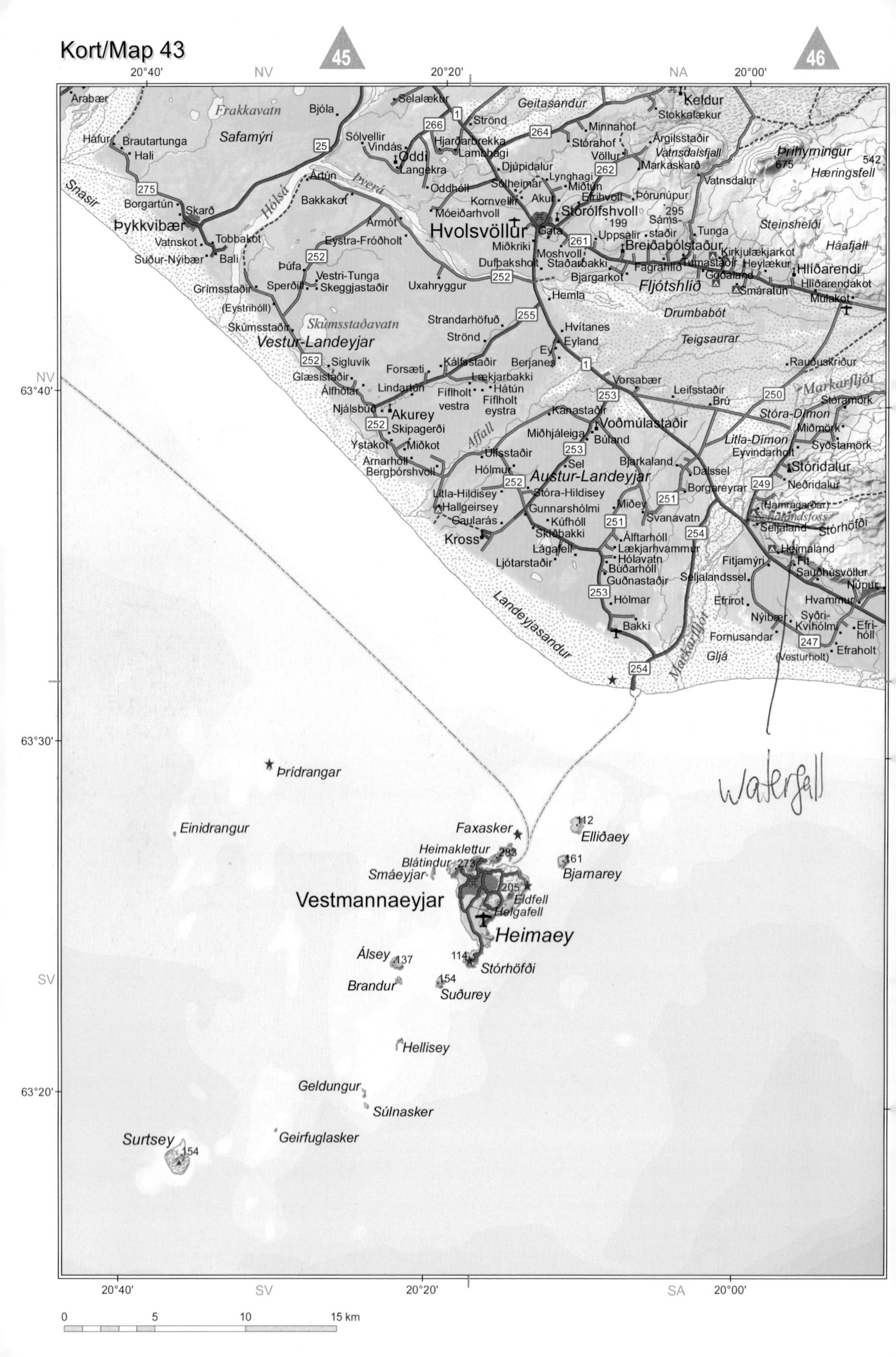

Kort/Map 43
45
46
20°40'
NV
20°20'
NA
20°00'
63°40'
63°30'
63°20'
SV
SA
Arabær
Frakkavatn
Bjóla
Selalækur
Geitasandur
Keldur
Stokkalækur
Háfur
Brautartunga
Hali
Safamýri
Sólvellir
Vindás
Oddi
Langekra
Hjarðarbrekka
Lambhagi
Strönd
Minnahof
Stórahof
Völlur
Árgilsstaðir
Vatnsdalsfjall
Markaskarð
Þríhyrningur
675
542
Hæringsfell
Snasir
Borgartún
Skarð
Þykkvibær
Vatnskot
Tobbakot
Suður-Nýibær
Bali
Hólsá
Ártún
Þverá
Bakkakot
Ármót
Eystra-Fróðholt
Oddhóll
Djúpidalur
Sólheimar
Lynghagi
Miðtún
Kornvellir
Akur
Efrihvoll
Þórunúpur
Vatnsdalur
Móeiðarhvoll
Hvolsvöllur
Stórólfshvoll
199
295
Sáms-staðir
Tunga
Steinsheiði
Gata
Miðkriki
Moshvoll
Uppsalir
Breiðabólstaður
Kirkjulækjarkot
Háafjall
Dufþaksholt
Staðarbakki
Fagrahlíð
Tumastaðir
Heylækur
Hlíðarendi
Hlíðarendakot
Bjargarkot
Goðaland
Fljótshlíð
Smáratún
Múlakot
Grímsstaðir
Sperðill
Þúfa
Vestri-Tunga
Skeggjastaðir
Uxahryggur
(Eystrihóll)
Hemla
Drumbabót
Skúmsstaðir
Skúmsstaðavatn
Vestur-Landeyjar
Strandarhöfuð
Strönd
Hvítanes
Eyland
Ey
Berjanes
Teigsaurar
Sigluvík
Glæsistaðir
Álfhólar
Forsæti
Kálfsstaðir
Lækjarbakki
Lindartún
Fíflholt vestra
Hátún
Fíflholt eystra
Rauðuskriður
Vorsabær
Leifsstaðir
Brú
Markarfljót
Stóramörk
Njálsbúð
Akurey
Kanastaðir
Voðmúlastaðir
Stóra-Dímon
Miðmörk
Skipagerði
Miðhjáleiga
Búland
Affall
Litla-Dímon
Syðstamörk
Eyvindarholt
Ystakot
Miðkot
Arnarhóll
Bergþórshvoll
Úlfsstaðir
Hólmur
Sel
Bjarkaland
Dalssel
Stóridalur
Austur-Landeyjar
Neðridalur
Litla-Hildisey
Stóra-Hildisey
Borgareyrar
Hallgeirsey
Gunnarshólmi
Miðey
(Hamragarðar)
Seljalandsfoss
Seljaland
Stórhöfði
Gaularás
Kúfhóll
Svanavatn
Kross
Skíðbakki
Álftarhóll
Lækjarhvammur
Heimaland
Lágafell
Hólavatn
Fit
Ljótarstaðir
Búðarhóll
Guðnastaðir
Fitjamýri
Sauðhúsvöllur
Seljalandssel
Núpur
Landeyjasandur
Hólmar
Efrirót
Hvammur
Nýibær
Syðri-Kvíhólmi
Efri-hóll
Bakki
Fornusandar
Efraholt
Gljá
(Vesturholt)
Þrídrangar
Einidrangur
Faxasker
112
Elliðaey
Heimaklettur
283
Blátindur
273
161
Bjarnarey
Smáeyjar
205
Vestmannaeyjar
Eldfell
Helgafell
Heimaey
Álsey
137
114
Stórhöfði
Brandur
154
Suðurey
Hellisey
Geldungur
Súlnasker
Surtsey
154
Geirfuglasker
1
25
252
253
254
255
261
262
264
266
275
247
249
250
251
0
5
10
15 km
waterfall

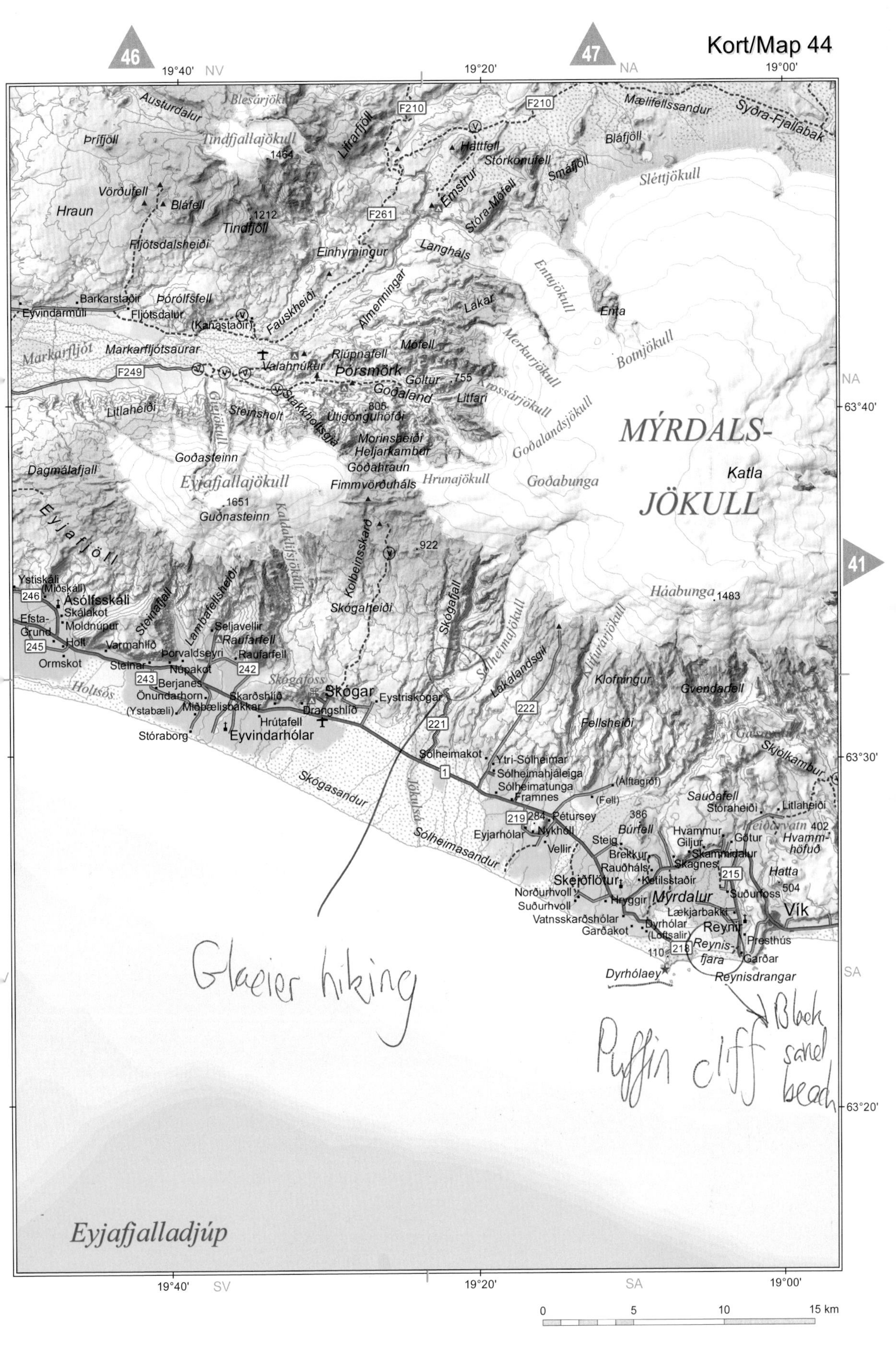
46
47
41
19°40' NV
19°20'
NA
19°00'
63°40'
63°30'
63°20'
SA
SV
Austurdalur
Blesárjökull
Þríffjöll
Tindfjallajökull
1464
Lifrarfjöll
F210
Hattfell
Stórkonufell
Smáfjöll
Mælifellssandur
Syðra-Fjallabak
Bláfjöll
Sléttjökull
Vörðufell
Bláfell
Hraun
1212
Tindfjöll
Fljótsdalsheiði
Emstrur
Stóra-Mófell
F261
Einhyrningur
Langháls
Entujökull
Enta
Barkarstaðir
Þórólfsfell
Eyvindarmúli
Fljótsdalur
(Kanastaðir)
Fauskheiði
Almenningar
Lakar
Merkurjökull
Botnjökull
Markarfljót
Markarfljótsaurar
Rjúpnafell
Mófell
F249
Valahnúkur
Þórsmörk
Göltur
755
Goðaland
Litfari
Krossárjökull
Goðalandsjökull
Litlaheiði
Steinsholt
Stakkholtsgjá
805
Útigönguhöfði
Gígjökull
Morinsheiði
Heljarkambur
Goðahraun
MÝRDALS-
JÖKULL
Katla
Goðasteinn
Dagmálafjall
Eyjafjallajökull
Fimmvörðuháls
Hrunajökull
Goðabunga
1651
Guðnasteinn
Kaldaklifsjökull
Eyjafjöll
Kolbeinsskarð
922
Ystiskáli
(Miðskáli)
246
Ásólfsskáli
Skálakot
Moldnúpur
Efsta-Grund
Holt
245
Steinafjall
Lambafellsheiði
Seljavellir
Raufarfell
Skógaheiði
Skógafjall
Sólheimajökull
Klifurárjökull
Háabunga
1483
Varmahlíð
Þorvaldseyri
Raufarfell
Ormskot
Steinar
Núpakot
242
Lakalandsgil
Klofningur
Gvendarfell
243
Berjanes
Skógafoss
Skógar
Holtsós
Önundarhorn
Skarðshlíð
Eystriskógar
222
(Ystabæli)
Miðbælisbakkar
Drangshlíð
Hrútafell
221
Fellsheiði
Stóraborg
Eyvindarhólar
Sólheimakot
Ytri-Sólheimar
Skjólkambur
1
Sólheimahjáleiga
Sólheimatunga
(Álftagróf)
Skógasandur
Framnes
(Fell)
Sauðafell
Stóraheiði
Litlaheiði
Jökulsá
219
284
Pétursey
386
Heiðarvatn
402
Eyjarhólar
Nykhóll
Búrfell
Hvammur
Gotur
Hvamm-höfuð
Sólheimasandur
Vellir
Steig
Giljur
Skammidalur
Brekkur
Skagnes
Rauðháls
Ketilsstaðir
215
Hatta
Skeiðflötur
504
Norðurhvoll
Mýrdalur
Suðurfoss
Suðurhvoll
Hryggir
Lækjarbakki
Vík
Vatnsskarðshólar
Dyrhólar
Reynir
Garðakot
(Loftsalir)
Presthús
110
218
Reynis-fjara
Garðar
Dyrhólaey
Reynisdrangar
Glacier hiking
Puffin cliff
Black sand beach
Eyjafjalladjúp
0
5
10
15 km

Kort/Map 45

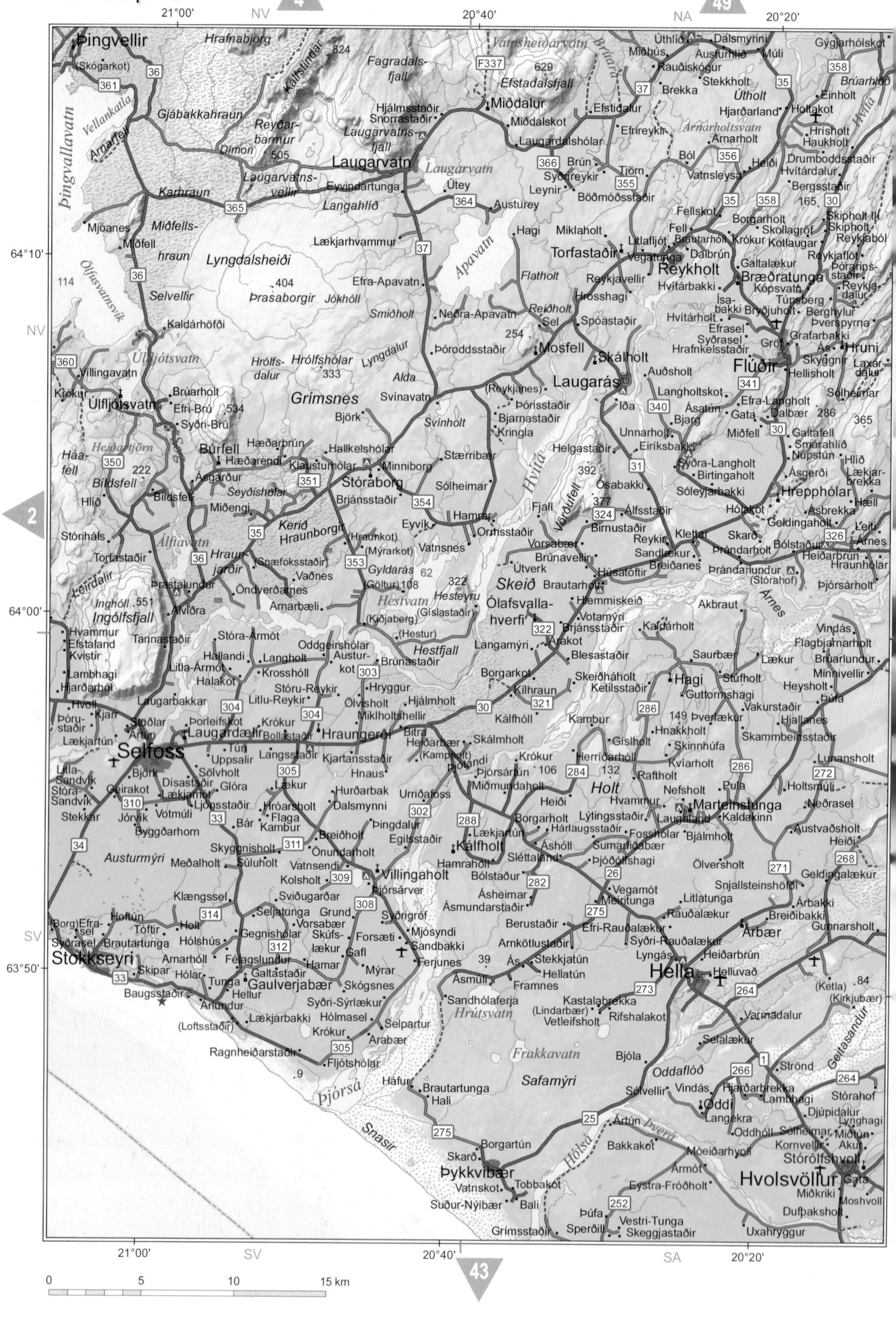

4 NV 21°00' 20°40' NA 49 20°20'

Þingvellir (Skógarkot) 36 361 Hrafnabjörg Kálfstindar 824 Fagradalsfjall Vatnsheiðarvatn F337 629 Brúará Úthlíð Dalsmynni Gýgjarhólskot Miðhús Austurhlíð Múli Rauðiskógur 358 Efstadalsfjall 37 Brekka Stekkholt 35 Brúarhlöð Úthólt Einholt Þingvallavatn Vellankatla Gjábakkahraun Reyðarbarmur Hjálmsstaðir Snorrastaðir Miðdalur Efstidalur Hjarðarland Holtakot Arnarfell Laugarvatnsfjall Miðdalskot Efrireykir Arnarholtsvatn Hrísholt Hvítá Dímon 505 Laugardalshólar Arnarholt Haukholt Laugarvatn Laugarvatn 366 Brún Ból 356 Drumboddsstaðir Karhraun Laugarvatnsvellir Eyvindartunga Syðri-Reykir Tjörn Vatnsleysa Heiði Hvítárdalur 365 Langahlíð Útey 364 Leynir 355 Bergsstaðir Austurey Böðmóðsstaðir 35 358 165 30 Mjóanes Miðfellshraun Lækjarhvammur Hagi Miklaholt Fellskot Borgarholt Skipholt III Miðfell Fell Brautarholt Skollagróf Skipholt Litlafljót Krókur Kotlaugar Reykjaból 37 Apavatn Torfastaðir Vegatunga Dalbrún Reykjafłöt 64°10' Lyngdalsheiði Reykholt Galtalækur Þóraripsstaðir Ölfusvatnsvík 36 Flatholt Reykjavellir Hvítárbakki Bræðratunga Reykjadalur 114 404 Efra-Apavatn Hrosshagi Ísabakki Kópsvatn Túnsberg Selvellir Þrasaborgir Jókhóll Smiðholt Neðra-Apavatn Reiðholt Sel Spóastaðir Bryðjuholt Hvítárholt Berghylur Þverspyrna NV Kaldárhöfði Efrasel 254 Syðrasel Grafarbakki Gröf Þóroddsstaðir Mosfell Hrafnkelsstaðir Ás Hruni Úlfljótsvatn 360 Hrólfsdalur Hrólfshólar Lyngdalur Skálholt Flúðir Skyggnir Laxárdalur Villingavatn 333 Alda Laugarás Auðsholt 341 Hellisholt Krókur Brúarholt Grímsnes Svínavatn (Reykjanes) Langholtskot Efra-Langholt Sólheimar Úlfljótsvatn Efri-Brú 534 Þórisstaðir Iða 340 Ásatún Gata Dalbær 286 Björk Bjarnastaðir Bjarg 365 Syðri-Brú Svínholt Kringla Unnarholt Miðfell 30 Galtafell Heiðartjörn Hæðarbrún Hallkelshólar Helgastaðir Eiríksbakki Smárahlíð Háafell Búrfell Hæðarendi Klausturhólar Minniborg Stærribær Hvítá Syðra-Langholt Núpstún Hlíð 350 222 Ásgarður Stóraborg 351 Sólheimar 392 31 Birtingaholt Ásgerði Lækjarbrekka Bíldsfell Bíldsfell Seyðishólar Ósabakki Sóleyjarbakki Hlíð Miðengi Brjánsstaðir 354 377 Hreppshólar

2 Álftavatn Kerið Eyvík Hamrar Fjall Vörðufell 324 Álfsstaðir Hólakot Ásbrekka Hæll Stórihals 35 Hraunborgir (Hraunkot) Ormsstaðir Birnustaðir Geldingaholt Leiti Torfastaðir (Mýrarkot) Vatnsnes Vorsabær Reykir Klettar Skarð Bólstaður 326 Árnes 36 Hraunjarðir (Snæfoksstaðir) Brúnavellir Sandlækur Þrándarholt Heiðarbrún Hraunhólar Leirdalir Þrastalundur 353 Gyldarás 62 Útverk Breiðanes Þrándarlundur Vaðnes 322 Húsatóftir (Stórahof) Inghóll 551 Öndverðarnes (Göltur) 108 Hesteyru Skeið Brautarholt Þjórsárholt Ingólfsfjall Álviðra Arnarbæli Hestvatn (Gíslastaðir) Ólafsvallahverfi Hlemmiskeið Akbraut Árnes 64°00' Hvammur Tannastaðir (Kiðjaberg) 322 Votamýri Brjánsstaðir Kaldárholt Vindás Efstaland Stóra-Ármót Oddgeirshólar (Hestur) Langamýri Arakot Flagbjarnarholt Kvistir Hallandi Langholt Austurkot Brúnastaðir Hestfjall Blesastaðir Saurbær Lækur Brúarlundur Litla-Ármót Krosshóll 303 Borgarkot Skeiðháholt Hagi Stúfholt Minnivellir Lambhagi Halakot Stóru-Reykir Hryggur Ketilsstaðir Guttormshagi Heysholt Hjarðarból Laugarbakkar 304 Litlu-Reykir Ölvisholt Hjálmholt Kílhraun 321 286 Vakurstaðir Þúfa Hvoll Þóru-staðir Kjarr Stuðlar Þorleifskot Krókur 304 Miklholtshellir 30 Kálfhóll Kambur 149 Þverlækur Hjallanes Lækjartún Ártún Laugardælir Bollastaðir Hraungerði Bitra Heiðarbær Skálmholt Gíslholt Hnakkholt Skammbeinsstaðir Selfoss Tún Uppsalir Langsstaðir Kjartansstaðir (Kampholt) Þjótandi Krókur Herríðarhóll 132 Skinnhúfa Litla-Sandvík Björk Sölvholt 305 Hnaus Þjórsártún 106 284 Raftholt Kvíarholt 286 Lunansholt Stóra-Sandvík Geirakot Dísastaðir Glóra Lækur Hurðarbak Urriðafoss Miðmundaholt Holt Nefsholt Púla 272 Holtsmúli Lækjamót Ljónsstaðir Hróarsholt Dalsmynni Heiði Hvammur Marteinstunga Neðrasel 310 Votmúli 33 Bár Flaga 302 Borgarholt Lýtingsstaðir Laugaland Kaldakinn Stekkar Jórvík Kambur Þingdalur 288 Hárlaugsstaðir Bjálmholt Austvaðsholt Byggðarhorn Breiðholt Egilsstaðir Lækjartún Fossholar Heiði 34 Austurmýri Skyggnisholt 311 Önundarholt Kálfholt Áshóll Sumarliðabær 268 Meðalholt Súluholt Vatnsendi Hamrahóll Sléttaland Þjóðólfshagi Ölversholt 271 Kolsholt 309 Villingaholt Bólstaður 282 26 Geldingalækur Klængssel Sviðugarðar Þjórsárver Ásheimar Vegamót Snjallsteinshöfði 308 Ásmundarstaðir Meiritunga Litlatunga Árbakki Hoftún Seljatunga Grund Syðrigróf 314 Vorsabær Berustaðir 275 Rauðalækur Breiðibakki (Borg) Efra-Sel Tóftir Holt Hólshús Gegnishólar Skúfslækur Forsæti Mjósyndi Efri-Rauðalækur Árbær Gunnarsholt SV Syðrasel Brautartunga 312 Gafl Sandbakki Arnkötlustaðir Syðri-Rauðalækur Stokkseyri Arnarhóll Félagslundur Hamar Mýrar Ferjunes 39 Ás Stekkjatún Lyngás Heiðarbrún 63°50' Skipar Hólar Galtastaðir Ásmúli Hellatún Hella Helluvað (Ketla) 84 33 Tunga Gaulverjabær Skógsnes Framnes 273 264 (Kirkjubær) Baugsstaðir Hellur Syðri-Sýrlækur Sandhólaferja Kastalabrekka Árlundur Lækjarbakki Hólmasel Hrútsvatn (Lindarbær) Rifshalakot Varmadalur (Loftsstaðir) Krókur Selpartur Vetleifsholt Geitasandur Ragnheiðarstaðir 305 Arabær Selalækur Fljótshólar Frakkavatn Bjóla Oddaflóð 1 Strönd 9 Háfur Brautartunga Safamýri 266 264 Hali Sólvellir Vindás Hjarðarbrekka Stórahof Þjórsá Oddi Lambhagi Djúpidalur Snasir 275 25 Langekra Lynghagi Árnún Þverá Oddhóll Sólheimar Miðtún Borgartún Bakkakot Móeiðarhvoll Kornvellir Akur Hólsá Skarð Ármót Stórólfshvoll Þykkvibær Hvolsvöllur Tobbakot Eystra-Fróðholt Gata Vatnskot Miðkriki Moshvoll Suður-Nýibær Bali 252 Þúfa Vestri-Tunga Dufþaksholt Grímsstaðir Sperðill Skeggjastaðir Uxahryggur

21°00' SV 20°40' 43 SA 20°20'

0 5 10 15 km

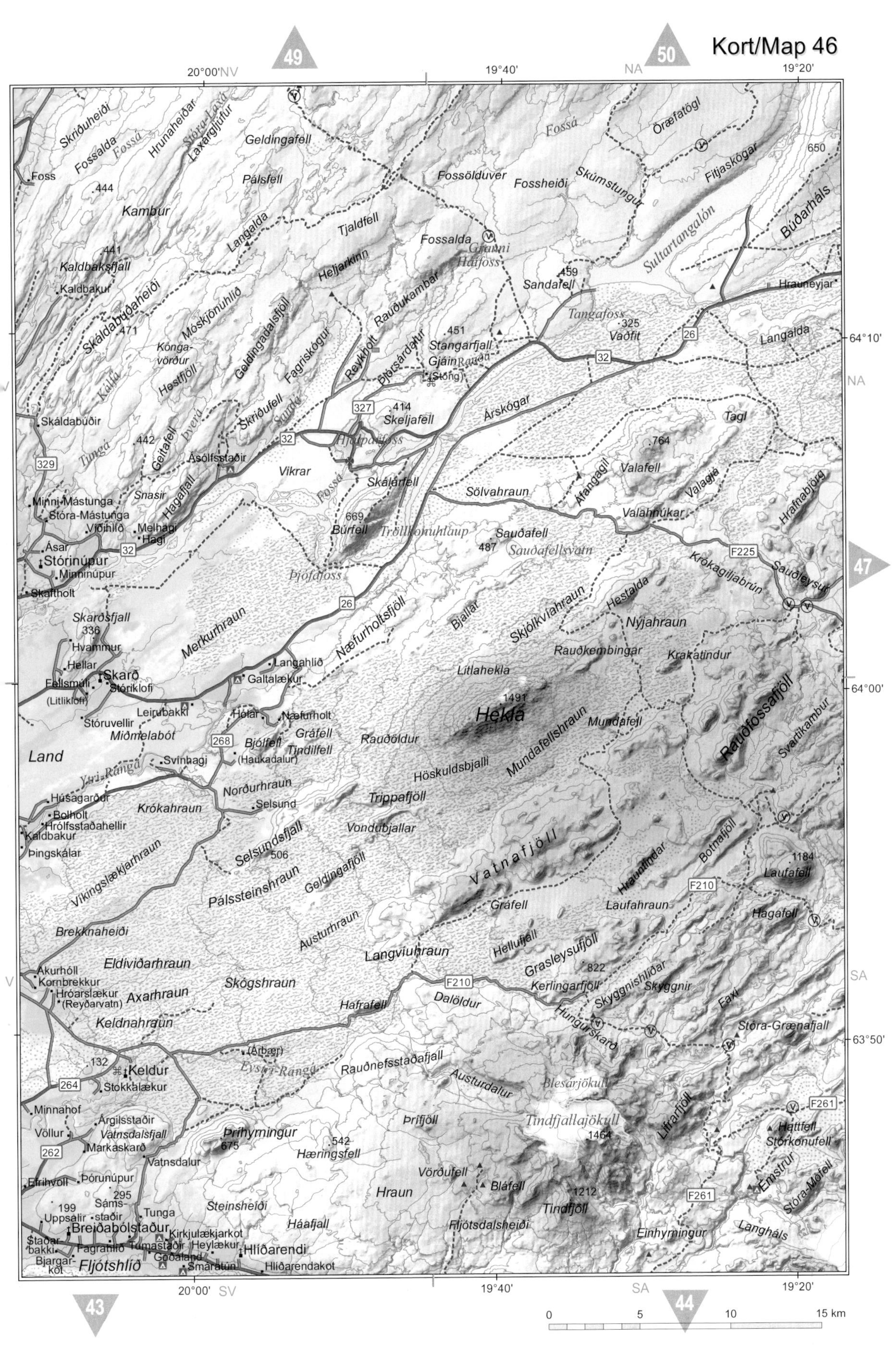

Kort/Map 46
49
50
47
43
44
20°00' NV
19°40'
NA
19°20'
64°10'
64°00'
63°50'
NA
SA
20°00' SV
19°40'
SA
19°20'
0
5
10
15 km
Skriðuheiði
Fossalda
Fossá
Hrunaheiðar
Stóra-Laxá
Laxárgljúfur
Geldingafell
Foss
444
Pálsfell
Kambur
Langalda
441
Kaldbaksfjall
Kaldbakur
Skáldabúðaheiði
471
Mosfjörðuhlíð
Kónga-
vörður
Kálfá
Hestfjöll
Geldingadalsfjöll
Fagriskógur
Skriðufell
Sandá
Þverá
Skáldabúðir
442
Geitafell
Tungá
329
Ásólfsstaðir
Snasir
Hagafjall
Minni-Mástunga
Stóra-Mástunga
Víðihlíð
Melhagi
Hagi
Ásar
Stórinúpur
32
Minninúpur
Skálholt
Skarðsfjall
336
Hvammur
Hellar
Skarð
Fellsmúli
Stóriklofi
(Litliklofi)
Leirubakki
Stóruvellir
Miðmelabót
Land
Ytri-Rangá
Svínhagi
Húsagarður
Bolholt
Hrólfsstaðahellir
Kaldbakur
Þingskálar
Krókahraun
Víkingslækjarhraun
Brekknaheiði
Akurhóll
Kornbrekkur
Hróarslækur
(Reyðarvatn)
Eldiviðarhraun
Axarhraun
Keldnahraun
132
Keldur
264
Stokkalækur
Minnahof
Árgilsstaðir
Vatnsdalsfjall
Völlur
262
Markaskarð
Þríhyrningur
675
Vatnsdalur
Efrihvoll
Þórunúpur
295
199
Sáms-
staðir
Uppsalir
Tunga
Breiðabólstaður
Staðar-
bakki
Fagrahlíð
Tumastaðir
Kirkjulækjarkot
Heylækur
Hlíðarendi
Bjargar-
kot
Fljótshlíð
Goðaland
Smáratún
Hlíðarendakot
Fossá
Fossölduver
Fossheiði
Skúmstungur
Öræfatögl
Fitjaskógar
650
Tjaldfell
Fossalda
Granni
Háifoss
Heljarkinn
Rauðukambar
459
Sandafell
Sultartangalón
Búðarháls
Hrauneyjar
Tangafoss
325
Vaðfit
26
Langalda
451
Stangarfjall
Gjáin
Rauðá
(Stöng)
Þjórsárdalur
Reykholt
327
414
Skeljafell
Árskógar
Hjálparfoss
Vikrar
Skálarfell
Fossá
669
Búrfell
Tröllkonuhlaup
Tagl
764
Valafell
Áfangagil
Valagjá
Sölvahraun
Valahnúkar
Hrafnabjörg
Sauðafell
487
Sauðafellsvatn
F225
Krókagiljabrún
Sauðleysur
Þjófafoss
Merkurhraun
Næfurholtsfjöll
Bjallar
Skjólkvíahraun
Hestalda
Nýjahraun
Rauðkembingar
Krakatindur
Langahlíð
Galtalækur
Litlahekla
1491
Hekla
Mundafellshraun
Mundafell
Rauðfossafjöll
Svartikambur
Hólar
Næfurholt
Gráfell
268
Bjólfell
Tindilfell
(Haukadalur)
Rauðöldur
Höskuldsbjalli
Norðurhraun
Selsund
Trippafjöll
Vondubjallar
Selsundsfjall
506
Pálssteinshraun
Geldingafjöll
Vatnafjöll
Hrauntindar
Botnafjöll
1184
Laufafell
F210
Gráfell
Laufahraun
Hagafell
Austurhraun
Langviuhraun
Hellufjall
Grasleysufjöll
822
Skógshraun
F210
Kerlingarfjöll
Skyggnishlíðar
Skyggnir
Faxi
Hafrafell
Dalöldur
Hungurskarð
Stóra-Grænafjall
(Árbær)
Eystri-Rangá
Rauðnefsstaðafjall
Austurdalur
Blesárjökull
Þríjöll
Tindfjallajökull
1464
Lifrarfjöll
F261
Hattfell
Stórkonufell
542
Hæringsfell
Vörðufell
Bláfell
1212
Hraun
Steinsheiði
Tindfjöll
F261
Emstrur
Stóra-Mófell
Háafjall
Fljótsdalsheiði
Einhyrningur
Langháls

Kort/Map 47

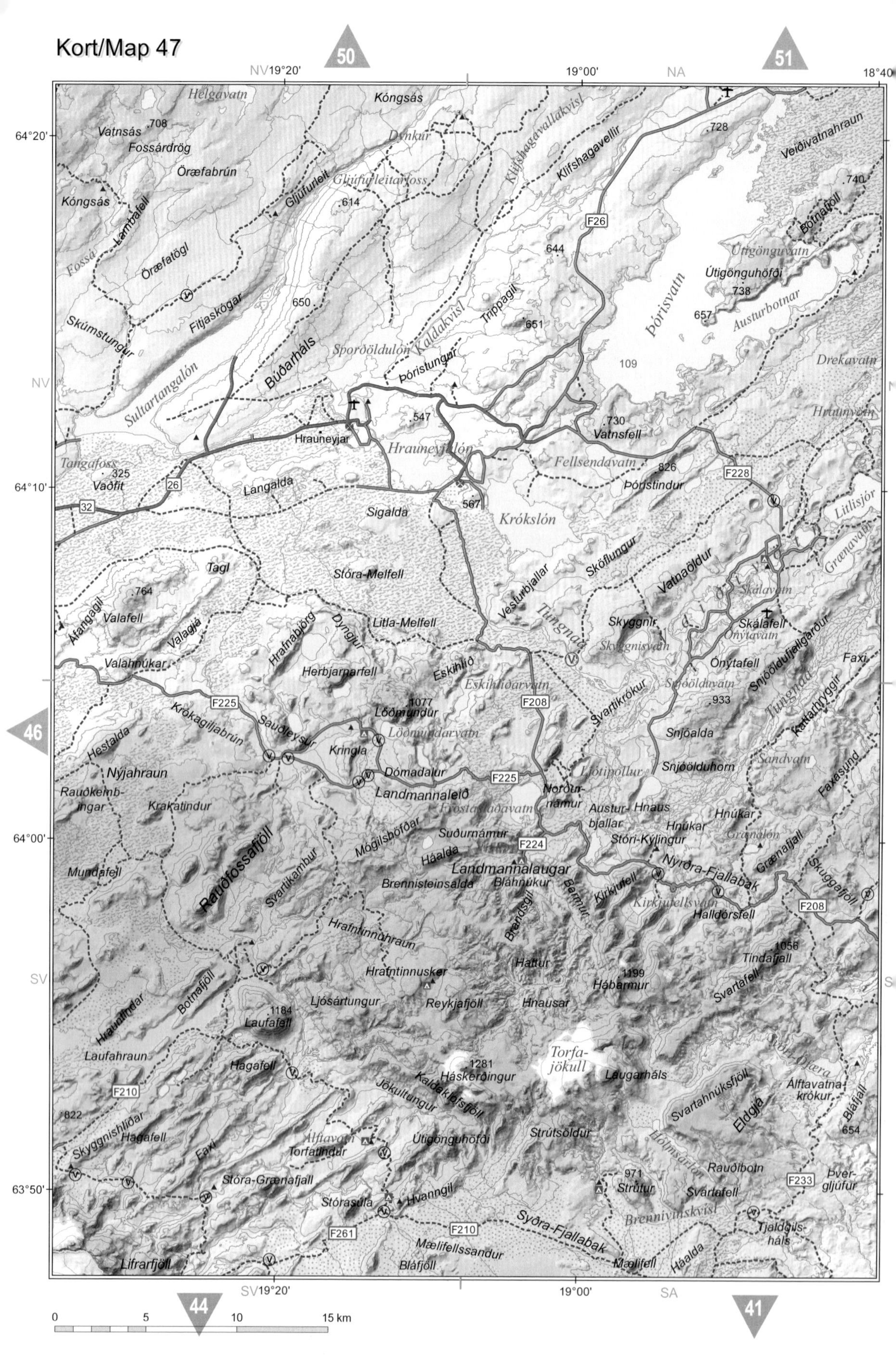

50
51
46
44
41
NV 19°20'
19°00'
NA
18°40'
64°20'
64°10'
64°00'
63°50'
SV 19°20'
SA
NV
SV
Helgavatn
Kóngsás
Vatnsás
708
Fossárdrög
Öræfabrún
Kóngsás
Lambafell
Gljúfurleit
Gljúfurleitarfoss
Dynkur
614
Fossá
Örræfatögl
Fitjaskógar
Skúmstungur
650
Búðarháls
Sultartangalón
Sporðöldulón
Kaldakvísl
Þóristungur
Klifshagavallakvísl
Klifshagavellir
728
Veiðivatnahraun
740
Botnafjöll
Útigönguvatn
Útigönguhöfði
738
657
Austurbotnar
Þórisvatn
F26
644
Trippagil
651
109
Drekavatn
Hraunvötn
547
Hrauneyjar
Hrauneyjalón
730
Vatnsfell
Fellsendavatn
826
Þóristindur
F228
Tangafoss
325
Vaðfit
26
32
Langalda
Sigalda
567
Krókslón
Litlisjór
Grænavatn
Tagl
Stóra-Melfell
Vesturbjallar
Sköflungur
Vatnaöldur
Skálavatn
764
Valafell
Áfangagil
Valagjá
Hrafnabjörg
Dyngjur
Litla-Melfell
Tungnaá
Skyggnir
Skyggnisvatn
Skálafell
Ónýtavatn
Snjóöldufjallgarður
Ónýtafell
Faxi
Valahnúkar
Herbjarnarfell
Eskihlíð
Eskihlíðarvatn
Sjóölduvatn
F225
Krókagiljabrún
Sauðleysur
1077
Lóðmundur
Lóðmundarvatn
F208
Svartikrókur
933
Kattarhryggir
Hestalda
Kringla
Snjóalda
Sandvatn
Nýjahraun
Dómadalur
Ljótipollur
Snjóölduhorn
Faxasund
Rauðkembingar
Krakatindur
Landmannaleið
Norðurnámur
Frostastaðavatn
Austurbjallar
Hnaus
Hnúkar
Mógilshöfðar
Suðurnámur
Stóri-Kýlingur
Grænalón
F224
Grænafjall
Skuggafjöll
Mundafell
Rauðfossafjöll
Svartikambur
Háalda
Landmannalaugar
Nyrðra-Fjallabak
Brennisteinsalda
Bláhnúkur
Barmur
Kirkjufell
Kirkjufellsvatn
Halldórsfell
Brandsgil
Hrafntinnuhraun
1056
Tindafjall
Hattur
Hrafntinnusker
1199
Háibarmur
Svartafell
Botnafjöll
Hrauntindar
Ljósártungur
Reykjafjöll
Hnausar
1184
Laufafell
Laufahraun
Torfajökull
Hagafell
1281
Háskerðingur
Laugarháls
Álftavatnakrókur
Bláfjall
F210
Kaldaklofsfjöll
Jökultungur
Svartahnúksfjöll
Eldgjá
822
Skyggnishlíðar
Hagafell
Álftavatn
Torfatindur
Útigönguhöfði
Strútsöldur
654
Faxi
Hólmsárlón
Rauðibotn
Stóra-Grænafjall
971
Strútur
Svartafell
F233
Þverárgljúfur
Stórasúla
Hvanngil
Brennivínskvísl
F261
F210
Syðra-Fjallabak
Tjaldgilsháls
Mælifellssandur
Lifrarfjöll
Bláfjöll
Mælifell
Háalda
0
5
10
15 km

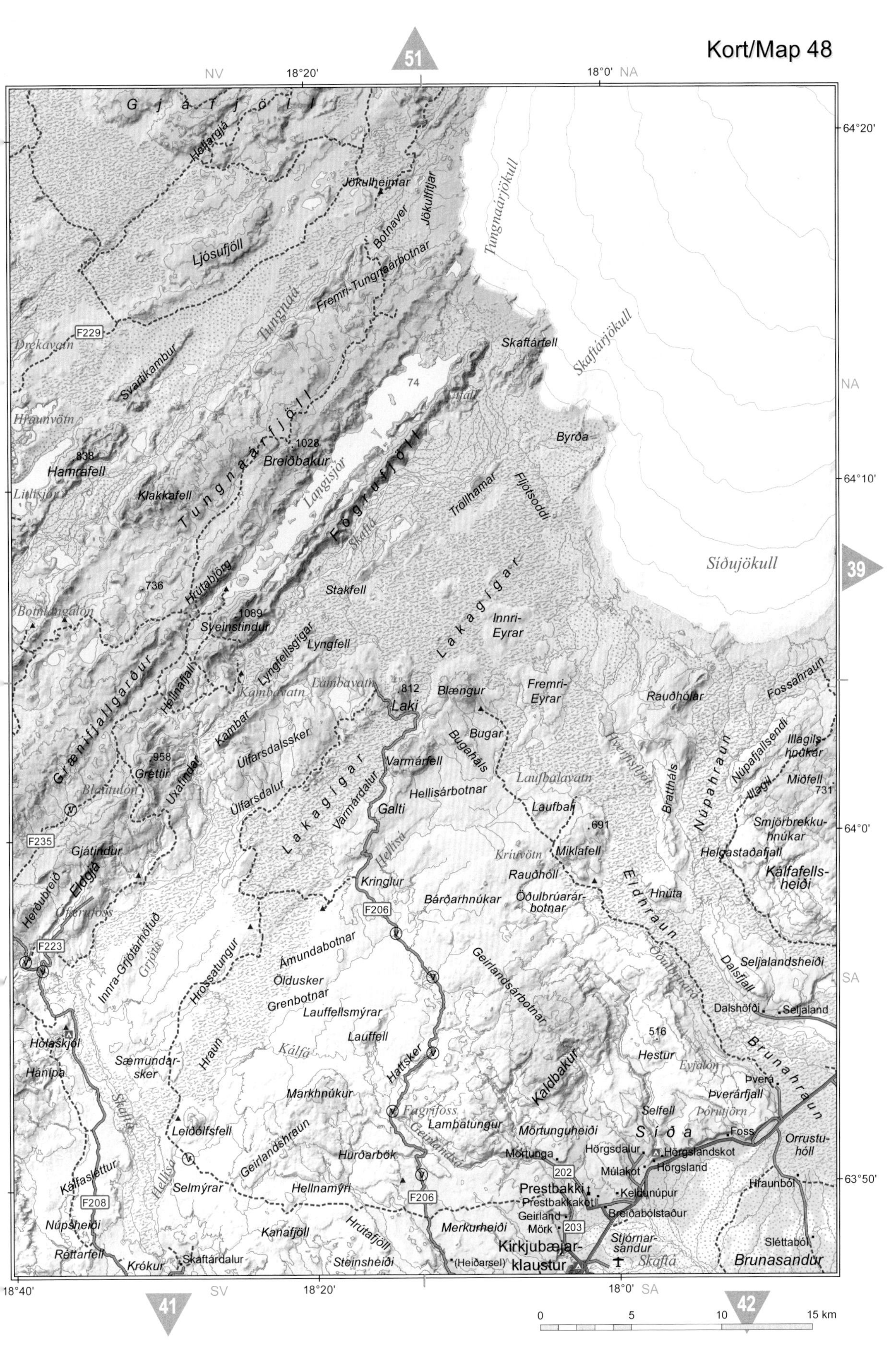
Kort/Map 48
51
39
41
42
NV
NA
SV
SA
18°20'
18°0'
18°40'
64°20'
64°10'
64°0'
63°50'
Gjáfjöll
Hellargjá
Jökulheimar
Botnaver
Jökulfitjar
Ljósufjöll
Fremri-Tungnaárbotnar
Tungnaárjökull
Tungnaá
F229
Drekavatn
Svartikambur
Skaftárfell
Skaftárjökull
Tungnaárfjöll
74
1028
Breiðbakur
Langisjór
Fögrufjöll
Byrða
838
Hamrafell
Hraunvötn
Litlisjór
Klakkafell
Tröllhamar
Fljótsoddi
Skaftá
Síðujökull
Hrútabjörg
736
Stakfell
Lakagígar
1089
Sveinstindur
Innri-Eyrar
Botnlangalón
Lyngfellsgígar
Lyngfell
Grænifjallgarður
Hellnafjall
Kambavatn
Lambavatn
812
Laki
Blængur
Fremri-Eyrar
Rauðhólar
Fossahraun
Kambar
Úlfarsdalssker
Bugar
Bugaháls
958
Grettir
Uxatindar
Varmárfell
Laufbalavatn
Hverfisfljót
Bratthals
Núpahraun
Núpafjallsendi
Illagilshnúkar
Blautulón
Úlfarsdalur
Hellisárbotnar
Laufbali
Miðfell
731
Illagil
Varmárdalur
Galti
691
Smjörbrekkuhnúkar
F235
Gjátindur
Hellisá
Krúavötn
Miklafell
Helgastaðafjall
Eldgjá
Herðubreið
Kringlur
Rauðhóll
Kálfafellsheiði
Bárðarhnúkar
Öðulbrúarárbotnar
Eldhraun
Hnúta
F223
Innra-Gjótarhöfuð
Grjótá
F206
Hrossatungur
Ámundabotnar
Öldusker
Grenbotnar
Geirlandsárbotnar
Öðulbrúará
Seljalandsheiði
Dalsfjall
Dalshöfði
Seljaland
Lauffellsmýrar
Lauffell
Hólaskjól
Hánípa
Sæmundarsker
Hraun
Kálfá
516
Hestur
Eyjalón
Brunahraun
Hattsker
Kaldbakur
Þverá
Þverárfjall
Markhnúkur
Fagrifoss
Selfell
Þórutjörn
Leiðólfsfell
Lambatungur
Mörtunguheiði
Síða
Foss
Orrustuhóll
Geirlandshraun
Geirlandsá
Hurðarbök
Mörtunga
Hörgsdalur
Hörgslandskot
Hörgsland
Múlakot
Kálfaslettur
Selmýrar
Hellnamýri
202
Prestbakki
Keldunúpur
Hraunból
F208
Prestbakkakot
Breiðabólstaður
Geirland
Mörk
203
Núpsheiði
Kanafjöll
Hrútafjöll
Merkurheiði
Stjórnarsandur
Sléttaból
Réttarfell
Krókur
Skaftárdalur
Steinsheiði
(Heiðarsel)
Kirkjubæjarklaustur
Brunasandur
0
5
10
15 km

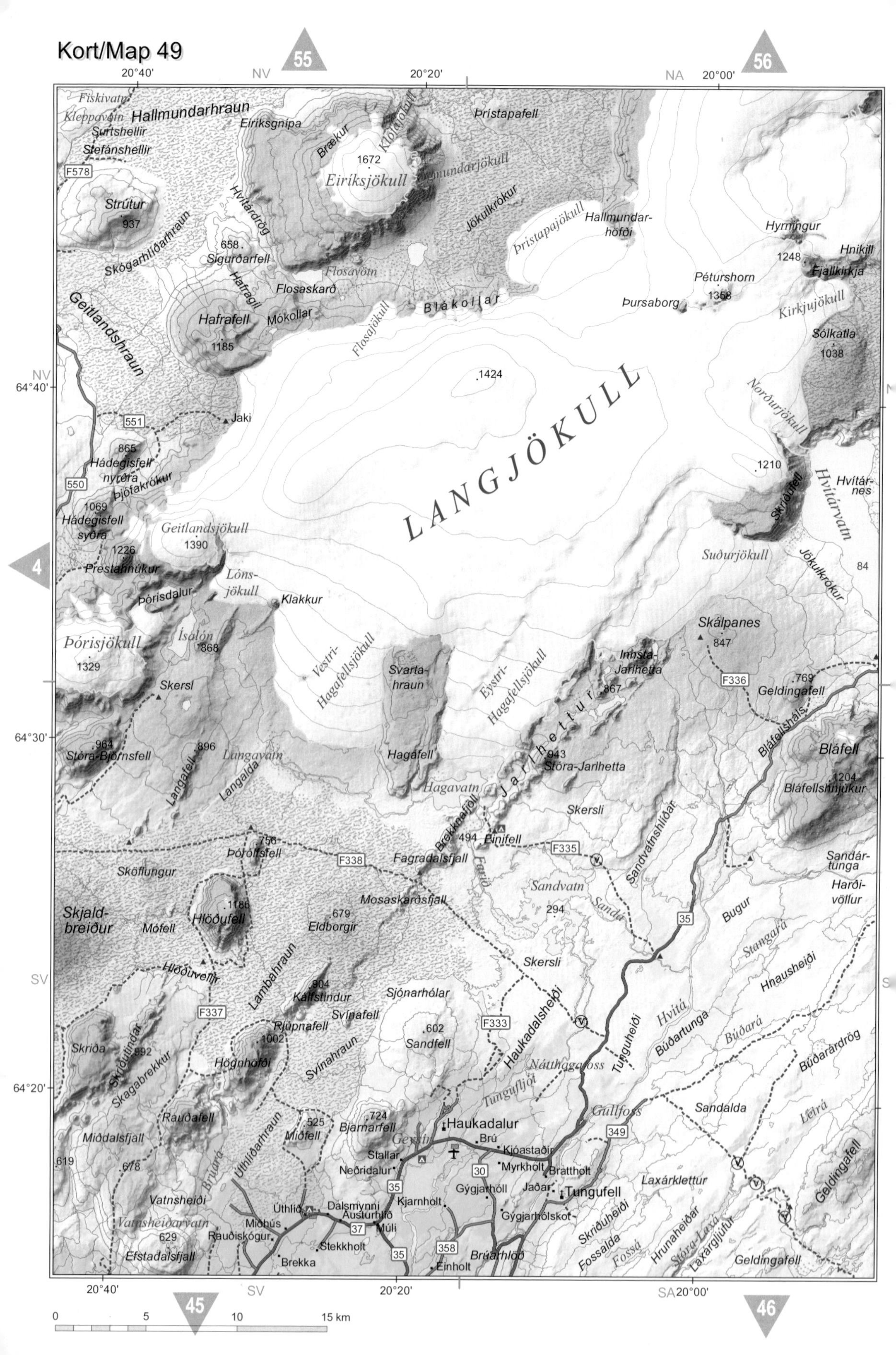
55
56
4
45
46
20°40'
NV
20°20'
NA
20°00'
64°40'
64°30'
64°20'
SV
SA
Fiskivatn
Kleppavatn
Hallmundarhraun
Surtshellir
Stefánshellir
F578
Strútur
937
Eiríksgnípa
Brækur
Klofajökull
1672
Eiríksjökull
Hallmundarjökull
Þrístapafell
Jökulkrókur
Þrístapajökull
Hallmundarhöfði
Hvítárdrög
Skógarhlíðarhraun
658
Sigurðarfell
Hafragil
Flosavötn
Flosaskarð
Blákollar
Geitlandshraun
Hafrafell
1185
Mókollar
Flosajökull
Þursaborg
Pétursborn
1358
Hyrningur
1248
Hnikill
Fjallkirkja
Kirkjujökull
Sólkatla
1038
1424
LANGJÖKULL
Norðurjökull
551
Jaki
865
Hádegisfell nyrðra
Þjófakrókur
550
1069
Hádegisfell syðra
Geitlandsjökull
1390
1226
Prestahnúkur
Lónsjökull
Klakkur
Þórisdalur
1210
Skriðufell
Hvítárvatn
Hvítárnes
Suðurjökull
Jökulkrókur
84
Þórisjökull
1329
Ísalón
868
Vestri-Hagafellsjökull
Svartahraun
Eystri-Hagafellsjökull
Innsta-Jarlhetta
867
Skálpanes
847
F336
769
Geldingafell
Skersl
Blåfellsháls
964
Stóra-Björnsfell
896
Langafell
Lambavatn
Langalda
Hagafell
Jarlhettur
943
Stóra-Jarlhetta
Bláfell
1204
Bláfellshnjúkur
Hagavatn
Skersli
Sandvatnshlíðar
Brekknafjöll
756
494
Einifell
F335
Þórólfsfell
F338
Fagradalsfjall
Farið
Sandártunga
Skjaldbreiður
Sköflungur
1186
Hlöðufell
Mófell
Mosaskarðsfjall
679
Eldborgir
Sandvatn
294
Sandá
35
Bugur
Harðivöllur
Stangará
Hlöðuvellir
Lambahraun
Skersli
904
Kálfstindur
Hnausheiði
Sjónarhólar
F337
Rjúpnafell
Svínafell
F333
Haukadalsheiði
Tunguheiði
Hvítá
Búðartunga
Búðará
Búðarárdrög
602
Sandfell
Skriða
Skriðutindar
892
1002
Högnhöfði
Svínahraun
Nátthagafoss
Skagabrekkur
Tungufljót
Gullfoss
Sandalda
Rauðafell
525
Miðfell
724
Bjarnarfell
Haukadalur
Geysir
Brú
Kjóastaðir
349
Miðdalsfjall
Stallar
Myrkholt
Bratholt
Ljóá
619
678
Úthlíðarhraun
Neðridalur
30
Laxárklettur
Geldingafell
Brúará
35
Gýgjarhóll
Jaðar
Tungufell
Vatnsheiði
Úthlíð
Dalsmynni
Kjarnholt
Austurhlíð
Gýgjarhólskot
Skriðuheiði
Vatnsheiðarvatn
Miðhús
37
Múli
Hrunaheiðar
629
Rauðiskógur
Stekkholt
358
Fossalda
Stóra-Laxá
Efstadalsfjall
Brekka
35
Brúarhlöð
Einholt
Fossá
Laxárgljúfur
Geldingafell
0
5
10
15 km

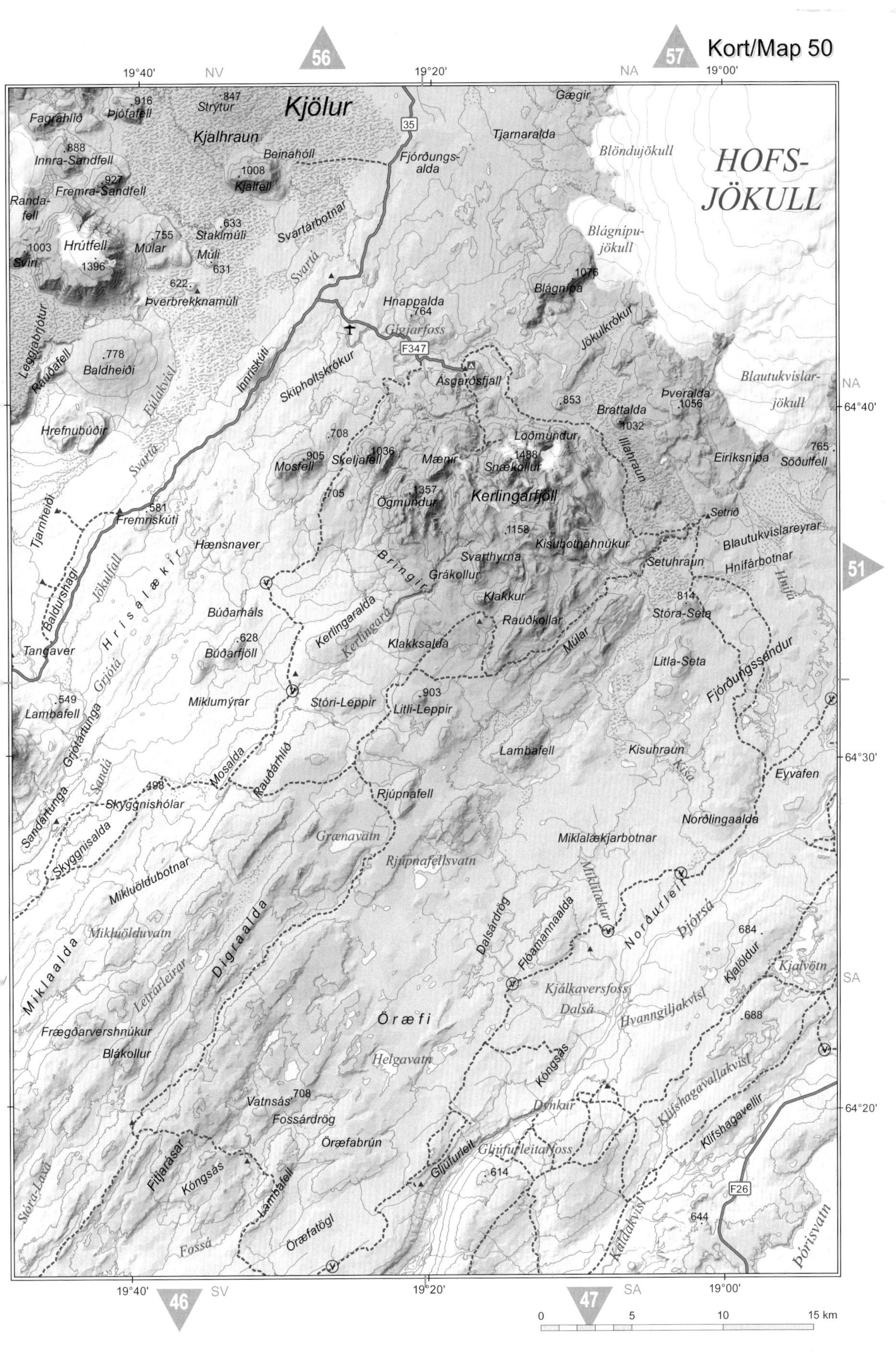

Kort/Map 50
56
57
51
46
47
19°40'
NV
19°20'
NA
19°00'
64°40'
64°30'
64°20'
SA
SV
Kjölur
HOFS-
JÖKULL
Kjalhraun
Kerlingarfjöll
Öræfi
Hrútfell
Fagrahlíð
Þjófafell
Strýtur
Innra-Sandfell
Fremra-Sandfell
Randa-
fell
Sviri
Múlar
Stakimúli
Múli
Þverbrekknamúli
Kjalfell
Beinahóll
Fjórðungs-
alda
Tjarnaralda
Gægir
Blöndujökull
Blágnípu-
jökull
Blágnípa
Svartárbotnar
Svartá
Hnappalda
Gýgjarfoss
Jökulkrókur
Ásgarðsfjall
Skipholtskrókur
Innriskúti
Leggjabrjótur
Rauðafell
Baldheiði
Fúlakvísl
Hrefnubúðir
Blautukvíslar-
jökull
Þveralda
Brattalda
Loðmundur
Snækollur
Mænir
Skeljafell
Mosfell
Ögmundur
Illahraun
Eiríksnípa
Söðulfell
Setrið
Blautukvíslareyrar
Hnífárbotnar
Hnífá
Kisubotnahnúkur
Setuhraun
Svarthyrna
Grákollur
Bringir
Klakkur
Rauðkollar
Múlar
Stóra-Seta
Litla-Seta
Fjórðungssandur
Tjarnheiði
Fremriskúti
Hænsnaver
Baldurshagi
Jökulfall
Hrísalækir
Búðarháls
Búðarfjöll
Kerlingaralda
Kerlingará
Klakksalda
Tangaver
Grjótá
Lambafell
Grjótártunga
Miklumýrar
Stóri-Leppir
Litli-Leppir
Lambafell
Kisuhraun
Kisa
Eyvafen
Mosalda
Rauðárhlíð
Sandá
Sandártunga
Skyggnishólar
Skyggnisalda
Rjúpnafell
Grænavatn
Rjúpnafellsvatn
Norðlingaalda
Miklalækjarbotnar
Mikluöldubotnar
Miklilækur
Norðurleit
Þjórsá
Dalsárdrög
Flóamannaalda
Mikluölduvatn
Miklaalda
Digraalda
Leirárleirar
Kjálkaversfoss
Dalsá
Hvanngiljakvísl
Kjalöldur
Kjalvötn
Frægðarvershnúkur
Blákollur
Helgavatn
Köngsás
Vatnsás
Fossárdrög
Dynkur
Klifshagavallakvísl
Klifshagavellir
Fitjarásar
Köngsás
Öræfabrún
Gljúfurleitarfoss
Gljúfurleit
Lambafell
Stóra-Laxá
Fossá
Öræfatögl
Kaldakvísl
Þórisvatn
35
F347
F26
0
5
10
15 km

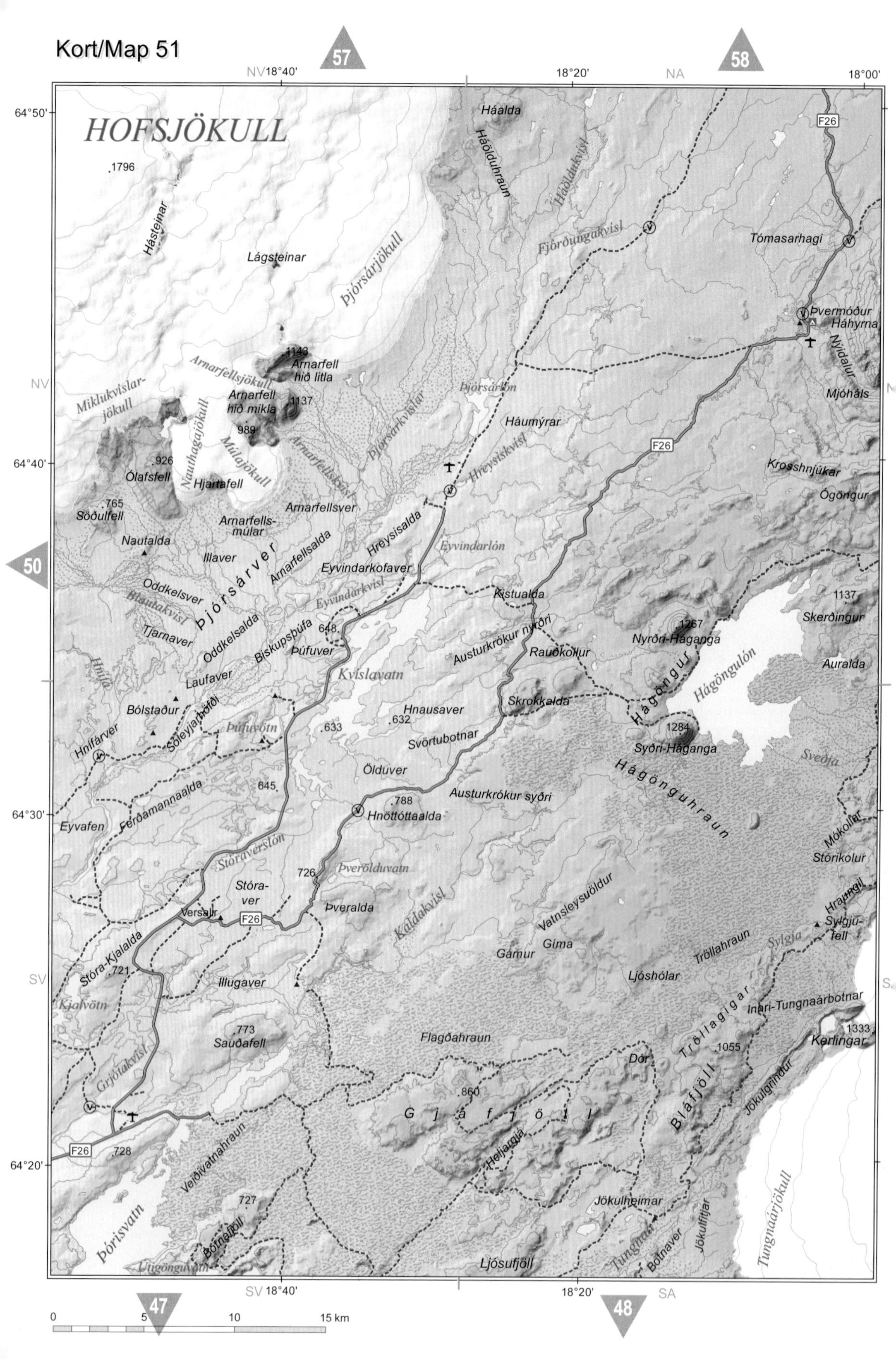

Kort/Map 51
57
58
50
47
48
NV 18°40'
18°20'
NA
18°00'
64°50'
64°40'
64°30'
64°20'
NV
SV
S
SV 18°40'
18°20'
SA
HOFSJÖKULL
1796
Hásteinar
Lágsteinar
Þjórsárjökull
Háalda
Háölduhraun
Háöldukvísl
Fjórðungakvísl
F26
Tómasarhagi
Þvermóður
Háhyrna
Nýidalur
Mjóháls
1143
Arnarfell hið litla
Arnarfellsjökull
Miklukvíslar-jökull
Arnarfell hið mikla
1137
989
Nauthagajökull
Múlajökull
Arnarfellskvísl
Þjórsárkvíslar
Þjórsárlón
Háumýrar
Hreysiskvísl
926
Ólafsfell
Hjartafell
765
Söðulfell
Arnarfellsver
Arnarfells-múlar
Nautalda
Illaver
Þjórsárver
Arnarfellsalda
Hreysisalda
Eyvindarlón
Eyvindarkofaver
Krosshnjúkar
Ógöngur
Oddkelsver
Blautakvísl
Eyvindarkvísl
Kistualda
Tjarnaver
648
Oddkelsalda
Biskupsþúfa
Þúfuver
Austurkrókur nyðri
Rauðkollur
1267
Nyrðri-Háganga
Hágöngur
Hágöngulón
1137
Skerðingur
Auralda
Hnífá
Laufaver
Kvíslavatn
Bólstaður
Sóleyjarhöfði
Þúfuvötn
Skrokkalda
Hnausaver
632
633
Svörtubotnar
1284
Syðri-Háganga
Hnífarver
Hágönguhraun
Sveðja
Ölduver
645
Ferðamannaalda
788
Hnöttóttaalda
Austurkrókur syðri
Eyvafen
Stóraverslón
Þveröldulvatn
726
Mókollar
Stórikolur
Stóra-ver
Vatnsleysuöldur
Versalir
Þveralda
Kaldakvísl
Hraungil
Sylgjufell
Sylgja
Gámur
Gíma
Tröllahraun
Stóra-Kjalalda
721
Illugaver
Ljóshólar
Kjalvötn
Tröllagígar
Innri-Tungnaárbotnar
773
Sauðafell
Flagðahraun
1333
Kerlingar
Grjótakvísl
Dór
1055
860
Gjáfjöll
Bláfjöll
Jökulgrindur
728
Veiðivatnahraun
Heljargjá
727
Jökulheimar
Tungnaárjökull
Þórisvatn
Botnafjöll
Útigönguvötn
Ljósufjöll
Tungnaá
Botnaver
Jökulfitjar
0
5
10
15 km

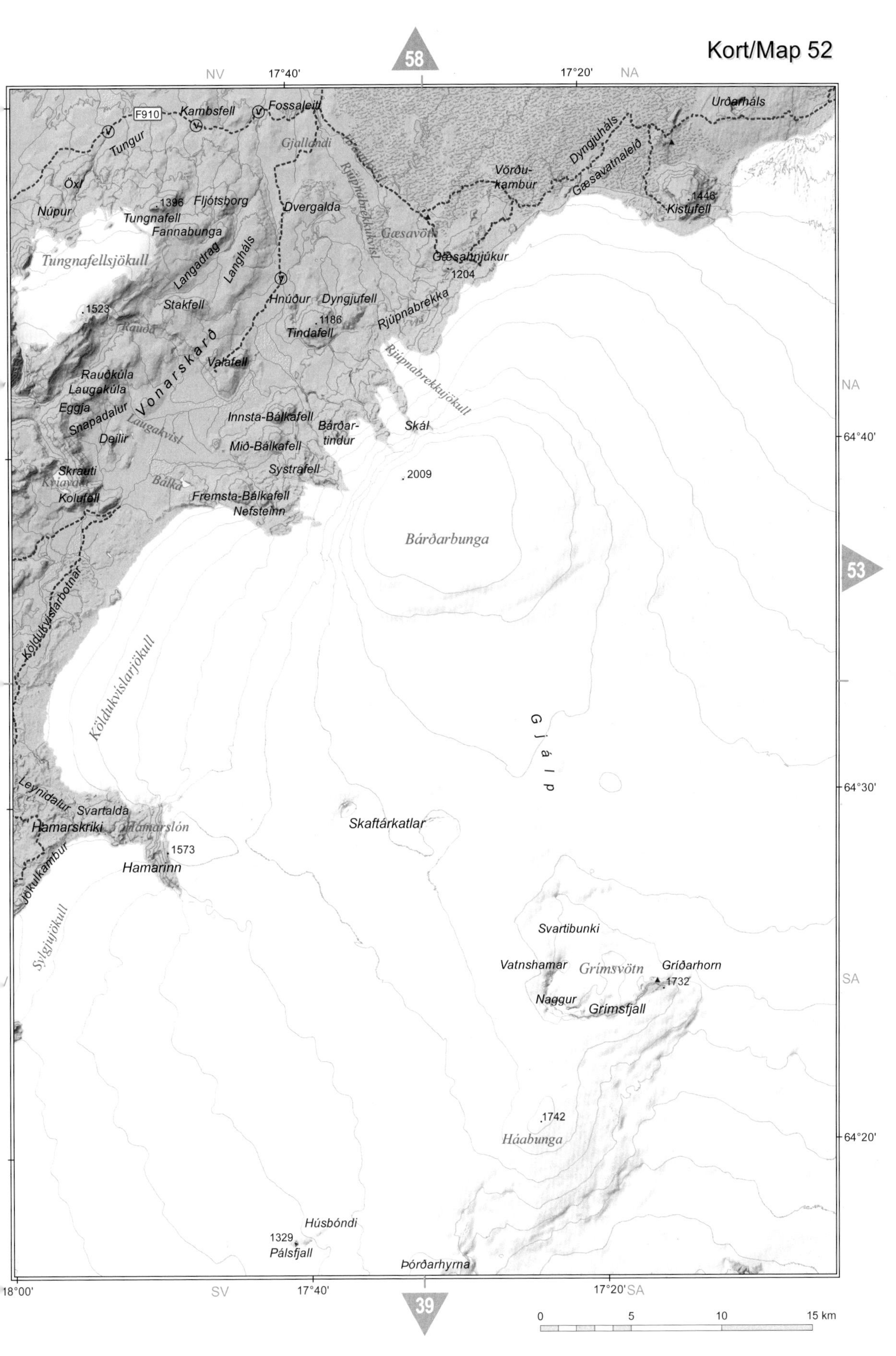
58
53
39
NV
NA
SV
SA
17°40'
17°20'
18°00'
64°40'
64°30'
64°20'
F910
Kambsfell
Fossaleit
Urðarháls
Tungur
Gjallandi
Dyngjuháls
Gæsavatnaleið
Öxl
Núpur
Vörðu-
kambur
Kistufell
1446
1396
Fljótsborg
Tungnafell
Dvergalda
Fannabunga
Rjúpnabrekkukvísl
Gæsavötn
Tungnafellsjökull
Langadrag
Langháls
Gæsahnjúkur
1204
Hnúður
Dyngjufell
1523
Stakfell
1186
Tindafell
Rjúpnabrekka
Rauðá
Vonarskarð
Valafell
Rjúpnabrekkujökull
Rauðkúla
Laugakúla
Eggja
Snapadalur
Laugakvísl
Innsta-Bálkafell
Bárðar-
tindur
Skál
Deilir
Mið-Bálkafell
Systrafell
Skrauti
2009
Bálka
Kolufell
Fremsta-Bálkafell
Nefsteinn
Bárðarbunga
Köldukvíslarbotnar
Köldukvíslarjökull
Gjálp
Leynidalur
Svartalda
Hamarskriki
Hamarslón
Skaftárkatlar
1573
Hamarinn
Jökulkambur
Sylgjujökull
Svartibunki
Vatnshamar
Grímsvötn
Gríðarhorn
1732
Naggur
Grímsfjall
1742
Háabunga
Húsbóndi
1329
Pálsfjall
Þórðarhyrna
0
5
10
15 km

Kort/Map 53

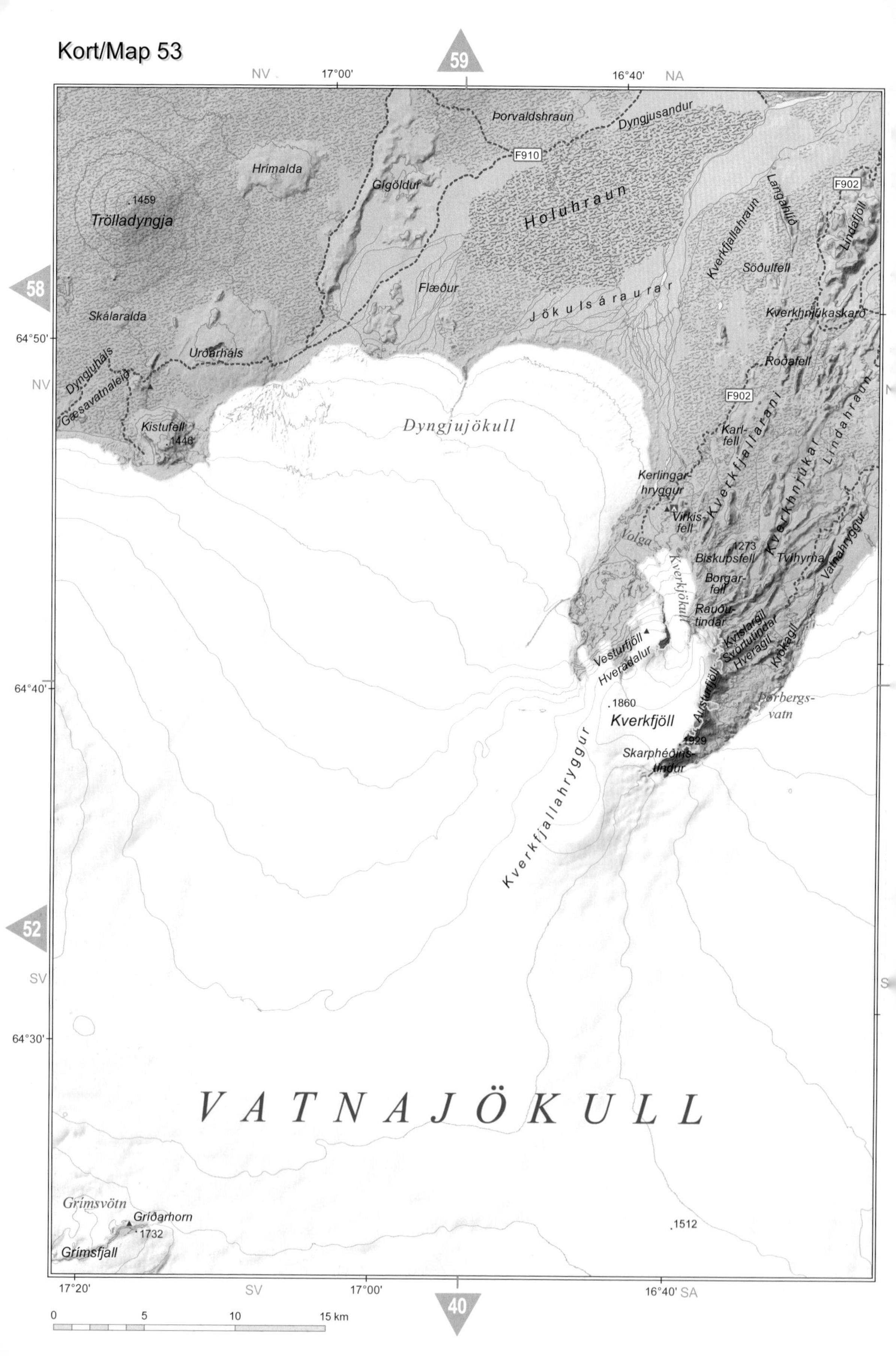

59
58
52
40
NV
NA
SV
SA
17°00'
16°40'
17°20'
64°50'
64°40'
64°30'
Þorvaldshraun
Dyngjusandur
F910
Hrímalda
Gígöldur
F902
Langahlíð
Lindafjöll
.1459
Trölladyngja
Holuhraun
Kverkfjallahraun
Söðulfell
Flæður
Jökulsáraurar
Kverkhnjúkaskarð
Skálaralda
Urðarháls
Dyngjuháls
Gæsavatnaleið
Roðafell
Kistufell
.1446
Dyngjujökull
Karl-
fell
Kverkfjallarani
Kverkhnjúkar
Lindahraun
Kerlingar-
hryggur
Virkis-
fell
Volga
.1273
Biskupsfell
Tvíhyrna
Vatnahryggur
Kverkjökull
Borgar-
fell
Rauðu-
tindar
Vesturfjöll
Hveradalur
Kverkfjöll
Kverkfjallahryggur
Kríslargil
Svörtutindar
Hveragil
Krókagil
Austurfjöll
Þorbergs-
vatn
.1860
.1929
Skarphéðins-
tindur
VATNAJÖKULL
Grímsvötn
Gríðarhorn
.1732
Grímsfjall
.1512
0
5
10
15 km

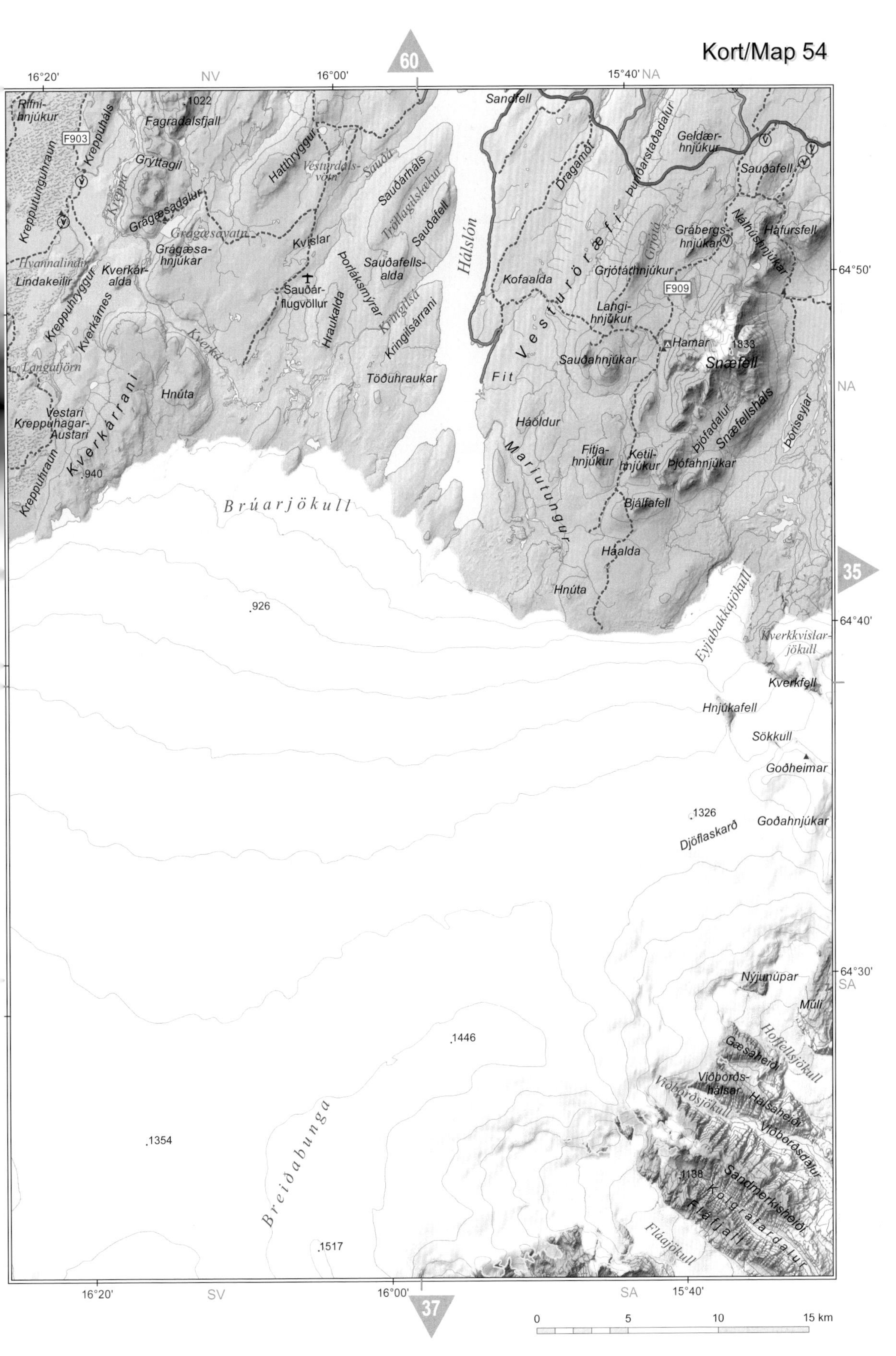
60
35
37
16°20'
NV
16°00'
15°40' NA
64°50'
NA
64°40'
64°30'
SA
SV
SA
0
5
10
15 km
Rifni-hnjúkur
1022
Fagradalsfjall
F903
Kreppuháls
Kreppulunguhraun
Grýttagil
Kreppa
Grágæsadalur
Grágæsavatn
Hatthryggur
Vesturdals-vötn
Sauðá
Sauðárháls
Tröllagilslækur
Sauðafell
Kvíslar
Grágæsa-hnjúkar
Hvannalindir
Lindakeilir
Kverkár-alda
Krepputryggur
Kverkárnes
Sauðár-flugvöllur
Þorláksmýrar
Sauðafells-alda
Hraukalda
Kringilsá
Kringilsárrani
Kverká
Langatjörn
Hnúta
Töðuhraukar
Hálslón
Sandfell
Dragamót
Þuðarstaðadalur
Geldær-hnjúkur
Sauðafell
Naihúshnjúkar
Hafursfell
Gráberg-hnjúkar
Vesturöræfi
Grjótá
Grjótárhnjúkur
Kofaalda
F909
Langi-hnjúkur
Hamar
1833
Sauðahnjúkar
Snæfell
Fit
Háöldur
Snæfellsháls
Þjófadalur
Þóriseyjar
Maríutungur
Fitja-hnjúkur
Ketil-hnjúkur
Þjófahnjúkar
Bjálfafell
Háalda
Hnúta
Vestari Kreppuhagar-Austari
Kverkárrani
Kreppuhraun
.940
Brúarjökull
.926
Eyjabakkajökull
Kverkkvíslar-jökull
Kverkfell
Hnjúkafell
Sökkull
Goðheimar
.1326
Djöflaskarð
Goðahnjúkar
Nýjunúpar
Múli
Hoffellsjökull
.1446
Gæsaheiði
Viðborðs-hálsar
Hálsaheiði
Viðborðsjökull
Viðborðsdalur
Breiðabunga
.1354
1138
Sandmerkisheiði
Kolgrafardalur
Fláfjall
Fláajökull
.1517

Kort/Map 55

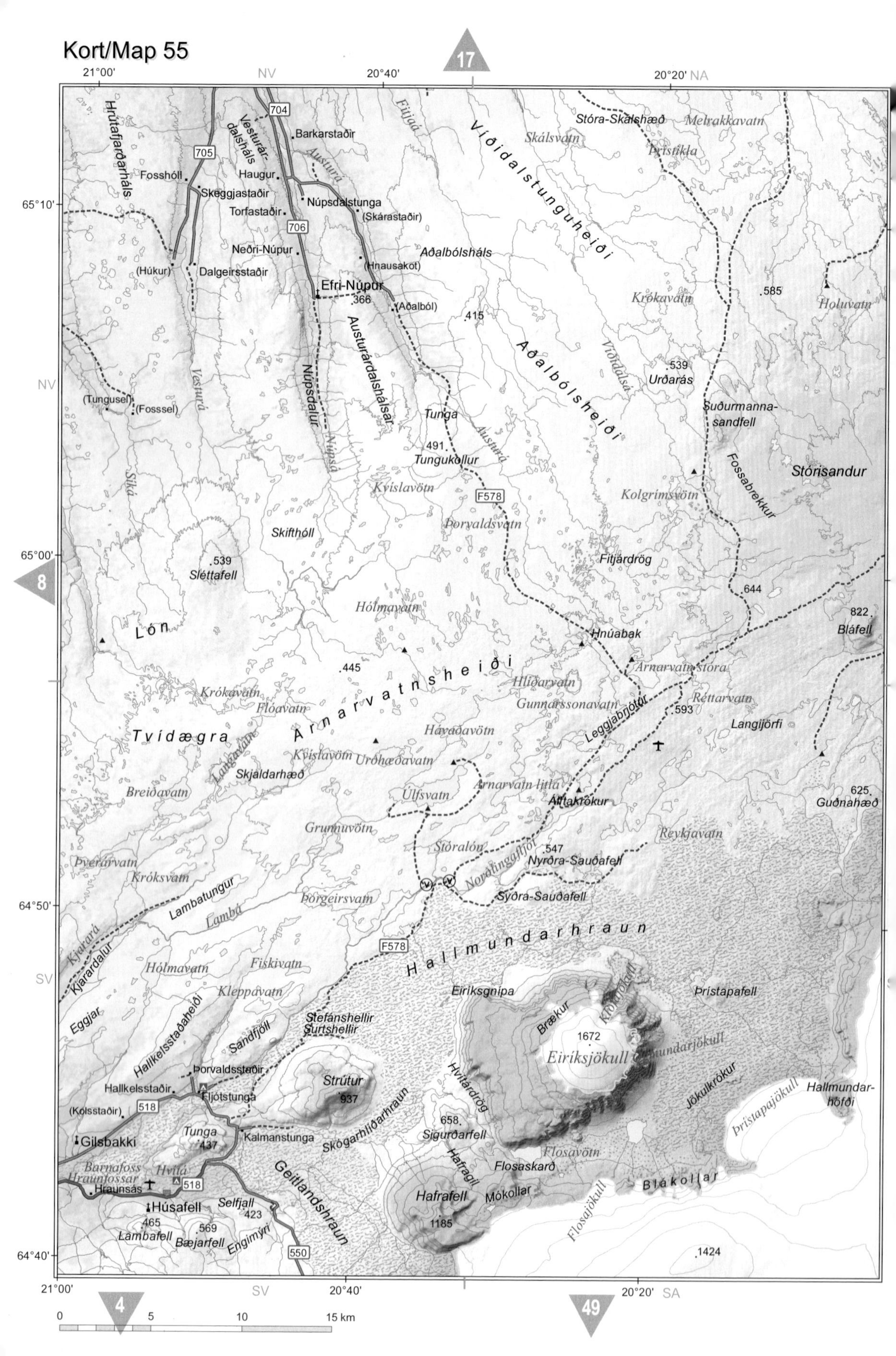

17
8
4
49
21°00'
NV
20°40'
20°20' NA
65°10'
65°00'
64°50'
64°40'
SV
SA
Hrútafjarðarháls
Vesturárdalsháls
Barkarstaðir
Fosshóll
Haugur
Skeggjastaðir
Núpsdalstunga
Torfastaðir
(Skárastaðir)
Neðri-Núpur
(Hnausakot)
(Húkur)
Dalgeirsstaðir
Efri-Núpur
(Aðalból)
Aðalbólsháls
Víðidalstunguheiði
Stóra-Skalshæð
Melrakkavatn
Skálsvatn
Þrístikla
Krókavatn
Holuvatn
Aðalbólsheiði
Urðarás
Suðurmanna-sandfell
Fossabrekkur
Stórisandur
Kolgrímsvötn
Austurárdalsháls
Núpsdalur
Tunga
Tungukollur
Kvíslavötn
Þorvaldsvatn
(Tungusel)
(Fossel)
Skifthóll
Sléttafell
Fitjárdrög
Hólmavatn
Lón
Hnúabak
Blåfell
Arnarvatnsheiði
Arnarvatn stóra
Hlíðarvatn
Gunnarssonavatn
Réttarvatn
Leggjabrjótur
Langjörfi
Krókavatn
Flóavatn
Tvídægra
Hávaðavötn
Kvíslavötn
Urðhæðavatn
Skjaldarhæð
Arnarvatn litla
Breiðavatn
Úlfsvatn
Álftakrókur
Guðnahæð
Grunnuvötn
Reykjavatn
Stóralón
Nyrðra-Sauðafell
Þverárvatn
Króksvatn
Lambatungur
Norðlingafljót
Syðra-Sauðafell
Þorgeirsvatn
Kjarardalur
Kjarará
Lambá
Hallmundarhraun
Hólmavatn
Fiskivatn
Kleppavatn
Eiríksgnípa
Þrístapafell
Eggjar
Stefánshellir
Surtshellir
Brækur
Kljárjökull
Hallkelsstaðaheiði
Sandfjöll
Eiríksjökull
Hallmundarjökull
Jökulkrókur
Þorvaldsstaðir
Strútur
Hvítárdrög
Hallkelsstaðir
Fljótstunga
Hallmundar-höfði
Þrístapajökull
(Kolsstaðir)
Tunga
Sigurðarfell
Gilsbakki
Kalmanstunga
Skógarhlíðarhraun
Geitlandshraun
Flosavötn
Barnafoss
Hraunfossar
Hvítá
Hafragil
Flosaskarð
Hraunsás
Blákollar
Húsafell
Selfjall
Hafrafell
Mókollar
Flosajökull
Lambafell
Bæjarfell
Engimýri
704
705
706
F578
518
550
15 km

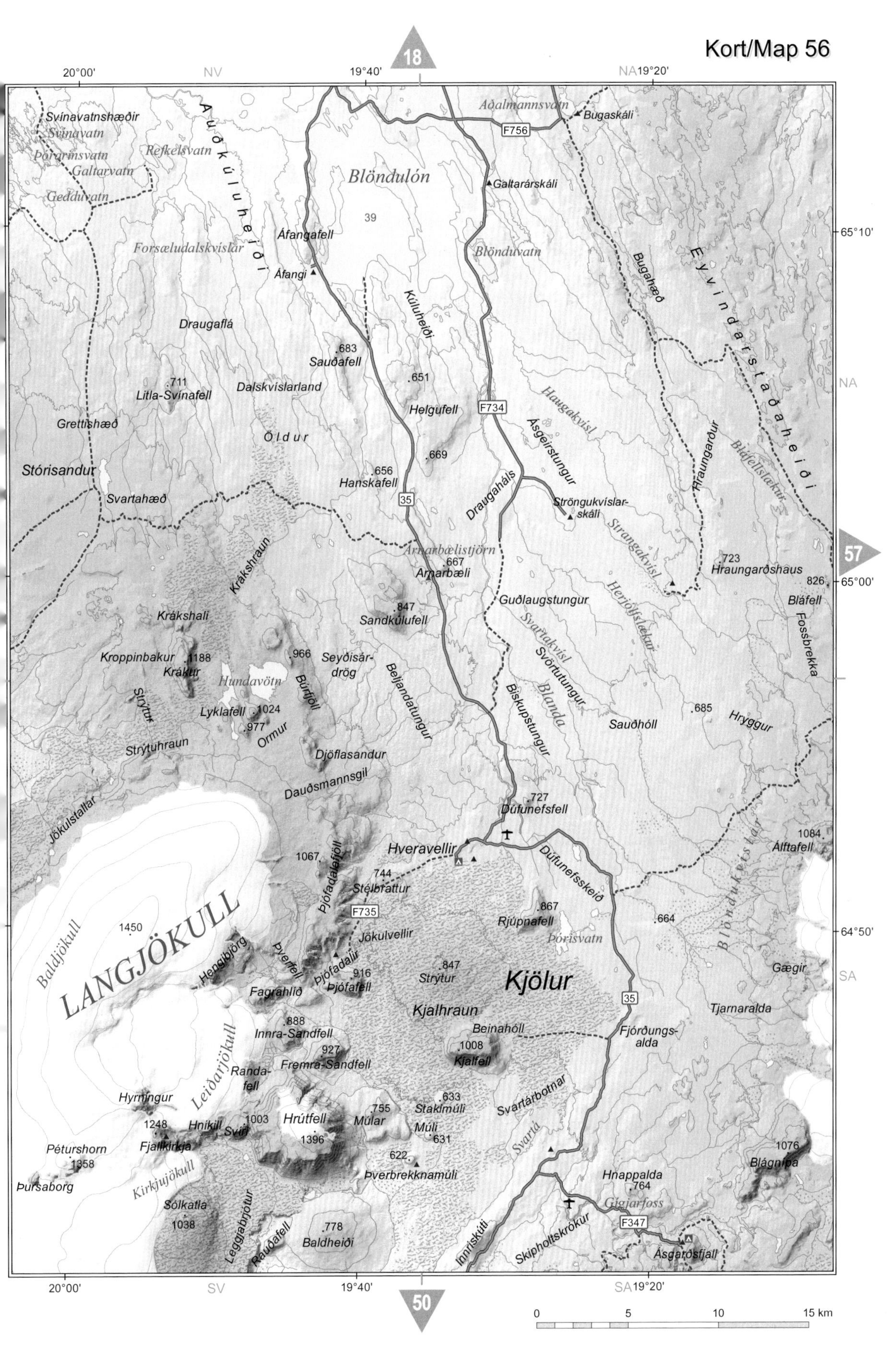
18
20°00'
NV
19°40'
NA 19°20'
Aðalmannsvatn
Bugaskáli
F756
Svínavatnshæðir
Svínavatn
Þórarinsvatn
Refkelsvatn
Galtarvatn
Auðkúluheiði
Blöndulón
Galtarárskáli
Geddúvatn
39
Áfangafell
65°10'
Forsæludalskvíslar
Blönduvatn
Áfangi
Bugahæð
Eyvindarstaðaheiði
Kúluheiði
Draugaflá
.683
Sauðafell
.711
Litla-Svínafell
Dalskvíslarland
.651
NA
Helgufell
F734
Haugakvísl
Grettishæð
Öldur
Ásgeirstungur
.669
Hraungarður
Blöndukvíslar
Blöndulækur
Stórisandur
.656
Hanskafell
Draugaháls
Svartahæð
35
Ströngukvíslarskáli
Strangakvísl
57
Arnarbælistjörn
.667
Arnarbæli
723
Hraungarðshaus
826
65°00'
Krákshraun
Guðlaugstungur
Herjólfslækur
Blöndufell
.847
Sandkúlufell
Svartakvísl
Krákshali
Svörtutungur
Fossbrekka
Kroppinbakur
.1188
Krákur
.966
Seyðisárdrög
Beljandatungur
Hundavötn
Búrfjöll
Biskupstungur
Blanda
Strýtur
Lyklafell
.1024
.977
Ormur
.685
Sauðhóll
Hryggur
Strýtuhraun
Djöflasandur
Dauðsmannsgil
Jökulstallar
.727
Dúfunefsfell
1084
Hveravellir
Dúfunefsskeið
Álftafell
1067
Þjófadalafjöll
744
Stélbrattur
LANGJÖKULL
F735
.867
Rjúpnafell
.664
1450
Baldjökull
Jökulvellir
Þórisvatn
64°50'
Hengibjörg
Þverfell
Þjófadalir
.847
Strýtur
Kjölur
Gægir
SA
.916
Þjófafell
Fagrahlíð
35
Tjarnaralda
Kjalhraun
.888
Innra-Sandfell
Beinahóll
Fjórðungsalda
.927
.1008
Kjalfell
Leiðarjökull
Fremra-Sandfell
Randafell
Hyrningur
.633
Staklmúli
Svartárbotnar
.755
Múlar
1248
Hnikill
Svín
1003
Hrútfell
Fjallkirkja
1396
Múli
.631
Svartá
1076
Pétursorn
1358
622
Blágnípa
Þverbrekknamúli
Þursaborg
Kirkjujökull
Hnappalda
.764
Gígjarfoss
Sólkatla
1038
Leggjabrjótur
.778
Baldheiði
F347
Rauðafell
Innriskúti
Skipholtskrókur
Ásgarðsfjall
20°00'
SV
19°40'
SA 19°20'
50
0
5
10
15 km

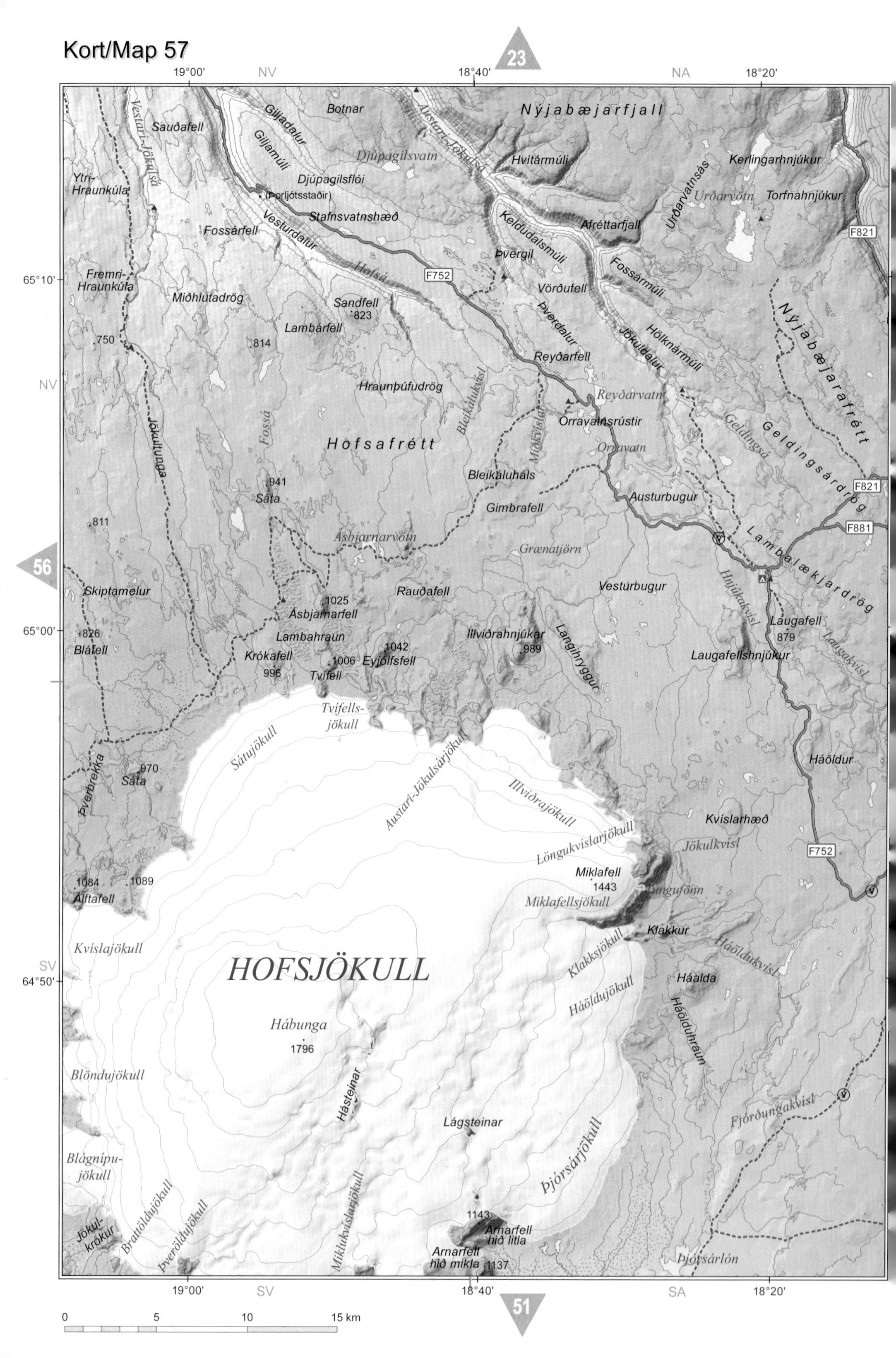
23
56
51
19°00'
18°40'
18°20'
NV
NA
SV
SA
65°10'
65°00'
64°50'
Nýjabæjarfjall
Botnar
Giljadalur
Giljamúli
Djúpagilsvatn
Djúpagilsflói
Austari-Jökulsá
Hvítármúli
Kerlingarhnjúkur
Urðarvatnsás
Urðarvötn
Torfnahnjúkur
Vestari-Jökulsá
Sauðafell
Ytri-Hraunkúla
(Þorljótsstaðir)
Stafnsvatnshæð
Fossárfell
Vesturdalur
Keldudalsmúli
Afréttarfjall
F821
Þvergil
Hofsá
F752
Fremri-Hraunkúla
Miðhlutadrög
Sandfell
823
Vörðufell
Fossármúli
Þverdalur
Lambárfell
750
814
Hölknármúli
Jökuldalur
Reyðarfell
Nýjabæjarafrétt
Hraunþúfudrög
Bleikálukvísl
Reyðarvatn
Orravatnsrústir
Miðkvísl
Jökullunga
Fossá
Hofsafrétt
Orravatn
Geldingsá
Geldingsárdrög
941
Sáta
Bleikáluháls
Gimbrafell
Austurbugur
811
Ásbjarnarvötn
Grænatjörn
F881
Lambalækjardrög
Skiptamelur
1025
Rauðafell
Vesturbugur
Hnjúkakvísl
Ásbjarnarfell
Laugafell
879
826
Lambahraun
Illviðrahnjúkar
Blálfell
Krókafell
1042
989
Langihryggur
Laugakvísl
996
1006
Eyjólfsfell
Laugafellshnjúkur
Tvífell
Tvífells-jökull
Sátujökull
Austari-Jökulsárjökull
Háöldur
970
Sáta
Illviðrajökull
Þverbrekka
Kvíslarhæð
Lönguvkíslarjökull
Jökulkvísl
F752
Miklafell
1443
1084
1089
Álftafell
Lönguföm
Miklafellsjökull
Klakkur
Klakksjökull
Kvíslajökull
Háöldukvísl
HOFSJÖKULL
Háalda
Háöldujökull
Háölduhraun
Hábunga
1796
Blöndujökull
Hásteinar
Fjórðungakvísl
Lágsteinar
Þjórsárjökull
Blágnípu-jökull
Bratöldujökull
Miklukvíslarjökull
1143
Arnarfell hið litla
Jökul-krókur
Þveröldujökull
Arnarfell hið mikla
1137
Þjórsárlón
0
5
10
15 km

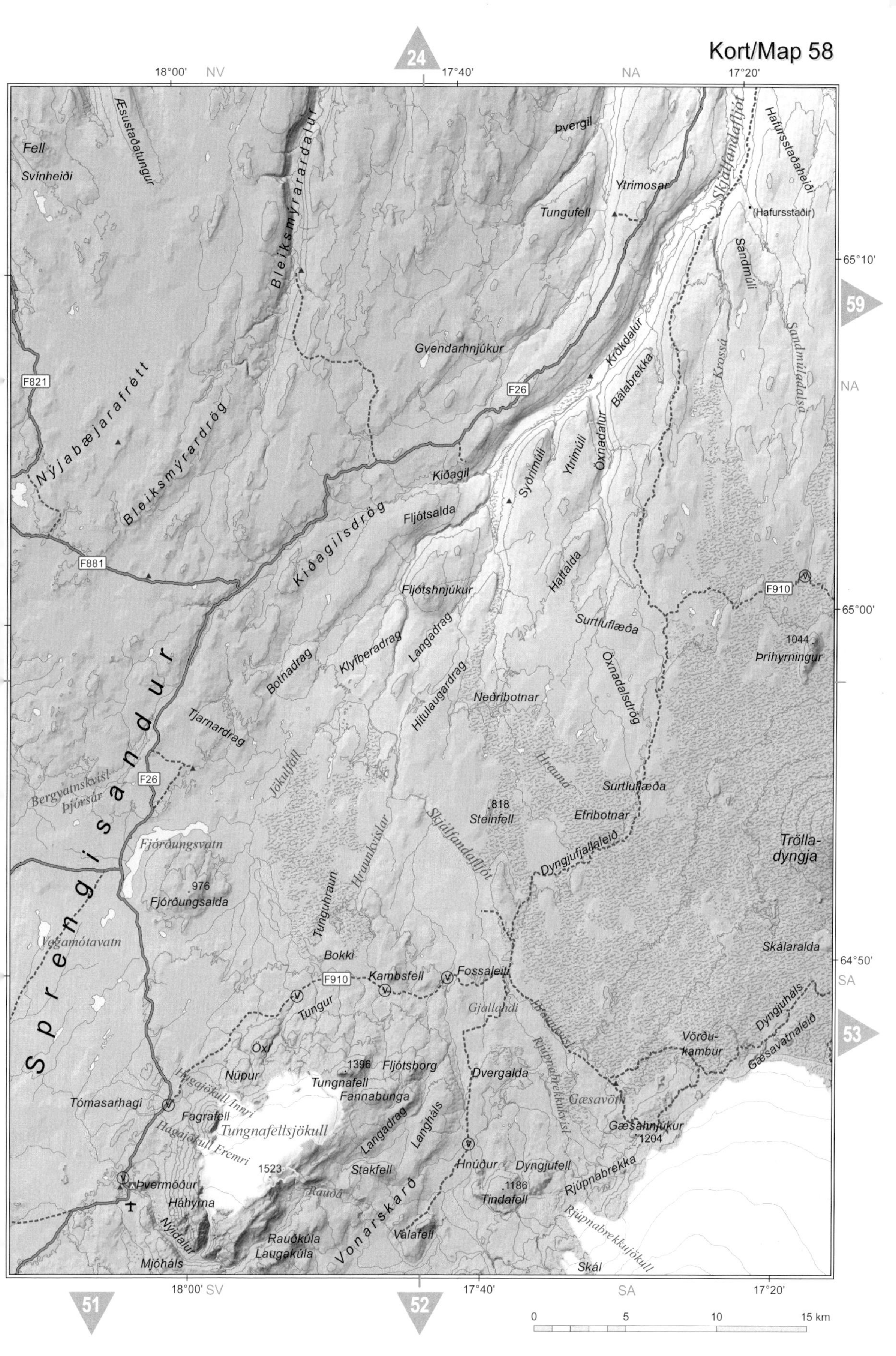
24
18°00'
NV
17°40'
NA
17°20'
Fell
Svínheiði
Æsustaðatungur
Bleiksmýrardalur
Þvergil
Ytrimosar
Tungufell
Skjálfandafljót
Hafursstaðaheiði
(Hafursstaðir)
Sandmúli
65°10'
59
Gvendarhnjúkur
Krókdalur
Bálabrekka
Krossá
Sandmúladalsá
F821
F26
Nýjabæjarafrétt
Bleiksmýrardrög
Kiðagil
Syðrimúli
Ytrimúli
Öxnadalur
Fljótsalda
Kiðagilsdrög
F881
Fljótshnjúkur
Haltalda
F910
65°00'
Surtluflæða
1044
Þríhyrningur
Botnadrag
Klyfberadrag
Langadrag
Öxnadalsdrög
Neðribotnar
Hitulaugardrag
Tjarnardrag
Sprengisandur
Jökulfall
Hraunið
Bergvatnskvísl
Þjórsár
Hraunkvíslar
818
Steinfell
Efribotnar
Fjórðungsvatn
Dyngjufjallaleið
Trölla-
dyngja
976
Fjórðungsalda
Tunguhraun
Vegamótavatn
Bokki
Skálaralda
64°50'
SA
Kambsfell
Fossaleit
Tungur
Gjallandi
Dyngjuháls
Gæsavatnaleið
53
Vörðu-
kambur
Öxl
1396
Fljótsborg
Núpur
Tungnafell
Dvergalda
Fannabunga
Hagajökull Innri
Tómasarhagi
Fagrafell
Tungnafellsjökull
Hagajökull Fremri
Langadrag
Langháls
Rjúpnabrekkukvísl
Gæsavötn
Gæsahnjúkur
1204
1523
Þvermóður
Stakfell
Hnúður
Dyngjufell
Rjúpnabrekka
Rauðá
1186
Tindafell
Háhyrna
Vonarskarð
Nýidalur
Rjúpnabrekkujökull
Rauðkúla
Laugakúla
Valafell
Mjóháls
Skál
18°00'
SV
17°40'
SA
17°20'
51
52
0
5
10
15 km

Kort/Map 59

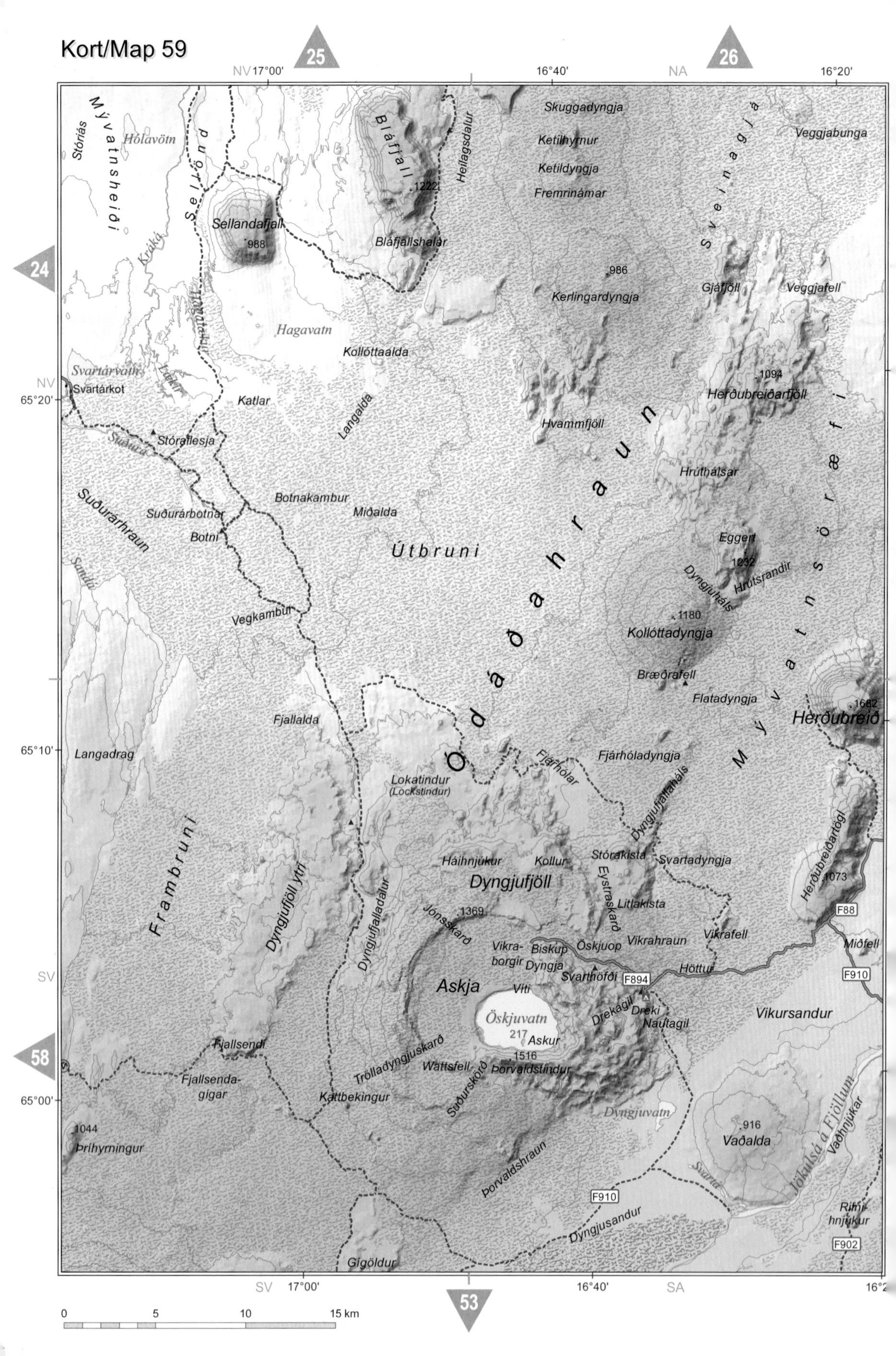

25
26
24
58
53
NV 17°00'
16°40'
NA
16°20'
Mývatnsheiði
Stóriás
Hólavötn
Sellönd
Bláfjall
1222
Heilagsdalur
Skuggadyngja
Ketilhyrnur
Ketildyngja
Fremrinámar
Sveinagjá
Veggjabunga
Sellandafjall
988
Kráká
Bláfjallshalar
986
Kerlingardyngja
Gjáfjöll
Veggjafell
Hagavatn
Kollóttaalda
Svartárvatn
NV
Svartárkot
65°20'
Katlar
Langalda
1094
Herðubreiðarfjöll
Stóraflesja
Suðurá
Hvammfjöll
Ódáðahraun
Hrúthálsar
Suðurárhraun
Suðurárbotnar
Botnakambur
Miðalda
Botni
Útbruni
Eggert
1232
Dyngjuháls
Hrútsrandir
Mývatnsöræfi
Vegkambur
1180
Kollóttadyngja
Bræðrafell
Flatadyngja
1682
Herðubreið
Fjallalda
65°10'
Langadrag
Fjárhólar
Fjárhóladyngja
Lokatindur
(Lockstindur)
Dyngjufjallaháls
Frambruni
Herðubreiðartögl
Háihnjúkur
Kollur
Stórakista
Svartadyngja
Dyngjufjöll
Eystraskarð
1073
Dyngjufjöll ytri
Dyngjufjalladalur
1369
Jónsskarð
Litlakista
F88
Vikrahraun
Vikrafell
Miðfell
Vikraborgir
Biskup
Dyngja
Öskjuop
SV
Svarthöfði
F894
Höttur
F910
Askja
Víti
Dreki
Drekagil
Nautagil
Vikursandur
Öskjuvatn
217
Askur
Fjallsendi
Trölladyngjuskarð
1516
Þorvaldstindur
Wattsfell
Suðurskörð
Fjallsendagígar
65°00'
Kattbekingur
Dyngjuvatn
Jökulsá á Fjöllum
Vaðhnjúkar
1044
Þríhyrningur
916
Vaðalda
Þorvaldshraun
Svartá
F910
Rimarhnjúkur
Dyngjusandur
F902
Gígöldur
SV 17°00'
16°40'
SA
0
5
10
15 km

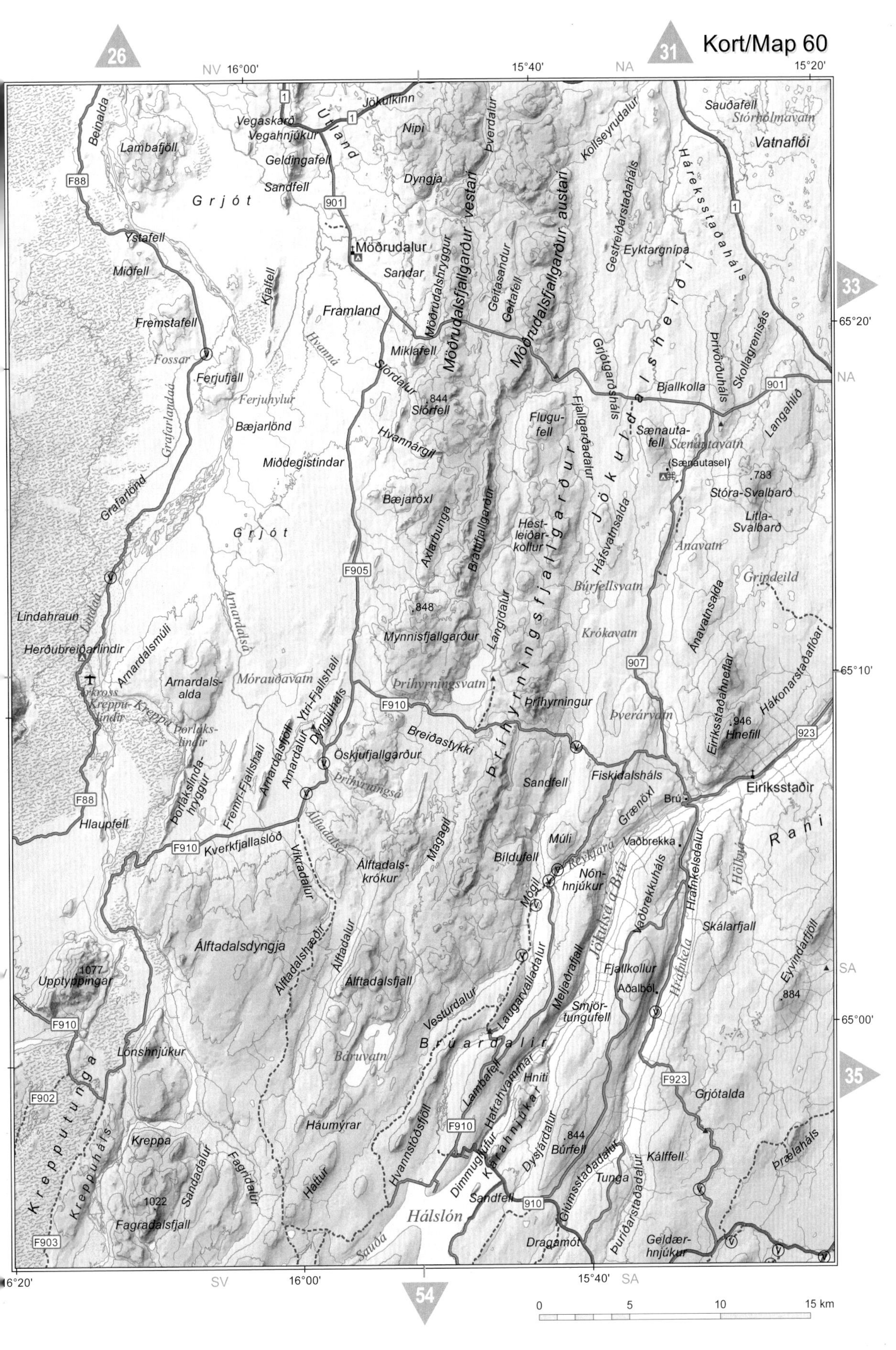

Kort/Map 60
26
31
33
35
54
NV
16°00'
15°40'
NA
15°20'
65°20'
65°10'
65°00'
SA
SV
6°20'
Jökulkinn
Vegaskarð
Vegahnjúkur
Útland
Nipi
Þverdalur
Kollseyrudalur
Sauðafell
Stórhólmavatn
Vatnaflói
Beinalda
Lambafjöll
Geldingafell
Dyngja
F88
Sandfell
Grjót
901
Möðrudalsfjallgarður vestari
Möðrudalsfjallgarður austari
Gestreiðarstaðaháls
Hárekssstaðaháls
Ystafell
Möðrudalur
Eyktargnípa
Miðfell
Sandar
Möðrudalshryggur
Geitasandur
Geitafell
Kjalfell
Framland
Fremstafell
Hvanná
Miklafell
Grjótgarðsháls
Jökuldalsheiði
Þrívörðuháls
Skollagrenisás
Fossar
Stórdalur
Bjallkolla
Ferjufjall
Ferjuhylur
.844
Slórfell
Fjallgarðsháls
Flugu-fell
Sænauta-fell
Sænautavatn
Langahlíð
Grafarlandaá
Bæjarlönd
Hvannárgil
(Sænautasel)
Miðdegistindar
.783
Stóra-Svalbarð
Grafarlönd
Bæjaröxl
Fjallgarðadalur
Litla-Svalbarð
Axlarbunga
Brattifjallgarður
Hest-leiðar-kollur
Hafsvatnsalda
Ánavatn
Grjót
F905
Búrfellsvatn
Gripdeild
Lindaá
Arnardalsá
Lindahraun
.848
Langidalur
Þríhyrningsfjallgarður
Ánavatnsalda
Krókavatn
Mynnisfjallgarður
Herðubreiðarlindir
Arnardalsmúli
907
Hákonarstaðaflóar
Arnardals-alda
Móraudavatn
Ytri-Fjallshali
Þríhyrningsvatn
Kreppu-lindir
Kreppa
Þorláks-lindir
F910
Dyngjuháls
Þríhyrningur
Þverárvatn
Eiríksstaðahneflar
Breiðastykki
.946
Hnefill
923
Arnardalsfjöll
Arnardalur
Öskjufjallgarður
Fremri-Fjallshali
Þorlákslinda-hryggur
Þríhyrningsá
Sandfell
Fiskidalsháls
F88
Eiríksstaðir
Brú
Hlaupfell
Álftadalsá
Grænöxl
Rani
Vaðbrekka
Múli
F910
Kverkfjallaslóð
Víkradalur
Álftadals-krókur
Magagil
Bíldufell
Reykjará
Nón-hnjúkur
Jökulsá á Brú
Vaðbrekkuháls
Hrafnkelsdalur
Hölkná
Mógil
Álftadalur
Skálarfjall
Álftadalsdyngja
Álftadalshæðir
Laugarvalladalur
Meljaðrafjall
Eyvindarfjöll
Hrafnkela
.1077
Upptyppingar
Álftadalsfjall
Fjallkollur
Aðalból
.884
Vesturdalur
Smjör-tungufell
F910
Brúardalir
Lónshnjúkur
Báruvatn
Lambafell
Hafrahvammar
Hniti
F923
Grjótalda
Kreppuhals
Kárahnjúkar
F902
Háumýrar
Hvannstóðsfjöll
F910
Dysjardalur
.844
Búrfell
Þrælaháls
Kreppa
Kreppatunga
Sandadalur
Fagridalur
Hattur
Dimmugljúfur
Sandfell
Glúmsstaðadalur
Tunga
Kálffell
.1022
910
Hálslón
Fagradalsfjall
Þuríðarstaðadalur
Geldær-hnjúkur
F903
Sauðá
Dragamót
0
5
10
15 km

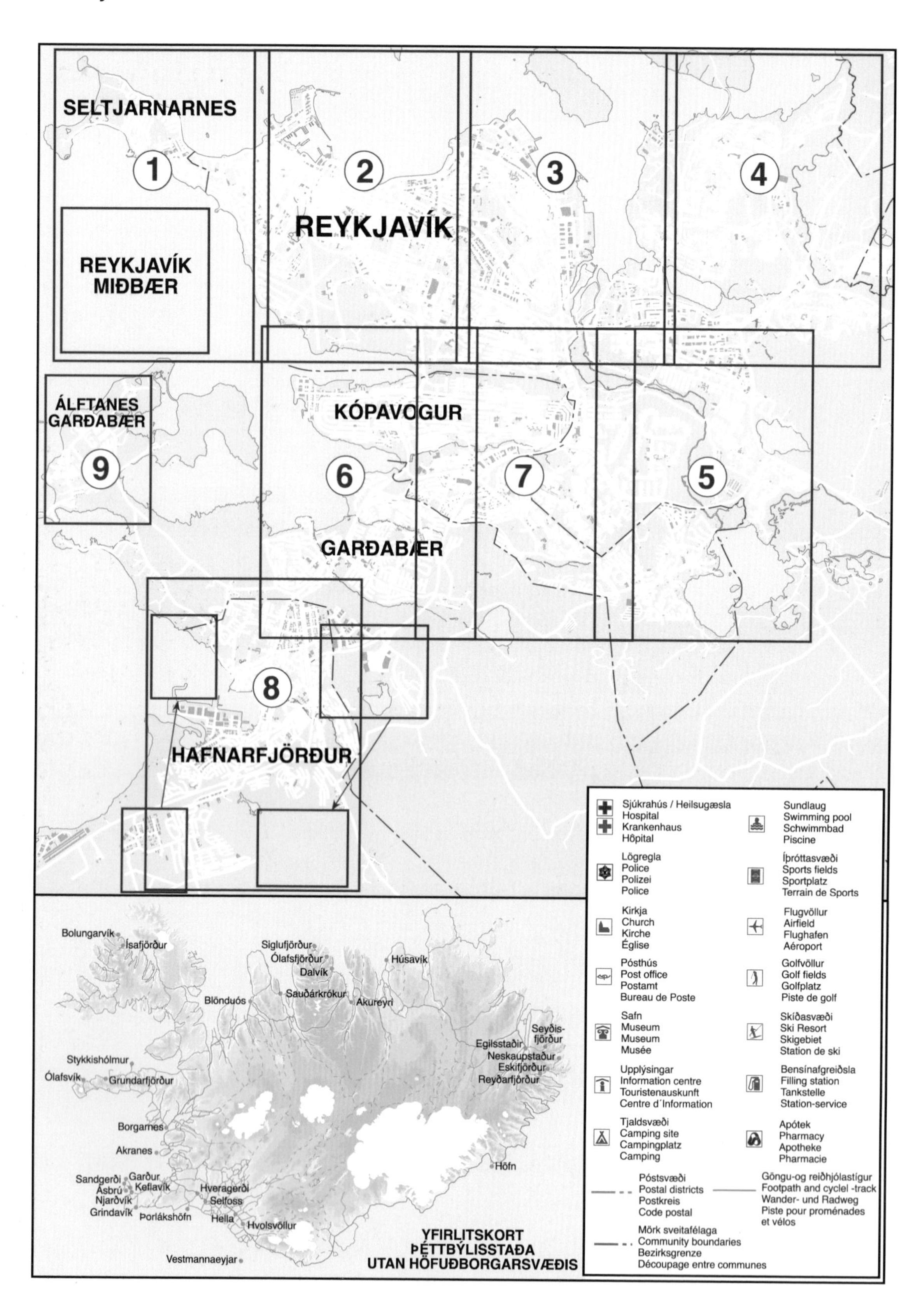
SELTJARNARNES
1
2
3
4
REYKJAVÍK
REYKJAVÍK MIÐBÆR
ÁLFTANES GARÐABÆR
9
KÓPAVOGUR
6
7
5
GARÐABÆR
8
HAFNARFJÖRÐUR
Bolungarvík
Ísafjörður
Siglufjörður
Ólafsfjörður
Dalvík
Húsavík
Sauðárkrókur
Blönduós
Akureyri
Seyðis-fjörður
Egilsstaðir
Neskaupstaður
Eskifjörður
Reyðarfjörður
Stykkishólmur
Ólafsvík
Grundarfjörður
Borgarnes
Akranes
Höfn
Sandgerði
Garður
Ásbrú
Keflavík
Njarðvík
Grindavík
Hveragerði
Selfoss
Þorlákshöfn
Hella
Hvolsvöllur
Vestmannaeyjar
YFIRLITSKORT ÞÉTTBÝLISSTAÐA UTAN HÖFUÐBORGARSVÆÐIS
Sjúkrahús / Heilsugæsla
Hospital
Krankenhaus
Hôpital
Sundlaug
Swimming pool
Schwimmbad
Piscine
Lögregla
Police
Polizei
Police
Íþróttasvæði
Sports fields
Sportplatz
Terrain de Sports
Kirkja
Church
Kirche
Église
Flugvöllur
Airfield
Flughafen
Aéroport
Pósthús
Post office
Postamt
Bureau de Poste
Golfvöllur
Golf fields
Golfplatz
Piste de golf
Safn
Museum
Museum
Musée
Skíðasvæði
Ski Resort
Skigebiet
Station de ski
Upplýsingar
Information centre
Touristenauskunft
Centre d´Information
Bensínafgreiðsla
Filling station
Tankstelle
Station-service
Tjaldsvæði
Camping site
Campingplatz
Camping
Apótek
Pharmacy
Apotheke
Pharmacie
Póstsvæði
Postal districts
Postkreis
Code postal
Göngu-og reiðhjólastígur
Footpath and cyclel -track
Wander- und Radweg
Piste pour promenades et vélos
Mörk sveitafélaga
Community boundaries
Bezirksgrenze
Découpage entre communes

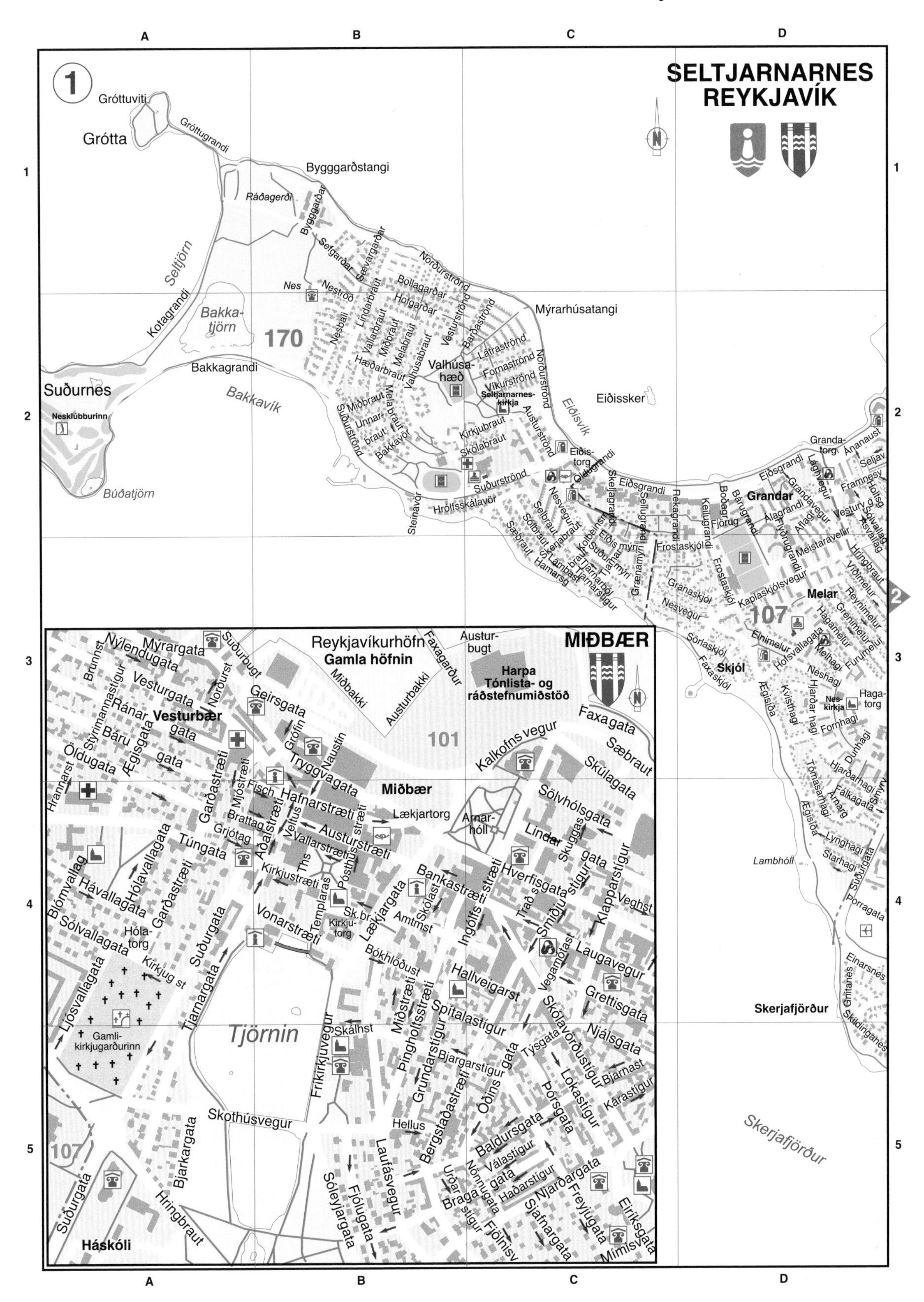
A
B
C
D
1
2
3
4
5
SELTJARNARNES
REYKJAVÍK
Gróttuviti
Grótta
Gróttugrandi
Bygggarðstangi
Ráðagerði
Seltjörn
Kotagrandi
Bakkatjörn
Bakkagrandi
Bakkavík
Suðurnes
Nesklúbburinn
Búðatjörn
Nes
Nesbali
Neströð
Bygggarðar
Selgarðar
Sævargarðar
Bollagarðar
Hofgarðar
Norðurströnd
Vesturströnd
Barðaströnd
Lindarbraut
Vallarbraut
Miðbraut
Melabraut
Valhúsabraut
Hæðarbraut
Látraströnd
Fornaströnd
Víkurströnd
Valhúsahæð
Seltjarnarneskirkja
Austurströnd
Kirkjubraut
Skólabraut
Suðurströnd
Hrólfsskálavör
Steinavör
Unnarbraut
Bakkavör
Mýrarhúsatangi
Eiðisvík
Eiðissker
Eiðistorg
Eiðsgrandi
Nesvegur
Frostaskjól
Granaskjól
Kaplaskjólsvegur
Grandatorg
Ánanaust
Grandar
Grandavegur
Álagrandi
Meistaravellir
Hringbraut
Melar
Víðimelur
Reynimelur
Hagamelur
Grenimelur
Furumelur
Einimelur
Hofsvallagata
Neshagi
Neskirkja
Hagatorg
Hjarðarhagi
Fornhagi
Dunhagi
Fálkagata
Tómasarhagi
Lynghagi
Starhagi
Suðurgata
Þorragata
Einarsnes
Skildinganes
Skerjafjörður
Sörlaskjól
Faxaskjól
Skjól
Ægisíða
Lambhóll
170
107
101
MIÐBÆR
Reykjavíkurhöfn
Gamla höfnin
Miðbakki
Austurbakki
Faxagarður
Austurbugt
Harpa
Tónlista- og ráðstefnumiðstöð
Faxagata
Sæbraut
Skúlagata
Kalkofnsvegur
Sölvhólsgata
Lindargata
Hverfisgata
Laugavegur
Grettisgata
Njálsgata
Klapparstígur
Arnarhóll
Lækjartorg
Miðbær
Bankastræti
Ingólfsstræti
Skólavörðustígur
Týsgata
Lokastígur
Þórsgata
Baldursgata
Óðinsgata
Bergstaðastræti
Spítalastígur
Grundarstígur
Þingholtsstræti
Laufásvegur
Fjólugata
Sóleyjargata
Bragagata
Njarðargata
Freyjugata
Eiríksgata
Mímisvegur
Sjafnargata
Fjölnisvegur
Hallveigarstígur
Bókhlöðustígur
Amtmannsstígur
Lækjargata
Skálholtsstígur
Fríkirkjuvegur
Tjörnin
Skothúsvegur
Bjarkargata
Hringbraut
Háskóli
Tjarnargata
Suðurgata
Vonarstræti
Kirkjutorg
Templarasund
Pósthússtræti
Austurstræti
Hafnarstræti
Tryggvagata
Naustin
Grófin
Geirsgata
Vallarstræti
Aðalstræti
Kirkjustræti
Túngata
Garðastræti
Mjóstræti
Grjótagata
Vesturbær
Vesturgata
Mýrargata
Nýlendugata
Norðurstígur
Suðurbugt
Ránargata
Bárugata
Ægisgata
Öldugata
Stýrimannastígur
Brunnstígur
Hrannarstígur
Blómvallagata
Hávallagata
Hólavallagata
Sólvallagata
Hólatorg
Ljósvallagata
Kirkjugarðsstígur
Gamli kirkjugarðurinn
67

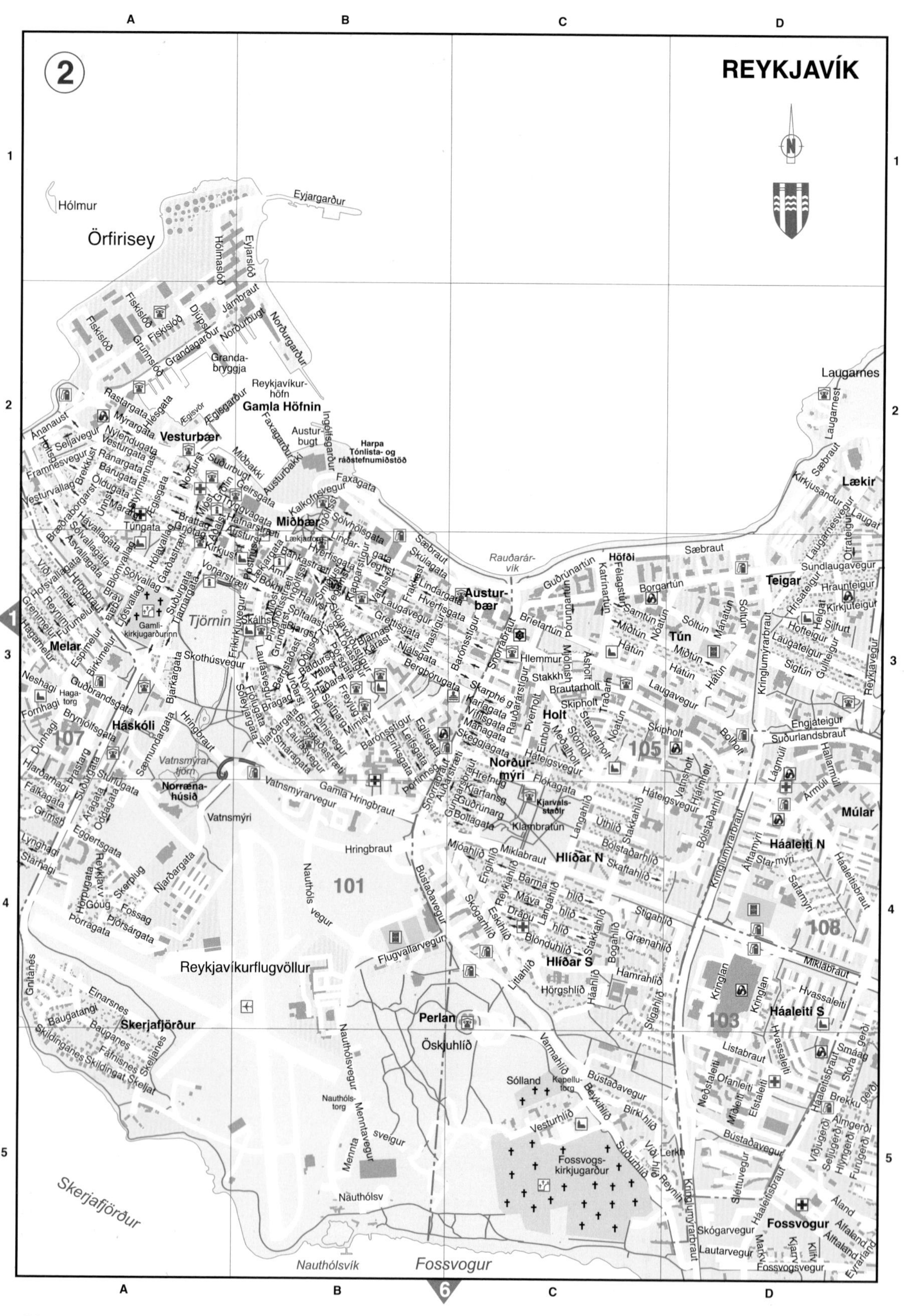
2
REYKJAVÍK
A
B
C
D
1
2
3
4
5
Hólmur
Örfirisey
Eyjargarður
Grandabryggja
Reykjavíkurhöfn
Gamla Höfnin
Harpa Tónlista- og ráðstefnumiðstöð
Vesturbær
Miðbær
Tjörnin
Gamli-kirkjugarðurinn
Melar
Háskóli
107
Norræna-húsið
Vatnsmýri
Hringbraut
101
Reykjavíkurflugvöllur
Skerjafjörður
Perlan
Öskjuhlíð
Sólland
Fossvogs-kirkjugarður
Nauthólsvík
Fossvogur
Rauðarár-vík
Austurbær
Höfði
Sæbraut
Borgartún
Tún
Hlemmur
Holt
105
Norðurmýri
Kjarvals-staðir
Klambratún
Hlíðar N
Hlíðar S
Laugarnes
Lækir
Teigar
Múlar
Háaleiti N
108
Miklabraut
103
Kringlan
Háaleiti S
Fossvogur
Fossvogsvegur
6

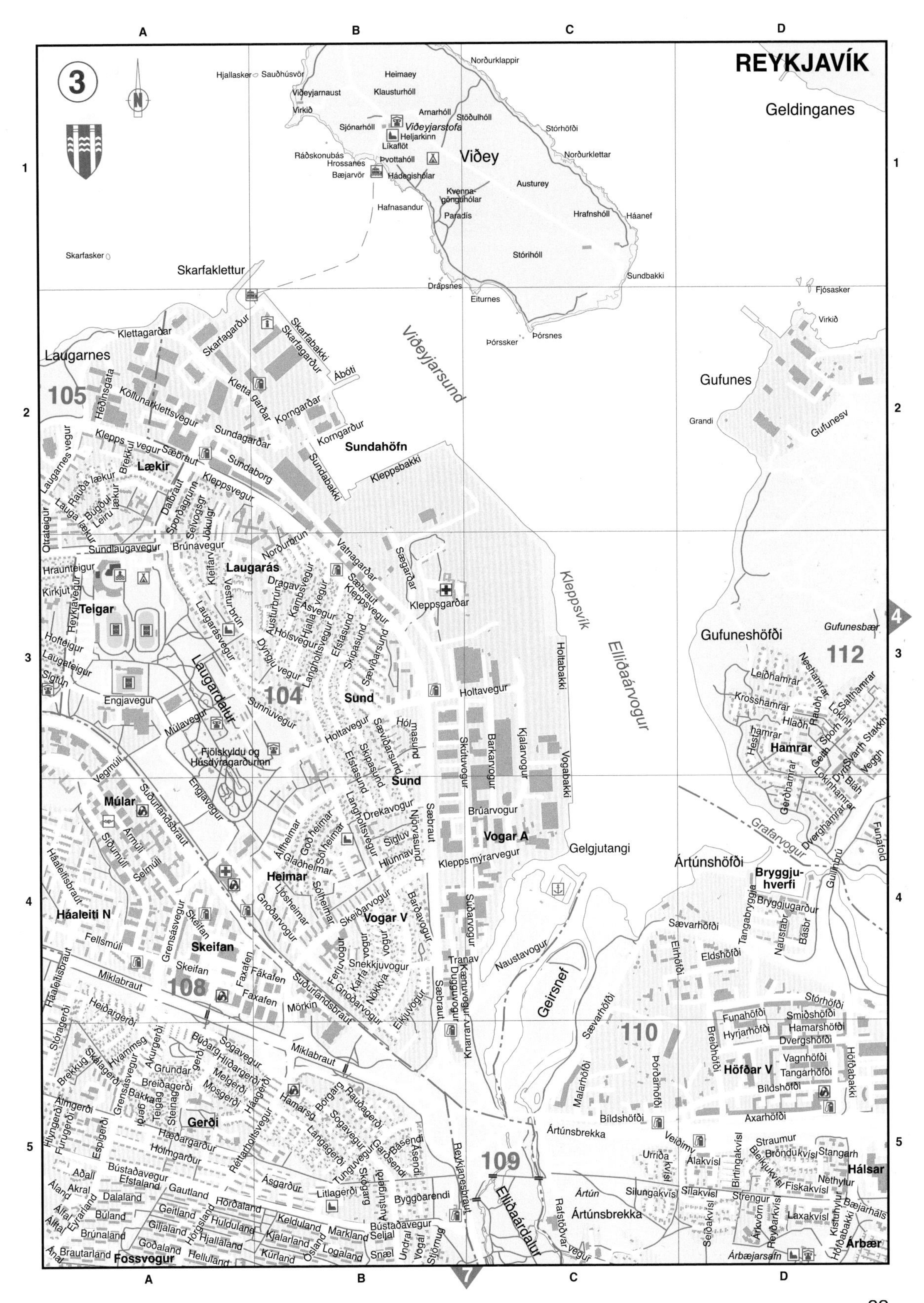
A
B
C
D
1
2
3
4
5
3
REYKJAVÍK
Geldinganes
Hjallasker
Sauðhúsvör
Heimaey
Norðurklappir
Viðeyjarnaust
Klausturhóll
Virkið
Arnarhóll
Stöðulhóll
Sjónarhóll
Viðeyjarstofa
Heljarkinn
Líkaflöt
Stórhöfði
Ráðskonubás
Hrossanes
Þvottahóll
Viðey
Norðurklettar
Bæjarvör
Hádegishólar
Austurey
Kvenna-
gönguhólar
Hafnasandur
Paradís
Hrafnshóll
Háanef
Skarfasker
Stórihóll
Skarfaklettur
Sundbakki
Drápsnes
Eiturnes
Fjósasker
Virkið
Þórssker
Þórsnes
Klettagarðar
Skarfagarður
Skarfabakki
Laugarnes
Ábóti
Viðeyjarsund
Gufunes
105
Köllunarklettsvegur
Hrísateigur
Kletta garðar
Korngarðar
Grandi
Gufunesv
Klepps vegur
Sundagarðar
Korngarður
Sæbraut
Sundahöfn
Laugarnesvegur
Lækir
Sundaborg
Kleppsbakki
Sundabakki
Kleppsvegur
Rauðalækur
Bugðulækur
Leirulækur
Laugalækur
Dalbraut
Sporðagrunn
Selvogsgr
Jökulgr
Otrateigur
Sundlaugavegur
Brúnavegur
Norðurbrún
Vatnagarðar
Sægarðar
Hraunteigur
Laugarás
Kleifarv
Vesturbrún
Dragav
Kambsvegur
Kleppsvík
Kirkjut
Reykjavegur
Teigar
Austurbrún
Ásvegur
Hjallavegur
Kleppsvegur
Kleppsgarðar
Hólsvegur
Langholtsvegur
Efstasund
Skipasund
Sæviðarsund
Laugarásvegur
Hofteigur
Laugateigur
Laugardalur
Dyngjuvegur
Holtabakki
Elliðaárvogur
Gufuneshöfði
Gufunesbær
4
112
Sigtún
Engjavegur
104
Sund
Holtavegur
Leiðhamrar
Neshamrar
Salthamrar
Sunnuvegur
Krosshamrar
Múlavegur
Holtavegur
Hólmasund
Kjalarvogur
Lokinh
Hlaðh
Rauðh
Sporh
Stakkh
Svarth
Veggh
Fjölskyldu og
Húsdýragarðurinn
Skútuvogur
Barkarvogur
Vogabakki
Hesth
Hamrar
Geith
Dyrh
Vegmúli
Sund
Gerðhamrar
Lokinhamrar
Bláh
Engjavegur
Drekavogur
Sæbraut
Brúarvogur
Múlar
Suðurlandsbraut
Álfheimar
Goðheimar
Sólheimar
Langholtsvegur
Sigluv
Njörvasund
Vogar A
Grafarvogur
Dverghamrar
Funafold
Ármúli
Síðumúli
Gnoðarvogur
Glaðheimar
Hlunnav
Kleppsmýrarvegur
Gelgjutangi
Ártúnshöfði
Bryggju-
hverfi
Gullinbrú
Háaleitisbraut
Selmúli
Heimar
Ljósheimar
Skeiðarvogur
Barðavogur
Súðarvogur
Tangabryggja
Bryggjugarður
Háaleiti N
Grensásvegur
Skeifan
Vogar V
Sævarhöfði
Elrhöfði
Naustab
Básbr
Fellsmúli
Skeifan
Faxafen
Ferjuvogur
Karfavogur
Snekkjuvogur
Tranav
Naustavogur
Eldshöfði
Miklabraut
Fákafen
Suðurlandsbraut
Nökkvav
Duggugvogur
Kænuvogur
Geirsnef
108
Faxafen
Gnoðarvogur
Eikjuvogur
Sæbraut
Stórhöfði
Háaleitisbraut
Heiðargerði
Mörkin
Knarrarvogur
Sævarhöfði
Funahöfði
Smiðshöfði
Hyrjarhöfði
Hamarshöfði
Stóragerði
Hvammsg
Akurgerði
Búðargerði
Sogavegur
Hlíðargerði
Miklabraut
110
Breiðhöfði
Dvergshöfði
Brekkug
Skálagerði
Grundarg
Melgerði
Mosgerði
Háagerði
Rauðagerði
Vagnhöfði
Höfðabakki
Höfðar V
Tangarhöfði
Breiðagerði
Bakkag
Teigag
Steinag
Borgarg
Malarhöfði
Þórðarhöfði
Bíldshöfði
Almgerði
Hamarsg
Gerði
Bíldshöfði
Axarhöfði
Hlyngerði
Furugerði
Espigerði
Hæðargarður
Sogavegur
Garðsendi
Básendi
Ásendi
Ártúnsbrekka
Hólmgarður
Langagerði
Veiðimv
Straumur
Réttarholtsvegur
Tunguvegur
Reykjanesbraut
109
Urriðakvísl
Álakvísl
Birtingakvísl
Bleikjukvísl
Bröndukvísl
Stangarh
Hálsar
Aðall
Búst aðavegur
Efstaland
Skógarg
Ásgarður
Elliðaárdalur
Nethylur
Akral
Dalaland
Gautland
Litlagerði
Byggðarendi
Ártún
Silungakvísl
Silakvísl
Fiskakvísl
Áland
Hörðaland
Strengur
Álfal
Eyrarland
Búland
Geitland
Hulduland
Kelduland
Markland
Austurgerði
Búst aðavegur
Ártúnsbrekka
Laxakvísl
Bæjarháls
Álftal
Brúnaland
Giljaland
Hörgsland
Hjallaland
Kjalarland
Ósland
Seljal
Rafstöðvarvegur
Seiðakvísl
Árkvörn
Reyðarkvísl
Kistuhylur
Höfðabakki
Anal
Brautarland
Goðaland
Fossvogur
Helluland
Kúrland
Logaland
Snæl
Undral
Vogal
Stjörnug
Árbæjarsafn
Árbær
7

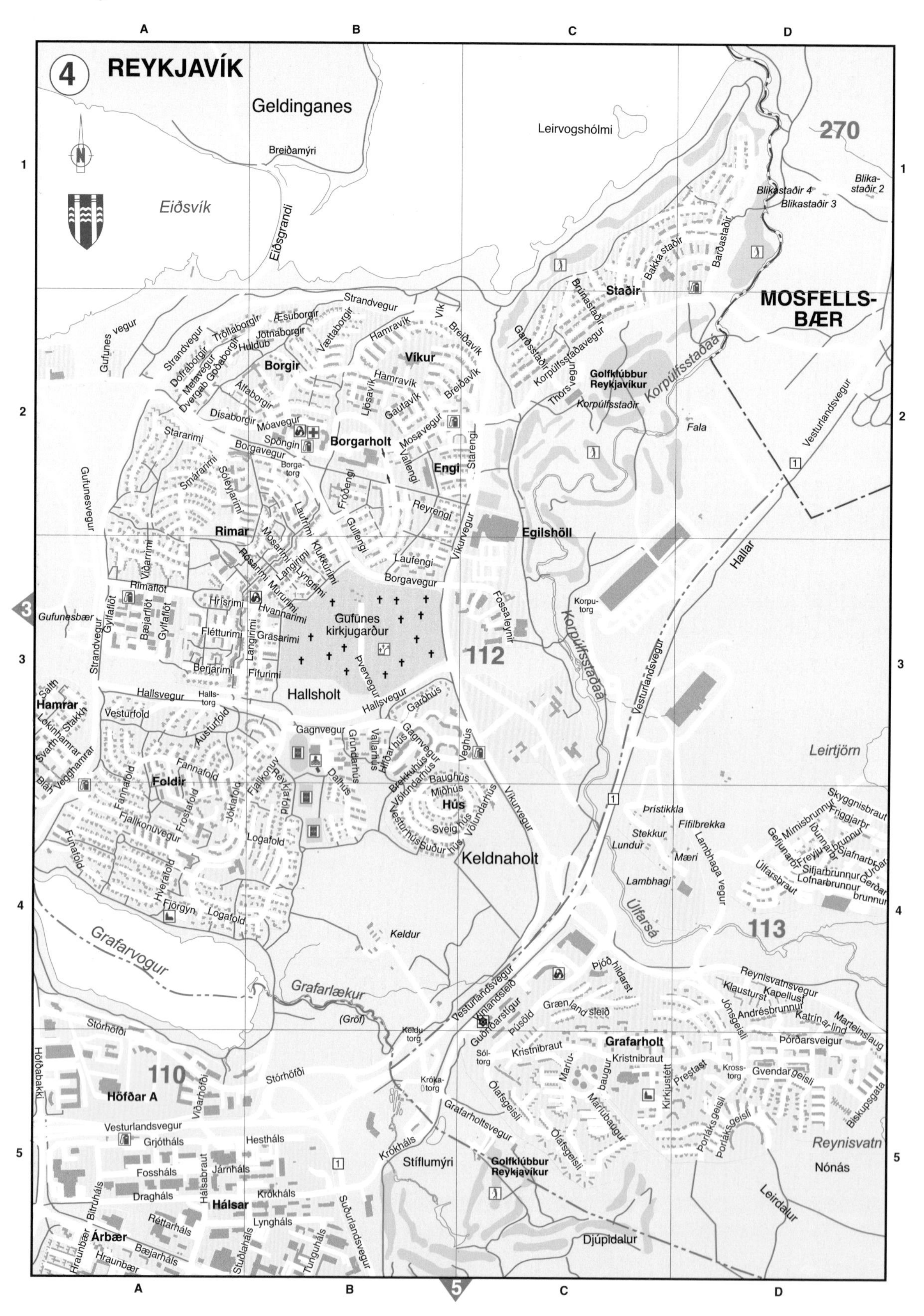

4
REYKJAVÍK
Geldinganes
Breiðamýri
Eiðsvík
Eiðsgrandi
Leirvogshólmi
270
Blikastaðir 4
Blikastaðir 3
Blikastaðir 2
MOSFELLSBÆR
Staðir
Golfklúbbur Reykjavíkur
Korpúlfsstaðir
Korpúlfsstaðaá
Fala
Vesturlandsvegur
Víkur
Borgir
Borgarholt
Engi
Egilshöll
Rimar
Gufunes kirkjugarður
Hallsholt
Hamrar
Foldir
Hús
Keldnaholt
Keldur
112
113
Leirtjörn
Úlfarsá
Grafarvogur
Grafarlækur
(Gröf)
Grafarholt
110
Höfðar A
Hálsar
Árbær
Stíflumýri
Golfklúbbur Reykjavíkur
Djúpidalur
Reynisvatn
Nónás
Leirdalur
Gufunesbær
Korputorg
Hallar

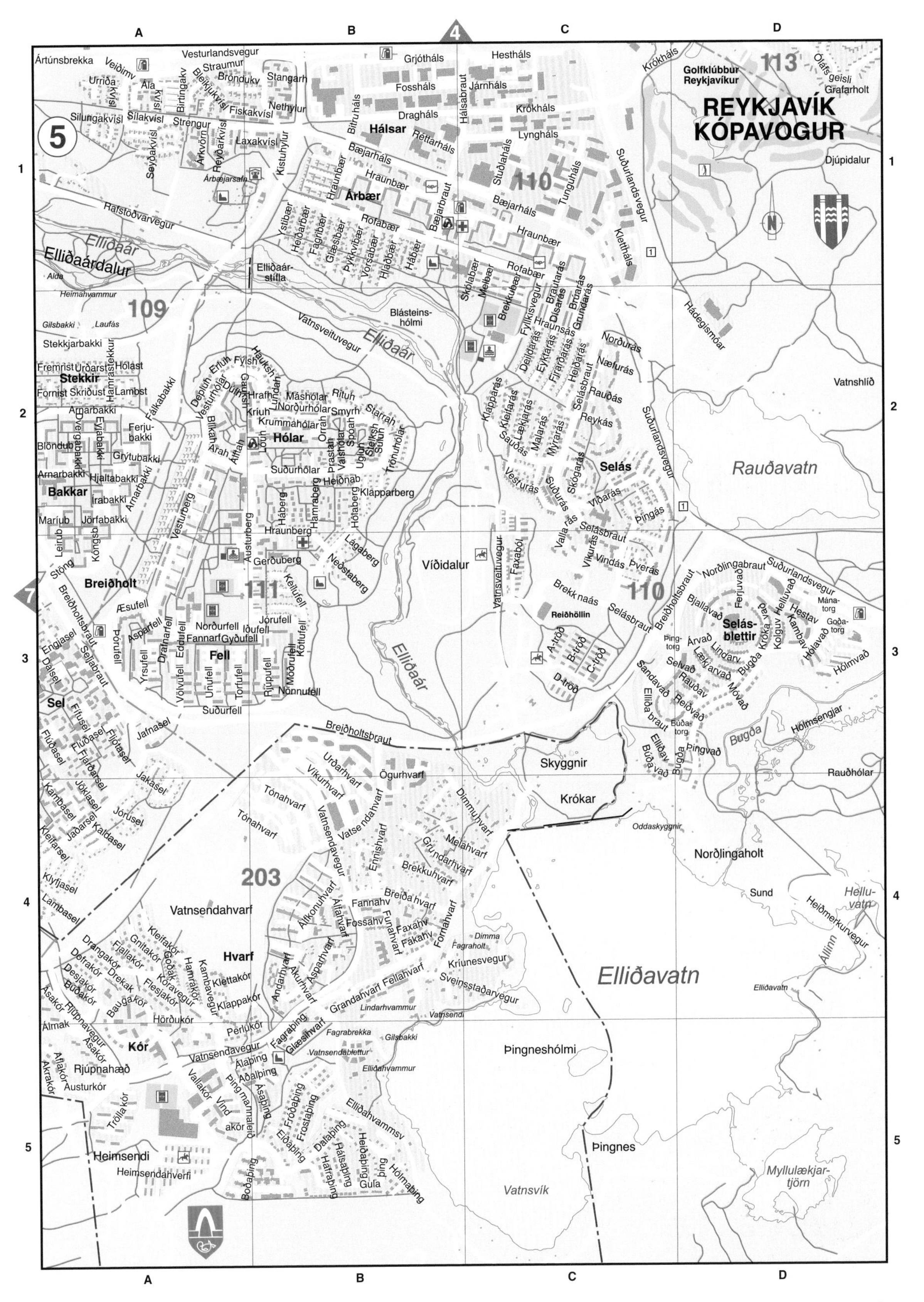

A
B
C
D
1
2
3
4
5
4
5
7
REYKJAVÍK
KÓPAVOGUR
113
110
109
111
203
Golfklúbbur Reykjavíkur
Grafarholt
Djúpidalur
Ártúnsbrekka
Vesturlandsvegur
Grjótháls
Hestháls
Fossháls
Járnháls
Dragháls
Krókháls
Lyngháls
Hálsar
Réttarháls
Bitruháls
Hálsabraut
Stuðlaháls
Tunguháls
Suðurlandsvegur
Klettháls
Árbær
Bæjarháls
Hraunbær
Rofabær
Bæjarbraut
Árbæjarsafn
Rafstöðvarvegur
Elliðaár
Elliðaárdalur
Elliðaár-stífla
Vatnsveituvegur
Blásteins-hólmi
Hádegismóar
Vatnshlíð
Stekkir
Hólar
Bakkar
Breiðholt
Fell
Sel
Selás
Víðidalur
Reiðhöllin
Rauðavatn
Selás-blettir
Norðlingabraut
Skyggnir
Krókar
Oddaskyggnir
Norðlingaholt
Sund
Hellu-vatn
Heiðmerkurvegur
Rauðhólar
Hólmsengjar
Bugða
Breiðholtsbraut
Vatnsendahvarf
Hvarf
Kór
Rjúpnahæð
Heimsendi
Elliðavatn
Þingneshólmi
Þingnes
Vatnsvík
Myllulækjar-tjörn
Vatnsendavegur
Breiðholtsbraut
Elliðaár

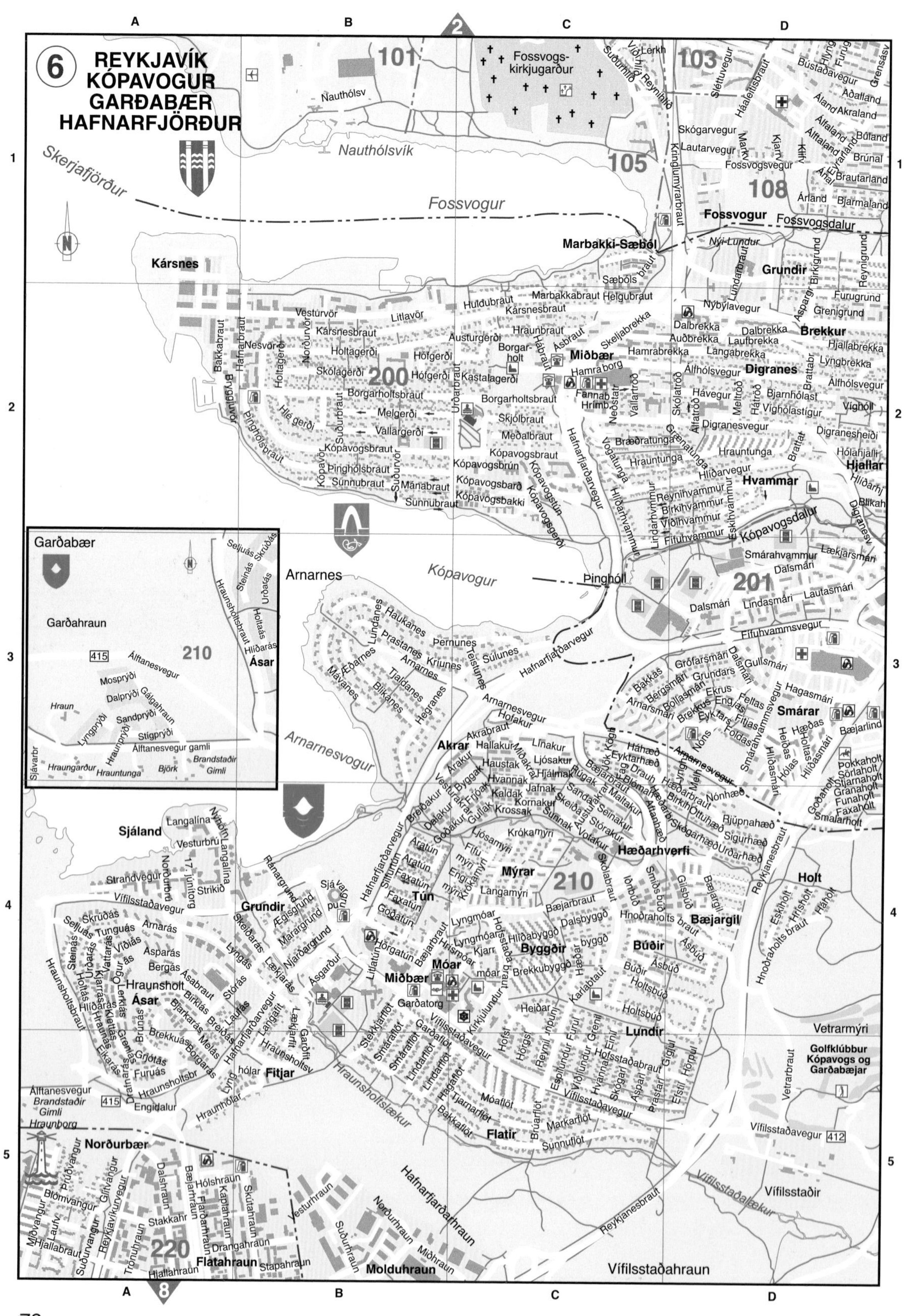
6
REYKJAVÍK
KÓPAVOGUR
GARÐABÆR
HAFNARFJÖRÐUR
Fossvogs-kirkjugarður
Nauthólsvík
Skerjafjörður
Fossvogur
Kársnes
Marbakki-Sæból
Fossvogsdalur
Grundir
Brekkur
Digranes
Miðbær
Hvammar
Hjallar
Kópavogsdalur
Kópavogur
Arnarnes
Pinghóll
Smárar
Arnarnesvogur
Akrar
Mýrar
Hæðarhverfi
Tún
Móar
Byggðir
Búðir
Bæjargil
Holt
Lundir
Flatir
Fitjar
Sjáland
Grundir
Hraunsholt
Ásar
Norðurbær
Flatahraun
Molduhraun
Vífilsstaðahraun
Vífilsstaðir
Vetrarmýri
Golfklúbbur Kópavogs og Garðabæjar
Garðabær
Garðahraun
Hafnarfjarðarhraun
101
103
105
108
200
201
210
220
A
B
C
D
1
2
3
4
5
8

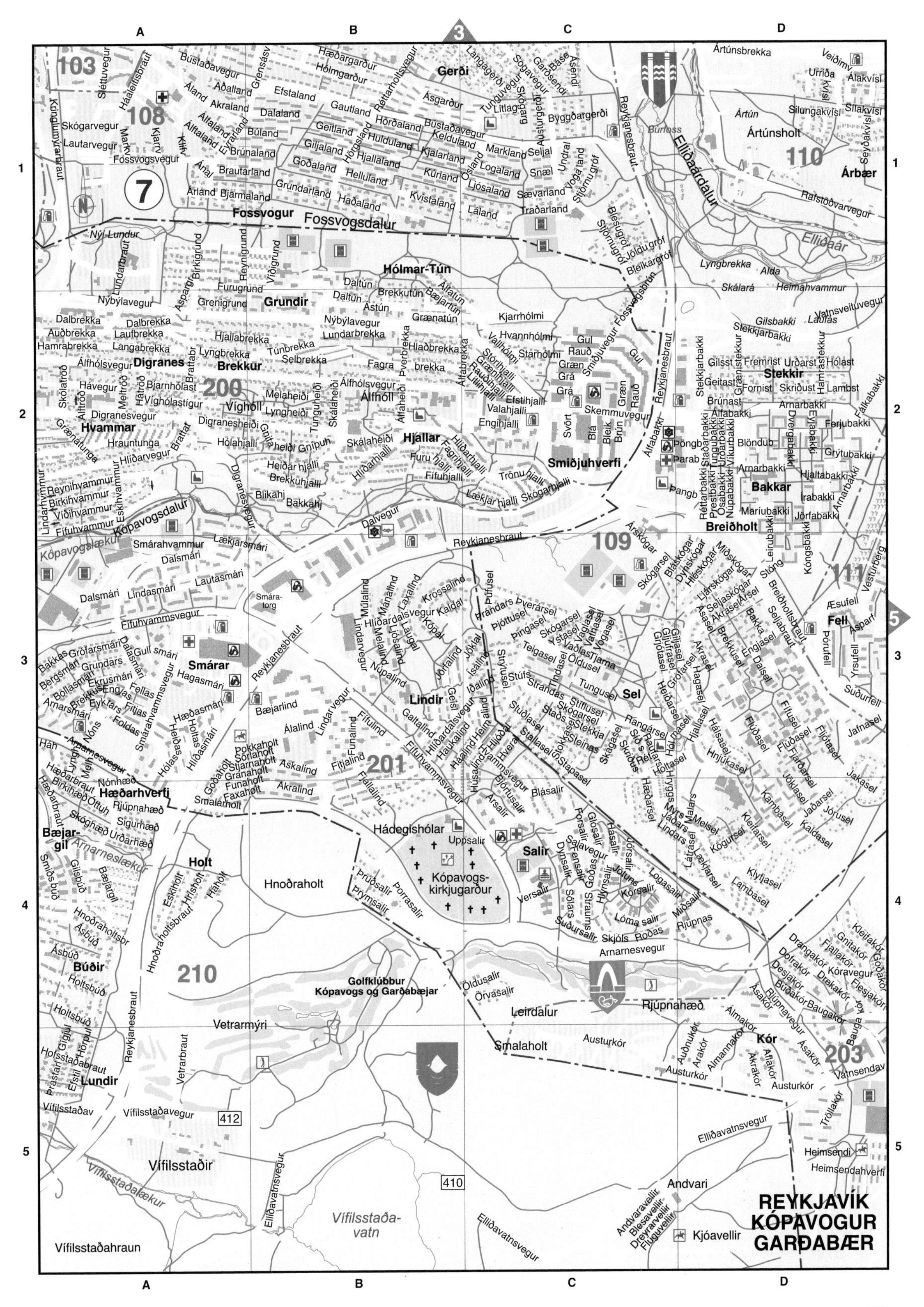
A
B
C
D
1
2
3
4
5
3
5
REYKJAVÍK
KÓPAVOGUR
GARÐABÆR
103
108
110
7
Gerði
Fossvogur
Fossvogsdalur
Hólmar-Tún
Grundir
Digranes
Brekkur
200
Vighóll
Hvammar
Álfhóll
Hjallar
Smiðjuhverfi
Stekkir
Bakkar
Breiðholt
109
111
Fell
Smárar
Lindir
201
Sel
Hæðarhverfi
Bæjar-
gil
Holt
Hnoðraholt
Hádegisholar
Kópavogs-
kirkjugarður
Salir
210
Búðir
Golfklúbbur
Kópavogs og Garðabæjar
Vetrarmýri
Leirdalur
Smalaholt
Rjúpnahæð
Kór
203
Lundir
Vífilsstaðir
Vífilsstaðahraun
Vífilsstaða-
vatn
Andvari
Kjóavellir
Heimsendi
Ártúnsholt
Árbær
Ártúnsbrekka
Elliðaárdalur
Elliðaár
Reykjanesbraut
Kópavogsdalur
Kópavogslækur
Arnarneslækur
Vífilsstaðalækur
Vífilsstaðavegur
Elliðavatnsvegur
Arnarnesvegur
Fífuhvammsvegur
Bústaðavegur
Kringlumýrarbraut
Nýbýlavegur
Hafnarfjarðarvegur
Breiðholtsbraut
Smiðjuvegur
Dalvegur
Skemmuvegur
Hnoðraholtsbraut
Reykjanesbraut
Vetrarbraut
Smáratorg
Austurkór
Vatnsendav
Rafstöðvarvegur
412
410

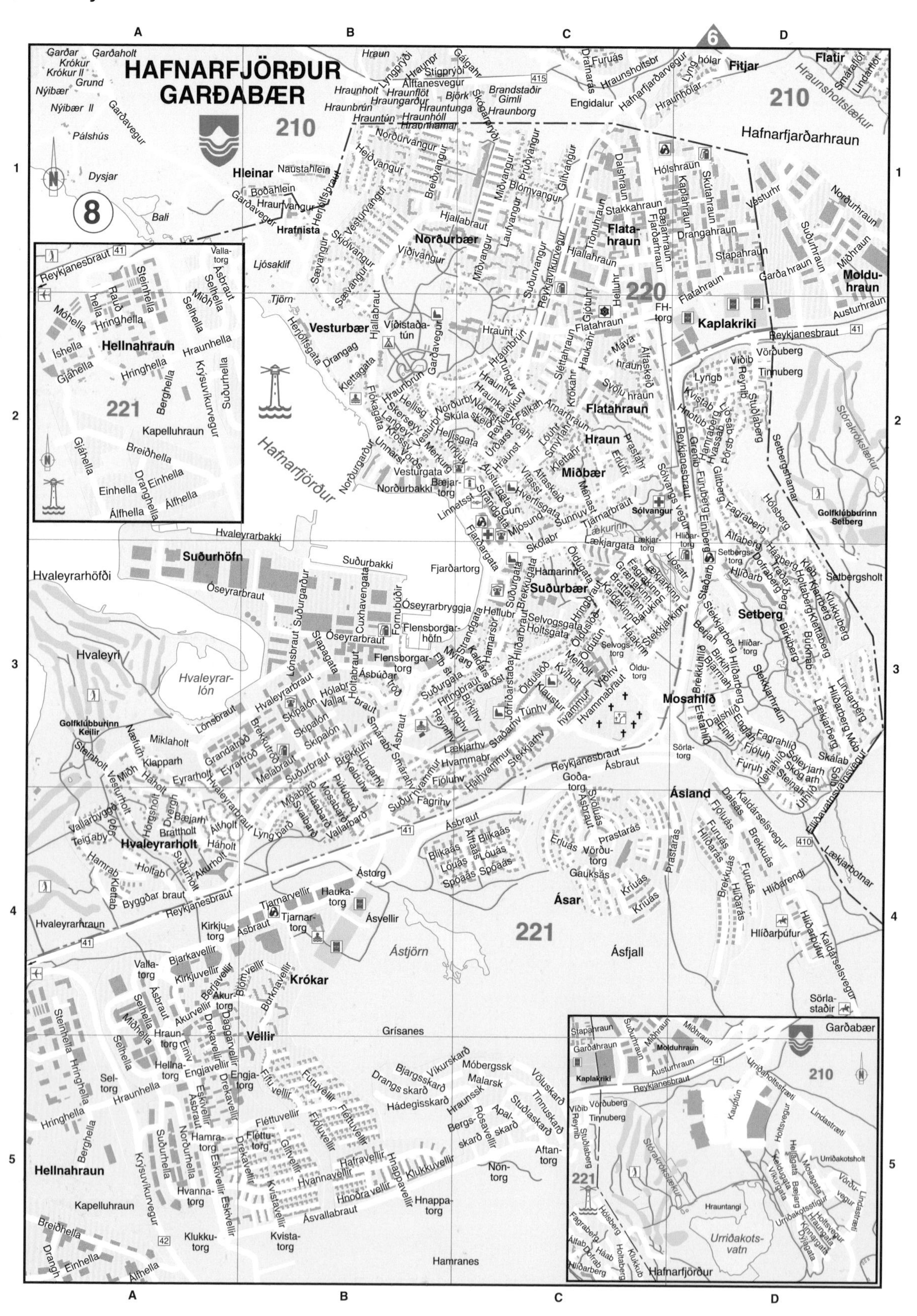
HAFNARFJÖRÐUR
GARÐABÆR
A
B
C
D
1
2
3
4
5
6
8
210
220
221
Hafnarfjarðarhraun
Hleinar
Hrafnista
Norðurbær
Vesturbær
Flatahraun
Kaplakriki
Moldu-hraun
Hraun
Miðbær
Hafnarfjörður
Suðurhöfn
Suðurbær
Hvaleyrarhöfði
Hvaleyri
Hvaleyrar-lón
Golfklúbburinn Keilir
Hvaleyrarholt
Setberg
Golfklúbburinn Setberg
Mosahlíð
Ásland
Ásar
Ástjörn
Ásfjall
Krókar
Vellir
Grísanes
Hellnahraun
Kapelluhraun
Hamranes
Reykjanesbraut
Fitjar
Flatir
Engidalur
Hlíðarþúfur
Sörlastaðir
Garðabær
Urriðakotsvatn
Hrauntangi
Kauptún
Hellnahraun
Kapelluhraun
Hafnarfjörður

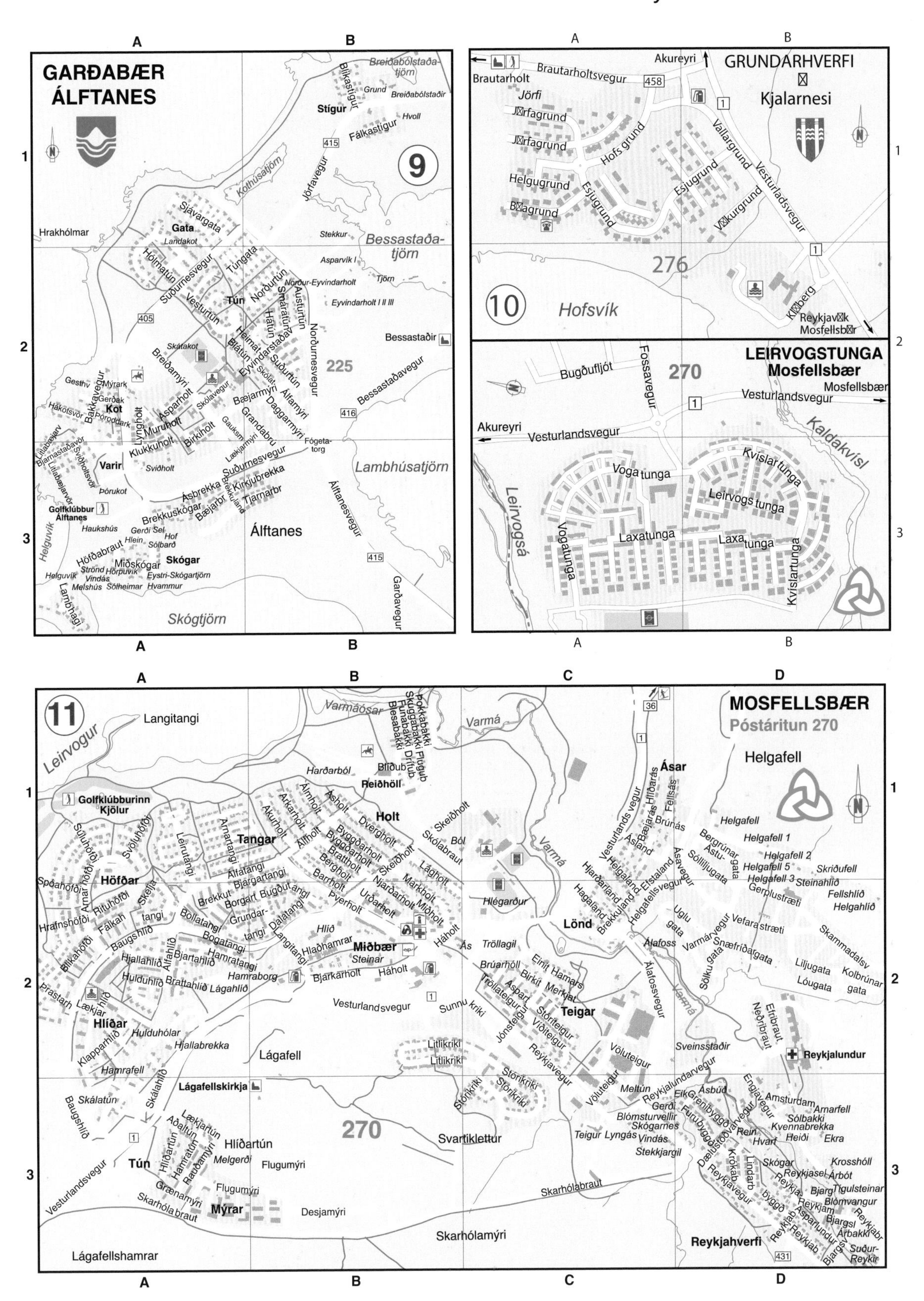

GARÐABÆR
ÁLFTANES
9
Breiðabólstaða-tjörn
Blikastígur
Grund
Breiðabólstaðir
Stígur
Hvoll
Fálkastígur
415
Jörfavegur
Kothúsatjörn
Sjávargata
Gata
Landakot
Hrakhólmar
Stekkur
Bessastaða-tjörn
Asparvík I
Tjörn
Hólmatún
Suðurnesvegur
Túngata
Norðurtún
Norður-Eyvindarholt
Austurtún
Smáratún
Eyvindarholt I II III
Vesturtún
Tún
Hátún
405
Norðurnesvegur
Bessastaðir
Skátakot
Heimatún
Eyvindarstaðav.
Suðurtún
225
Breiðamýri
Skólatún
Bessastaðavegur
Gesthv.
Mýrark.
Gerðak.
Skólavegur
Bæjarmýri
Álftamýri
Hákotsvör
Bakkavegur
Kot
Þóroddark.
Asparholt
Muruholt
Lyngholt
Daggarmýri
416
Lilliabæjarv.
Bjarnastaðavör
Klukkuholt
Birkiholt
Gauksm.
Grandabru
Fógeta-torg
Svíholtsvör
Varir
Svíðholt
Lækjarmýri
Suðurnesvegur
Lambhúsatjörn
Þórukot
Kirkjubrekka
Asbrekka
Tjarnarbr.
Golfklúbbur Álftaness
Bæjarbr.
Brekkuskógar
Haukshús
Gerði
Sel
Hof
Helguvík
Hlein
Sólbarð
Álftanes
Álftanesvegur
Höfðabraut
Skógar
Miðskógar
Eystri-Skógartjörn
415
Helguvík
Strönd
Hörpuvík
Vindás
Melshús
Sólheimar
Hvammur
Lambhagi
Garðavegur
Skógtjörn

Akureyri
GRUNDARHVERFI
Kjalarnesi
Brautarholt
Brautarholtsvegur
458
Jörfi
1
Hofs grund
Vallargrund
Helgugrund
Esjugrund
Vesturlandsvegur
276
10
Hofsvík
Kléberg
Mosfellsbær

LEIRVOGSTUNGA
Mosfellsbær
Bugðufljót
Fossavegur
270
Mosfellsbær
Vesturlandsvegur
1
Akureyri
Kaldakvísl
Vogatunga
Kvíslartunga
Leirvogstunga
Leirvogsá
Vogatunga
Laxatunga
Kvíslartunga

11
MOSFELLSBÆR
Póstáritun 270
Langitangi
Leirvogur
Varmáósar
Pokkabakki
Skuggabakki
Funabakki
Blesabakki
Varmá
36
1
Helgafell
Harðarból
Blíðub.
Reiðhöll
Ásar
Golfklúbburinn Kjölur
Holt
Tangar
Höfðar
Hlégarður
Lönd
Álafoss
Miðbær
Steinar
Háholt
Bjarkarholt
Vesturlandsvegur
Tröllagil
Brúarhóll
Teigar
Hlíðar
Lágafell
Hamrafell
Lágafellskirkja
Sveinsstaðir
Reykjalundur
270
Svartiklettur
Hlíðartún
Tún
Melgerði
Flugumýri
Mýrar
Desjamýri
Skarhólabraut
Skarhólamýri
Lágafellshamrar
Reykjahverfi
431
Helgafell 1
Helgafell 2
Helgafell 5
Helgafell 3
Skriðufell
Steinahlíð
Fellshlíð
Helgahlíð
Gerplustræti
Vefarastræti
Skammadalsv.
Liljugata
Lóugata
Kolbrúnar gata
Snæfríðargata
Varmárvegur
Álafossvegur
Reykjavegur
Reykjalundarvegur
Skógar
Krosshóll
Árbót
Amsturdam
Arnarfell
Sólbakki
Kvennabrekka
Ekra
Heiði
Hvarf
Rein
Tígulsteinar
Blómvangur
Árbakki
Suður-Reykir
Vesturlandsvegur

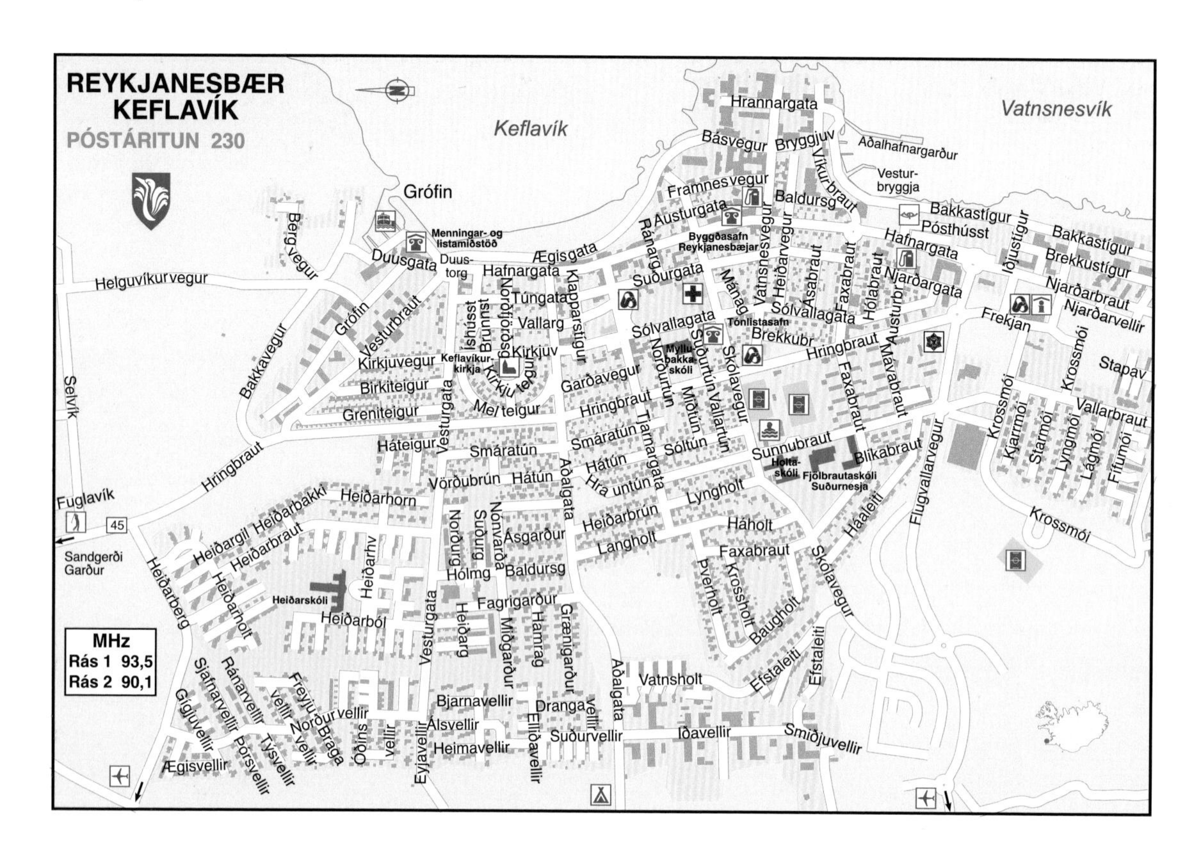
REYKJANESBÆR
KEFLAVÍK
PÓSTÁRITUN 230
Keflavík
Vatnsnesvík
Grófin
Menningar- og listamiðstöð
Duus-torg
Byggðasafn Reykjanesbæjar
Tónlistasafn
Keflavíkur-kirkja
Myllu-bakka-skóli
Holta-skóli
Fjölbrautaskóli Suðurnesja
Heiðarskóli
Hrannargata
Básvegur
Bryggjuv
Aðalhafnargarður
Vestur-bryggja
Framnesvegur
Baldursg
Víkurbraut
Austurgata
Bakkastígur
Pósthússt
Hafnargata
Iðjustígur
Brekkustígur
Njarðarbraut
Njarðarvellir
Frekjan
Duusgata
Ægisgata
Hafnargata
Ránarg
Suðurgata
Mánag
Vatnsnesvegur
Heiðarvegur
Ásabraut
Faxabraut
Hólabraut
Austurbr
Njarðargata
Sólvallagata
Brekkubr
Hringbraut
Mávabraut
Helguvíkurvegur
Bergvegur
Grófin
Vesturbraut
Íshússt
Brunnst
Norðfjörðsg
Túngata
Vallarg
Klapparstígur
Kirkjuvegur
Kirkjuv
Birkiteigur
Greniteigur
Melteigur
Garðavegur
Bakkavegur
Selvík
Hringbraut
Háteigur
Vesturgata
Smáratún
Norðurtún
Suðurtún
Miðtún
Vallartún
Skólavegur
Sunnubraut
Blikabraut
Flugvallarvegur
Krossmói
Stapav
Vallarbraut
Kjarrmói
Starmói
Lyngmói
Lágmói
Fífumói
Sóltún
Hátún
Tjarnargata
Hrauntún
Vörðubrún
Heiðarhorn
Fuglavík
Sandgerði Garður
45
Heiðargil
Heiðarbakki
Heiðarbraut
Heiðarberg
Heiðarholt
Heiðarhv
Heiðarból
Norðurg
Suðurg
Nónvarða
Ásgarður
Hólmg
Baldursg
Aðalgata
Heiðarbrún
Langholt
Lyngholt
Háholt
Faxabraut
Þverholt
Krossholt
Baugholt
Skólavegur
Hæaleiti
Efstaleiti
Fagrigarður
Heiðarg
Miðgarður
Hamrag
Grænigarður
Vatnsholt
MHz
Rás 1 93,5
Rás 2 90,1
Sjafnarvellir
Ránarvellir
Freyjuvellir
Norðurvellir
Braga
Týsvellir
Þórsvellir
Óðins
Vellir
Eyjavellir
Gígjuvellir
Ægisvellir
Bjarnavellir
Álsvellir
Heimavellir
Drangavellir
Elliðavellir
Suðurvellir
Iðavellir
Smiðjuvellir

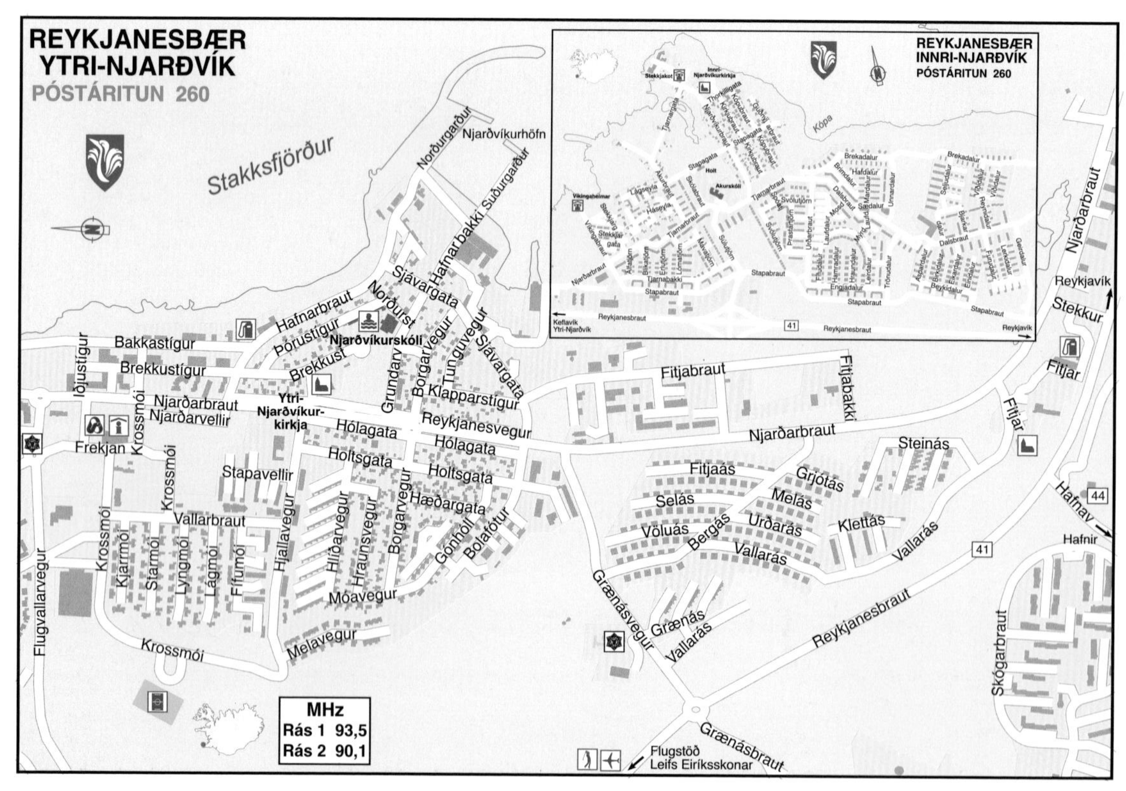
REYKJANESBÆR
YTRI-NJARÐVÍK
PÓSTÁRITUN 260
Stakksfjörður
Norðurgarður
Njarðvíkurhöfn
Suðurgarður
Hafnarbakki
Sjávargata
Hafnarbraut
Þórustígur
Norðurst
Njarðvíkurskóli
Brekkust
Grundarv
Borgarvegur
Tunguvegur
Klapparstígur
Ytri-Njarðvíkur-kirkja
Bakkastígur
Brekkustígur
Iðjustígur
Njarðarbraut
Njarðarvellir
Krossmói
Frekjan
Hólagata
Reykjanesvegur
Holtsgata
Stapavellir
Hæðargata
Vallarbraut
Hjallavegur
Hlíðarvegur
Hraunsvegur
Borgarvegur
Gónhóll
Bolafótur
Móavegur
Melavegur
Kjarrmói
Starmói
Lyngmói
Lágmói
Fífumói
Flugvallarvegur
Fitjabraut
Fitjabakki
Njarðarbraut
Steinás
Fitjaás
Grjótás
Selás
Melás
Urðarás
Klettás
Völuás
Bergás
Vallarás
Grænásvegur
Grænás
Reykjanesbraut
Grænásbraut
Flugstöð Leifs Eiríkssonar
Skógarbraut
Hafnir
Hafnav
44
41
Fitjar
Stekkur
Reykjavík
MHz
Rás 1 93,5
Rás 2 90,1
REYKJANESBÆR
INNRI-NJARÐVÍK
PÓSTÁRITUN 260
Kópa
Stapabraut
Reykjanesbraut
Keflavík Ytri-Njarðvík
Reykjavík

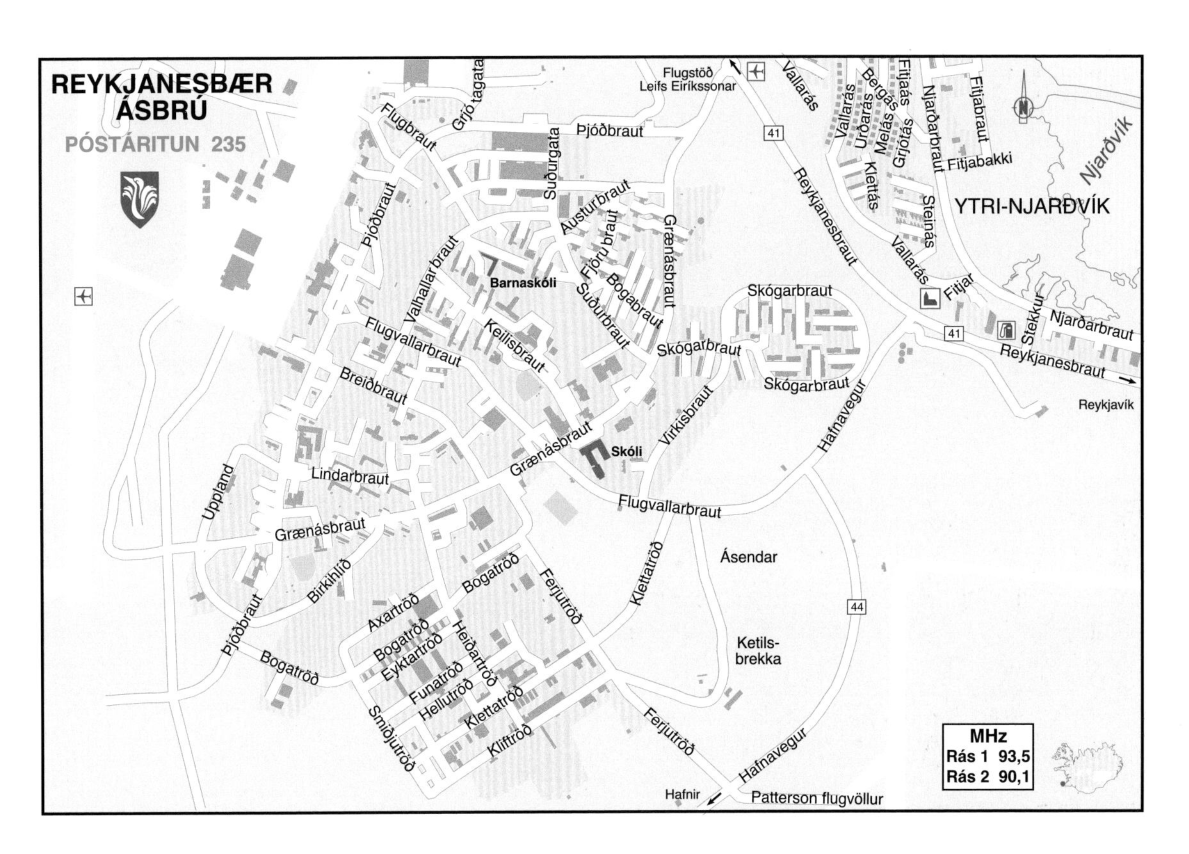

REYKJANESBÆR
ÁSBRÚ
PÓSTÁRITUN 235
Flugstöð Leifs Eiríkssonar
YTRI-NJARÐVÍK
Njarðvík
Reykjavík
Hafnir
Patterson flugvöllur
Ásendar
Ketils-brekka
Barnaskóli
Skóli
Flugbraut
Grjótagata
Þjóðbraut
Suðurgata
Austurbraut
Fjörubraut
Bogabraut
Suðurbraut
Grænásbraut
Valhallarbraut
Keilisbraut
Flugvallarbraut
Breiðbraut
Lindarbraut
Uppland
Grænásbraut
Birkihlíð
Skógarbraut
Virkisbraut
Hafnavegur
Klettatröð
Ferjutröð
Bogatröð
Axartröð
Eyktartröð
Heiðartröð
Funatröð
Hellutröð
Smiðjutröð
Klettatröð
Kliftröð
Vallarás
Urðarás
Melás
Bergás
Klettás
Grjótás
Fitjaás
Njarðarbraut
Fitjabraut
Fitjabakki
Steinás
Fitjar
Stekkur
Reykjanesbraut
41
44
MHz
Rás 1 93,5
Rás 2 90,1

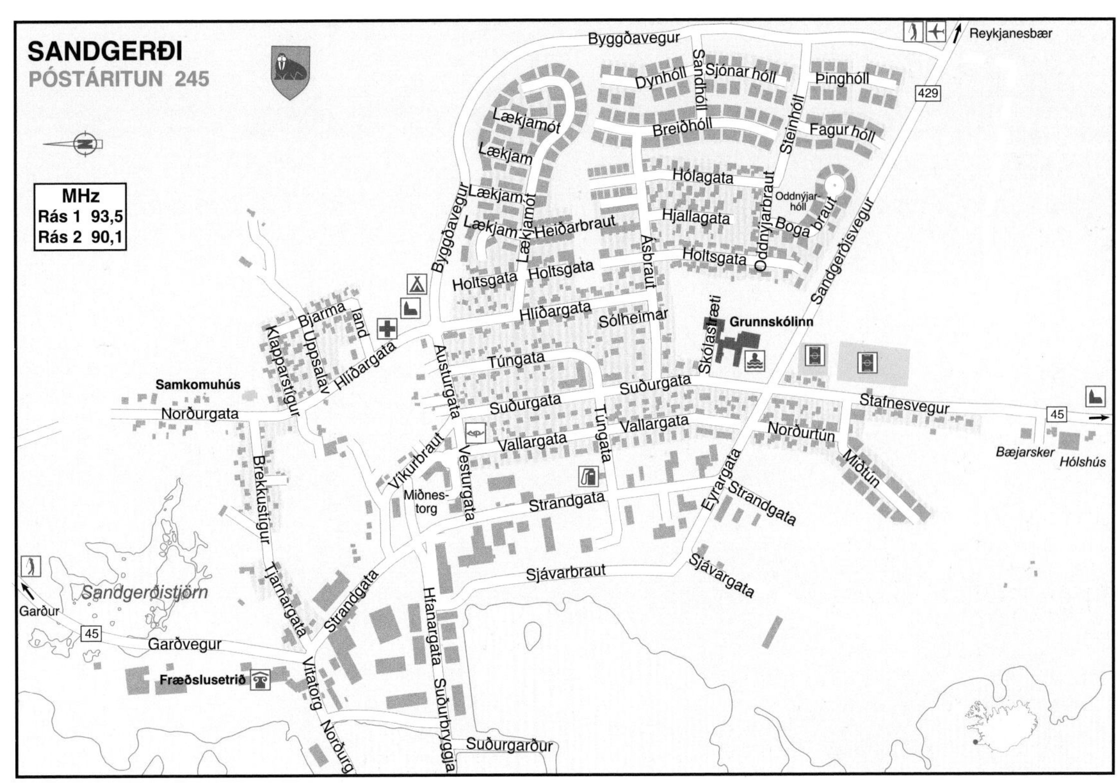

SANDGERÐI
PÓSTÁRITUN 245
MHz
Rás 1 93,5
Rás 2 90,1
Reykjanesbær
429
Byggðavegur
Sandhóll
Dynhóll
Sjónarhóll
Þinghóll
Lækjamót
Breiðhóll
Steinhóll
Fagurhóll
Hólagata
Oddnýjarbraut
Oddnýjar-hóll
Bogabraut
Hjallagata
Heiðarbraut
Ásbraut
Holtsgata
Sandgerðisvegur
Hlíðargata
Sólheimar
Skólastræti
Grunnskólinn
Bjarmaland
Uppsalav
Klapparstígur
Samkomuhús
Norðurgata
Túngata
Austurgata
Suðurgata
Stafnesvegur
45
Bæjarsker
Hólshús
Vallargata
Víkurbraut
Vesturgata
Norðurtún
Miðtún
Miðnes-torg
Strandgata
Eyrargata
Brekkustígur
Tjarnargata
Sjávarbraut
Sjávargata
Sandgerðistjörn
Garður
Garðvegur
Fræðslusetrið
Vitatorg
Hafnargata
Suðurbryggja
Suðurgarður
Norðurg

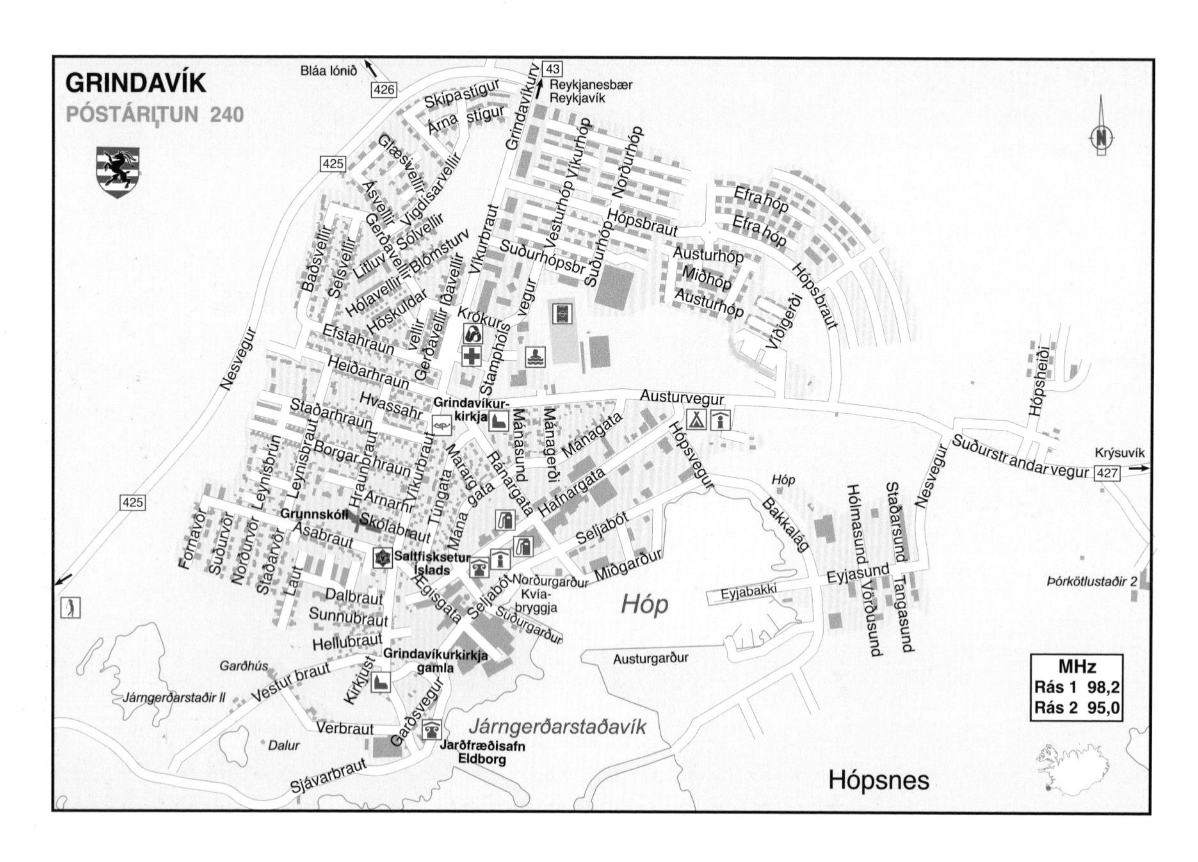
GRINDAVÍK
PÓSTÁRITUN 240
Bláa lónið
426
43
Reykjanesbær
Reykjavík
425
Skipastígur
Árna stígur
Grindavíkurv
Víkurhóp
Norðurhóp
Vesturhóp
Suðurhóp
Hópsbraut
Efra hóp
Efra hóp
Austurhóp
Miðhóp
Austurhóp
Hópsbraut
Víðigerði
Suðurhópsbr
Víkurbraut
Krókur
Stamphóls vegur
Efstahraun
Heiðarhraun
Hvassahr
Staðarhraun
Borgarhraun
Arnarhr
Nesvegur
Grindavíkurkirkja
Mánasund
Mánagerði
Mánagata
Austurvegur
Hópsvegur
Hafnargata
Seljabót
Miðgarður
Norðurgarður
Kvíabryggja
Suðurgarður
Grunnskóli
Skólabraut
Ásabraut
Saltfisksetur Íslands
Ægisgata
Dalbraut
Sunnubraut
Hellubraut
Grindavíkurkirkja gamla
Garðhús
Vestur braut
Járngerðarstaðir II
Kirkjustígur
Garðsvegur
Verbraut
Dalur
Sjávarbraut
Jarðfræðisafn Eldborg
Járngerðarstaðavík
Hóp
Austurgarður
Eyjabakki
Eyjasund
Hólmasund
Vörðusund
Staðarsund
Tangasund
Bakkalág
Nesvegur
Suðurstrandarvegur
427
Krýsuvík
Hópsheiði
Þórkötlustaðir 2
Hópsnes
Forntvör
Suðurvör
Norðurvör
Staðarvör
Leynisbrún
Laut
Tungata
Mánagata
MHz
Rás 1 98,2
Rás 2 95,0

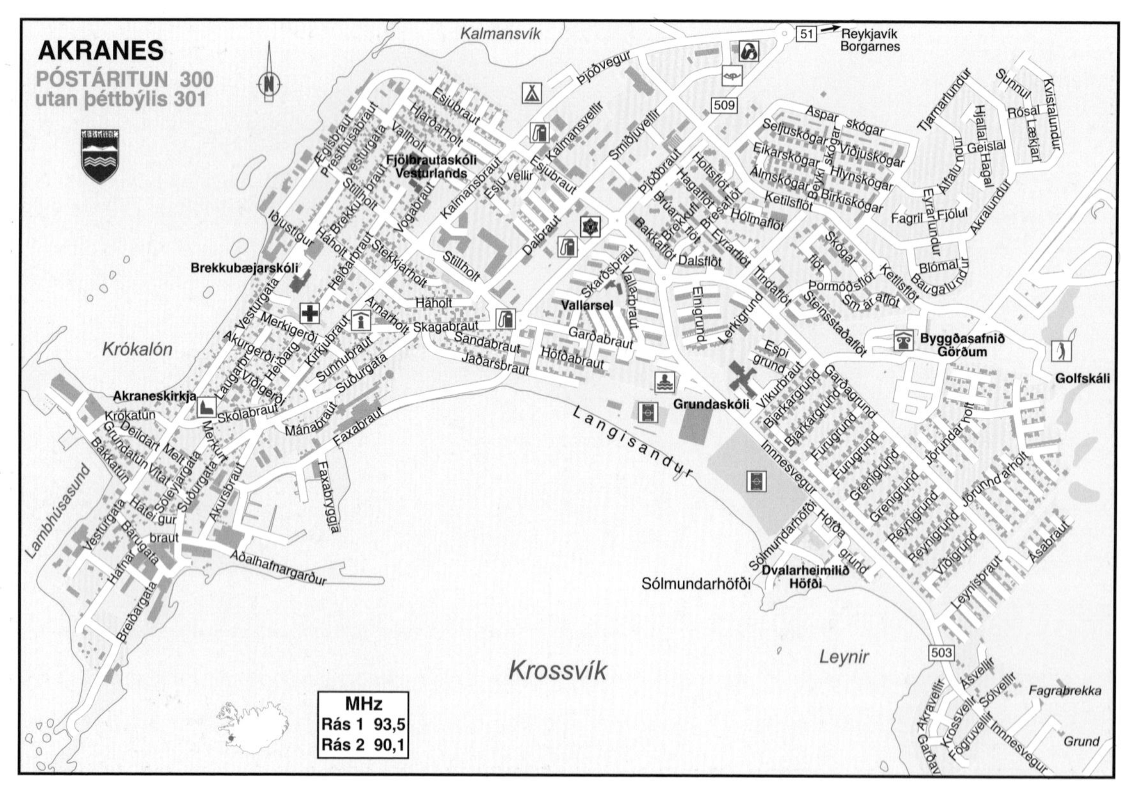
AKRANES
PÓSTÁRITUN 300
utan þéttbýlis 301
Kalmansvík
51
Reykjavík
Borgarnes
Þjóðvegur
509
Esjubraut
Kalmansvellir
Smiðjuvellir
Fjölbrautaskóli Vesturlands
Kalmansbraut
Brekkubæjarskóli
Heiðarbraut
Stillholt
Háholt
Skagabraut
Sandabraut
Jaðarsbraut
Dalbraut
Vallarsel
Garðabraut
Höfðabraut
Krókalón
Akraneskirkja
Skólabraut
Merkigerði
Akurgerði
Vesturgata
Sunnubraut
Suðurgata
Mánabraut
Faxabraut
Faxabryggja
Aðalhafnargarður
Lambhúsasund
Breiðargata
Krókatún
Deildartún
Grundartún
Bakkatún
Langisandur
Grundaskóli
Innnesvegur
Sólmundarhöfði
Dvalarheimilið Höfði
Byggðasafnið Görðum
Golfskáli
Asparskógar
Seljuskógar
Viðjuskógar
Eikarskógar
Hlynskógar
Álmskógar
Birkiskógar
Ketilsflöt
Hólmaflöt
Dalsflöt
Einigrund
Lerkigrund
Espigrund
Víkurbraut
Bjarkargrund
Furugrund
Grenigrund
Reynigrund
Víðigrund
Leynisbraut
Ásabraut
Jörundarholt
Tjarnarlundur
Eyrarlundur
Akralundur
Krossvík
Leynir
503
Ásvellir
Sólvellir
Akravellir
Krossvellir
Fögruvellir
Innnesvegur
Fagrabrekka
Grund
Garðav
MHz
Rás 1 93,5
Rás 2 90,1

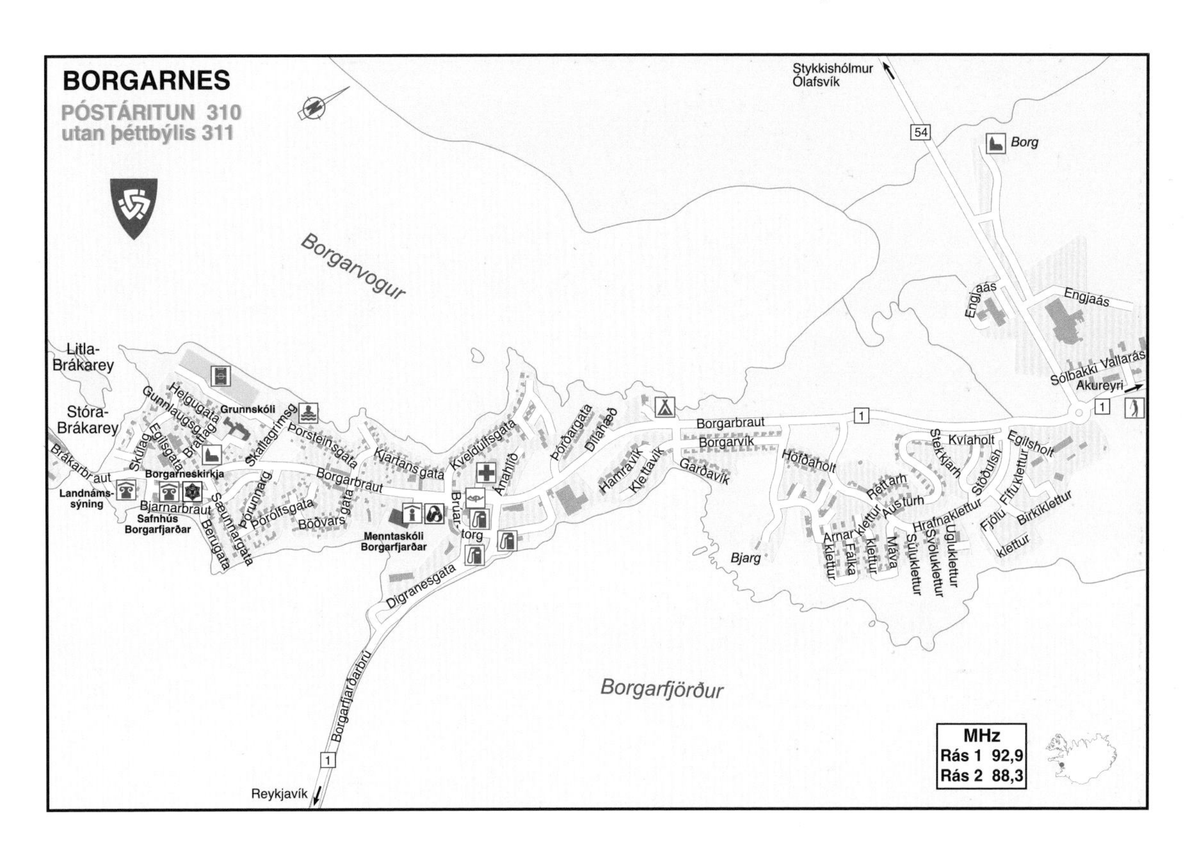
BORGARNES
PÓSTÁRITUN 310
utan þéttbýlis 311
Borgarvogur
Borgarfjörður
Stykkishólmur
Ólafsvík
Borg
Engjaás
Sólbakki
Vallarás
Akureyri
Litla-Brákarey
Stóra-Brákarey
Brákarbraut
Landnáms-sýning
Borgarneskirkja
Grunnskóli
Bjarnarbraut
Safnhús Borgarfjarðar
Menntaskóli Borgarfjarðar
Helgugata
Gunnlaugsgata
Egilsgata
Skúlag.
Berugata
Sæunnargata
Þórunnarg.
Þórólfsgata
Böðvarsgata
Skallagrímsg.
Þorsteinsgata
Kjartansgata
Kveldúlfsgata
Ánahlíð
Þórðargata
Dílahæð
Brúartorg
Digranesgata
Borgarbraut
Borgarvík
Hamravík
Klettavík
Garðavík
Höfðaholt
Kvíaholt
Egilsholt
Bjarg
Borgarfjarðarbrú
Reykjavík
MHz
Rás 1 92,9
Rás 2 88,3

SNÆFELLSBÆR-ÓLAFSVÍK
PÓSTÁRITUN 355
Breiðafjörður
Snoppa
Hellissandur
Rif
Snoppuvegur
Ólafsbraut
Norðurtangi
Norðurgarður
Norðurbakki
Suðurgarður
Ennishlíð
Ennisbraut
Grunnskóli
Hjarðartún
Bæjartún
Pakkhúsið
Ólafsvíkurkirkja
Kirkjutún
Gilsbakki
Bankastræti
Engihlíð
Brúarholt
Mýrarholt
Fosshlíð
Borgarh.
Lindarholt
Skálholt
Holtabrún
Stekkjarholt
Grundarbraut
Sandholt
Brautarholt
Vallholt
Þverholt
Skipholt
Klifbraut
Dalbraut
Fossabrekka
Miðbrekka
Túnbrekka
Hábrekka
Hjallabrekka
Reykjavík
Stykkishólmur
Hvalsá
MHz
Rás 1 98,6
Rás 2 90,5

GRUNDARFJÖRÐUR
PÓSTÁRITUN 350
Grundarfjörður
Stykkishólmur
Ártún
Hjallatún
Suðurgarður
Stórabryggja
Grundargata
Nesvegur
Sólvellir
Hrannarstígur
Hamrahlíð
Borgarbraut
Fossahlíð
Hlíðarvegur
Smiðjustígur
Grunnskóli
Eyrarvegur
Sæból
Fjölbrautaskóli
Sögumiðstöðin
Fagurhólstún
Fagurhóll
Grundarfjarðarkirkja
Ölkelduvegur
Hellnafell
Fellasneið
Fellabrekka
Ólafsvík
MHz
Rás 1 99,4
Rás 2 91,5

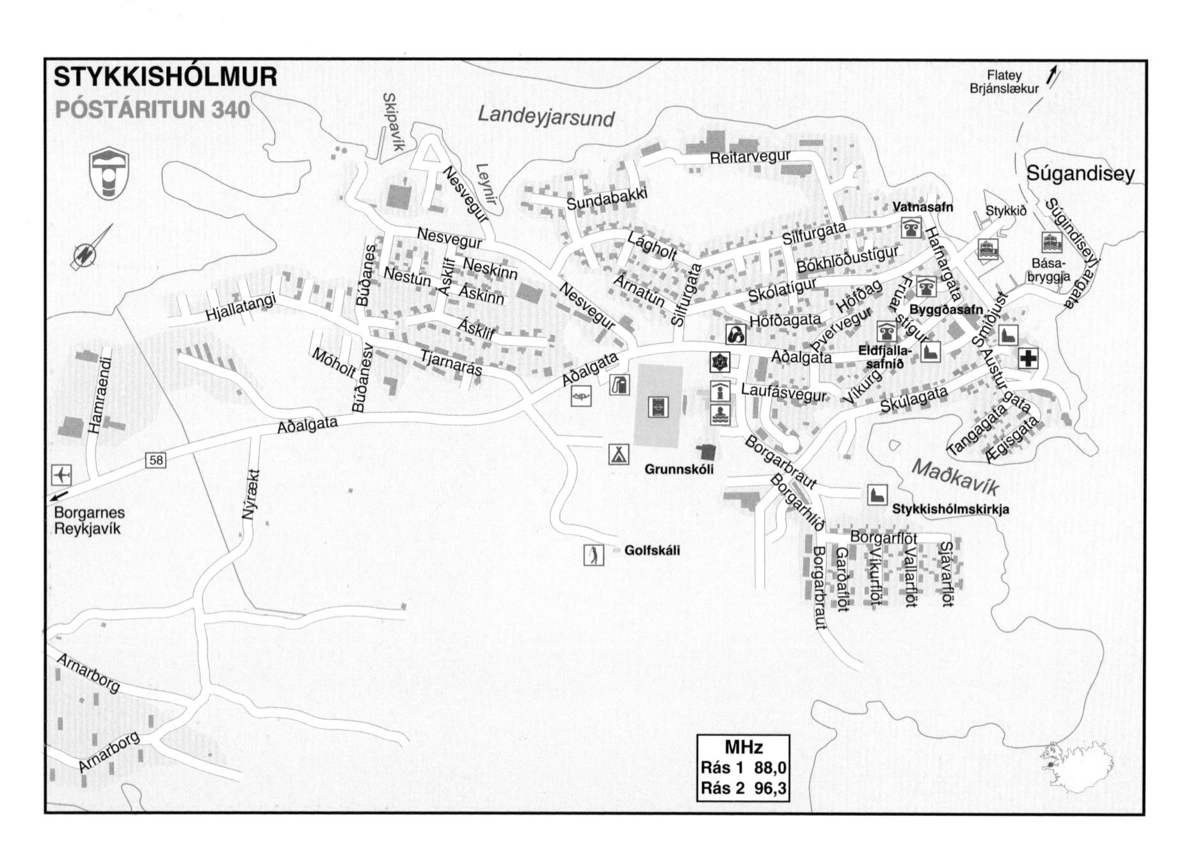
STYKKISHÓLMUR
PÓSTÁRITUN 340
Landeyjarsund
Skipavík
Flatey
Brjánslækur
Súgandisey
Reitarvegur
Sundabakki
Nesvegur
Leynir
Vatnasafn
Stykkið
Súgandiseyjargata
Básabryggja
Silfurgata
Lágholt
Bókhlöðustígur
Skólastígur
Hafnargata
Höfðag.
Frúarstígur
Byggðasafn
Smiðjust.
Árnatún
Silfurgata
Höfðagata
Þvervegur
Eldfjallasafnið
Austurgata
Aðalgata
Víkurg.
Skúlagata
Laufásvegur
Tangagata
Ægisgata
Neskinn
Nestún
Ásklif
Áskinn
Búðanes
Hjallatangi
Móholt
Búðanesv.
Tjarnarás
Aðalgata
Hamraendi
58
Borgarnes
Reykjavík
Nýrækt
Grunnskóli
Borgarbraut
Borgarhlíð
Maðkavík
Stykkishólmskirkja
Borgarflöt
Garðaflöt
Víkurflöt
Vallarflöt
Sjávarflöt
Golfskáli
Arnarborg
MHz
Rás 1 88,0
Rás 2 96,3

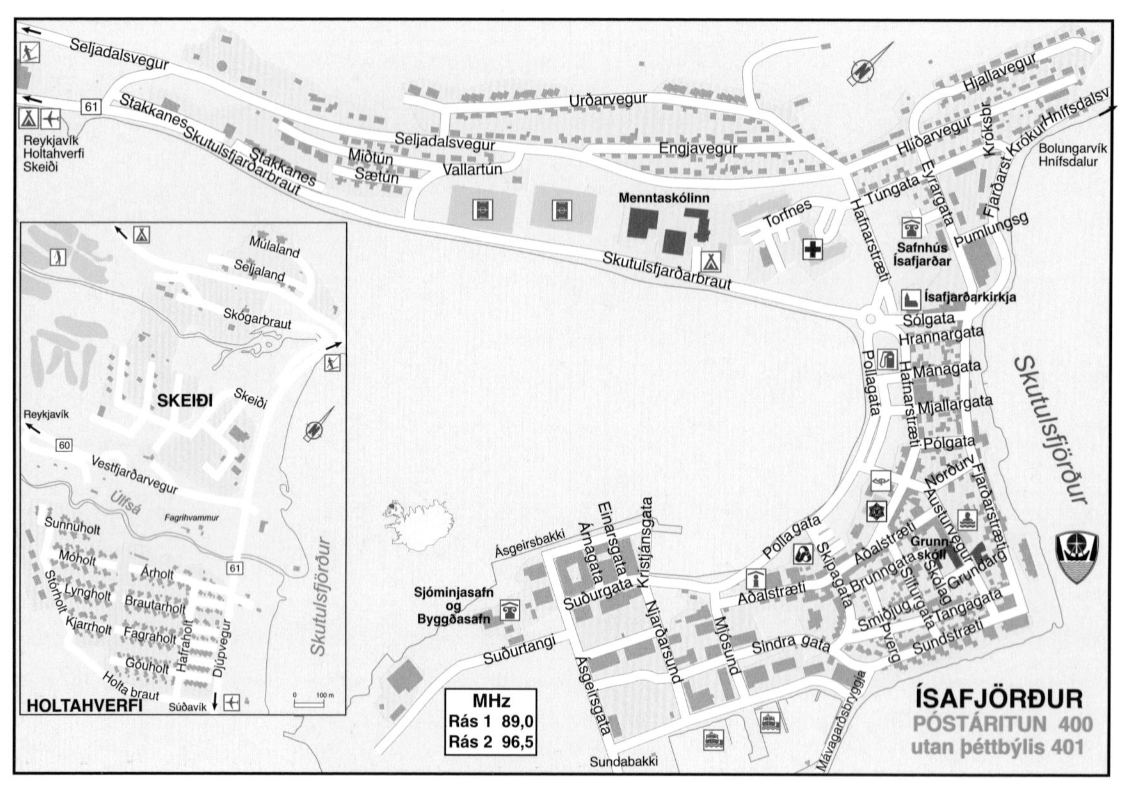
Seljadalsvegur
61
Stakkanes
Skutulsfjarðarbraut
Reykjavík
Holtahverfi
Skeiði
Urðarvegur
Seljadalsvegur
Miðtún
Sætún
Vallartún
Engjavegur
Menntaskólinn
Torfnes
Hjallavegur
Hlíðarvegur
Króksbr.
Krókur
Hnífsdalsv.
Bolungarvík
Hnífsdalur
Túngata
Eyrargata
Fjarðarst.
Hafnarstræti
Safnhús Ísafjarðar
Pumlungsg
Ísafjarðarkirkja
Sólgata
Hrannargata
Mánagata
Mjallargata
Pólgata
Pollagata
Hafnarstræti
Skutulsfjörður
Norðurv.
Fjarðarstræti
Austurvegur
Grunnskóli
Aðalstræti
Skipagata
Brunngata
Silfurgata
Skólag.
Grundarg.
Smiðjug.
Tangagata
Þverg.
Sundstræti
Sindra gata
Mjósund
Njarðarsund
Einarsgata
Kristjánsgata
Árnagata
Suðurgata
Ásgeirsbakki
Sjóminjasafn og Byggðasafn
Suðurtangi
Ásgeirsgata
Mávagarðsbryggja
Sundabakki
MHz
Rás 1 89,0
Rás 2 96,5
ÍSAFJÖRÐUR
PÓSTÁRITUN 400
utan þéttbýlis 401
Múlaland
Seljaland
Skógarbraut
SKEIÐI
Skeiði
Reykjavík
60
Vestfjarðarvegur
Úlfsá
Fagrihvammur
Sunnuholt
Móholt
Árholt
Stórholt
Lyngholt
Brautarholt
Kjarrholt
Fagraholt
Hafraholt
Djúpvegur
Góuholt
Holtabraut
Skutulsfjörður
HOLTAHVERFI
Súðavík

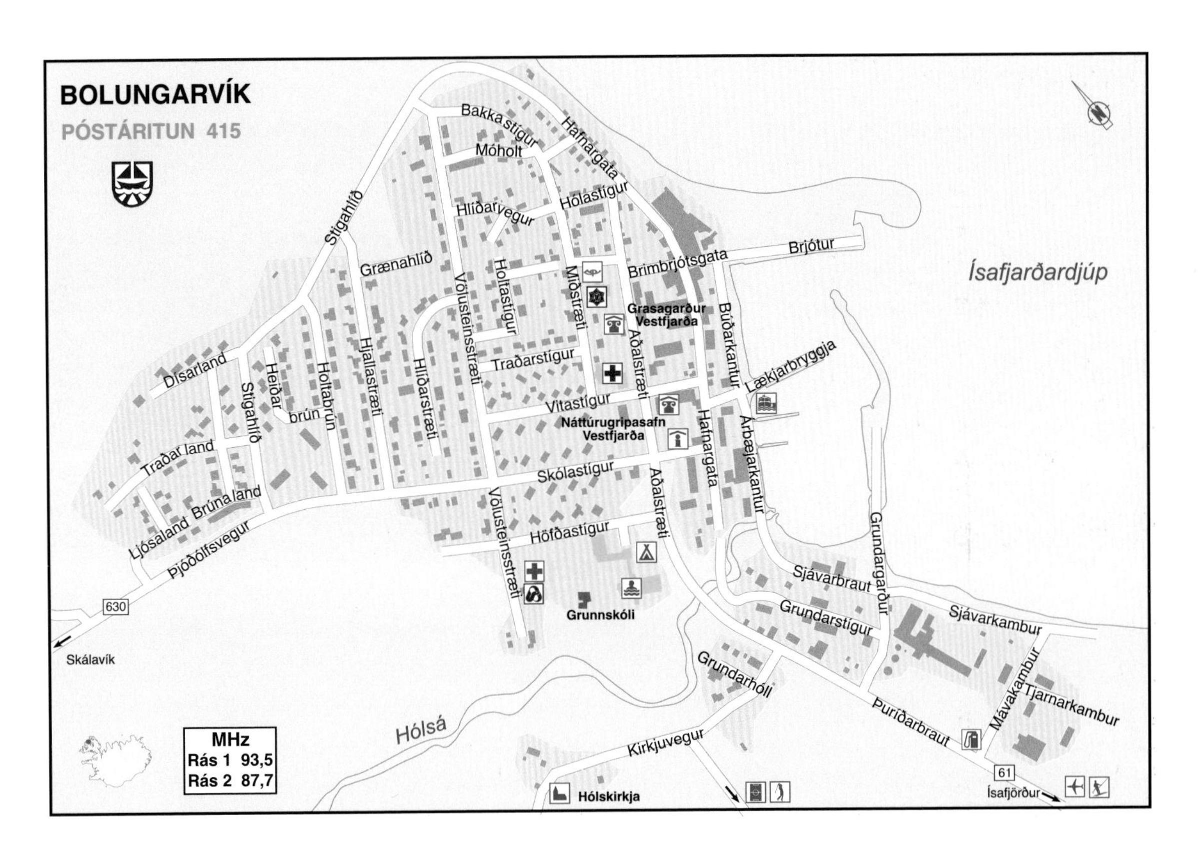
BOLUNGARVÍK
PÓSTÁRITUN 415
Ísafjarðardjúp
Bakkastígur
Móholt
Hafnargata
Hólastígur
Hlíðarvegur
Stigahlíð
Grænahlíð
Brimbrjótsgata
Brjótur
Völusteinsstræti
Holtastígur
Miðstræti
Grasagarður Vestfjarða
Búðarkantur
Aðalstræti
Lækjarbryggja
Traðarstígur
Dísarland
Heiðarbrún
Holtabrún
Hjallastræti
Hlíðarstræti
Vitastígur
Náttúrugripasafn Vestfjarða
Hafnargata
Árbæjarkantur
Traðarland
Skólastígur
Brúnaland
Ljósaland
Þjóðólfsvegur
Höfðastígur
Grundargarður
Sjávarbraut
Grundarstígur
Sjávarkambur
Grunnskóli
630
Skálavík
Grundarhóll
Mávakambur
Tjarnarkambur
Þuríðarbraut
Hólsá
Kirkjuvegur
MHz
Rás 1 93,5
Rás 2 87,7
Hólskirkja
61
Ísafjörður

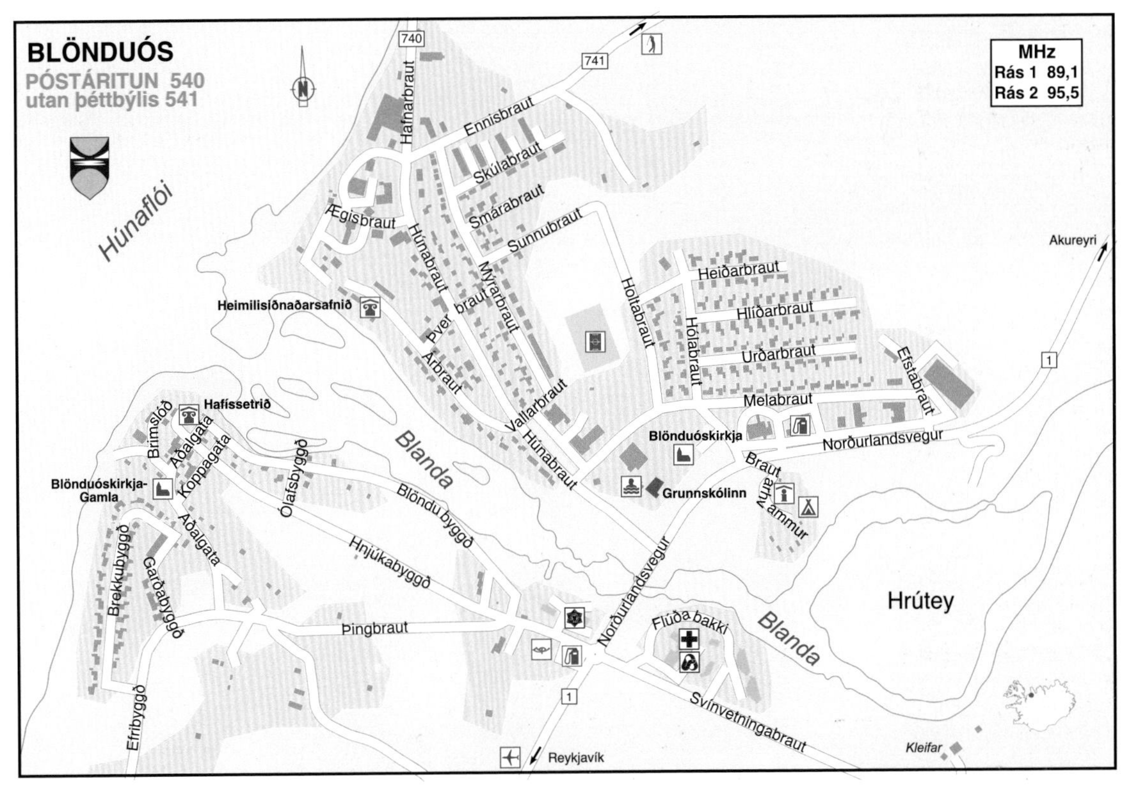
BLÖNDUÓS
PÓSTÁRITUN 540
utan þéttbýlis 541
740
741
MHz
Rás 1 89,1
Rás 2 95,5
Hafnarbraut
Ennisbraut
Skúlabraut
Smárabraut
Sunnubraut
Húnaflói
Ægisbraut
Húnabraut
Mýrarbraut
Þverbraut
Holtabraut
Heiðarbraut
Hlíðarbraut
Hólabraut
Urðarbraut
Akureyri
Heimilisiðnaðarsafnið
Árbraut
Efstabraut
1
Vallarbraut
Melabraut
Hafíssetrið
Brimslóð
Aðalgata
Koppagata
Blanda
Blönduóskirkja
Norðurlandsvegur
Ólafsbyggð
Húnabraut
Blönduóskirkja-Gamla
Brautarhvammur
Grunnskólinn
Blöndubyggð
Aðalgata
Hjúkabyggð
Norðurlandsvegur
Hrútey
Brekkubyggð
Garðabyggð
Þingbraut
Flúðabakki
Blanda
Efribyggð
1
Svínvetningabraut
Kleifar
Reykjavík

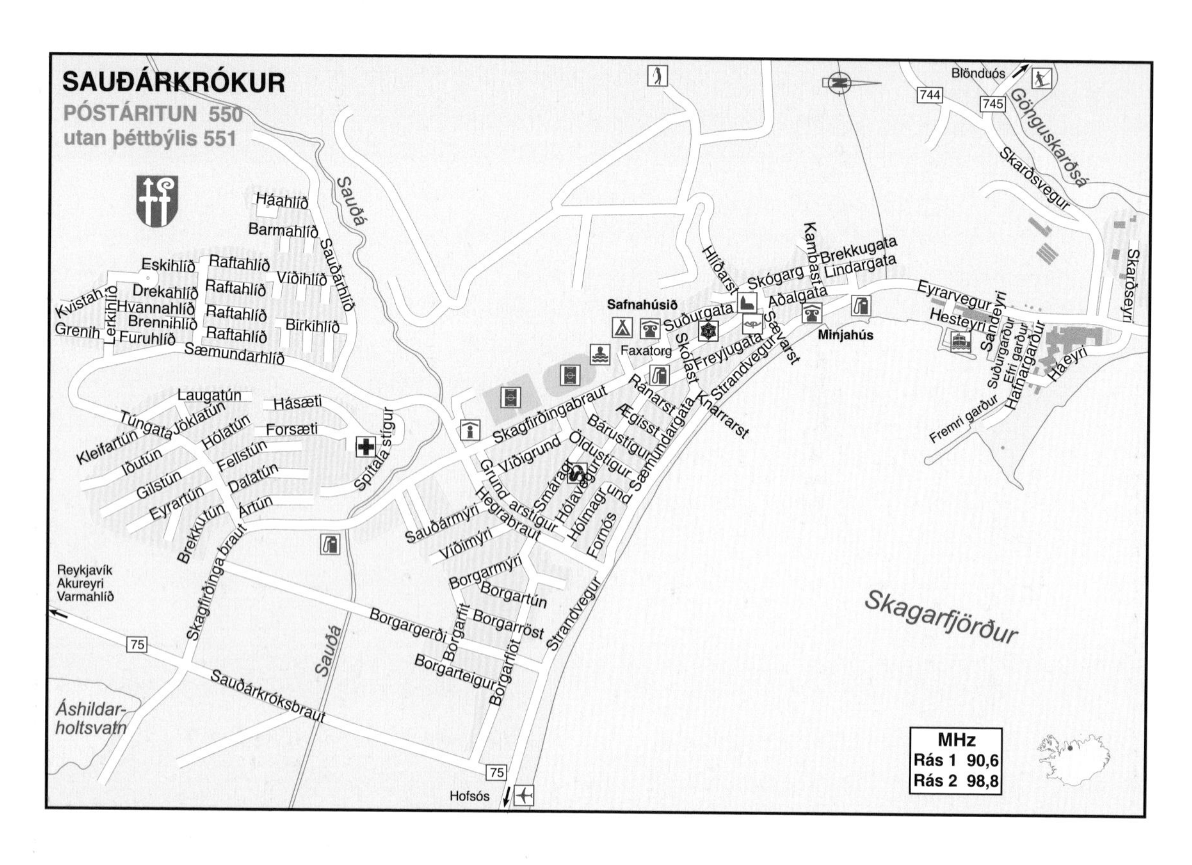
SAUÐÁRKRÓKUR
PÓSTÁRITUN 550
utan þéttbýlis 551
Háahlíð
Barmahlíð
Eskihlíð
Raftahlíð
Víðihlíð
Drekahlíð
Kvistah.
Lerkihlíð
Hvannahlíð
Brennihlíð
Grenih.
Furuhlíð
Birkihlíð
Sæmundarhlíð
Sauðá
Sauðárhlíð
Laugatún
Hásæti
Túngata
Jöklatún
Forsæti
Kleifartún
Hólatún
Iðutún
Fellstún
Gilstún
Dalatún
Eyrartún
Ártún
Brekkutún
Spítalastígur
Skagfirðingabraut
Víðigrund
Grundarstígur
Hegrabraut
Sauðármýri
Víðimýri
Smáragr.
Hólavegur
Hólmagrund
Öldustígur
Bárustígur
Ægisst.
Ránarst.
Fornós
Borgarmýri
Borgartún
Borgarröst
Borgargerði
Borgarsíða
Borgarteigur
Borgarflöt
Strandvegur
Sæmundargata
Knarrarst.
Skólast.
Freyjugata
Strandvegur
Sævarst.
Faxatorg
Safnahúsið
Suðurgata
Hlíðarst.
Skógarg.
Aðalgata
Kambast.
Brekkugata
Lindargata
Minjahús
Eyrarvegur
Hesteyri
Sandeyri
Suðurgarður
Efri garður
Hafnargarður
Háeyri
Fremri garður
Skarðseyri
Skarðsvegur
Gönguskarðsá
Blönduós
744
745
Reykjavík
Akureyri
Varmahlíð
75
Skagfirðingabraut
Sauðárkróksbraut
Áshildarholtsvatn
Hofsós
Skagarfjörður
MHz
Rás 1 90,6
Rás 2 98,8

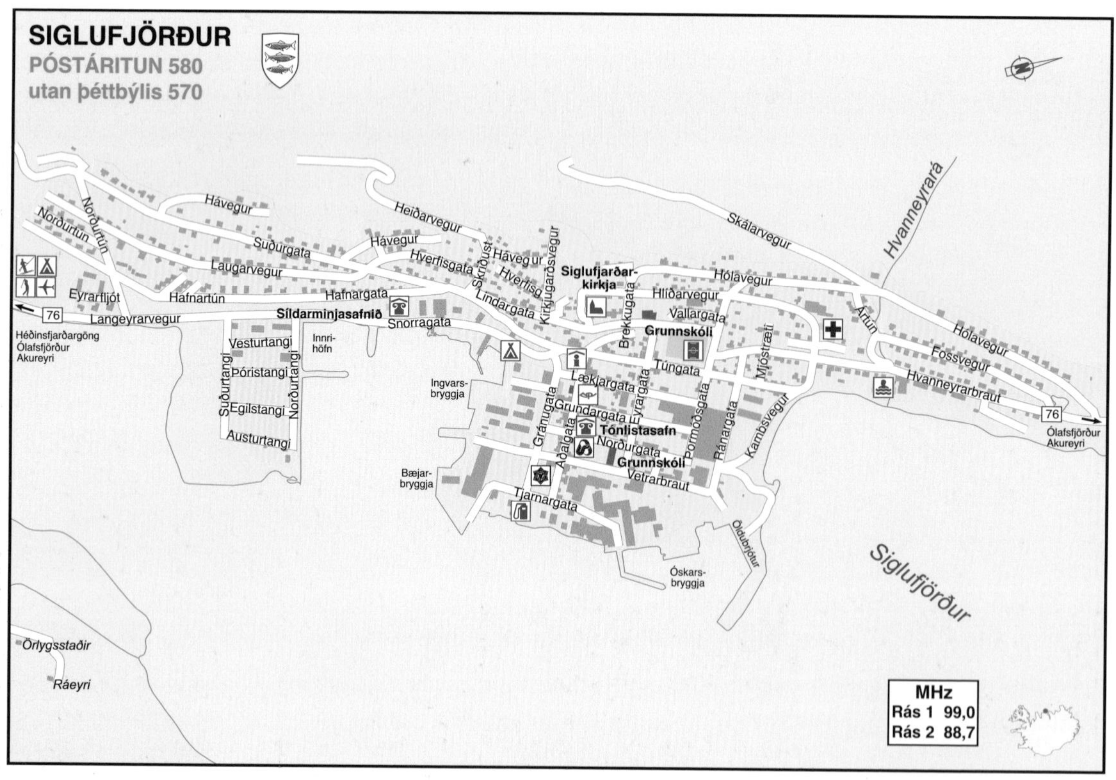
SIGLUFJÖRÐUR
PÓSTÁRITUN 580
utan þéttbýlis 570
Hávegur
Norðurtún
Suðurgata
Laugarvegur
Heiðarvegur
Hávegur
Hverfisgata
Skriðust.
Hávegur
Kirkjugarðsvegur
Siglufjarðarkirkja
Skálarvegur
Hvanneyrará
Hólavegur
Hlíðarvegur
Vallargata
Brekkugata
Grunnskóli
Eyrarfljót
Hafnartún
Hafnargata
Lindargata
76
Langeyrarvegur
Síldarminjasafnið
Snorragata
Héðinsfjarðargöng
Ólafsfjörður
Akureyri
Vesturtangi
Innri-höfn
Þóristangi
Suðurtangi
Egilstangi
Norðurtangi
Austurtangi
Ingvarsbryggja
Túngata
Lækjargata
Grundargata
Eyrargata
Tónlistasafn
Norðurgata
Grunnskóli
Vetrarbraut
Granugata
Aðalgata
Þormóðsgata
Ránargata
Kambsvegur
Mjóstræti
Ártún
Hólavegur
Fossvegur
Hvanneyrarbraut
Ólafsfjörður
Akureyri
Bæjarbryggja
Tjarnargata
Öldubrjótur
Óskarsbryggja
Siglufjörður
Örlygsstaðir
Ráeyri
MHz
Rás 1 99,0
Rás 2 88,7

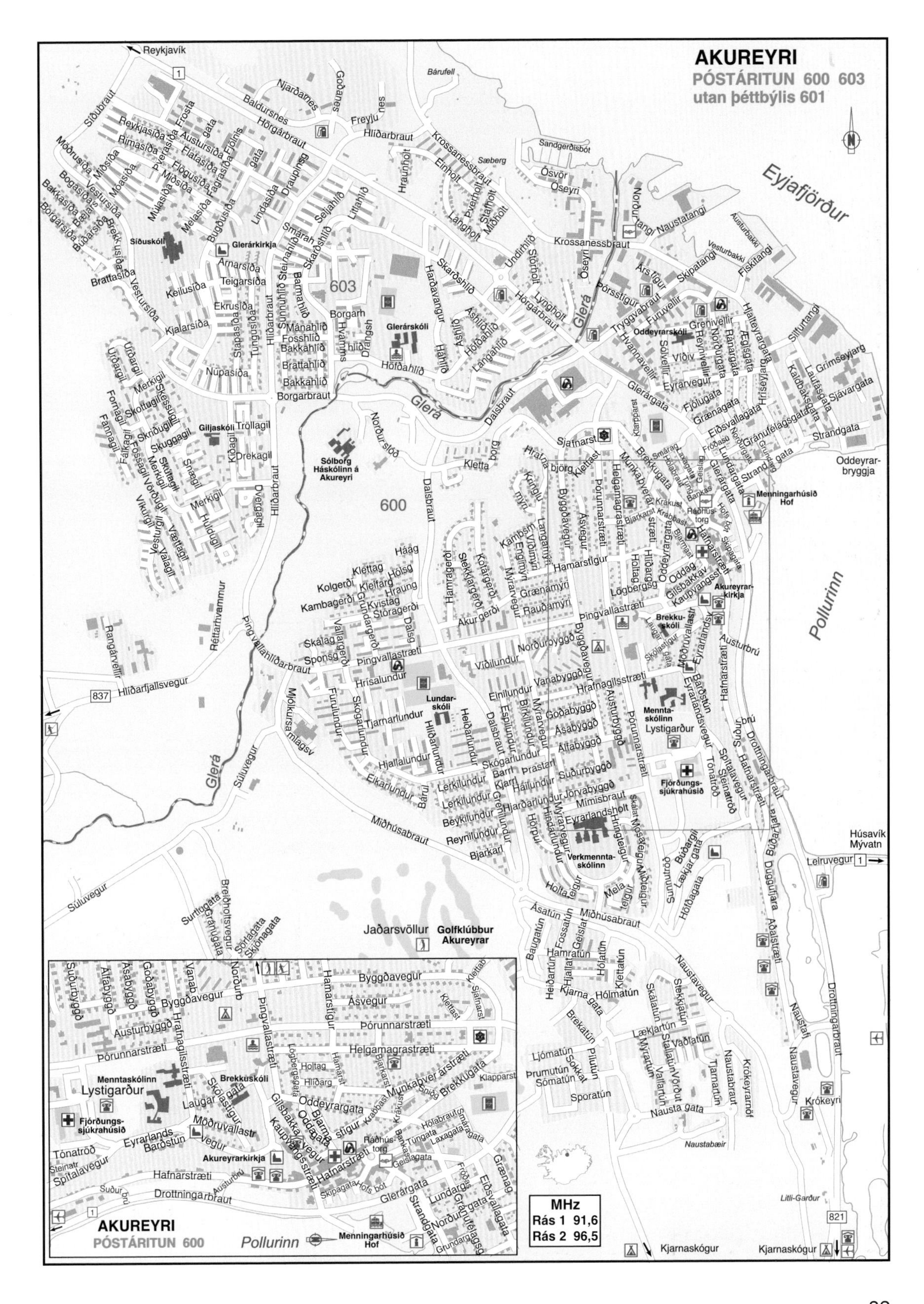
AKUREYRI
PÓSTÁRITUN 600 603
utan þéttbýlis 601
Eyjafjörður
Pollurinn
Reykjavík
Húsavík
Mývatn
Oddeyrarbryggja
Menningarhúsið Hof
Glerá
603
600
Síðuskóli
Glerárkirkja
Glerárskóli
Giljaskóli
Sólborg Háskólinn á Akureyri
Oddeyrarskóli
Akureyrarkirkja
Brekkuskóli
Lundarskóli
Menntaskólinn
Lystigarður
Fjórðungssjúkrahúsið
Verkmenntaskólinn
Jaðarsvöllur
Golfklúbbur Akureyrar
Hlíðarfjallsvegur
Miðhúsabraut
Þingvallastræti
Hörgárbraut
Krossanessbraut
Glerárgata
Drottningarbraut
Hafnarstræti
Kjarnaskógur
Naustabæir
Litli-Garður
MHz
Rás 1 91,6
Rás 2 96,5
AKUREYRI
PÓSTÁRITUN 600

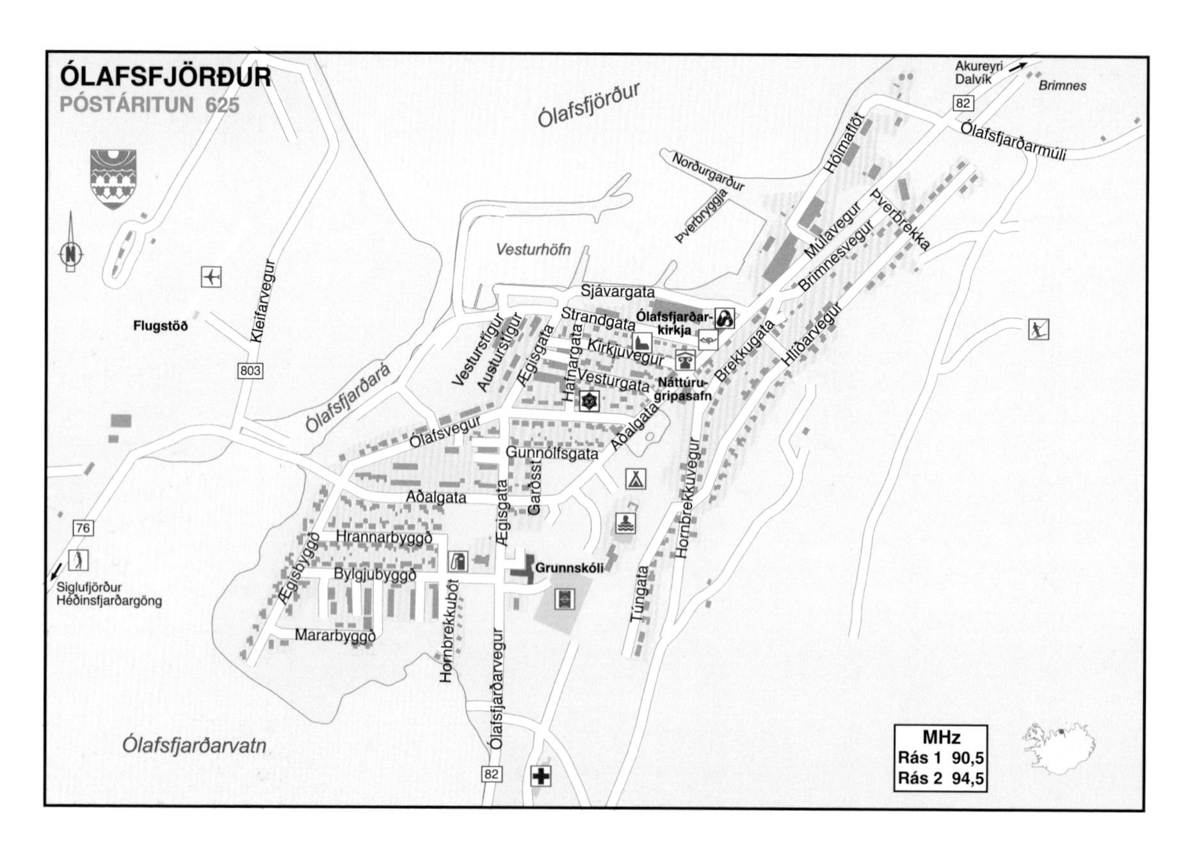
ÓLAFSFJÖRÐUR
PÓSTÁRITUN 625
Ólafsfjörður
Vesturhöfn
Norðurgarður
Þverbryggja
Hólmaföt
Múlavegur
Brimnesvegur
Þverbrekka
Ólafsfjarðarmúli
Akureyri
Dalvík
Brimnes
Flugstöð
Kleifarvegur
Sjávargata
Strandgata
Kirkjuvegur
Vesturgata
Ólafsfjarðar-
kirkja
Náttúru-
gripasafn
Brekkugata
Hlíðarvegur
Vestursfígur
Austurstígur
Ægisgata
Hafnargata
Ólafsfjarðará
Ólafsvegur
Gunnólfsgata
Aðalgata
Garðsst
Hornbrekkuvegur
Hrannarbyggð
Bylgjubyggð
Ægisbyggð
Grunnskóli
Mararbyggð
Hornbrekkubót
Túngata
Ólafsfjarðarvegur
Siglufjörður
Héðinsfjarðargöng
Ólafsfjarðarvatn
MHz
Rás 1 90,5
Rás 2 94,5

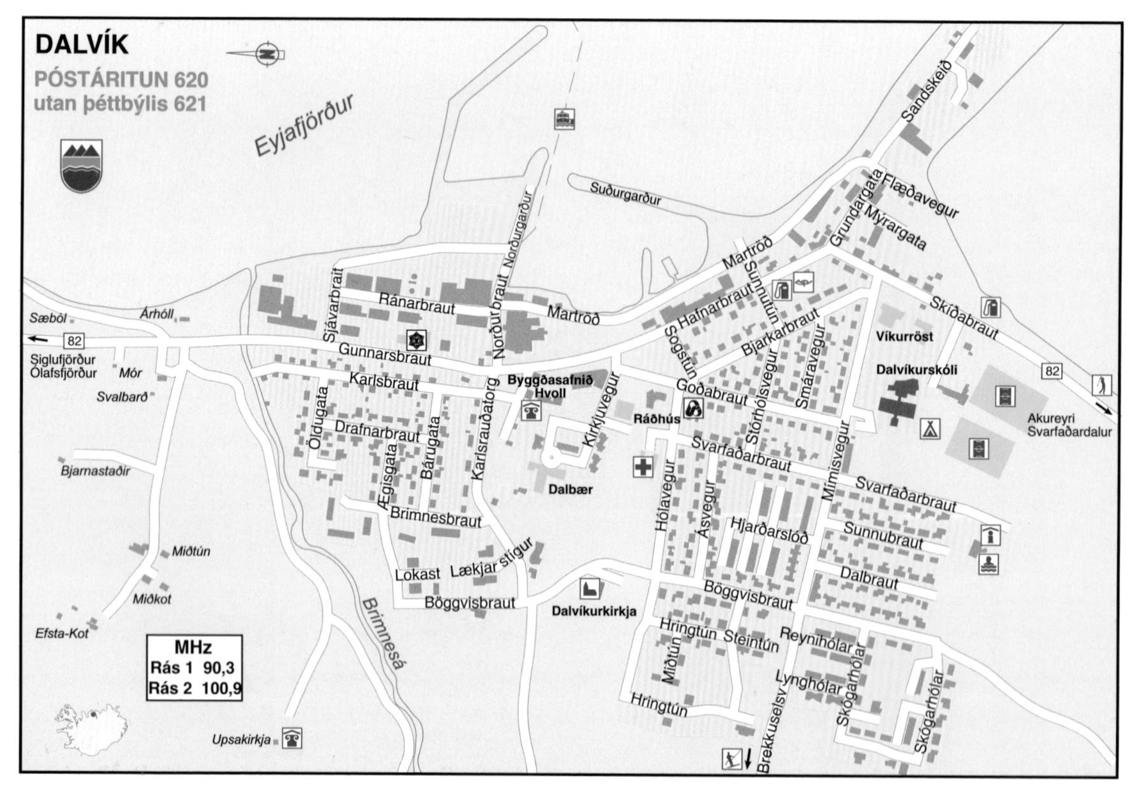
DALVÍK
PÓSTÁRITUN 620
utan þéttbýlis 621
Eyjafjörður
Suðurgarður
Norðurgarður
Sandskeið
Flæðavegur
Grundargata
Mýrargata
Martröð
Hafnarbraut
Sunnutún
Skíðabraut
Sjávarbraut
Ránarbraut
Norðurbraut
Gunnarsbraut
Karlsbraut
Byggðasafnið
Hvoll
Kirkjuvegur
Sognstún
Bjarkarbraut
Goðabraut
Stórhólsvegur
Smáravegur
Víkurröst
Dalvíkurskóli
Sæból
Árhóll
Siglufjörður
Ólafsfjörður
Mór
Svalbarð
Öldugata
Drafnarbraut
Ægisgata
Bárugata
Karlsrauðatorg
Ráðhús
Svarfaðarbraut
Mímisvegur
Akureyri
Svarfaðardalur
Bjarnastaðir
Dalbær
Brimnesbraut
Hólavegur
Ásvegur
Hjarðarslóð
Sunnubraut
Lokast
Lækjarstígur
Dalbraut
Miðtún
Böggvisbraut
Dalvíkurkirkja
Böggvisbraut
Miðkot
Efsta-Kot
Brimnesá
Hringtún
Steintún
Reynihólar
Lyngholar
Skógarhólar
Miðtún
Brekkuselsv
MHz
Rás 1 90,3
Rás 2 100,9
Upsakirkja

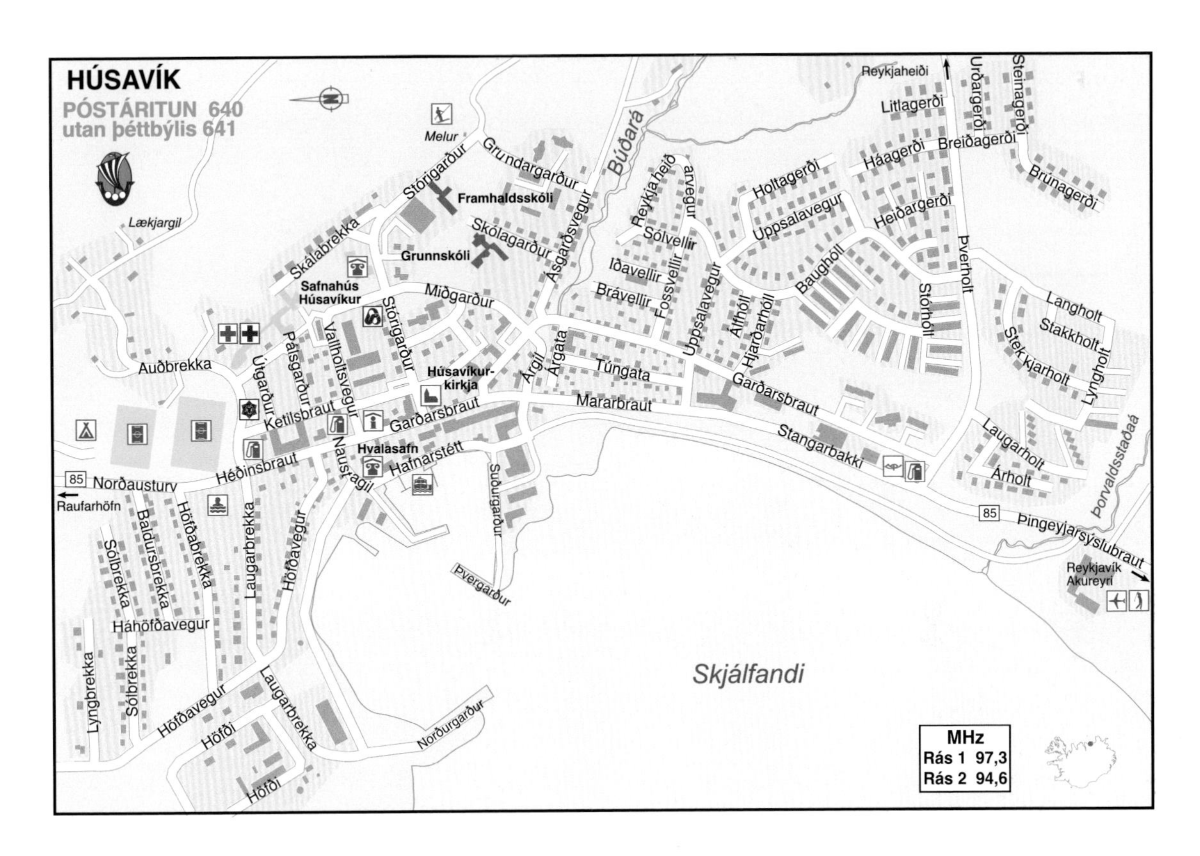
HÚSAVÍK
PÓSTÁRITUN 640
utan þéttbýlis 641
Melur
Lækjargil
Framhaldsskóli
Grunnskóli
Safnahús Húsavíkur
Húsavíkurkirkja
Hvalasafn
Reykjaheiði
Litlagerði
Urðargerði
Steinagerði
Breiðagerði
Háagerði
Brúnagerði
Holtagerði
Uppsalavegur
Heiðargerði
Grundargarður
Stórigarður
Skálabrekka
Skólagarður
Búðará
Ásgarðsvegur
Reykjaheið
Sólvellir
Iðavellir
Brávellir
Fossvellir
Baughóll
Álfhóll
Hjarðarhóll
Stórholt
Þverholt
Langholt
Stakkholt
Stekkjarholt
Lyngholt
Miðgarður
Pálsgarður
Útgarður
Vallholtsvegur
Árgil
Árgata
Túngata
Garðarsbraut
Mararbraut
Auðbrekka
Ketilsbraut
Naustagil
Héðinsbraut
Hafnarstétt
Norðausturv
Raufarhöfn
Stangarbakki
Laugarholt
Árholt
Þorvaldsstaðaá
Þingeyjarsýslubraut
Reykjavík
Akureyri
85
Suðurgarður
Þvergarður
Baldursbrekka
Höfðabrekka
Sólbrekka
Laugarbrekka
Höfðavegur
Háhöfðavegur
Lyngbrekka
Höfði
Norðurgarður
Skjálfandi
MHz
Rás 1 97,3
Rás 2 94,6

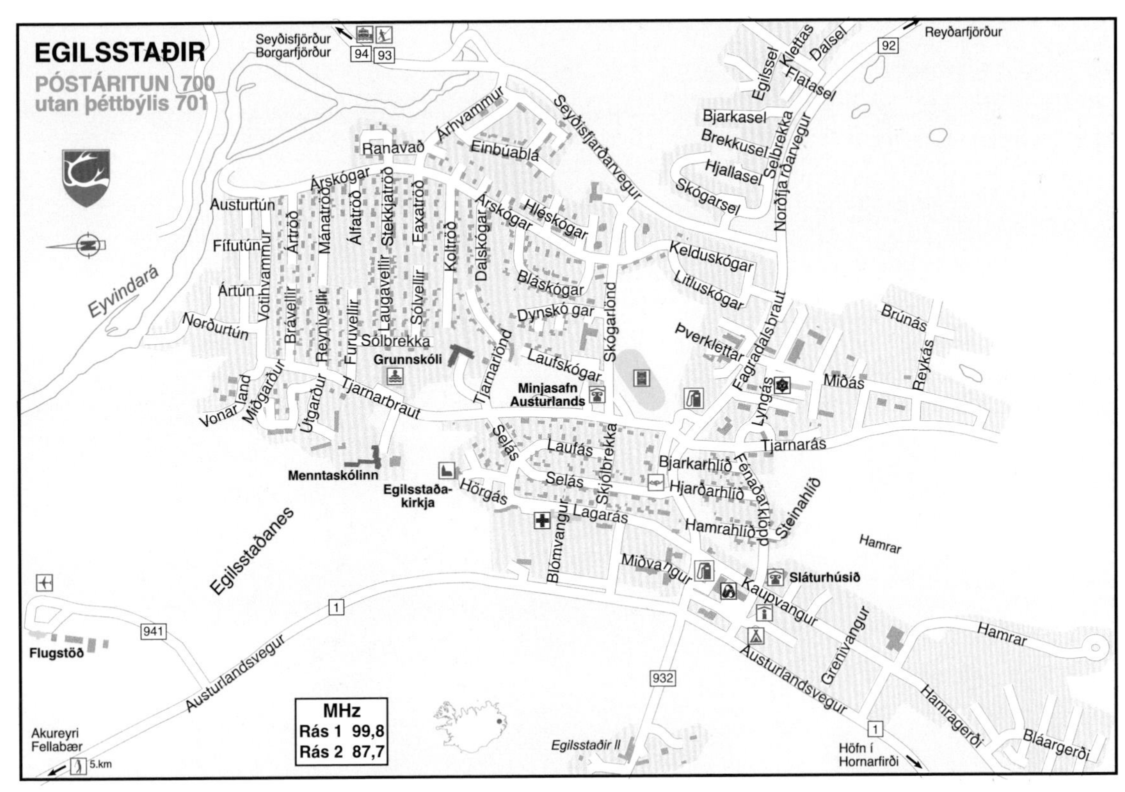
EGILSSTAÐIR
PÓSTÁRITUN 700
utan þéttbýlis 701
Seyðisfjörður
Borgarfjörður
94
93
92
Reyðarfjörður
Egilssel
Klettas
Dalsel
Flatasel
Bjarkasel
Brekkusel
Selbrekka
Hjallasel
Skógarsel
Norðfjarðarvegur
Seyðisfjarðarvegur
Árhvammur
Ranavað
Einbúablá
Árskógar
Austurtún
Fífutún
Ártún
Norðurtún
Eyvindará
Vothvammur
Brávellir
Reynivellir
Furuvellir
Laugavellir
Sólvellir
Ártröð
Mánatröð
Álfatröð
Stekkjatröð
Faxatröð
Koltröð
Dalskógar
Hléskógar
Bláskógar
Dynskógar
Skógarlönd
Kelduskógar
Litluskógar
Fagradalsbraut
Brúnás
Þverklettar
Reykás
Miðás
Lyngás
Tjarnarás
Sólbrekka
Grunnskóli
Laufskógar
Tjarnarlönd
Minjasafn Austurlands
Vonarland
Miðgarður
Útgarður
Tjarnarbraut
Selás
Laufás
Skjólbrekka
Bjarkarhlíð
Fénaðarklöpp
Hjarðarhlíð
Steinahlíð
Menntaskólinn
Egilsstaðakirkja
Hörgás
Lagarás
Hamrahlíð
Hamrar
Blómvangur
Miðvangur
Sláturhúsið
Kaupvangur
Grenivangur
Egilsstaðanes
1
941
Flugstöð
Austurlandsvegur
932
Hamragerði
Bláargerði
MHz
Rás 1 99,8
Rás 2 87,7
Akureyri
Fellabær
5.km
Egilsstaðir II
Höfn í Hornarfirði

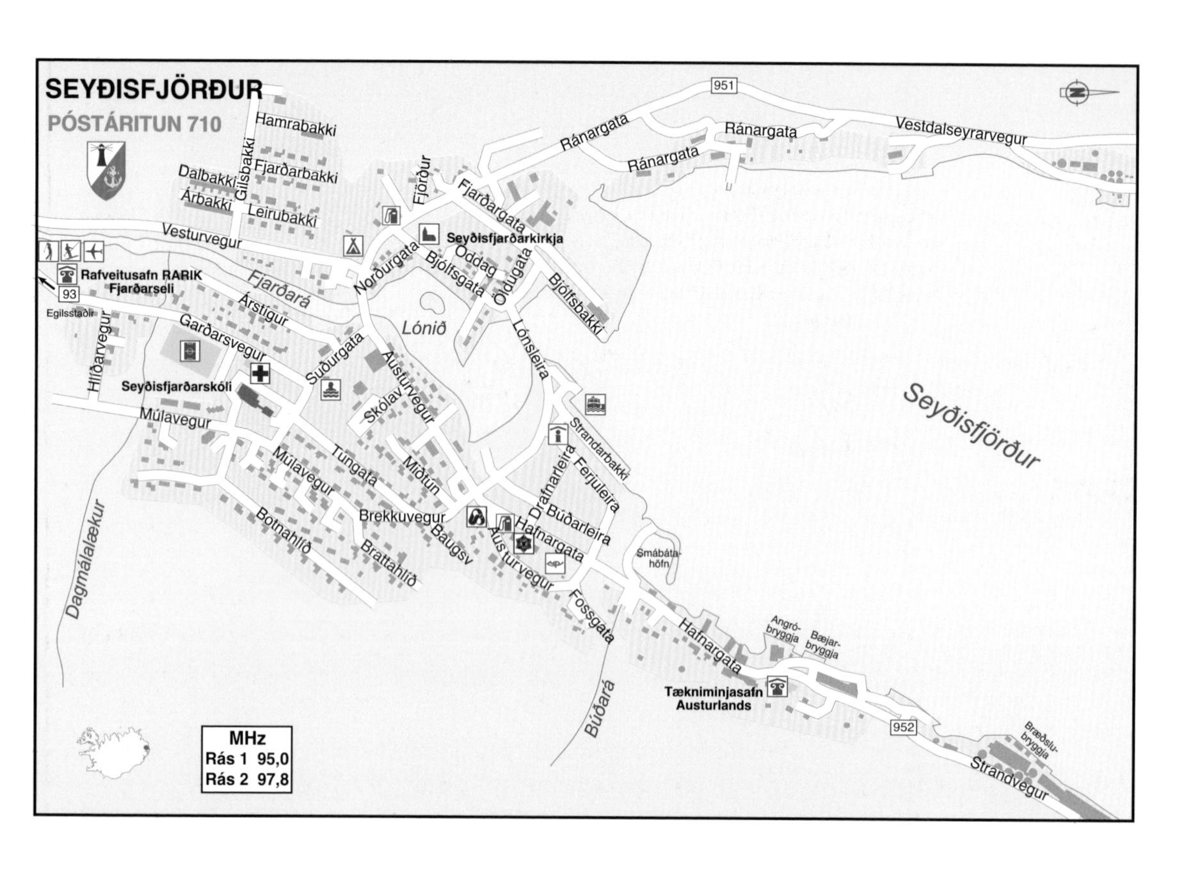
SEYÐISFJÖRÐUR
PÓSTÁRITUN 710
Hamrabakki
Fjarðarbakki
Dalbakki
Gilsbakki
Árbakki
Leirubakki
Vesturvegur
Rafveitusafn RARIK
Fjarðarseli
Egilsstaðir
Fjarðará
Árstígur
Garðarsvegur
Hlíðarvegur
Seyðisfjarðarskóli
Múlavegur
Suðurgata
Austurvegur
Skólavegur
Tungata
Múlavegur
Botnahlíð
Brattahlíð
Miðtún
Brekkuvegur
Baugsv
Norðurgata
Fjörður
Seyðisfjarðarkirkja
Oddag
Bjólfsgata
Öldugata
Fjarðargata
Bjólfsbakki
Lónið
Lónsleira
Ránargata
Vestdalseyrarvegur
Seyðisfjörður
Strandarbakki
Ferjuleira
Dráfnarleira
Búðarleira
Hafnargata
Austurvegur
Fossgata
Smábáta-
höfn
Búðará
Angró-
bryggja
Bæjar-
bryggja
Tækniminjasafn
Austurlands
Bræðslu-
bryggja
Strandvegur
Dagmálalækur
MHz
Rás 1 95,0
Rás 2 97,8

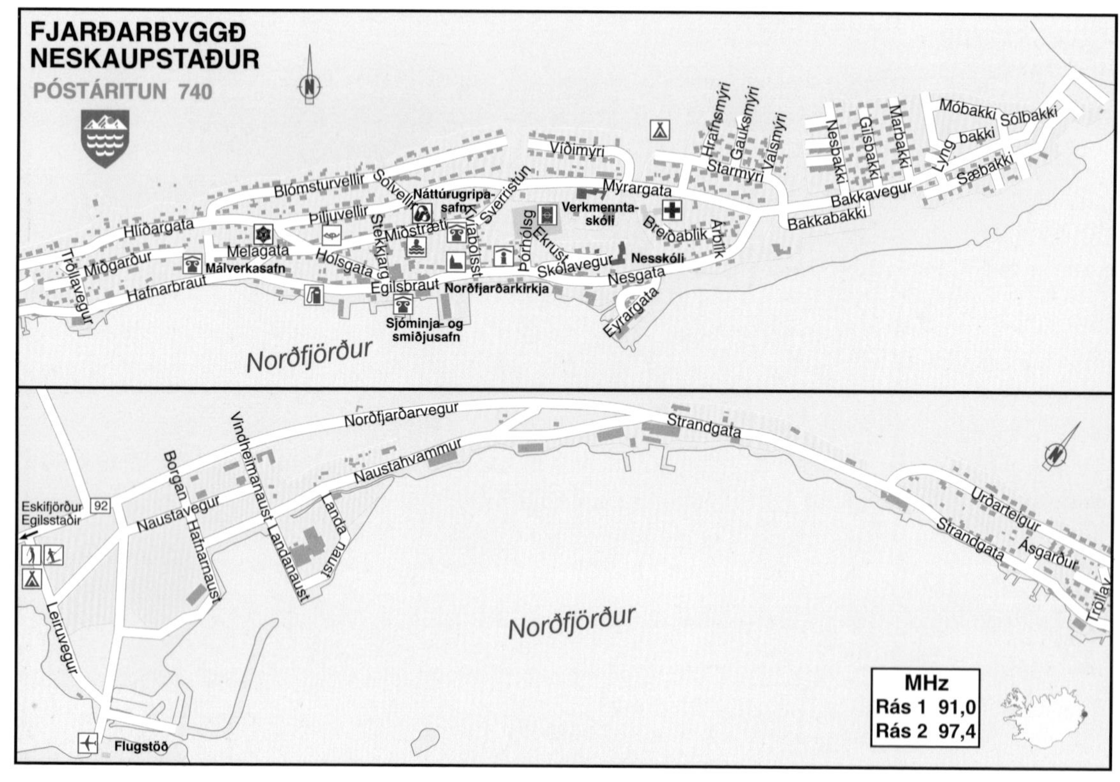
FJARÐARBYGGÐ
NESKAUPSTAÐUR
PÓSTÁRITUN 740
Blómsturvellir
Sólvellir
Náttúrugripa-
safn
Sverristún
Viðimýri
Mýrargata
Verkmennta-
skóli
Hrafnsmýri
Gauksmýri
Valsmýri
Starmýri
Nesbakki
Gilsbakki
Marbakki
Móbakki
Sólbakki
Lyngbakki
Sæbakki
Bakkavegur
Bakkabakki
Breiðablik
Árblik
Hlíðargata
Þiljuvellir
Stekkjarg
Miðstræti
Kvíabólsst
Þórhólsg
Ekrust
Skólavegur
Nesskóli
Nesgata
Eyrargata
Melagata
Hólsgata
Miðgarður
Málverkasafn
Tröllavegur
Hafnarbraut
Egilsbraut
Norðfjarðarkirkja
Sjóminja- og
smiðjusafn
Norðfjörður
Norðfjarðarvegur
Strandgata
Naustahvammur
Vindheimanaust
Borgan
Naustavegur
Hafnarnaust
Landanaust
Landa-
naust
Eskifjörður
Egilsstaðir
92
Leiruvegur
Flugstöð
Norðfjörður
Urðarteigur
Strandgata
Ásgarður
Tröllav
MHz
Rás 1 91,0
Rás 2 97,4

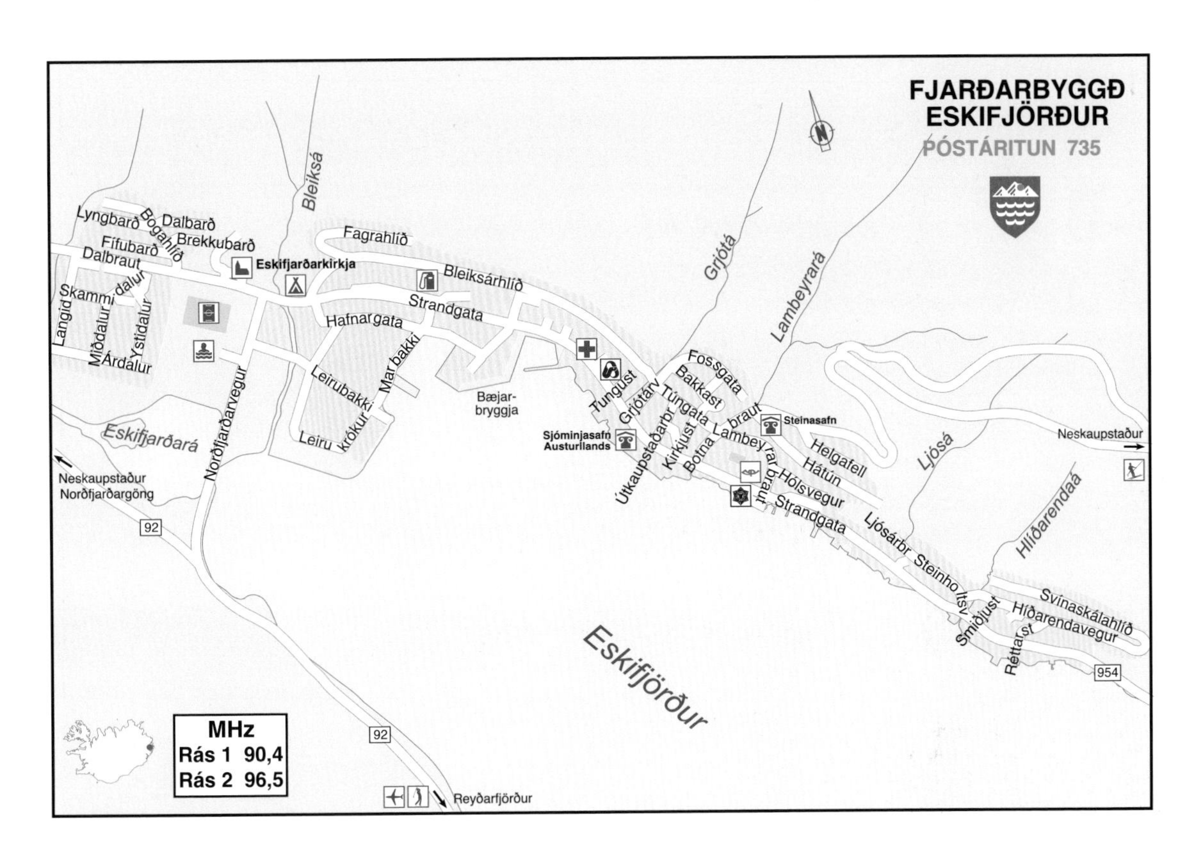
FJARÐARBYGGÐ
ESKIFJÖRÐUR
PÓSTÁRITUN 735
Eskifjarðarkirkja
Sjóminjasafn Austurlands
Steinasafn
Bæjar-bryggja
Eskifjörður
Neskaupstaður
Neskaupstaður Norðfjarðargöng
Reyðarfjörður
MHz
Rás 1 90,4
Rás 2 96,5

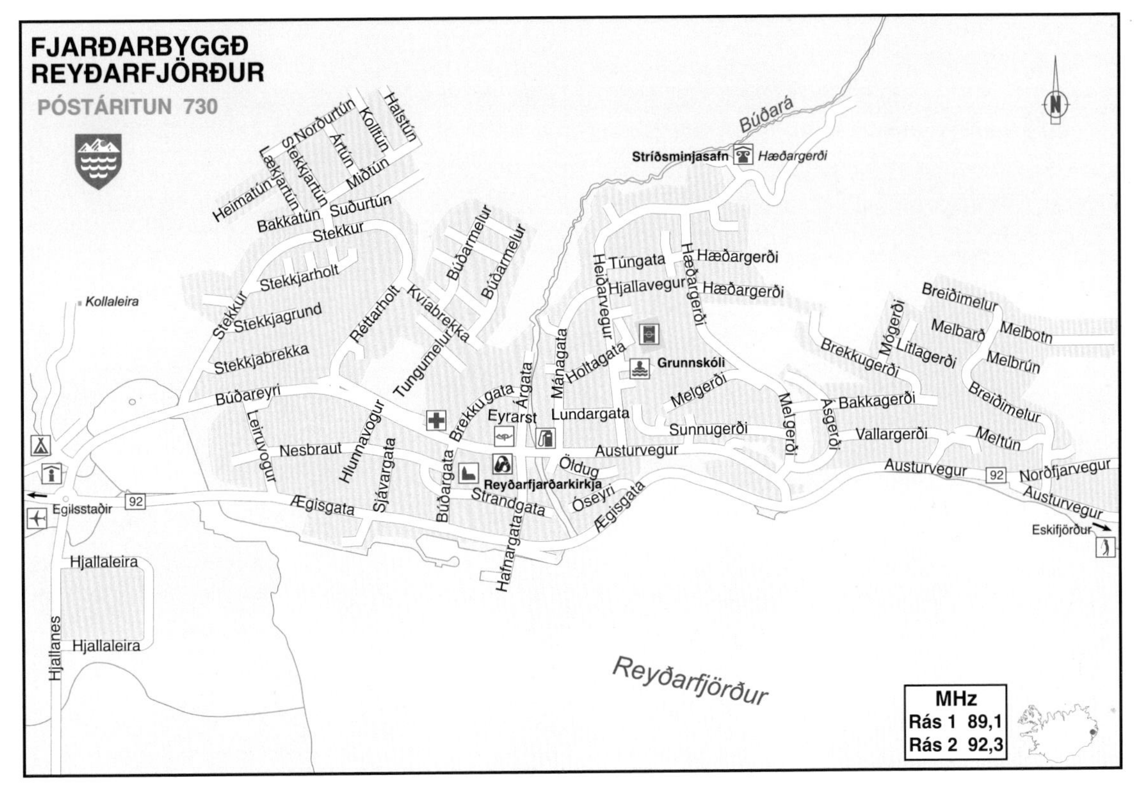
FJARÐARBYGGÐ
REYÐARFJÖRÐUR
PÓSTÁRITUN 730
Stríðsminjasafn
Grunnskóli
Reyðarfjarðarkirkja
Reyðarfjörður
Egilsstaðir
Eskifjörður
MHz
Rás 1 89,1
Rás 2 92,3

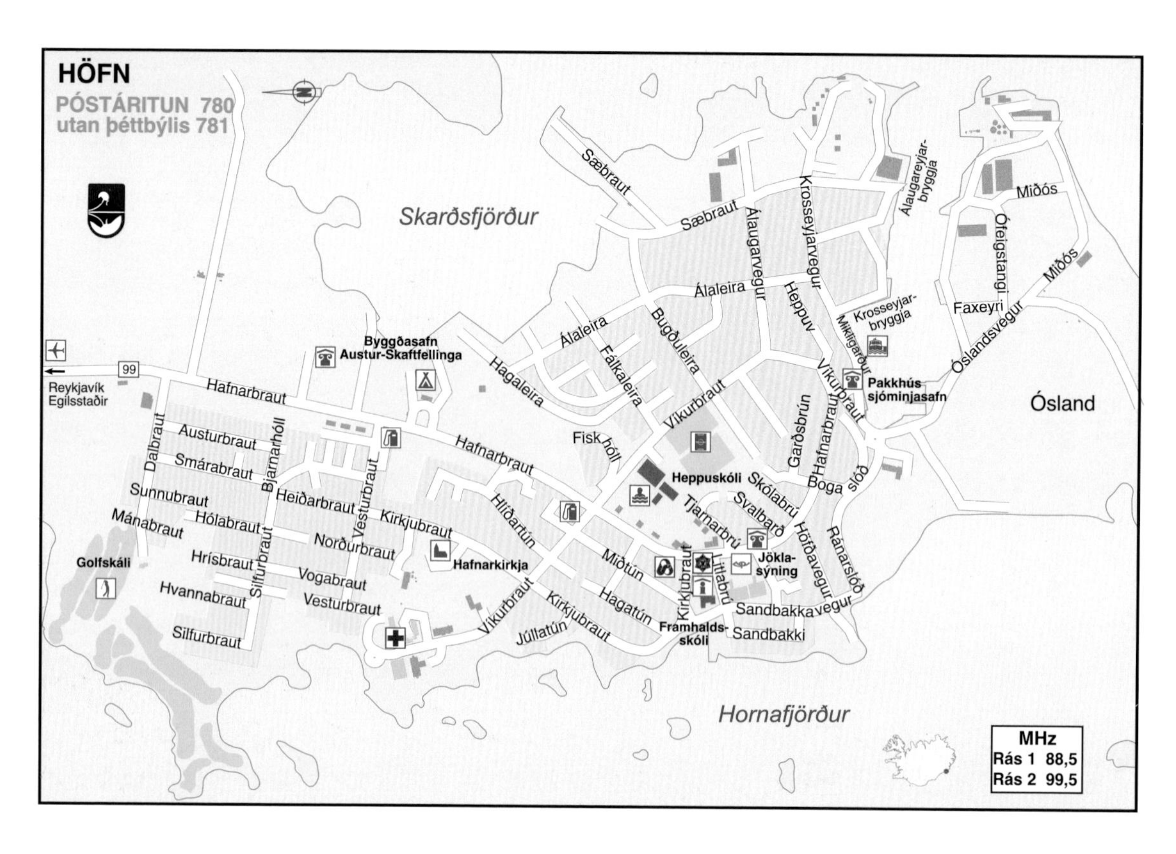
HÖFN
PÓSTÁRITUN 780
utan þéttbýlis 781
Skarðsfjörður
Hornafjörður
Ósland
Reykjavík
Egilsstaðir
99
Byggðasafn Austur-Skaftfellinga
Heppuskóli
Hafnarkirkja
Jökla-sýning
Pakkhús sjóminjasafn
Framhalds-skóli
Golfskáli
Hafnarbraut
Austurbraut
Smárabraut
Sunnubraut
Mánabraut
Hólabraut
Hrísbraut
Hvannabraut
Silfurbraut
Heiðarbraut
Norðurbraut
Vogabraut
Vesturbraut
Kirkjubraut
Hlíðartún
Miðtún
Hagatún
Júllatún
Víkurbraut
Sæbraut
Álaleira
Fálkaleira
Hagaleira
Bugðuleira
Álaugarvegur
Krosseyjarvegur
Heppuv
Garðsbrún
Skólabrú
Svalbarð
Tjarnarbrú
Höfðavegur
Ránarslóð
Bogaslóð
Sandbakkavegur
Sandbakki
Miðós
Ófeigstangi
Faxeyri
Óslandsvegur
Krosseyjar-bryggja
Álaugareyjar-bryggja
MHz
Rás 1 88,5
Rás 2 99,5

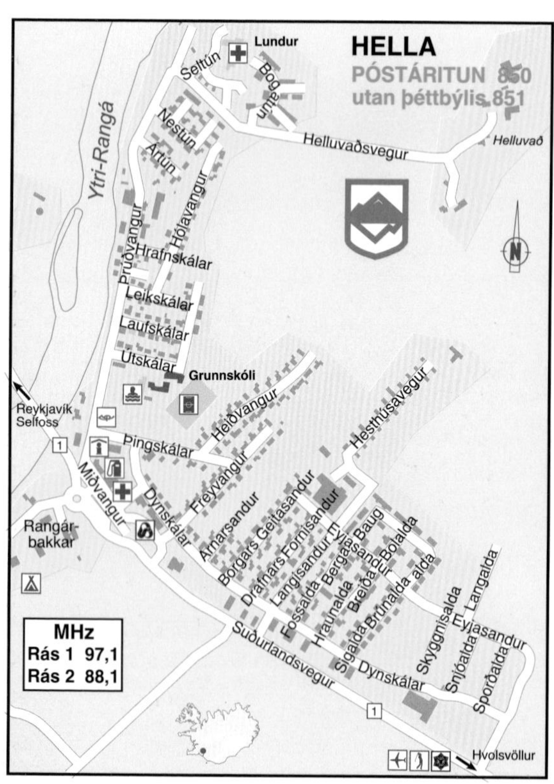
HELLA
PÓSTÁRITUN 850
utan þéttbýlis 851
Ytri-Rangá
Lundur
Seltún
Nestún
Ártún
Helluvaðsvegur
Helluvað
Hólavangur
Þrúðvangur
Hrafnskálar
Leikskálar
Laufskálar
Útskálar
Grunnskóli
Heiðvangur
Þingskálar
Freyvangur
Hesthúsavegur
Miðvangur
Dynskálar
Rangár-bakkar
Arnarsandur
Reykjavík
Selfoss
Suðurlandsvegur
Hvolsvöllur
MHz
Rás 1 97,1
Rás 2 88,1

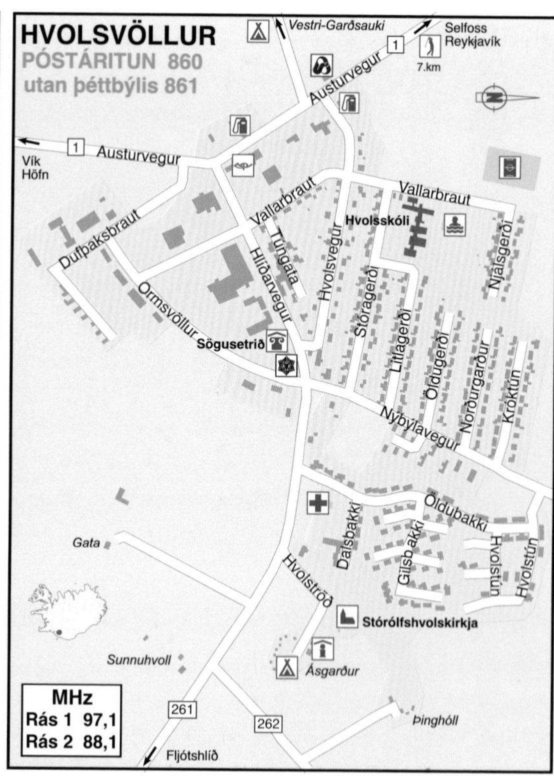
HVOLSVÖLLUR
PÓSTÁRITUN 860
utan þéttbýlis 861
Vestri-Garðsauki
Selfoss
Reykjavík
7.km
Austurvegur
Vík
Höfn
Vallarbraut
Dufþaksbraut
Túngata
Hlíðarvegur
Ormsvöllur
Sögusetrið
Hvolsvegur
Hvolsskóli
Stóragerði
Litlagerði
Öldugerði
Norðurgarður
Króktún
Njálsgerði
Nýbýlavegur
Öldubakki
Dalsbakki
Gilsbakki
Hvolstún
Hvolsstræti
Stórólfshvolskirkja
Ásgarður
Gata
Sunnuhvoll
Þinghóll
Fljótshlíð
261
262
MHz
Rás 1 97,1
Rás 2 88,1

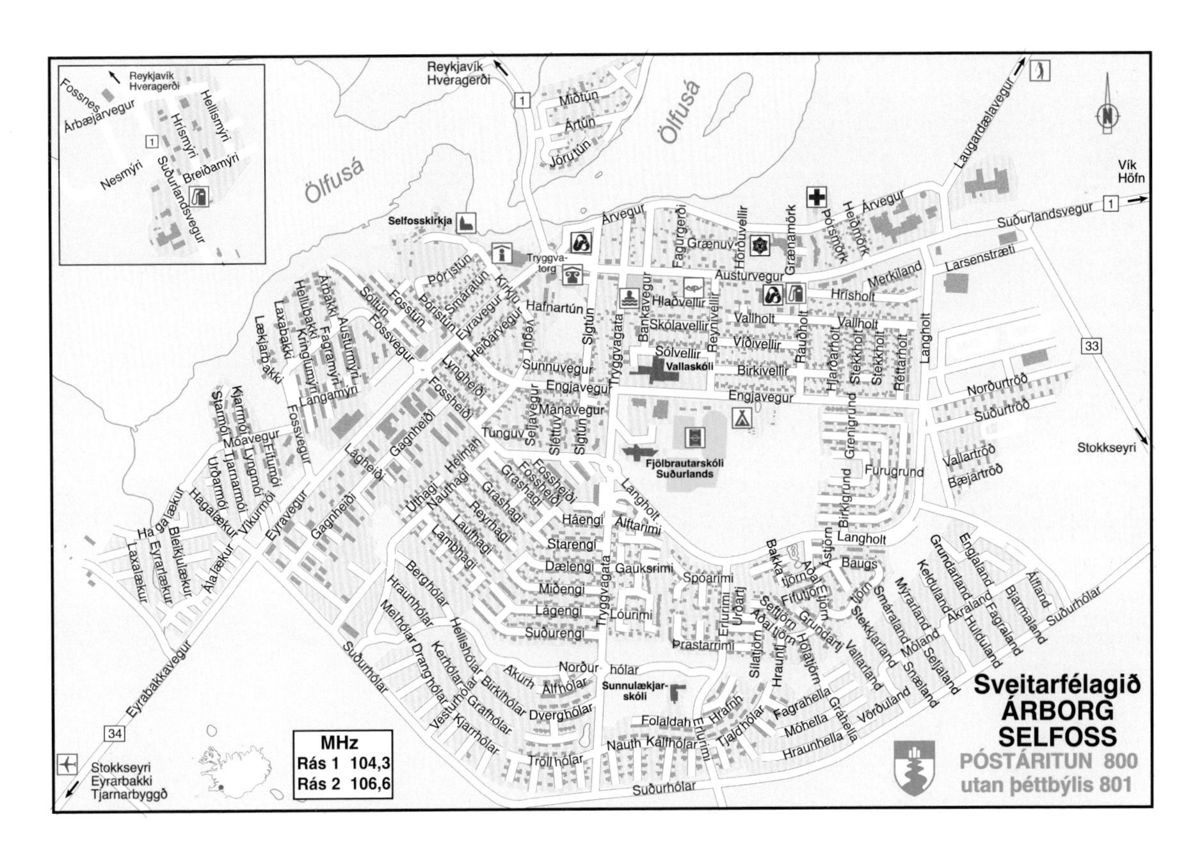
Sveitarfélagið
ÁRBORG
SELFOSS
PÓSTÁRITUN 800
utan þéttbýlis 801
MHz
Rás 1 104,3
Rás 2 106,6
Reykjavík
Hveragerði
Vík
Höfn
Stokkseyri
Stokkseyri
Eyrarbakki
Tjarnarbyggð
Ölfusá
Ölfusá
Selfosskirkja
Tryggvatorg
Fjölbrautarskóli Suðurlands
Vallaskóli
Sunnulækjarskóli
Árvegur
Austurvegur
Suðurlandsvegur
Laugardælavegur
Eyravegur
Eyrarbakkavegur
Engjavegur
Langholt
Norðurtröð
Suðurtröð
Suðurhólar
Tryggvagata
Fossheiði
Gagnheiði
Lágheiði
Hafnartún
Sunnuvegur
Mánavegur
Miðtún
Ártún
Jörutún
Merkiland
Larsenstræti
Hrísholt
Vallholt
Grænuvöllur
Hlaðvellir
Skólavellir
Sólvellir
Birkivellir
Víðivellir
Fosstún
Sóltún
Þóristún
Smáratún
Kirkjuvegur
Heiðarvegur
Lyngheiði
Tunguvegur
Seljavegur
Sléttuvegur
Sigtún
Furugrund
Vallartröð
Bæjartröð
Háengi
Starengi
Dælengi
Miðengi
Lágengi
Suðurengi
Álftarimi
Gauksrimi
Spóarimi
Lóurimi
Þrastarimi
Baugstjörn
Fífutjörn
Grundartjörn
Engjaland
Bjarmaland
Álfhólar
Dverghólar
Tröllhólar
Folaldahagi
Hrafnhólar
Kálfhólar
Nauthólar
Fagrahella
Móhella
Hraunhella
Vörðuland
Nesmýri
Breiðamýri
Hrísmýri
Hellismýri
Árbæjarvegur
Fossnes
Suðurlandsvegur

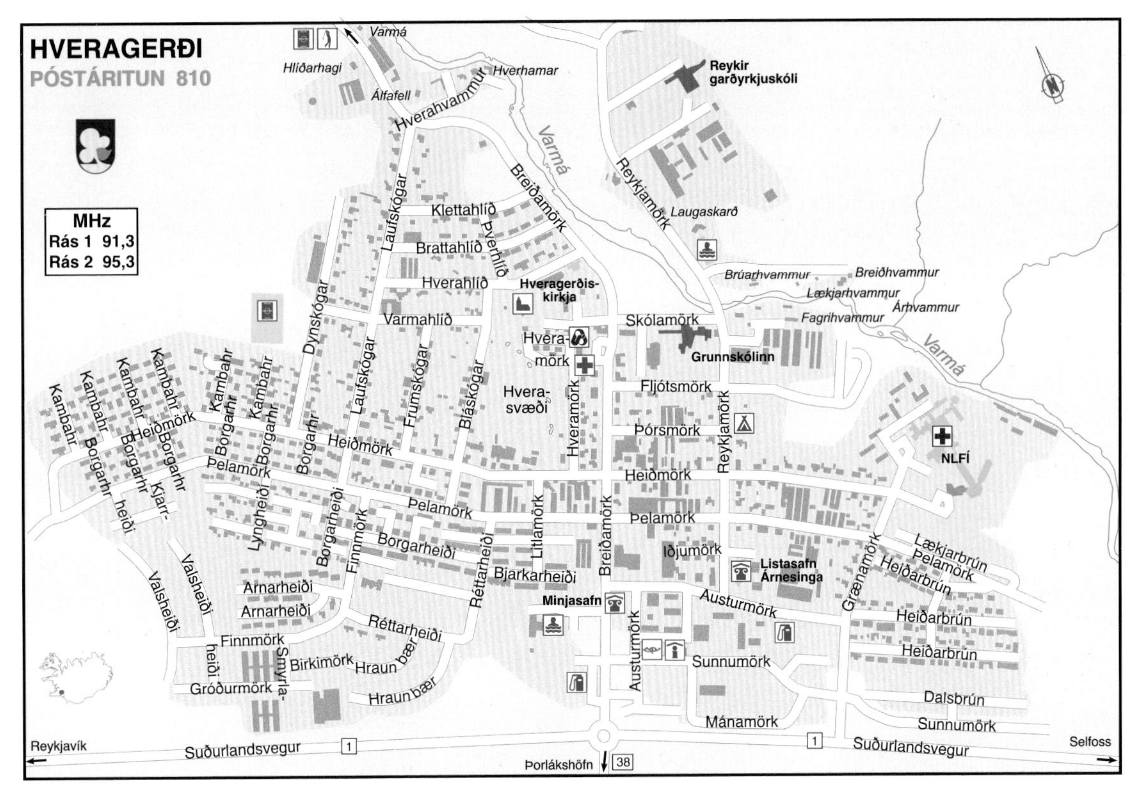
HVERAGERÐI
PÓSTÁRITUN 810
MHz
Rás 1 91,3
Rás 2 95,3
Varmá
Varmá
Varmá
Hlíðarhagi
Hverhamar
Álfafell
Hverahvammur
Reykir garðyrkjuskóli
Reykjamörk
Laugaskarð
Breiðamörk
Klettahlíð
Brattahlíð
Hverahlíð
Varmahlíð
Þverhlíð
Hveragerðiskirkja
Brúarhvammur
Breiðhvammur
Lækjarhvammur
Árhvammur
Fagrihvammur
Skólamörk
Grunnskólinn
Hveramörk
Fljótsmörk
Þórsmörk
Heiðmörk
Þelamörk
Iðjumörk
Listasafn Árnesinga
Minjasafn
Austurmörk
Sunnumörk
Mánamörk
Dalsbrún
Heiðarbrún
Lækjarbrún
Grænamörk
NLFÍ
Hverasvæði
Laufskógar
Dynskógar
Frumskógar
Bláskógar
Kambahraun
Borgarhraun
Heiðmörk
Lyngheiði
Borgarheiði
Finnmörk
Réttarheiði
Litlamörk
Bjarkarheiði
Arnarheiði
Valsheiði
Kjarrheiði
Birkimörk
Hraunbær
Gróðurmörk
Smyrlaheiði
Reykjavík
Selfoss
Þorlákshöfn
Suðurlandsvegur

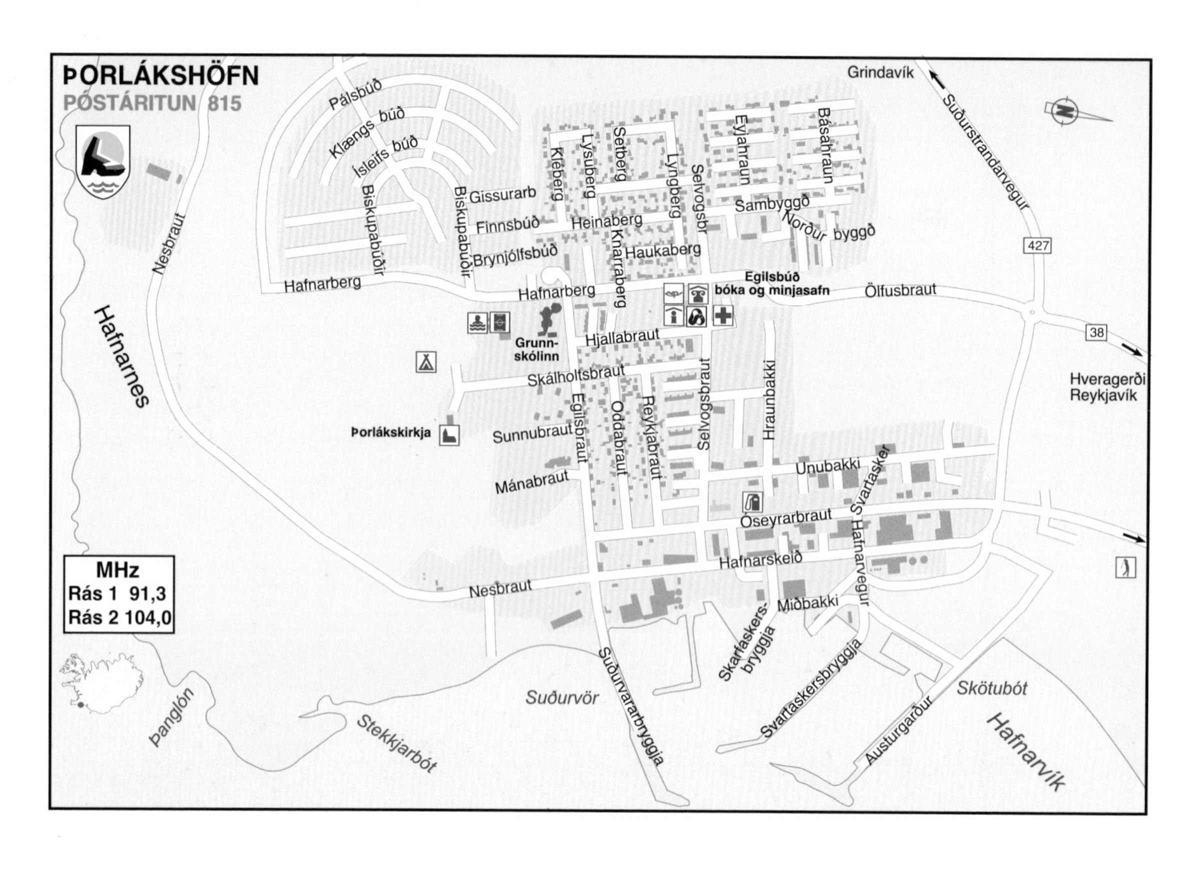
ÞORLÁKSHÖFN
PÓSTÁRITUN 815
Grindavík
Suðurstrandarvegur
427
Pálsbúð
Klængs búð
Ísleifs búð
Biskupabúðir
Gissurarb
Finnsbúð
Brynjólfsbúð
Kléberg
Lýsuberg
Setberg
Lyngberg
Selvogsbr
Eyjahraun
Básahraun
Sambyggð
Norður byggð
Heinaberg
Knarraberg
Haukaberg
Hafnarberg
Hafnarberg
Nesbraut
Hafnarnes
Egilsbúð
bóka og minjasafn
Ölfusbraut
38
Hveragerði
Reykjavík
Grunn-
skólinn
Hjallabraut
Skálholtsbraut
Þorlákskirkja
Sunnubraut
Egilsbraut
Oddabraut
Reykjabraut
Selvogsbraut
Hraunbakki
Unubakki
Svartasker
Mánabraut
Óseyrarbraut
Hafnarvegur
Hafnarskeið
MHz
Rás 1 91,3
Rás 2 104,0
Nesbraut
Miðbakki
Skarfaskers-
bryggja
Suðurvararbryggja
Suðurvör
Skötubót
Svartaskersbryggja
Austurgarður
Hafnarvík
Þanglón
Stekkjarbót

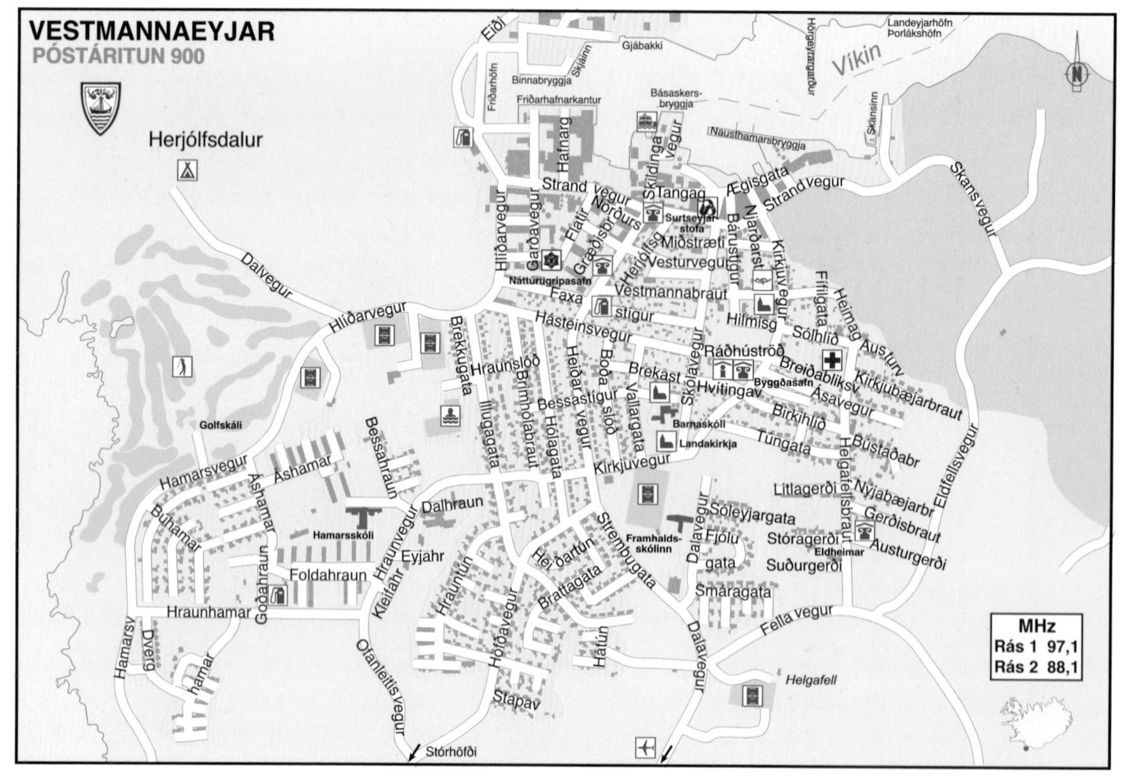
VESTMANNAEYJAR
PÓSTÁRITUN 900
Herjólfsdalur
Eiði
Gjábakki
Binnabryggja
Friðarhöfn
Friðarhafnarkantur
Básaskers-
bryggja
Hörgeyrargarður
Landeyjarhöfn
Þorlákshöfn
Víkin
Skansinn
Naustahamarsbryggja
Skansvegur
Hafnarg
Strandvegur
Skildingavegur
Tangag
Ægisgata
Strandvegur
Hlíðarvegur
Garðavegur
Flatir
Norðursund
Græðisbr
Surtseyjar-
stofa
Njarðarst
Bárustígur
Miðstræti
Vesturvegur
Kirkjuvegur
Fífilgata
Heimagata
Náttúrugripasafn
Faxastígur
Vestmannabraut
Hilmisg
Sólhlíð
Austurv
Dalvegur
Hlíðarvegur
Brekkugata
Hásteinsvegur
Ráðhúströð
Hraunslóð
Brimhólabraut
Heiðarvegur
Bóðaslóð
Skólavegur
Breiðabliksv
Kirkjubæjarbraut
Brekast
Hvítingav
Byggðasafn
Ásavegur
Bessastígur
Vallargata
Birkihlíð
Illugagata
Hólagata
Golfskáli
Barnaskóli
Landakirkja
Túngata
Bústaðabr
Helgafellsbraut
Eldfellsvegur
Bessahraun
Áshamar
Hamarsvegur
Áshamar
Kirkjuvegur
Litlagerði
Nýjabæjarbr
Búhamar
Dalhraun
Sóleyjargata
Gerðisbraut
Hamarsskóli
Eyjahr
Framhalds-
skólinn
Fjólugata
Stóragerði
Austurgerði
Eldheimar
Suðurgerði
Foldahraun
Hraunvegur
Kleifahr
Heiðartún
Strembugata
Hrauntún
Brattagata
Smáragata
Goðahraun
Hraunhamar
Hamarsv
Dverg
hamar
Höfðavegur
Hátún
Dalavegur
Fellavegur
Ofanleitisvegur
Stapav
Helgafell
Stórhöfði
MHz
Rás 1 97,1
Rás 2 88,1

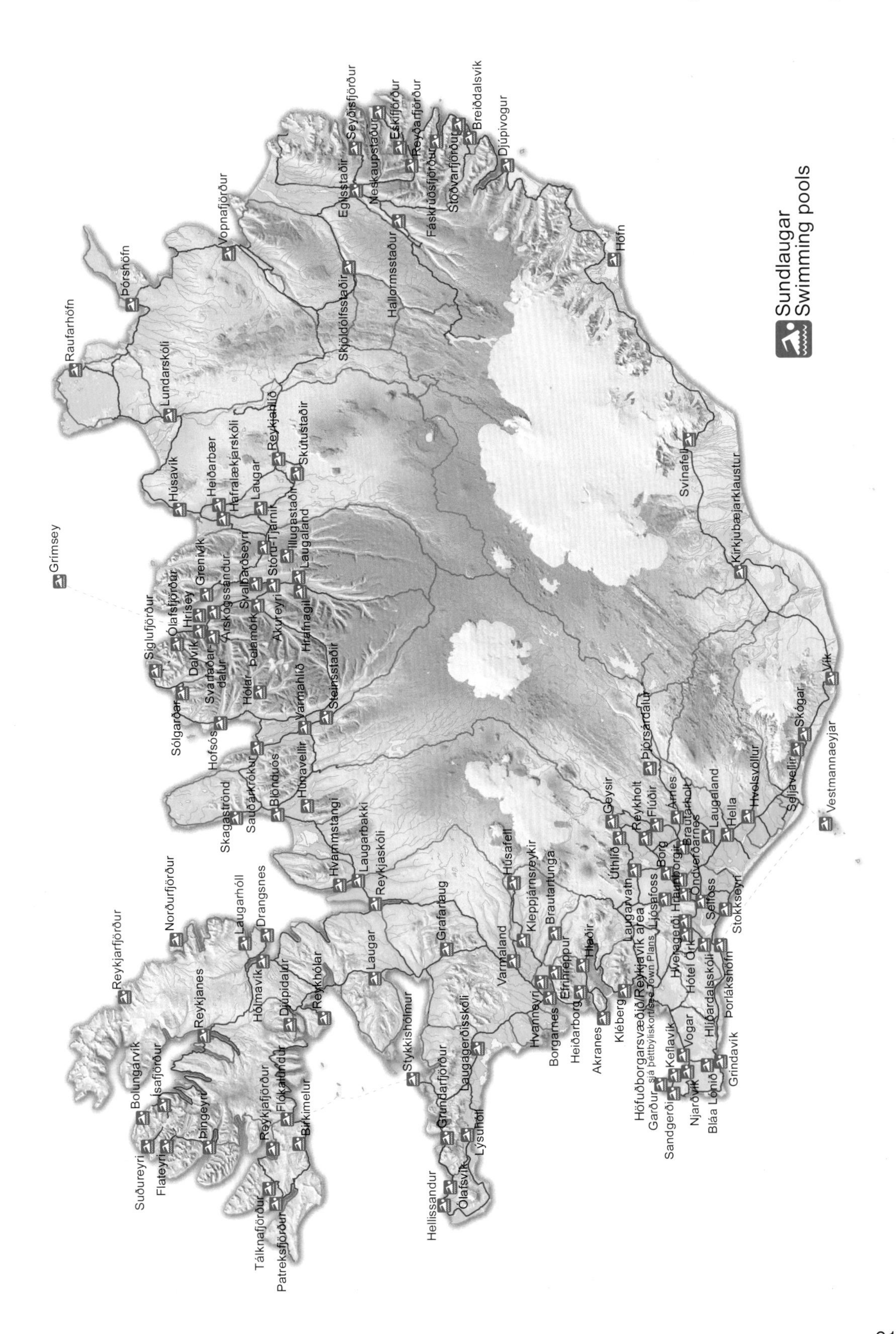
Sundlaugar
Swimming pools
Grímsey
Raufarhöfn
Þórshöfn
Vopnafjörður
Lundarskóli
Húsavík
Heiðarbær
Hafralækjarskóli
Reykjahlíð
Skútustaðir
Laugar
Stóru-Tjarnir
Illugastaðir
Laugaland
Grenivík
Svalbarðseyri
Akureyri
Hrafnagil
Siglufjörður
Ólafsfjörður
Hrísey
Árskógssandur
Dalvík
Þelamörk
Svarfaðardalur
Hólar
Sólgarðar
Hofsós
Varmahlíð
Steinsstaðir
Sauðárkrókur
Húnavellir
Skagaströnd
Blönduós
Hvammstangi
Laugarbakki
Reykjaskóli
Norðurfjörður
Reykjarfjörður
Laugarhóll
Drangsnes
Reykjanes
Hólmavík
Djúpidalur
Reykhólar
Bolungarvík
Ísafjörður
Suðureyri
Flateyri
Þingeyri
Reykjafjörður
Flókalundur
Birkimelur
Tálknafjörður
Patreksfjörður
Laugar
Grafarlaug
Stykkishólmur
Grundarfjörður
Laugargerðisskóli
Lýsuhóll
Hellissandur
Ólafsvík
Húsafell
Kleppjárnsreykir
Brautartunga
Varmaland
Hvanneyri
Borgarnes
Efri-Hreppur
Heiðarborg
Hlaðir
Akranes
Klébergl
Höfuðborgarsvæðið/Reykjavík area
sjá þéttbýliskort/see Town Plans
Laugarvatn
Úthlíð
Geysir
Reykholt
Flúðir
Árnes
Borg
Brautarholt
Ljósafoss
Hraunborgir
Önverðarnes
Hveragerði
Hótel Örk
Selfoss
Stokkseyri
Þorlákshöfn
Hlíðardalsskóli
Vogar
Keflavík
Garður
Sandgerði
Njarðvík
Bláa Lónið
Grindavík
Laugaland
Hella
Hvolsvöllur
Seljavellir
Skógar
Vestmannaeyjar
Vík
Þjórsárdalur
Kirkjubæjarklaustur
Svínafell
Höfn
Djúpivogur
Breiðdalsvík
Stöðvarfjörður
Fáskrúðsfjörður
Reyðarfjörður
Eskifjörður
Neskaupstaður
Seyðisfjörður
Egilsstaðir
Hallormsstaður
Skjöldólfsstaðir

Söfn / Museums

Reykjavík og nágrenni / Reykjavík and surroundings

1. Árbæjarsafn (Open Air Folk Museum), Kistuhylur 4.
2. Ásgrímssafn (Art Museum), Bergstaðastræti 74.
3. Ásmundarsafn (Sculpture Museum), Sigtún.
4. Fjölskyldu- og húsdýragarðurinn (Zoo and Family Park), Laugardalur.
5. Grasagarður Reykjavíkur (Botanical Garden), Laugardalur
6. Hið íslenska reðasafn (Phallological Museum), Laugavegur 116.
7. Hvalasafnið (Whale Museum), Fiskislóð 23–25.
8. Kjarvalsstaðir (Johannes Kjarval Art Museum), Flókagata 24.
9. Landnámssýningin (Settlement Museum), Aðalstræti 16.
10. Listasafn Einars Jónssonar (Sculpture Museum), Eiríksgata 3.
11. Listasafn Íslands (National Gallery of Iceland), Fríkirkjuvegur 7.
12. Listasafn Reykjavíkur (Reykjavik Art Gallery), Tryggvagata 17.
13. Listasafn Sigurjóns Ólafssonar (Sculpture Museum), Laugarnestangi 70.
14. Ljósmyndasafn Reykjavíkur (Photographic Museum), Tryggvagata 15.
15. Læknaminjasafn (Medical Museum), Nesstofa, Seltjarnarnes.
16. Menningarmiðstöðin Gerðubergi (Cultural Center), Gerðuberg 3–5.
17. Myntsafn Seðlabanka Íslands (Numismatic Museum), Kalkofnsvegur 1.
18. Norræna Húsið (Nordic House), Sturlugata 5.
19. Nýlistasafnið (Living Art Museum), Grandagarður 20.
20. Sjóminjasafnið í Reykjavík (Maritime Museum), Grandagarður 8.
21. Sögusafnið (Saga Museum), Grandagarður 2.
22. Þjóðmenningarhúsið (Culture House), Hverfisgata 15.
23. Þjóðminjasafn Íslands (National Museum of Iceland), Suðurgata 41.
24. Gerðarsafn (Kópavogur Art Gallery), Hamraborg 4, Kópavogur.
25. Náttúrufræðistofa Kópavogs (Natural Museum), Hamraborg 6a, Kópavogur.
26. Hönnunarsafn Íslands (Design Museum), Garðatorg 1, Garðabær.
27. Byggðasafn Hafnarfjarðar (Folk Museum), Vesturgata 8, Hafnarfjörður.
28. Hafnarborg (Cultural Center), Strandgata 34, Hafnarfjörður.

Suðurnes / Reykjanes peninsula

29. Byggða-, lista og bátasafn (Folk-, Art- and Boatmuseum), Duusgata 2–8, Reykjanesbær.
30. Rokksafn (Rock ´n´ Roll Museum), Hjallavegur 2, Reykjanesbær.

30a. Slökkviliðssafn (Fire Brigade Museum), Seyluvegur 1, Reykjanesbær.

31. Stekkjakot (Old Farm House), Fitjar, Reykjanesbær.
32. Víkingaheimar (Viking World), Víkingabraut 1, Reykjanesbær.
33. Byggðasafnið (Folk Museum) Garðskagaviti, Garður.
34. Fræðasetrið (Nature Center), Garðvegur 1, Sandgerði.
35. Jarðfræðisafn (Geological Museum), Eldborg, Grindavík.
36. Saltfisksetur Íslands (The Icelandic Saltfish Museum), Hafnargata 12a, Grindavík.

Vesturland / West Iceland

37. Gljúfrasteinn (House of Halldór Laxness), Mosfellsdalur.
38. Byggðasafnið að Görðum (Folk Museum), Akranes.
39. Landnámssýning (Settlement Exhibition), Brákarbraut 13–15 Borgarnes.
40. Safnahús Borgarfjarðar (Folk-, Art- and Nature Museum), Bjarnarbraut 4–6 Borgarnes.
41. Samgöngusafn (Transport Museum) Brákarey, Borgarnes.
42. Búvélasafn (Tractor Museum), Hvanneyri, Borgarfjörður.
43. Laxveiði- og sögusafn (Salmon Museum), Ferjukot, Borgarfjörður.
44. Heimskringla (Culture Museum), Reykholt, Borgarfjörður.
45. Sjómannagarðurinn (Maritime Museum) Útnesvegur, Hellissandur.
46. Náttúrugripasafn (Museum of Natural History), Hellissandur.
47. Pakkhúsið (Folk Museum), Ólafsbraut, Ólafsvík.
48. Sögumiðstöðin (Folk Museum), Grundargata 35, Grundarfjörður.
49. Hákarlasafnið Bjarnarhöfn (Shark Museum), Helgafellssveit.
50. Byggðasafn Snæfellinga (Folk Museum), Norska húsið, Hafnagata 5, Stykkishólmur.
51. Eldfjallasafnið (Volcano Museum), Aðalgata 8, Stykkishólmur.
52. Eiríksstaðir (Farm of Eirík the Red), Haukadalur.
53. Leifsbúð (Art Museum), Ægisbraut, Búðardalur.
54. Byggðasafn Dalamanna (Folk Museum), Laugar, Sælingsdalur.

Vestfirðir / West Fjords

55. Hlunnindasýning (Folk and Farm museum), Reykhólar.
56. Minjasafn Egils Ólafssonar (Folk Museum), Hnjótur, Örlygshöfn.
57. Tónlistarsafn (Musical Museum), Tjarnarbraut 5, Bíldudalur.
58. Minjasafn um Jón Sigurðsson (Memorial Museum), Hrafnseyri við Arnarfjörð.
59. Gamla smiðjan (Workshop Museum), Hafnarstræti 14, Þingeyri.
60. Skrúður (Botanical Garden), Núpur, Dýrafjörður.
61. Brúðu- og dellusafn (Puppet and Small Items Museum), Hafnarstræti 11, Flateyri.
62. Náttúrugripasafn Vestfjarða (Natural Museum), Vitastígur 3, Bolungarvík.
63. Ósvör (Maritime Museum), við Bolungarvík.
64. Byggðasafn Vestfjarða (Folk Museum), Turnhúsið, Neðstikaupstaður, Ísafjörður.
65. Safnahús Ísafjarðar (Library and Art Museum), Eyrartún, Ísafjörður.
66. Sjóminjasafn Ísfirðinga (Maritime Museum), Neðstikaupstaður, Ísafjörður
67. Melrakkasetur Íslands (Arctic Fox Center), Eyrardalur, Súðavík.
68. Minjasafn (Folk Museum), Árnes á Ströndum.
69. Sögusýning Djúpavíkur (Herring Museum), Djúpavík.
70. Galdrasafn (Icelandic Sorcery and Witchcraft Museum), Hafnarbraut 8, Hólmavík.
71. Sauðfjársetrið (Sheep Museum), Sævangur, Strandir.

Norðurland / North Iceland

72. Byggðasafn Húnvetninga og Strandamanna (Folk Museum), Reykir, Hrútafjörður.
73. Selasetur Íslands (Icelandic Seal Center), Brekkugata 2, Hvammstangi.
74. Verslunarminjasafnið Bardúsa (Commercial Museum and Gallery), Brekkugata 4, Hvammstangi.
75. Hafíssetrið (Sea Ice Exhibiton Centre), Hillebrandtshús, Blönduós.
76. Heimilisiðnaðarsafnið (Textile Museum), Árbraut 29, Blönduós.
77. Árnes (Folk Museum), Árnes, Skagaströnd.
78. Víðimýrarkirkja (Old Church), Víðimýri, Skagafjörður.
79. Byggðasafn Skagfirðinga (Folk Museum), Glaumbær, Skagafjörður.
80. Minjahús (Memorial House), Aðalgata 16b, Sauðárkrókur.
81. Safnahúsið (Folk Museum), Faxatorg, Sauðárkrókur.
82. Hóladómkirkja (Cathedral), Hólar í Hjaltadal.
83. Sögusetur íslenska hestsins (Icelandic Horse Exhibition), Hólar í Hjaltadal.
84. Samgönguminjasafn Skagafjarðar (Automobile Museum), Stóragerði, Skagafjörður.
85. Vesturfarasafn (Iceland Emigration Centre), Hofsós.
86. Gamla pakkhúsið (Old Warehouse), Hofsós.
87. Síldarminjasafnið (The Herring Era Museum), Snorragata 15, Siglufjörður.
88. Náttúrugripasafn Ólafsfjarðar (Museum of Natural History), Strandgata 4, Ólafsfjörður.
89. Byggðasafnið Hvoll (Folk Museum), Hvoll, Dalvík.
90. Dýragarðurinn að Krossum (Mini-Zoo), Árskógsströnd.
91. Davíðshús (Davíð Stefánsson Memorial House), Bjarkarstígur 6, Akureyri.
92. Flugsafn Íslands (Aviation Museum), Akureyrarflugvöllur (Airport).
93. Friðbjarnarhús (Memorial House), Aðalstræti 46, Akureyri.
94. Iðnaðarsafn (Industrial Museum), Krókseyri, Akureyri.
95. Listasafn Akureyrar (Art Museum), Kaupvangsstræti 12, Akureyri.
96. Lystigarðurinn (Botanical Garden), Eyrarlandsholt, Akureyri.
97. Minjasafn Akureyrar (Folk Museum), Aðalstræti 58, Akureyri.
98. Nonnahús (Jón Sveinsson Memorial House), Aðalstræti 54b, Akureyri.

99. Sigurhæðir (Matthías Jochumsson Collection), Eyrarlandsvegur 3, Akureyri.
100. Smámunasafn Sverris Hermannssonar (Small Items Museum), Sólgarðar Eyjafjörður.
101. Safnasafnið (Folk Museum), Svalbarðsströnd.
102. Laufás (Folk Museum), Eyjafjörður.
103. Samgönguminjasafn (Automobile Museum), Ystafell, Kaldakinn.
104. Gamli bærinn (Old Farmhouse), Grenjaðarstaður, Aðaldalur.
105. Fuglasafn Sigurgeirs (Bird Museum), Ytri-Neslönd, Mývatn.
106. Hvalasafn (Whale Museum), Hafnarstétt 1, Húsavík.
107. Safnahús Húsavíkur (Local Museum), Stórigarður 17, Húsavík.
108. Steingervingasafnið (Fossil Museum), Hallbjarnarstaðir IV, Tjörnes.
109. Minjasafnið Mánárbakka (Folk Museum), Mánárbakki, Tjörnes.
110. Bóka- og byggðasafn N-Þingeyinga (Library and Folk Museum), Snartarstaðir.

Austurland / East Iceland

111. Minjasafnið Burstarfelli (Folk Museum), Vopnafjörður.
112. Sænautasel (Old Farmhouse), Jökuldalsheiði.
113. Húsdýragarður Klausturseli (Mini-Zoo), Jökuldalur.
114. Minjasafn Austurlands (East Iceland Heritage Museum), Laufskógar 1, Egilsstaðir.
115. Kjarvalsstofa (Art Museum), Fjarðaborg, Bakkagerði.
116. Rafveitusafn RARIK (Electrical Museum), Fjarðasel, Seyðisfjörður.
117. Tækniminjasafn Austurlands (Technological Museum), Hafnargata 38/44, Seyðisfjörður.
118. Náttúrugripasafnið (Museum of Natural History), Miðstræti 1, Neskaupstaður.
119. Sjóminja- og smiðjumunasafn Jósafats Hinrikssonar (Maritime- and Workshop Museum), Egilsbraut 2, Neskaupstaður.
120. Málverkasafn Tryggva Ólafssonar (Art Museum), Hafnarbraut 2, Neskaupstaður.
121. Sjóminjasafn Austurlands (Maritime Museum), Strandgata 39, Eskifjörður.
122. Steinasafn (Rare Stone Collection), Lambeyrarbraut 5, Eskifjörður.
123. Stríðsminjasafn (War Museum), Hæðargerði, Reyðarfjörður.
124. Safn franskra skútusjómanna (Museum of French Sailors), Búðarvegur 8, Fáskrúðsfjörður.
125. Steinasafn Petru (Stone Collection), Sunnuhlíð, Stöðvarfjörður.
126. Minjasafn Nönnu (Memorial Museum), Berufjörður I.
127. Geislasteinasafnið (Zeolite Collection), Teigarhorn, Berufjörður.
128. Minjasafnið Löngubúð (Memorial Museum), Búð 1, Djúpavogur.
129. Byggðasafn Austur-Skaftfellinga (Folk Museum), Gömlubúð, Hafnarbraut, Höfn.
130. Jöklasýning (Glacial Museum), Hafnarbraut 30, Höfn.
131. Þórbergssetur (Thorbergur Culture Centre), Hali, Suðursveit.

Suðurland / South Iceland

132. Byggðasafn (Folk Museum), Skógar, Austur-Eyjafjöll.
133. Samgöngusafn (Automobile Museum), Skógar, Austur-Eyjafjöll.
134. Eldgosasafn (Volcanic Eruption Museum), Þorvaldseyri, Vestur-Eyjafjöll.
135. Sögusetrið (Historical Museum), Hlíðarvegur 12, Hvolsvöllur.
136. Gamli bærinn að Keldum (Old Farmhouse), Rangárvellir.
137. Heklusetrið (Hekla Center), Leirubakki.
138. Þjóðveldisbærinn (Reconstructed Farmhouse) Stöng, Þjórsárdalur.
139. Minjasafn Emils Ásgeirssonar (Memorial Museum), Gröf, Flúðir.
140. Geysisstofa (Geysir Museum), Haukadalur.
141. Dýragarðurinn Slakka (Mini-Zoo), Laugarás.
142. Listasafn Árnesinga (Art Museum), Austurmörk 21, Hveragerði.
143. Minjasafn Kristjáns Runólfssonar (Memorial Museum), Austurmörk 2, Hveragerði.
144. Egilsbúð, bóka- og minjasafn (Library and Folk Museum), Hafnarberg 1, Þorlákshöfn.
145. Húsið (Folk Museum), Eyrarbakki.
146. Sjóminjasafnið (Maritime Museum), Eyrarbakki.
147. Þuríðarbúð (Folk Museum), Strandgata 13, Stokkseyri.
148. Veiðisafnið (Hunting Museum), Eyrarbraut 49, Stokkseyri.
149. Draugasetrið (Ghost Museum), Hafnargata 9, Stokkseyri.
150. Rjómabúið Baugsstöðum (Dairy Farm), við Stokkseyri.
151. Byggðasafnið (Folk Museum), Ráðhúströð, Vestmannaeyjar.
152. Náttúrugripasafnið (Museum of Natural History), Heiðarvegur 12, Vestmannaeyjar.

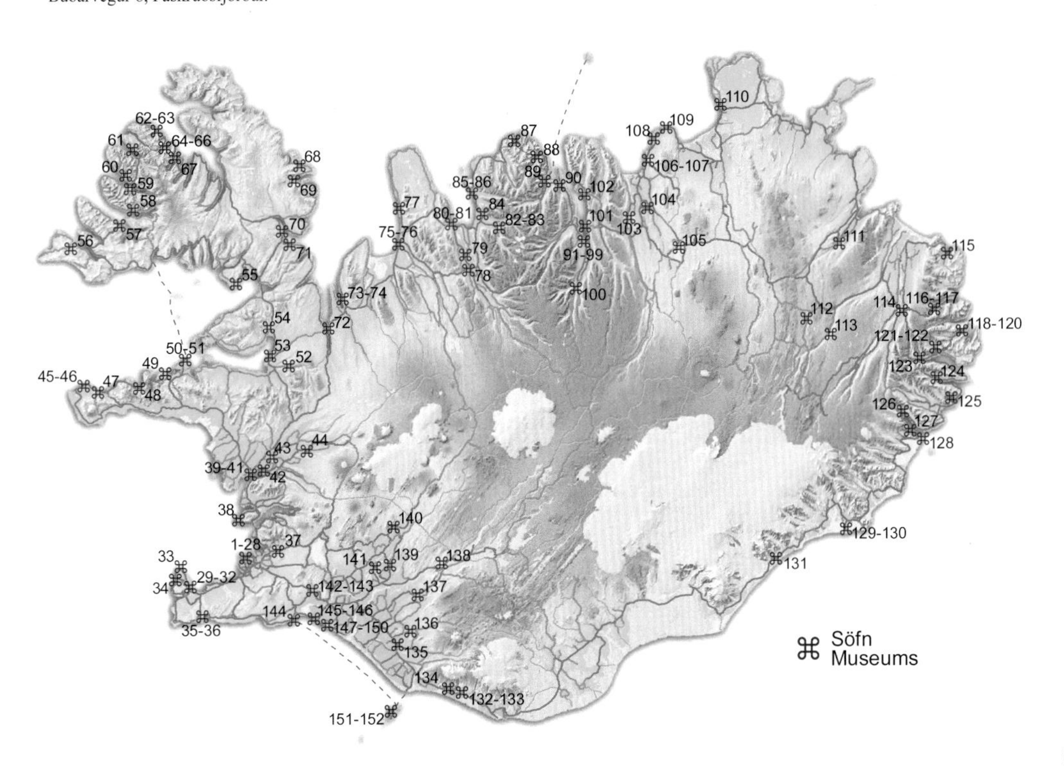
62-63
61
64-66
60
59
67
58
68
69
57
56
70
71
55
54
50-51
53
52
49
45-46
47
48
72
73-74
75-76
77
80-81
79
78
85-86
84
82-83
87
88
89
90
102
101
103
91-99
100
108
109
110
106-107
104
105
111
112
113
114
116-117
115
118-120
121-122
123
124
125
126
127
128
129-130
131
43
44
39-41
42
38
1-28
37
33
29-32
34
35-36
140
141
139
138
142-143
137
144
145-146
147-150
136
135
134
132-133
151-152
Söfn
Museums

Tjaldsvæði / Camping Sites

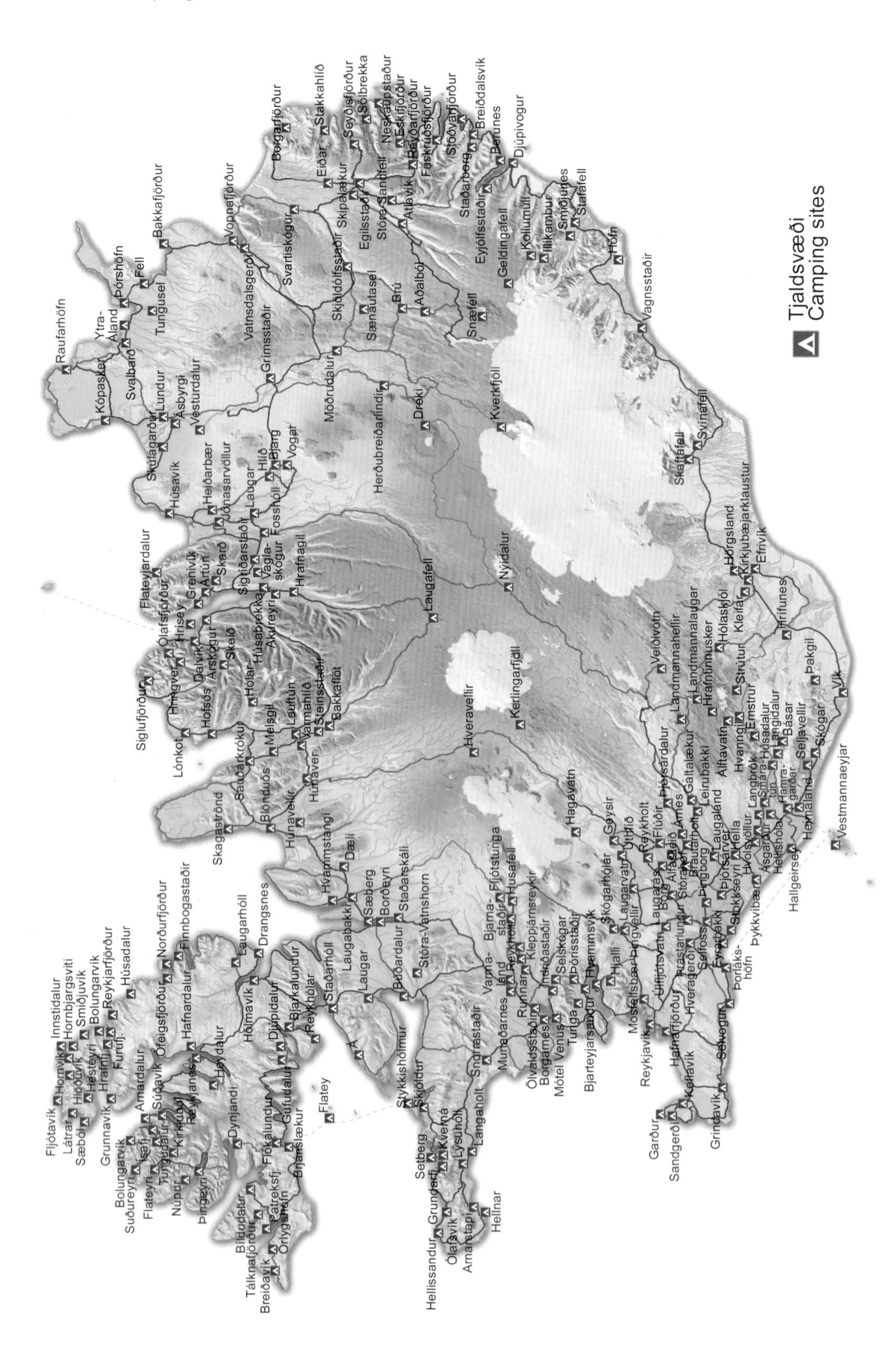

Tjaldsvæði
Camping sites
Raufarhöfn
Kópasker
Svalbarð
Ytra-Áland
Þórshöfn
Fell
Tungusel
Bakkafjörður
Vopnafjörður
Lundur
Ásbyrgi
Vesturdalur
Skúlagarður
Húsavík
Heiðarbær
Jónasarvöllur
Laugar
Hlíð
Bjarg
Vogar
Fosshóll
Sigtúðastaðir
Vagla-skógur
Hrafnagil
Flateyjardalur
Grenivík
Árbún
Skarð
Ólafsfjörður
Hrísey
Dalvík
Árskógur
Skeið
Húsabrekka
Akureyri
Siglufjörður
Hringver
Hofsós
Hólar
Lónkot
Melsgil
Lauftún
Varmahlíð
Steinsstaðir
Bakkaflöt
Sauðárkrókur
Blönduós
Húnaver
Húnavellir
Skagaströnd
Hvammstangi
Dæli
Sæberg
Borðeyri
Staðarskáli
Laugarbakki
Laugarhóll
Drangsnes
Norðurfjörður
Finnbogastaðir
Reykjarfjörður
Húsadalur
Hornbjargsviti
Smiðjuvík
Innstidalur
Hornvík
Hlöðuvík
Fljótavík
Látrar
Sæból
Hesteyri
Bolungarvík
Grunnavík
Ármardalur
Súðavík
Ófeigsfjörður
Hafnardalur
Reykjanes
Heydalur
Hólmavík
Djúpidalur
Bjarkalundur
Reykhólar
Staðarhóll
Laugar
Búðardalur
Stóra-Vatnshorn
Flatey
Dynjandi
Gufudalur
Flókalundur
Brjánslækur
Patreksfj.
Örlygshöfn
Bíldudalur
Tálknafjörður
Breiðavík
Ísafj.
Tungudalur
Kirkjuból
Flateyri
Suðureyri
Núpur
Þingeyri
Stykkishólmur
Skjöldur
Setberg
Grundarfj.
Kverná
Lýsuhóll
Langaholt
Snorrastaðir
Hellissandur
Ólafsvík
Arnarstapi
Hellnar
Munaðarnes
Varmaland
Bjarnastaðir
Fljótstunga
Húsafell
Reykholt
Kleppjárnsreykir
Rúnnar
Borgarnes
Ölvaldsstaðir
Mótel Venus
Bjarteyjarsandur
Tunga
Hvammsvík
Selskógar
Hjalli
Laugarvatn
Skógarhólar
Geysir
Úthlíð
Reykholt
Flúðir
Árnes
Hagavatn
Hveravellir
Kerlingarfjöll
Laugafell
Nýidalur
Þjórsárdalur
Galtalækur
Leirubakki
Landmannahellir
Landmannalaugar
Hrafntinnusker
Veiðivötn
Álftavatn
Hvanngil
Emstrur
Strútur
Hólaskjól
Kleifar
Hrífunes
Þakgil
Vík
Skógar
Seljavellir
Básar
Langidalur
Húsadalur
Hella
Hvolsvöllur
Langbrók
Ásgarður
Heimaland
Vestmannaeyjar
Hallgeirsey
Þykkvibær
Stokkseyri
Eyrarbakki
Selfoss
Þorlákshöfn
Hveragerði
Laugarás
Úlfljótsvatn
Reykjavík
Hafnarfjörður
Mosfellsbær
Keflavík
Selvogur
Grindavík
Garður
Sandgerði
Kirkjubæjarklaustur
Efrivík
Hörgsland
Skaftafell
Svínafell
Vagnsstaðir
Höfn
Stafafell
Smiðjunes
Illikambur
Kollumúli
Geldingafell
Eyjólfsstaðir
Staðarborg
Djúpivogur
Berunes
Breiðdalsvík
Stöðvarfjörður
Fáskrúðsfjörður
Reyðarfjörður
Eskifjörður
Neskaupstaður
Atlavík
Stóra-Sandfell
Egilsstaðir
Seyðisfjörður
Sólbrekka
Stakkahlíð
Borgarfjörður
Eiðar
Skipalækur
Skjöldólfsstaðir
Sænautasel
Brú
Aðalból
Snæfell
Kverkfjöll
Dreki
Herðubreiðarlindir
Möðrudalur
Grímsstaðir
Vatnsdalsgerði
Svartiskógur

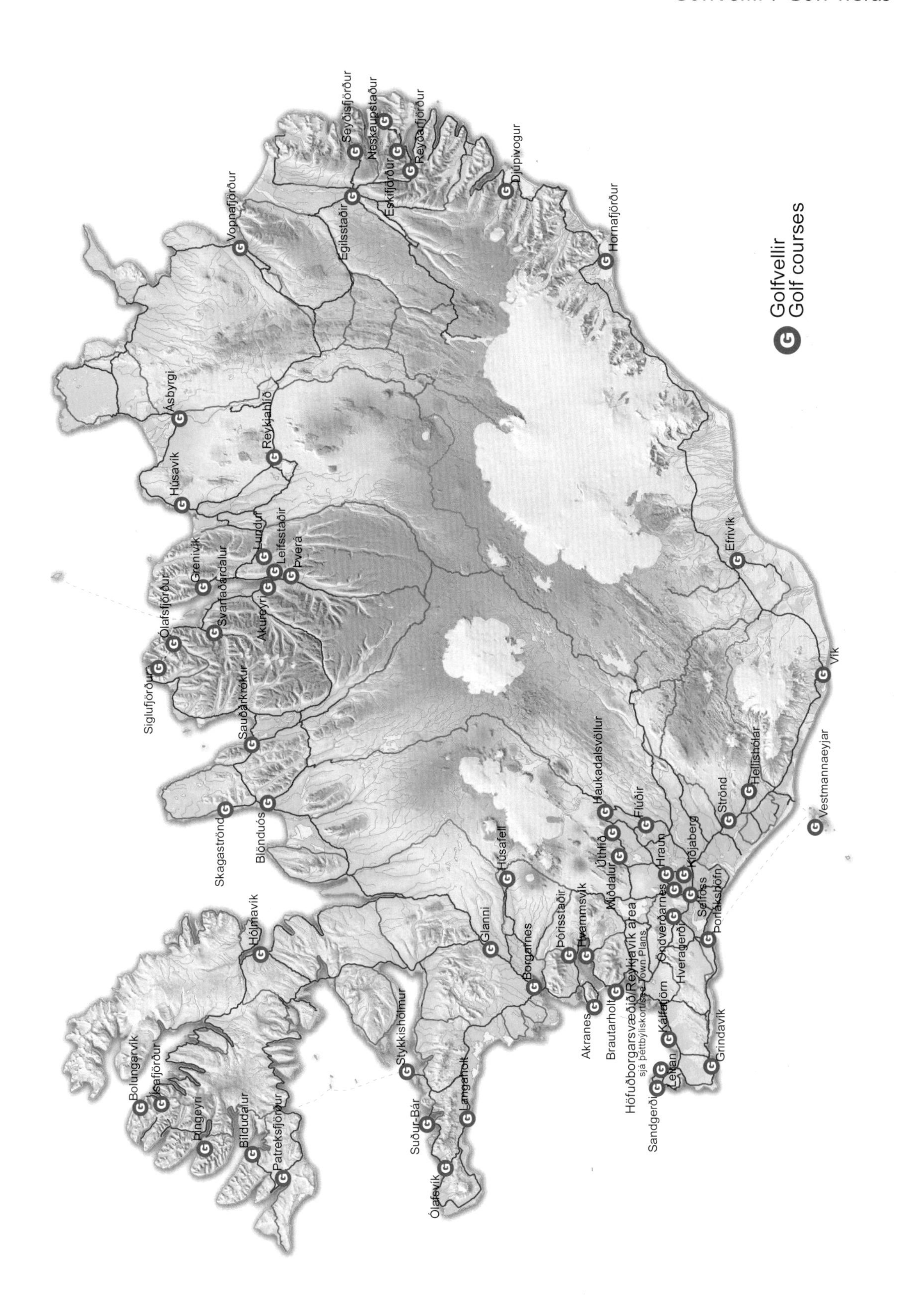

Golfvellir
Golf courses
Seyðisfjörður
Neskaupstaður
Reyðarfjörður
Eskifjörður
Egilsstaðir
Djúpivogur
Hornafjörður
Vopnafjörður
Ásbyrgi
Reykjahlíð
Húsavík
Lundur
Leifsstaðir
Þverá
Grenivík
Svarfaðardalur
Ólafsfjörður
Akureyri
Siglufjörður
Sauðárkrókur
Efrivík
Vík
Skagaströnd
Blönduós
Haukadalsvöllur
Flúðir
Úthlíð
Strönd
Hellishólar
Vestmannaeyjar
Húsafell
Miðdalur
Hraun
Kiðjaberg
Öndverðarnes
Selfoss
Þorlákshöfn
Glanni
Þórisstaðir
Hvammsvík
Hveragerði
Borgarnes
Hólmavík
Akranes
Brautarholt
Höfuðborgarsvæðið/Reykjavík area
sjá þéttbýliskort/see Town Plans
Kálfatjörn
Grindavík
Leiran
Sandgerði
Stykkishólmur
Bolungarvík
Ísafjörður
Þingeyri
Bíldudalur
Patreksfjörður
Suður-Bár
Langaholt
Ólafsvík

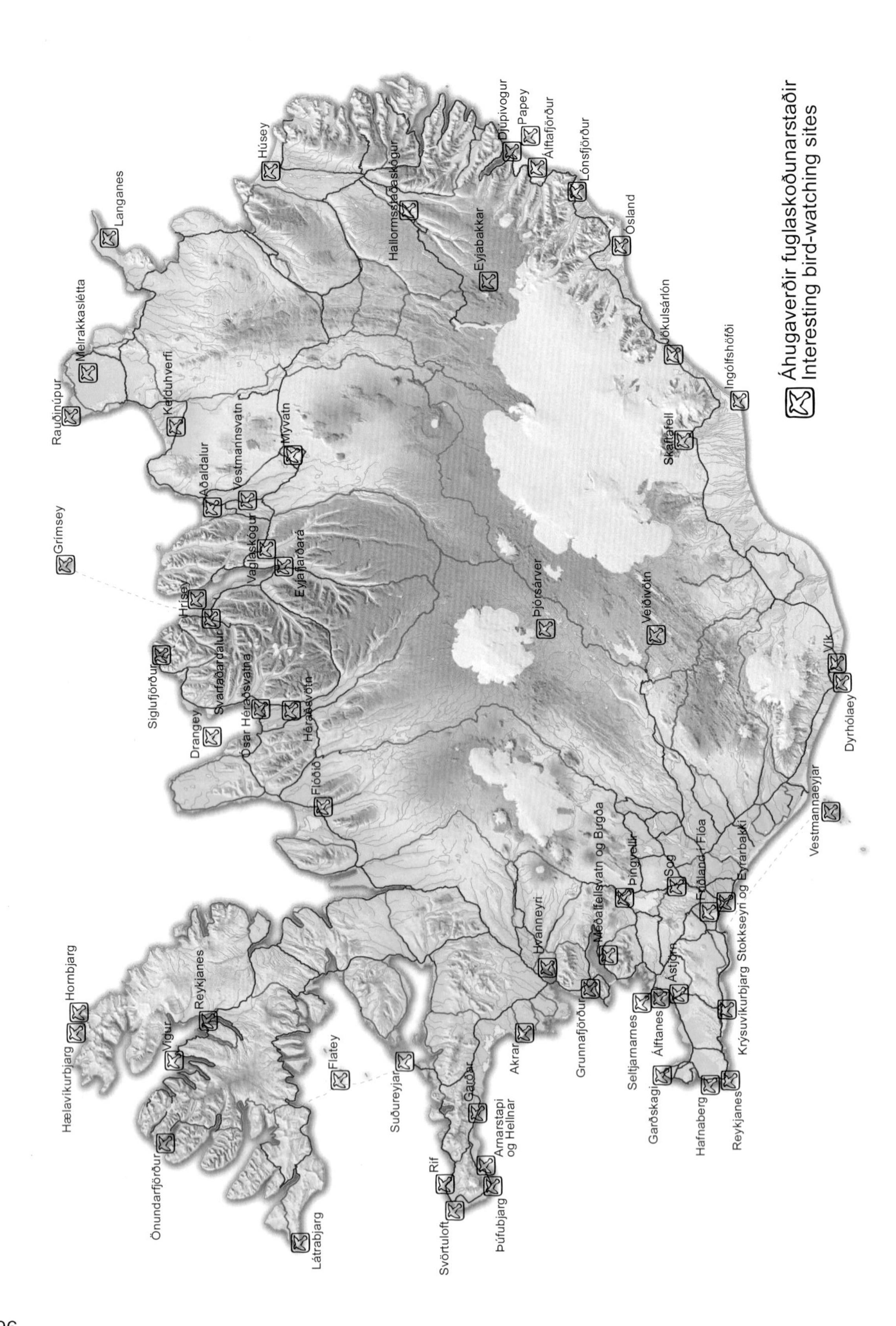
Hornbjarg
Hælavíkurbjarg
Reykjanes
Vigur
Önundarfjörður
Flatey
Látrabjarg
Suðureyjar
Garðar
Rif
Arnarstapi og Hellnar
Svörtuloft
Þúfubjarg
Akrar
Grunnafjörður
Hvanneyri
Meðalfellsvatn og Bugða
Þingvellir
Sog
Seltjarnarnes
Álftanes
Ástjörn
Garðskagi
Hafnaberg
Reykjanes
Krýsuvíkurbjarg
Stokkseyri og Eyrarbakki
Friðland í Flóa
Vestmannaeyjar
Dyrhólaey
Vík
Veiðivötn
Þjórsárver
Flóðið
Héraðsvötn
Ósar Héraðsvatna
Drangey
Siglufjörður
Svarfaðardalur
Hrísey
Grímsey
Eyjafjarðará
Vaglaskógur
Aðaldalur
Vestmannsvatn
Mývatn
Kelduhverfi
Rauðinúpur
Melrakkaslétta
Langanes
Húsey
Hallormsstaðaskógur
Eyjabakkar
Djúpivogur
Papey
Álftafjörður
Lónsfjörður
Ósland
Jökulsárlón
Ingólfshöfði
Skaftafell
Áhugaverðir fuglaskoðunarstaðir
Interesting bird-watching sites

NAFNASKRÁ / INDEX TO PLACE NAMES

KORT/MAP	
NV	NA
SV	SA

A

Aðalból 8 NA
Aðalból 25 NV
Aðalból 60 SA
Aðalbólsháls 8 NA
Aðalbólsheiði 8 NA
Aðaldalshraun 25 NV
Aðaldalur 25 NV
Aðalmannsvatn 18 SA
Aðalvík 13 NA
Affall 38 SV
Affall 43 NA
Afrétt 29 NA
Afrétt 34 NA
Afrétt 36 NV
Afrétt 38 NV
Afréttarfjall 57 NA
Afréttartindur 34 NV
Afstapahraun 1 NA
Akbraut 45 NA
Akradalur 18 NA
Akrafjall 3 SA
Akrafjall 18 NA
Akranes 3 SV
Akraós 3 NV
Akrar 2 NV
Akrar 3 NV
Akrar 21 NV
Akrar 24 NA
Akur 17 NA
Akur 24 NV
Akur 45 SA
Akurbakki 22 NV
Akurbrekka 10 SA
Akurey 43 NV
Akureyjar 6 NV
Akureyjar 9 NA
Akureyri 22 SV
Akurfell 34 SA
Akurhóll 46 SV
Akurnes 38 NV
Akursel 28 SA
Akurtraðir 5 NA
Alda 23 SA
Alda 45 NV
Aldeyjarfoss 24 SA
Almenningar 14 NV
Almenningar 44 NV
Almenningar eystri 14 NA
Almenningsfjall 21 SA
Almenningsfjall 23 SA
Almenningur 1 NA
Almenningur 24 SV
Almenningur 31 NA
Alviðra 12 NV
Alviðra 45 NV
Andey 36 NA
Andri 34 SV
Apavatn 45 NV
Arabær 45 SV
Arakot 45 SA
Araós 28 SA
(Aratunga) 16 SV
Aratungudalur 16 SV
Aratungufjall 16 SV
Aravatn 20 NV
Arfadalsvík 1 SV
Arkarlækur 3 SA
(Arnaldsstaðir) 35 NV
(Arnanes) 28 SV
Arnaneslón 28 SV
Arnarbæli 2 SA
(Arnarbæli) 6 NA
Arnarbæli 45 NV
Arnarbæli 56 NA
Arnarbælistjörn 56 NA
Arnardalsalda 60 SV
Arnardalsá 60 NV
Arnardalsfjöll 60 SV
Arnardalsmúli 60 NV
Arnardalur 13 SA
Arnardalur 60 SV
Arnardrangur 42 NV
Arnarey 36 SV
Arnarfell 2 NA
Arnarfell 5 SV
Arnarfell 23 SA
Arnarfell hið litla 51 NV
Arnarfell hið mikla 51 NV
Arnarfellsalda 51 NV
Arnarfellshyrna 31 NV
Arnarfellsjökull 51 NV
Arnarfellskvísl 51 NV
Arnarfellsmúlar 51 NV
Arnarfellsver 51 NV
Arnarfjöll 31 NV
Arnarfjörður 12 NV
Arnarholt 2 NV
Arnarholt 2 NV
Arnarholt 3 NA
Arnarholt 45 NA
Arnarholtsvatn 45 NA
Arnarhóll 24 NV
Arnarhóll 45 SV
Arnarhóll 43 NV
(Arnarnes) 13 SV
Arnarnes 15 NV
Arnarnes 22 SV
Arnarnesvík 22 SV
Arnarnúpur 11 SV
Arnarsetur 1 SA
Arnarstaðir 6 NV
Arnarstaðir 20 NA
Arnarstaðir 23 SA
Arnarstapi 3 NV
Arnarstapi 5 SA
Arnarvatn 25 SA
Arnarvatn 29 NV
Arnarvatn litla 8 SA
Arnarvatn stóra 55 NA
Arnarvatnsheiði 8 SA
Arnbjargarlækur 7 SA
Arndísarstaðir 24 NA
Arney 6 NA
Arngerðareyrarháls 15 SA
(Arngerðareyri) 15 SA
Arnheiðarstaðir 8 SV
Arnheiðarstaðir 33 SA
Arnhólsstaðir 33 SA
Arnkelsgerði 33 SA
Arnkötludalur 10 NV
(Arnkötludalur) 10 NV
Arnkötlustaðir 45 SA
Arnólfsfjall 12 NV
Arnórsstaðir 12 SV
(Arnórsstaðir) 33 SV
Arnstapi 22 SA
Arnþórsholt 4 NV
Askja 34 SV
Askja 59 SA
Askur 36 SV
Askur 59 SA
(Asparvík) 16 SA
Atlanúpur 29 NA
Atlaskarð 14 NV
(Atlastaðir) 14 NV
(Atlastaðir) 21 SA
Atlavík 33 SA
Atley 41 NV
(Auðbjargarstaðir) 28 SV
Auðbrekka 22 SV
Auðkúla 12 NV
Auðkúla 18 NV
Auðkúluheiði 56 NV
Auðnahyrna 21 NA
Auðnaöxl 12 SA
Auðnir 23 NA
Auðnir 24 NA
Auðólfsstaðir 18 NV
Auðshaugur 12 SA
Auðsholt 2 SA
Auðsholt 45 NA
Auðsstaðir 4 NV
Auðunarstaðir 17 SV
Augastaðir 4 NA
Auralda 51 NA
Aurar 34 SV
Aurar 36 NV
Ausa 3 NA
(Austara-Land) 28 SA
Austaraselsheiði 26 SV
Austari-Haugsbrekka 31 SV
Austari-Jökulsá 23 SV
Austari-Jökulsárjökull 57 SV
Austari-Skógarmannafjöll 26 SV
Austdalur 34 SA
Austurá 8 NA
Austurá 22 NA
Austurárdalshálsar 8 NA
Austurárdalur 7 SA
Austurbjallar 47 SA
Austurbjörg 40 NA
Austurbotnar 47 NA
Austurbugur 57 NA
Austurdalur 23 SV
Austurdalur 46 SA
Austurey 45 NA
Austurfjall 22 SA
Austurfjöll 26 SV
Austurfjöll 53 NA
Austurfjörur 38 SV
Austurfljót 37 NA
Austurheiði 22 NA
Austurheiði 40 NV
Austurhlíð 18 SV
Austurhlíð 22 SA
Austurhlíð 41 NA
Austurhlíð 45 NA
Austurhraun 46 SV
Austurhús 40 SV
Austurkot 45 SV
Austurkróksá 24 SA
Austurkróksfjall 24 SA
Austurkrókur nyrðri 51 NA
Austurkrókur syðri 51 SA
Austur-Landeyjar 43 NA
Austurmýri 45 SV
Austursandur 28 SA
Austur-Skálanes 31 NA
Austurskógar 38 NV
Austursléttuheiði 29 NV
Austurtungnajökull 35 SV
Austvaðsholt 45 SA
Ausufjall 12 NV
Axarfjall 14 NA
Axarhamar 6 SV
Axarhraun 46 SV
Axlarbunga 60 NA
Axlarfjall 35 SA
Axlarhyrna 5 SA
Axlir 18 SV

Á

Á 9 SA
Ábæjardalur 23 SV
(Ábær) 23 SV
Áfangafell 56 NV
Áfangagil 46 NA
Áfangi 56 NV
Álandstunga 29 SA
(Álfatraðir) 7 NV
Álfgeirsvellir 18 NA
Álfheimar 7 NA
Álfheimar 18 SA
Álfhólar 43 NV
Álfhóll 30 SV
Álfhóll 31 NV
Álfsfell 14 NV
Álfsstaðir 45 NA
Álftaborgir 15 SA
Álftadalsá 60 SV
Álftadalsdyngja 60 SV
Álftadalsfjall 60 SV
Álftadalshæðir 60 SV
Álftadalskrókur 60 SV
Álftadalsmúli 9 NA
Álftadalur 9 NA
Álftadalur 60 SV
Álftadyngja 26 NA
Álftafell 36 NA
Álftafell 56 SA
Álftafell 57 SV
Álftafjarðarheiði 12 NA
Álftafjörður 6 NA
Álftafjörður 13 SA
Álftafjörður 36 SV
Álftagerði 18 NA
Álftagerði 25 SA
(Álftagróf) 44 SA
Álftahnúkar 16 SV
Álftakrókur 55 SA
(Álftamýri) 11 NA
Álftanes 1 NA
Álftanes 3 NV
Álftarhóll 43 NA
Álftaskörð 7 SV
Álftatjörn 28 SA
Álftavatn 6 SV
Álftavatn 30 SA
Álftavatn 31 SV
Álftavatn 31 NV
Álftavatn 33 SA
Álftavatn 45 NV
Álftavatn 47 SV
Álftavatnakrókur 41 NV
Álftavatnshæðir 33 SA
Álftaver 41 SA
Álftavíkurfjall 34 NA
Álftá 3 NA
Álftárbakki 3 NV
Álftárdalsbrýr 39 NV
Álftárhraun 7 SV
Álftárós 3 NV
Álftártunga 3 NA
Álftártungukot 3 NA
Álfubrúin 1 SV
Álkugil 17 SA
Álsey 43 SV
(Ámá) 21 NA
Ámárhyrna 21 NA
Ánabrekka 3 NA

Ánarmúli 12 NV
Ánastaðir 3 NV
(Ánastaðir) 18 SA
(Ánastaðir) 32 SA
Ánavatn 60 NA
Ánavatnsalda 60 NA
Árbakkafjall 20 SV
Árbakki 3 NA
Árbakki 19 SA
Árbakki 32 SV
Árbakki 45 SA
Árbót 25 NV
Árbær 9 NA
Árbær 37 NA
Árbær 45 SA
(Árbær) 46 SV
Árdalur 3 NA
Árdalur 10 NA
Árdalur 28 SV
Áreyjar 36 NV
Árfjall 41 NA
Árgerði 18 NA
Árgerði 22 NV
Árgerði 23 SA
Árgilsstaðir 43 NA
Árheiði 41 NA
Árholt 17 NA
Árholt 27 SA
Árhólar 24 NA
Árhvammur 23 NA
Árhvammur 24 NA
Árkross 60 SV
Árkvíslar 41 NA
Árland 25 NV
Árlundur 45 SV
Ármannsfell 4 SA
Ármannsfell 12 SV
Ármannsfell 21 SA
Ármót 45 SA
Ármúli 15 NA
Ármúli 18 NA
Árnanes 38 NV
(Árnastaðir) 36 NV
(Árnes) 2 NA
Árnes 16 NA
Árnes 17 SV
Árnes 18 SA
Árnes 25 NV
Árnes 45 NA
Árnes 45 NA
Árnesdalur 16 NA
Árskógar 46 NA
Árskógssandur 22 SV
Árskógur 22 SV
Árteigur 25 NV
(Árteigur) 32 SV
Ártún 2 SA
Ártún 18 NV
Ártún 22 SA
Ártún 22 SA
Ártún 22 SV
Ártún 23 SA
(Ártún) 30 NA
Ártún 38 NV
Ártún 45 SA
Árvellir 2 NV
Árvík 16 SA
Ás 3 SA
Ás 7 NA
Ás 17 SA
Ás 18 NA
Ás 19 SA
Ás 28 SA
(Ás) 33 SA
Ás 38 NV
Ás 45 SA
Ás 45 NA
Ásar 2 NV
Ásar 4 NV
Ásar 10 NV
Ásar 17 NA
(Ásar) 18 NV
Ásar 19 SA
Ásar 22 SA
Ásar 46 NV
Ásatún 45 NA
Ásbjarnarfell 57 NV
(Ásbjarnarnes) 17 NV
Ásbjarnarstaðir 8 SV
Ásbjarnarstaðir 17 NV
Ásbjarnarvötn 57 NV
Ásbrandsstaðir 31 SA
(Ásbrekka) 17 SA
Ásbrekka 45 NA
Ásbrún 7 SV
Ásbyrgi 28 SA
Ásfell 3 SV
Ásfjall 4 NA
Ásfjall 13 SA
Ásgarðsfjall 10 SV
Ásgarðsfjall 50 NA
Ásgarður 1 NV
Ásgarður 4 NV
Ásgarður 10 SV
Ásgarður 33 SA
Ásgarður 36 NV
Ásgarður 42 NV
Ásgarður 45 NV
Ásgeirsárhlass 17 SA
Ásgeirsbrekka 18 NA
Ásgeirstungur 56 NA
(Ásgerðarstaðasel) 23 NA
Ásgerði 45 NA
Ásheiði 26 NV
Ásheimar 45 SA
Áshildarholt 18 NV
Ásholt 19 SA
Áshóll 22 SV
Áshóll 45 SA
Ásland 17 SV
Ásláksstaðir 22 SV
Ásláksstaðir 22 SV
Ásmundabotnar 48
(Ásmundarnes) 16 SA
Ásmundarstaðir 29 NA
Ásmundarstaðir 45 SA
Ásmúli 45 SA
Ásólfsskáli 44 NV
Ásólfsstaðiri 46 NV
(Ástún) 13 SV
Ásunnarstaðafell 36 NV
Ásunnarstaðir 36 NV

B

Bagall 34 SA
Bakdalur 18 NV
Bakkaá 22 NV
Bakkabunga 17 SV
Bakkafell 10 SA
Bakkafjall 24 NA
Bakkafjörður 30 SA
Bakkaflöt 18 SA
Bakkagerði 16 SA
(Bakkagerði) 21 SA
Bakkagerði 32 SV
Bakkagerði 34 NA
Bakkaheiði 30 SA
Bakkahlaup 28 SA
Bakkahorn 12 NV
Bakkahöfði 27 SA
Bakkakot 4 NV
Bakkakot 17 NA
Bakkakot 23 SV
Bakkakot 42 SV
Bakkakot 45 SA
Bakkamúli 7 NV
Bakkanesfjall 29 NA
(Bakkasel) 10 SA
(Bakkasel) 23 SV
Bakkaselsfjall 24 NA
Bakkasnjófjöll 10 NV
Bakkavatn 31 NA
Bakki 2 SA
Bakki 3 SA
Bakki 3 SA
Bakki 10 NV
(Bakki) 16 SA
Bakki 17 SA
Bakki 17 SA
Bakki 18 NA
Bakki 19 SA
Bakki 21 SA
Bakki 21 NA
Bakki 23 NA
(Bakki) 27 SA
Bakki 30 SA
Bakki 43 NA
Bakrangi 22 NA
Bakskógur 7 NV
Balafell 29 SA
Balafjöll 16 SA
Balar 16 SA
Balaskarð 18 NV
Baldheiði 50 NV
Baldjökull 56 SV
Baldurshagi 50 NV
Baldursheimsheiði 25 SA
Baldursheimur 22 SV
Baldursheimur 25 SA
Bali 1 NV
Bali 45 SA
Ballará 9 SV
Ballárfjall 9 SA
Banatorfur 31 SV
(Bangastaðir) 28 SV
Barð 14 NA
Barð 17 SV
Barð 21 NV
Barðagrunn 6 SV
Barðaströnd 12 SV
Barði 13 SV
Barðmelsvatn 31 NV
Barðmelur 31 NV
Barðsnes 34 SA
Barðsneshorn 34 SA
Barðsvík 14 NA
Barkarstaðir 8 NA
Barkarstaðir 18 SV
Barkarstaðir 44 NV
Barká 23 NA
Barkárdalsjökull 23 NV
Barkárdalur 23 NV
(Barmar) 9 NA
(Barmur) 9 NA
Barmur 27 SA
Barmur 47 SA
Barnaborgarhraun 7 SV
Barnadalsfjall 20 SA
Barnafoss 4 NA
Bassastaðaháls 16 SV
Bassastaðir 16 SV
Baugaselsfjall 23 NV
Baugsstaðir 45 SV
Baula 7 SA
Baulárvallavatn 6 NV
Bauluhúsaskriður 12 NV
Baulusandur 7 SA
Bálabrekka 58 NA
Bálkastaðir 8 NV
Bálkastaðir 10 NA
Bálká 52 NV
Bár 45 SV
Bárðarbunga 52 NV
Bárðardalur 24 NA
Bárðarhnúkar 48 SA
Bárðarkista 5 SV
Bárðarstaðadalur 34 NV
Bárðartindur 52 NV
Bárðartjörn 22 SV
Bárustaðir 3 NA
Báruvatn 60 SV
Básar 27 NV
Básavík 5 SV
Básendar 1 NV
Beigaldi 3 NA
Beilá 7 SA
Beilárheiði 7 SA
Beinabrekka 4 SV
Beinadalur 39 NV
Beinageitarfjall 32 SA
Beinahóll 56 SA
Beinakelda 17 NA
Beinalda 60 NV
Beinárgerði 33 SA
Beingarður 18 NA
Beitistaðir 3 SA
Bekansstaðir 3 SA
Belgsárfjall 24 NV
Belgsholt 3 SA
Beljandatungur 56 SV
Beltisvatn 29 NV
Berg 5 NA
Berg 25 NV
Bergárdalsheiði 38 NV
Bergárvatn 17 SA
Berghylur 45 NA
Bergland 21 NA
Bergsstaðir 17 SV
Bergsstaðir 18 NA
Bergsstaðir 25 NV
Bergsstaðir 45 NA
Bergstaðir 17 NV
Bergstaðir 18 SV
Bergsteinsvatn 3 NV
Bergvatnskvísl Þjórsár 58 SV
Bergþórshvoll 43 NV
Berjadalur 3 SA
Berjanes 43 NA
Berjanes 44 SV
Berserkjahraun 6 NV
Berserkseyri ytri 6 NV
Berufjarðará 35 NA
Berufjörður 9 NA
Berufjörður 36 SV
Berufjörður 36 NV
(Berunes) 36 NA
Berunes 36 SV
Berustaðir 45 SA
Beruvík 5 SV
Beruvíkurhraun 5 SV
Bessadalur 15 SV
Bessastaðagerði 33 SV
Bessastaðavötn 33 SV
Bessastaðir 1 NA
Bessastaðir 10 SA
Bessastaðir 22 NV
Bessastaðir 33 SV
Bessatunga 10 SV
Bifröst 7 SA
Birkihlíð 4 NV
Birkihlíð 13 SA
Birkihlíð 17 SV
Birkihlíð 18 NV
Birkihlíð 22 SA
Birkihlíð 35 NA
Birkimelur 12 SV
Birningsstaðir 22 SA
Birnudalur 37 SV
Birnufell 33 SA
(Birnustaðir) 15 NV
Birnustaðir 45 NA
Birtingaholt 45 NA

Biskup 59 SA
Biskupsbrekka 4 SA
Biskupsbrekka 32 SV
Biskupsfell 53 NA
Biskupsháls 26 SA
Biskupstungur 56 SA
Biskupsþúfa 51 NV
Bitra 22 SV
Bitra 45 SV
Bitrufjörður 10 NA
Bitruháls 10 NA
Bíldhóll 7 NV
Bíldsey 6 NA
Bíldsfell 45 NV
Bíldsfell 45 NV
Bíldudalsfjall 11 SA
Bíldudalur 12 NV
Bíldufell 60 SA
Bjallar 46 NA
Bjallkolla 60 NA
Bjarg 17 SV
Bjarg 25 SA
Bjarg 30 SA
(Bjarg) 36 NA
Bjarg 45 NA
Bjargakrókur 22 NA
Bjargarkot 43 NA
Bjargavík 20 NV
Bjarghús 17 SV
Bjargshóll 17 SV
Bjargtangar 11 SV
Bjarkaland 43 NA
Bjarkalundur 9 NA
Bjarmaland 7 NA
Bjarnanes 38 NV
Bjarnardalur 14 SA
Bjarnarey 32 NV
Bjarnarey 43 SA
Bjarnarfell 7 NA
Bjarnarfell 20 SV
Bjarnarfell 49 SV
Bjarnarfjall 30 SV
Bjarnarfjarðarháls 16 SA
Bjarnarfjörður 16 SA
Bjarnargil 21 NA
Bjarnarhafnarfjall 6 NV
Bjarnarhöfn 6 NV
Bjarnarnes 14 NA
Bjarnarnes 16 SA
(Bjarnarnes) 16 SA
Bjarnarnúpur 11 SV
Bjarnarsker 39 NV
Bjarnarvötn 20 SV
Bjarnastaðahlíð 23 SV
Bjarnastaðahöfði 8 SV
Bjarnastaðir 2 SA
Bjarnastaðir 4 NA
(Bjarnastaðir) 15 SA
Bjarnastaðir 18 NA
Bjarnastaðir 24 SA
Bjarnastaðir 28 SA
Bjarnastaðir 45 NA
(Bjarnatangi) 39 SV
(Bjarnavík) 16 SV
Bjarneyjar 9 SV
Bjarteyjarsandur 4 SV
Bjálfafell 54 NA
Bjálmholt 45 SA
Bjóla 45 SA
Bjólfell 46 SV
Bjólfur 34 SV
Björg 17 SV
Björg 22 NA
Björg 22 SV
Björk 4 NV
Björk 24 NV
Björk 45 SV
Björk 45 NV
Björninn 39 NV
(Björnólfsstaðir) 17 NA
Blakknes 11 SV
Blanda 18 SV
Blanda 56 SA
Blautakvísl 41 SV
Blautakvísl 51 NV
Blautamýri 32 SV
Blautukvíslareyrar 50 NA
Blautukvíslarjökull 50 NA
Blautulón 48 SV
Bláa lónið 1 SV
Blábjörg 36 SV
Bláfeldur 5 SA
Bláfell 14 NA
Bláfell 46 SA
Bláfell 49 SA
Bláfell 55 NA
Bláfell 56 NA
Bláfellsháls 49 SA
Bláfellshnjúkur 49 SA
Bláfellslækur 56 NA
Bláfjall 32 SV
Bláfjall 41 NV
Bláfjall 59 NV
Bláfjallsfjallgarður 25 SA
Bláfjallshalar 59 NV
Bláfjallshellur 25 SA
Bláfjöll 2 NV
Bláfjöll 44 NA
Bláfjöll 47 SV
Bláfjöll 51 SA
Blágnípa 50 NA
Blágnípujökull 50 NA
Bláhnúkur 47 SA
(Bláhvammur) 25 NV
Bláhvammur 25 SA
Blákollar 49 NV
Blákollur 2 NA
Blákollur 3 NA
Blákollur 50 SV
Blámannshattur 22 SA
(Blámýrar) 15 NV
Bláskógaheiði 4 SA
Bláskógaheiði 25 NA
Bláskriða 29 NA
Blátindur 39 NA
Blátindur 43 SV
Bleikáluháls 57 NA
Bleikálukvísl 57 NA
Bleiksmýrardalur 24 SV
Bleiksmýrardrög 58 NV
Blesafjall 11 NA
Blesastaðir 45 SA
Blesárjökull 46 SA
(Blikalón) 28 NA
Blikalónsdalur 29 NV
Blikalónsey 28 NA
Blikastaðir 2 NV
Blikavatn 3 NV
Blikdalur 2 NV
Blómsturvallafjall 39 SV
Blómsturvellir 22 SV
(Blómsturvellir) 39 SV
Blæja 22 NV
Blængur 48 SA
Blöndubakki 17 NA
Blöndubakki 32 SV
Blöndudalshólar 18 SV
Blöndudalur 18 SV
Blöndugerði 32 SV
Blöndugil 18 SV
Blönduhlíð 7 NA
Blönduhlíðarfjöll 18 NA
Blönduholt 3 SA
Blöndujökull 50 NA
Blöndukvíslar 56 SA
Blöndulón 56 NV
Blönduós 17 NA
Blöndustöð 18 SV
Blönduvatn 3 NV
Blönduvatn 26 NA
Blönduvatn 56 NA
Bokki 58 SV
Bolafjall 13 SA
Bolavellir 2 NA
Bolholt 46 SV
Bollafell 4 SV
Bollafjall 22 NV
Bollastaðir 18 SV
Bollastaðir 45 SV
Bolungarvík 13 SA
Bolungarvík 14 NA
Borðeyrarbær 10 SA
Borðeyri 8 NV
(Borg) 2 SA
Borg 3 NA
Borg 6 SA
Borg 9 NA
(Borg) 15 SV
Borg 25 SA
Borg 32 SA
Borg 35 NA
Borg 37 SA
Borgarás 26 NV
Borgarbogi 12 NA
Borgarey 15 NA
Borgareyjar 43 NA
(Borgarfell) 18 SA
Borgarfell 35 SA
Borgarfell 41 NA
Borgarfell 53 NA
Borgarfjörður 3 NA
Borgarfjörður 12 NV
Borgarfjörður 34 NA
Borgargerði 18 NA
Borgargerði 21 NV
Borgargerðisfjall 23 SV
Borgarhafnarheiði 37 SV
(Borgarholt) 6 SV
Borgarholt 45 SA
Borgarholt 45 NA
Borgarhólar 2 NA
Borgarhóll 18 NA
Borgarhraun 25 NA
Borgarhraunseggjar 7 SA
Borgarkot 45 SA
Borgarland 6 NA
Borgarmelur 26 SV
Borgarnes 3 NA
Borgartún 22 SA
Borgartún 45 SA
Borgarvirki 17 NV
Borgir 3 NA
Borgir 9 SA
Borgir) 10 NA
Borgir 29 NA
Borgir 38 NV
(Borguhóll) 22 NV
Botn 7 SA
Botn 13 SA
(Botn) 15 SV
(Botn) 22 NV
Botn 24 NV
Botnadrag 58 NV
Botnsfjall 5 SV
Botnafjall 37 SA
Botnafjallgarður 31 SV
Botnafjöll 46 SA
Botnafjöll 47 NA
Botnaheiði 11 SA
Botnakambur 59 NV
Botnalaxhæðir 7 NA
Botnar 23 SV
Botnar 41 NA
Botnaver 48 NV
Botndalsfjall 34 NV
Botnfjall 15 SV
Botni 59 NV
Botnjökull 44 NA
Botnlangalón 48 NV
Botnsá 4 SV
Botnsá 12 NA
Botnsdalur 4 SV
Botnsdalur 11 SA
Botnsheiði 4 SV
Botnsheiði 13 SA
Botnshestur 12 SV
Botnshnúkur 12 NA
Botnssúlur 4 SV
Botnsvatn 25 NV Ból 45 NA
(Bóla) 18 SA
Bólhraun 41 SA
Bólstaðarhlíð 18 NV
Bólstaðarhlíðarfjall 18 NV
Bólstaður 24 SA
Bólstaður 45 NA
Bólstaður 45 SA
Bólstaður 51 SV
Bólugil 18 SA
Bóndhóll 3 NA
Bóndi 23 NA
Bót 33 NA
Bótarfell 18 SV
Bótarfjall 25 NV
Bótarheiði 33 NA
Bótarhnjúkur 35 NA
Bótin 18 SV
Bragðavellir 36 SV
Bragholt 22 SV
Brakandi 22 SV
Brandafell 17 NV
Brandagil 8 NV
Brandaskarð 19 SA
Brandá 23 SA
Brandsgil 47 SA
Brandsstaðir 18 SV
Brandsöxl 35 NA
Brandur 43 SV
Brattabrekka 7 SA
Brattahlíð 18 NV
Bratthals 35 NA
Bratthals 39 SV
Brattholt 49 SA
Brattifjallgarður 26 SA
Brattifjallgarður 60 NA
Brattöldujökull 57 SV
Brautarholt 2 NV
Brautarholt 3 NA
Brautarholt 7 NA
Brautarholt 8 NV
Brautarholt 18 NA
Brautarholt 45 NA
Brautarholt 6 SV
Brautarhóll 45 NA
Brautartunga 2 SA
Brautartunga 4 NV
Brautartunga 45 SV
Bráksfjall 15 SA
Brávellir 22 SV
Breið 18 SA
Breiðaból 22 SA
Breiðabólsdalur 13 SV
Breiðabólstaðarfjall 7 NV
Breiðabólstaður 2 SA
Breiðabólstaður 4 NV
Breiðabólstaður 6 NA
Breiðabólstaður 7 NV
Breiðabólstaður 7 SA
Breiðabólstaður 17 SV
Breiðabólstaður 37 SV
Breiðabólstaður 42 NV
Breiðabólstaður 43 NA
Breiðabunga 37 NV

Breiðadalsheiði 13 SA
Breiðafell 13 SA
Breiðafjall 21 NA
Breiðafjall 35 SA
Breiðamerkurfjall 40 NA
Breiðamerkurjökull 40 NA
Breiðamerkurlón 40 SA
Breiðamerkursandur 40 SA
Breiðamýri 25 SV
Breiðamörk 32 SV
Breiðanes 45 NA
Breiðaskarðshnúkur 14 NV
Breiðasker 6 SV
Breiðastykki 60 SA
Breiðasund 6 NA
Breiðavað 17 NA
Breiðavað 33 NA
Breiðavatn 8 SA
Breiðavík 5 SA
Breiðavík 11 SV
Breiðavík 27 SA
Breiðavík 27 SA
Breiðavík 34 NA
Breiðárlón 40 NA
Breiðárós 40 SA
Breiðbakur 48 NV
Breiðdalsheiði 35 NA
Breiðdalsvík 36 NA
Breiðdalur 36 NV
Breiðdalur 36 NA
Breiðfirðinganes 15 NA
Breiðholt 45 SV
Breiðhorn 12 NV
Breiðibakki 45 SA
Breiðidalur 33 NA
Breiðilækur 12 SV
Breiðitindur 36 NA
Breiðstaðir 20 SV
Breiðufjöll 11 NA
Breiður 11 SV
Brekka 4 SV
Brekka 7 SA
Brekka 9 NA
(Brekka) 13 SV
Brekka 17 NA
Brekka 18 NA
Brekka 21 SA
Brekka 24 NV
Brekka 25 NV
Brekka 28 NA
Brekka 33 SA
Brekka 34 SA
Brekka 38 NV
Brekka 45 NA
Brekka 33 NA
Brekknafjall 30 SV
Brekknafjöll 49 SV
Brekknaheiði 30 SV
Brekknaheiði 46 SV
Brekknakot 29 SA
Brekkuborg 36 NV
Brekkubunga 10 NA
Brekkubær 38 NV
Brekkufjall 3 NA
Brekkufjall 9 NA
Brekkufjall 10 NV
Brekkugerði 33 SA
Brekkugerðishús 33 SA
Brekkukambur 4 SV
Brekkukot 4 NV
Brekkukot 17 NA
Brekkukot 18 NA
Brekkukot 20 SA
Brekkulækur 17 SV
Brekkur 44 SA
(Brekkusel) 32 SV
(Brekkutún) 16 SV
Brenna 4 NV
Brennholt 2 NV
Brenniás 24 NA
Brenniborg 18 NA
Brennigerði 18 NV
Brennihlíðarhögg 16 SV
Brennihnjúkur 21 SA
Brennihóll 22 SV
Brennistaðir 3 NA
Brennistaðir 4 NV
Brennistaðir 34 NV
Brennisteinsalda 47 SV
Brennisteinsfjöll 2 SV
Brennivínskvísl 41 NV
Bretavatn 3 NA
(Brettingsstaðir) 22 NA
Brimilsvellir 5 NA
Brimlárhöfði 5 NA
Brimnes 11 SV
Brimnes 16 SA
Brimnes 20 SA
Brimnes 22 NA
Brimnes 22 SV
Brimnes 30 NA
Brimnes 32 SA
Brimnes 36 NA
Brimnesfjall 34
Bringa 24 NV
Bringir 50 NV
(Bringur) 2 NV
Bríkargil 17 SA
Brjánslækur 12
Brjánsstaðir 45
Brjánsstaðir 45
Broddadalsá 10 NA
Broddadalur 10 NA
Broddanes 10 NA
Broddanesey 10 NA
Brokey 6 NA
Brokshæðir 18 SV
Brók 37 SV
Brókarjökull 37 SV
Brunahraun 42 NV
Brunahvammsháls 31 SV
Brunasandur 42 NV
Bruni 4 SA
Bruni 10 NV
Bruni 31 SV
Bruni 36 NA
Brunnahæð 11 SV
Brunnastaðir 1 NA
Brunnavellir 37 SV
Brunná 24 NV
Brunnfell 24 NA
(Brunngil) 10 NA
Brunnhorn 38 NV
Brunnhóll 37 NA
Brú 8 NV
Brú 43 NA
Brú 49 SA
Brú 60 SA
(Brúará) 16 SA
Brúará 49 SV
Brúarás 32 SV
Brúardalir 60 SA
Brúarfoss 7 SV
Brúarfossvatn 7 SV
Brúarháls 33 NA
Brúarhlíð 18 NV
Brúarhlöð 49 SA
Brúarholt 17 SV
Brúarholt 45 NV
Brúarhraun 7 SV
Brúarjökull 54 NV
Brúarland 3 NV
Brúarland 20 SA
Brúarland 30 SV
Brúarlundur 45 SA
(Brún) 18 SV
Brún 24 NA
Brún 24 NV
Brún 45 NA
Brúnagerði 24 NV
Brúnahlíð 25 NV
Brúnastaðir 18 SA
Brúnastaðir 21 NA
Brúnastaðir 45 SV
Brúnavellir 45 NA
Brúnavík 34 NA
Brúnir 1 SA
Brúnir 24 NV
Brúsastaðir 2 NA
Brúsastaðir 17 SA
Brúsavík 29 NV
Brúsholt 4 NV
Bryðjuholt 45 NA
Brynjudalur 4 SV
Bræðrabrekka 10 NA
Bræðrafell 59 SA
Bræðrasker 40 NA
Bræðratunga 45 NA
Brækur 49 NV
Buðlungahöfn 28 SA
(Buðlungavellir) 33 SA
Bugaháls 48 SA
Bugahæð 56 NA
Bugar 35 NA
Bugar 35 SA
Bugar 48 SA
Bugaskáli 18 SA
Bugðustaðir 7 NA
Bugur 49 SA
Bunga 7 SA
Bunga 26 NA
Bunki 39 NA
Burstarbrekka 21 NA
Burstardalur 7 SV
Burstarfell 31 SA
Burstarfellsskógar 31 SA
Búastaðatungur 31 SV
Búastaðir 31 SA
Búðaheiði 36 NA
Búðahraun 5 SA
Búðará 34 SV
Búðará 49 SA
Búðarárdrög 49 SA
Búðardalur 7 NA
Búðardalur 9 SA
Búðarfjöll 50 NV
Búðarháls 47 NV
Búðarháls 50 NV
úðarhóll 43 NA
Búðarnes 15 NA
Búðarnes 23 NA
Búðatunga 49 SA
Búðatungur 35 NA
Búðavík 5 SA
Búðir 5 SA
Búland 22 SV
Búland 34 SA
Búland 41 NA
Búland 43 NA
Búlandsdalur 36 SV
(Búlandshöfði) 5 NA
Búlandstindur 36 SV
Búr 32 NV
Búrfell 4 NV
Búrfell 4 SV
Búrfell 4 NA
Búrfell 13 NA
Búrfell 15 SA
Búrfell 16 NV
Búrfell 17 SV
Búrfell 18 SA
Búrfell 20 NV
Búrfell 21 SA
Búrfell 26 SV
Búrfell 26 NA
Búrfell 27 SA
Búrfell 33 NA
Búrfell 44 SA
Búrfell 45 NV
Búrfell 46 NV
Búrfell 60 SA
Búrfellsháls 4 SV
Búrfellsheiði 26 NA
Búrfellshraun 2 NV
Búrfellshraun 26 SV
Búrfellshyrna 21 SA
Búrfellshæðir 16 SV
Búrfellsmelur 26 SV
Búrfellsvatn 60 NA
Búrfellsvötn 26 NA
Búrfjöll 56 SV
Bústaðir 23 SV
Byggðarhorn 45 SV
Byrða 48 NA
(Byrgi) 17 NV
Byrgisskarð 23 SV
(Byrgisvík) 16 SA
Byrgisvíkurfjall 16 SA
Bægisá 23 NA
Bægisárjökull 23 NA
Bægsli 34 SA
(Bæir) 15 NA
Bæjahlíð 14 SV
Bæjardalsheiði 10 NV
Bæjardalur 10 NV
Bæjardalur 38 NA
Bæjarfell 4 NA
Bæjarfell 16 SA
Bæjarfjall 11 SA
Bæjarfjall 15 NA
Bæjarfjall 24 NA
Bæjarfjall 25 NA
Bæjarhorn 14 NV
Bæjarlönd 60 NV
Bæjarnes 9 NV
Bæjarnesfjall 9 NV
Bæjarós 38 NA
Bæjarsker 1 NV
Bæjarskerseyri 1 NV
Bæjarstaðarskógur 40 NV
Bæjartindur 36 NV
Bæjarvaðall 11 SA
Bæjarvatn 29 NA
Bæjaröxl 60 NV
Bær 4 NV
Bær 7 NA
(Bær) 9 NV
Bær 10 SA
Bær 13 SV
Bær 16 NA
Bær 16 SA
Bær 20 SA
(Bær) 38 NA
Böðmóðsstaðir 45 NA
(Böðvarsdalur) 32 NV
Böðvarsdalur 32 SV
Böðvarsgarður 22 SA
Böðvarsholt 5 SA
Böðvarshólar 17 SV
Böðvarsnes 22 SA
Böggvisstaðadalur 21 NA
Böggvisstaðafjall 21 SA
Bölti 40 SV
Bölti 40 SV

D

Daðastaðir 24 NA
Daðastaðir 28 SA
Dagmálabunga 10 NA
Dagmálafjall 7 SV
Dagmálafjall 33 SA

Dagmálafjall 34 NA
Dagmálafjall 44 NV
Dagmálahorn 14 NA
Dagverðará 5 SV
(Dagverðará) 5 SV
Dagverðardalur 15 SA
Dagverðardalur 16 NV
Dagverðareyri 22 SV
Dagverðargerði 33 NA
Dagverðarnes 4 NV
(Dagverðarnes) 6 NA
Dagverðartunga 22 SV
Dalabæjarfjall 21 NA
Daladalur 36 NV
Dalafell 2 NA
Dalafjall 34 SA
Dalaskarðshnúkur 2 NA
Dalatangi 34 SA
Dalbrún 45 NA
(Dalbær) 15 NA
Dalbær 45 NA
Dalfjall 25 SA
Dalfjall 26 NV
Dalgeirsstaðir 8 NA
(Dalhús) 30 SA
Dalir 32 SA
Dalir 36 NV
Dalland 2 NV
Dalsá 22 NA
Dalsá 32 NV
Dalsá 36 NV
Dalsá 50 SA
Dalsárdrög 50 SA
Dalsfjall 11 SA
Dalsfjall 14 SV
Dalsfjall 22 SA
Dalsfjall 38 NV
Dalsfjall 39 SV
Dalsheiði 14 SV
Dalsheiði 29 SA
Dalsheiði 38 NV
Dalshöfði 39 SV
Dalskvíslarland 56 NV
Dalsmynni 3 SA
Dalsmynni 6 SA
Dalsmynni 7 SA
Dalsmynni 18 NV
Dalsmynni 18 NA
Dalsmynni 22 SA
Dalsmynni 45 SV
Dalsmynni 45 NA
Dalssel 43 NA
Dalur 6 SV
(Dalur) 22 NV
Dalvík 22 NV
Dalöldur 46 SA
Darri 13 NA
Darri 14 NV
Darri 22 NV
Dauðagil 26 SA
Dauðsmannsgil 56 SV
Daufá 18 NA
Dálksstaðir 22 SV
Deild 13 SV
Deildarfell 31 SA
Deildarfjöll 29 NA
Deildartunga 4 NV
Deildarvatn 29 NA
Deilir 13 SA
Deilir 52 NV
Deplar 21 NA
Desjarmýri 34 NA
Dettifoss 26 NV
Digraalda 50 SV
Digranes 15 NA
Digranes 30 SA
Digrihnjúkur 22 NA
Dilksnes 38 NV
Dimmifjallgarður 26 SA
Dimmuborg 16 SA
Dimmuborgir 25 SA
Dimmugljúfur 31 NV
Dimmugljúfur 60 SA
Dímon 45 NV
Dísastaðir 45 SV
Djúpadalsá 23 SA
Djúpadalsfjall 9 NA
Djúpadalshraun 2 SV
Djúpagilsflói 23 SV
Djúpagilsvatn 23 SV
Djúpalónssandur 5 SV
Djúpavatn 1 SA
Djúpavík 16 NA
Djúpá 29 SA
Djúpá 39 SV
Djúpáll 13 NV
Djúpárbakki 22 SV
Djúpárbotnar 29 SV
Djúpárdalur 39 SV
Djúpidalur 9 NA
Djúpidalur 11 NA
Djúpidalur 18 NA
Djúpidalur 23 SA
Djúpidalur 36 NV
Djúpidalur 45 SA
Djúpifjörður 9 NA
(Djúpilækur) 30 SA
Djúpivogur 36 SV
Djúpmannabúð 15 SV
Djúpuhlíðarfjall 14 NV
Djöflasandur 56 SV
Djöflaskarð 37 NA
Dokk 35 SA
Dómadalur 47 SV
Dór 51 SA
Draflastaðafjall 22
Draflastaðir 22 SA
Draflastaðir 24 SV
Dragadalur 26 NV
Dragafell 4 NV
Dragafjall 34 NV
Dragamót 54 NA
(Dragháls) 4 NV
Drangafjall 16 NV
Drangagrundin 25 NA
Drangahlíð 16 NV
Drangahraun 5 SV
Drangajökull 14 SA
(Drangar) 6 NA
Drangaskörð 16 NV
Drangatindur 12 NV
Drangavíkurdalur 16 NV
Drangavíkurfjall 16 NV
Drangey 20 SA
Drangshlíð 44 SV
Drangsnes 16 SA
Dratthalastaðir 32 SV
Draugaflá 56 NV
Draugafoss 30 SA
Draugagil 12 SA
Draugagil 15 SV
Draugaháls 56 NA
Drápuhlíðarfjall 6 NV
Drekagil 59 SA
Drekavatn 47 NA
Dreki 59 SA
Dritfell 33 NV
Dritvík 5 SV
Dritvíkurgrunn 5 SV
Droplaugarstaðir 33 SA
Drumboddsstaðir 45 NA
Drykkárfoss 21 SA
Drykkjartjörn 2 NA
Dufandalsnúpur 12 SV
Dufansdalsheiði 11 SA
Dufþaksholt 45 SA
Dunkárbakki 7 NV
Dunkárdalur 7 NV
Dunkur 7 NV
Dúfunefsfell 56 SA
Dúfunefsskeið 56 SA
Dúkur 18 NA
Dvergalda 52 NV
Dvergasteinn 13 SA
Dvergasteinn 22 SV
Dvergasteinn 34 SV
Dvergasteinsfjall 13
Dverghamrar 42 NV
Dvergsstaðir 24 NV
Dyngja 59 SA
Dyngja 60 NA
Dyngjufell 52 NV
Dyngjufjalladalur 59 SV
Dyngjufjallaháls 59 SA
Dyngjufjallaleið 58 SA
Dyngjufjöll 59 SA
Dyngjufjöll ytri 59
Dyngjuháls 52 NA
Dyngjuháls 59 NA
Dyngjuháls 60 SV
Dyngjuhnjúkur 22
Dyngjujökull 53 NV
Dyngjur 47 NV
Dyngjusandur 59 SA
Dyngjuvatn 59 SA
Dyngnahraun 1 SA
Dynjandi 12 NV
Dynjandi 38 NV
Dynjandisfjall 14 SV
Dynjandisheiði 12 NV
Dynjandisvogur 12 NV
Dynkur 47 NV
Dynskógar 31 NA
Dynufjall 20 SV
Dyrafjöll 2 NA
Dyrfjöll 32 SA
Dyrhólaey 44 SA
Dyrhólar 44 SA
Dys 36 SV
Dysjar 1 NA
Dysjárdalur 60 SA
Dýjadalshnúkur 3 SA
Dýjafell 35 NV
Dýjafjall 32 NV
Dýjafjallshnjúkur 23 NA
Dýjahnjúkur 22 NV
Dýrafjörður 12 NV
Dýralækir 41 SA
Dýrastaðir 7 SA
Dýrfinnustaðir 18 NA
Dæli 17 SV
Dæli 18 NA
Dæli 21 SA
Dæli 22 SA
Dögunarfell 14 NA
Dökkólfsdalur 6 SV

E

Efra-Apavatn 45 NV
Efrabólsdalur 15 SA
(Efra-Haganes) 21 NV
Efraholt 43 NA
Efra-Langholt 45 NA
Efranes 20 NV
Efranesvatn 20 NV
Efrasel 2 SA
Efrasel 45 NA
Efraskarð 3 NA
Efra-Vatnshorn 17 SV
Efriás 18 NA
Efriberg 7 NV
Efribotnar 58 SA
Efri-Brunná 10 NV
Efri-brú 45 NV
Efriey 41 SA
Efri-Fitjar 17 SV
(Efri-Fjörður) 38 NV
Efri-Fljótar 42 NV
(Efri-Harrastaðir) 19 SA
Efrihólar 28 SA
Efrihóll 43 NA
Efri-Hreppur 3 NA
Efrihrísar 5 NA
Efrihvoll 43 NA
Efri-Langey 6 NA
Efrimýrar 17 NA
Efri-Núpur 8 NA
Efri-Rauðalækur 45 SA
Efri-Rauðsdalur 12 SV
Efrireykir 45 NA
Efrirot 43 NA
Efri-Sandvík 27 NV
Efri-Steinsmýri 42 NV
Efri-Torfustaðir 17 SV
Efritunga 11 SV
Efri-Vindheimar 23 NA
Efrivík 42 NV
Efri-Þverá 17 NV
Efstadalsfjall 45 NA
Efstafell 37 NA
Efsta-Grund 44 NV
Efstakot 22 NV
Efstaland 2 SA
Efstaland 23 NA
Efstidalur 45 NA
Egg 18 NA
Eggert 59 NA
Eggja 52 NV
Eggjar 8 SV
Eggjar 34 SV
Eggjar 39 NA
Egilsá 23 SV
Egilssel 33 NA
Egilsstaðafjall 31 SA
Egilsstaðir 2 SA
Egilsstaðir 31 SA
Egilsstaðir 33 SA
Egilsstaðir 35 NV
Egilsstaðir 45 SV
Eiðar 34 NV
Eiðavatn 34 NV
Eiðhús 6 SV
Eiði 6 NV
(Eiði) 15 NV
(Eiði) 30 NA
Eiðisvatn 3 SA
Eiðisvatn 30 NA
Eiðisvík 30 NA
Eiðsstaðir 18 SV
Eilífsdalur 3 SA
Eilífsvötn 26 NV
Eilífur 22 NV
Eilífur 26 NV
Einangursfjall 14 SA
Einarsnes 3 NA
Einarsstaðafjall 31 SA
Einarsstaðir 24 NA
Einarsstaðir 25 NV
Einarsstaðir 31 SA
Einarsstaðir 33 SA
Einbúasandur 26 SA
Einbúi 14 NV
Einbúi 24 NA
Einbúi 25 NA
Einbúi 31 NV
Einfætingsgil 10 NA
(Einhamar) 23 NA
Einholt 3 NV
Einholt 18 NA
Einholt 37 SA
Einholt 45 NA

Einhyrningur 20 SA
Einhyrningur 41 NV
Einhyrningur 44 NV
Einidalsfjall 36 SV
Einidrangur 43 SV
(Einifell) 4 NV
Einifell 49 SA
Einstakafjall 21 NA
Eiríksbakki 45 NA
Eiríksdalur 32 SA
Eiríksgnípa 55 SA
Eiríksjökull 49 NV
Eiríksnípa 50 NA
Eiríksstaðahneflar 60 SA
(Eiríksstaðir) 7 NA
Eiríksstaðir 18 SV
Eiríksstaðir 60 SA
Eiríksvatn 4 NV
Ekkilsdalur 13 SA
Ekkjufell 33 SA
Ekra 22 SA
Ekra 28 SA
Ekra 32 SV
Eldborg 2 SV
Eldborg 7 SV
Eldborgarhraun 6 SA
Eldborgir 49 SV
Eldfell 43 SA
Eldgjá 41 NV
Eldgjá 48 SV
Eldhraun 41 NA
Eldiviðarhraun 46 SV
Eldjárnsstaðir 18 SV
(Eldjárnsstaðir) 30 SV
Eldvarpahraun 1 SV
Eldvatn 42 SV
Eldvatnsós 42 NV
Eldvatnstangi 42 NA
Eldvörp 1 SV
Elínarhöfði 3 SV
Elliðaey 6 NV
Elliðaey 43 SA
Elliðatindar 6 SV
Elliðavatn 2 NV
Elliði 21 SA
Elliði 23 SV
Emmuberg 7 NV
Emstrur 44 NA
Endahnjúkar 34 SV
Engey 2 NV
Engey 12 SA
Engi 2 NV
Engi 24 SA
Engidalsfjall 28 SV
Engidalsfjöll 13 SA
(Engidalur) 13 SA
Engidalur 24 SA
Engihlíð 7 NA
Engihlíð 20 SA
Engihlíð 22 SV
Engihlíð 25 NV
Engihlíð 31 SA
Engihlíð 36 NV
Engimýri 4 NA
Engimýri 23 NA
Engisfjall 10 NV
Engjabakki 34 SA
Engjadalsá 4 NA
Engjadalur 4 NV
Engjafjall 22 SA
(England) 4 NV
Enni 5 NV
Enni 17 NA
Enni 18 NA
Enni 20 SA
Ennishöfði 10 NA
Enniskot 17 SA
Enta 44 NA
Entujökull 44 NA
Ernir 13 SA
Ernir 14 NA
Erpsstaðir 7 NA
Esja 2 NV
Esja 40 NV
Esjuberg 2 NV
Esjubjörg 40 NA
Esjufjallajökull 40 NA
Esjufjallarönd 40 NA
Esjufjöll 40 NA
Eskifell 38 NV
Eskifjarðarheiði 34 SV
Eskifjörður 34 SV
Eskihlíð 47 NV
Eskihlíðarvatn 47 SA
Eskiholt 3 NA
Eskilsey 36 SV
Espihóll 24 NV
Ey 43 NA
Eyfirðingavegur 4 SA
Eyhildarkot 18 NA
Eyja 32 SV
Eyjabakkajökull 54 NA
Eyjabakkar 35 SV
Eyjabakkaufs 35 NV
Eyjardalsá 24 NA
Eyjadalur 4 SV
Eyjadalur 25 SV
Eyjafjall 16 SA
Eyjafjall 36 NA
Eyjafjallajökull 44 NV
Eyjafjarðará 24 NV
Eyjafjarðardalur 23 SA
Eyjafjöll 44 NV
Eyjafjörður 22 NV
Eyjahalar 22 NV
Eyjalón 42 NV
Eyjanes 10 SA
Eyjar 4 SV
(Eyjar) 16 SA
Eyjar 36 NV
Eyjarhólar 44 SA
Eyjarkot 19 SA
Eyjavatn 18 SV
Eyjavatn 31 NV
Eyjólfsfell 57 NV
Eyjólfsfjall 40 NA
Eyjólfsstaðir) 17 SA
Eyjólfsstaðir 33 SA
Eyjólfsstaðir 36 SV
Eyktagnípa 60 NA
(Eyland) 32 SA
Eyland 43 NA
Eyrarbakki 2 SA
Eyrardalur 13 SA
Eyrardalur 36 NV
Eyrarfjall 3 SA
Eyrarfjall 6 NV
Eyrarfjall 6 NA
Eyrarfjall 10 NA
Eyrarfjall 11 NA
Eyrarfjall 13 SA
Eyrarfjall 13 SA
Eyrarfjall 15 SV
Eyrarfjall 16 NA
Eyrarfjall 22 NA
Eyrarfjall 36 NV
Eyrarhlíð 15 NV
Eyrarland 20 SA
Eyrarland 24 NV
Eyrarland 33 SV
Eyrarteigur 33 SA
Eyrarvík 22 NA
(Eyri) 3 SA
Eyri 3 SA
(Eyri) 9 NA
(Eyri) 13 SA
(Eyri) 15 SA
Eyri 17 SV
Eyri 36 NA
(Eyri) 36 NA
Eyri 34 SA
Eysteinseyri 11 SA
Eystrafjall 39 NA
Eystra-Fróðholt 45
Eystrahorn 38 NA
Eystrahraun 42 NV
Eystra-Miðfell 3 SA
Eystra-Sandfell 18 NV
Eystraskarð 59 SA
Eystra-Súlunes 3 SA
Eystri-Hagafellsjökull 49 NA
(Eystrihóll) 43 NV
Eystri-Rangá 46 SV
Eystriskógar 44 SV
Eyvafen 50 SA
Eyvindará 33 SV
Eyvindará 34 SV
Eyvindará 34 SV
Eyvindardalur 34 SV
Eyvindarfjöll 35 NV
Eyvindarfjörður 16 NV
Eyvindarholt 43 NA
Eyvindarhólar 44 SV
Eyvindarkofaver 51 NV
Eyvindarkvísl 51 NV
Eyvindarlón 51 NV
Eyvindarmúli 44 NV
Eyvindarstaðaheiði 56 NA
Eyvindarstaðir 18 SV
Eyvindarstaðir 24 SV
(Eyvindarstaðir) 28 SV
(Eyvindarstaðir) 32 NV
Eyvindartunga 45 NV
Eyvík 27 SA
Eyvík 45 NV

F

Fagrabrekka 8 NV
Fagradalsá 26 NA
Fagradalsfjall 1 SA
Fagradalsfjall 4 SA
Fagradalsfjall 49 SV
Fagradalsfjall 54 NV
Fagradalsfjöll 32 NV
Fagrahlíð 32 SV
Fagrahlíð 43 NA
Fagrahlíð 50 NV
Fagranes 18 NV
Fagranes 20 SA
Fagranes 25 NV
(Fagranes) 30 SA
Fagranesskarð 30 SA
Fagraskógarfjall 7 SV
Fagribær 22 SA
Fagridalur 11 SA
(Fagridalur) 32 NV
Fagridalur 32 NV
Fagridalur 34 SV
Fagridalur 36 NV
Fagridalur 41 SV
Fagridalur 60 SV
Fagridalur innri 9 SA
Fagridalur ytri 9 SA
Fagrifoss 41 NA
Fagrihvammur 11 SV
Fagrihvammur 36 SV
Fagriskógur 22 SV
Fagriskógur 46 NV
Fagurey 6 NV
Fagurhlíð 42 NV
Fagurhólsmýri 40 SV
Falljökull 40 SV
Fannabunga 52 NV
Fannalág 14 NV
Fannalágarfjall 14 NV
(Fannardalur) 34 SA
Fannartindur 34 SV
Fanndalsfjall 36 NA
Fannlækjarbunga 18 SV
Fannstöð 20 SV
Fanntófell 4 NA
Farið 49 SA
Farvegsalda 26 SA
Fauskabrekkur 15 SV
Fauskheiði 44 NV
Fauski 40 NA
Faxasker 43 SA
Faxasund 47 SA
Faxi 47 NA
Faxi 47 SV
Fábeinsvötn 9 SA
Fálkafoss 30 SV
Fáskrúðarbakki 6 SA
Fáskrúðsfjörður 36 NA
Fáskrúður 18 NV
Feigsdalur 11 NA
Fell 3 SA
Fell 10 NA
Fell 12 NV
(Fell) 16 NA
Fell 17 SA
Fell 20 NA
Fell 24 SV
Fell 30 SV
Fell 31 SA
Fell 36 NV
Fell 36 SV
Fell 37 SV
Fell 42 NV
(Fell) 42 SA
Fell 45 NA
Fellabær 33 SA
Fellaheiði 33 SA
Fellsás 36 NV
Fellsendamúlar 7 NA
Fellsendavatn 47 NA
Fellsendi 2 NA
Fellsendi 3 SA
Fellsendi 7 NA
Fellsheiði 44 SA
Fellshlíð 24 NV
Fellshlíð 24 NA
Fellskot 45 NA
Fellsmúli 2 NV
Fellsmúli 46 SV
Fellssel 25 NV
Fellsskógur 25 NV
Fellsströnd 7 NV
Fellstindur 36 SV
Fen 38 NA
Ferðamannaalda 51 SV
Ferjuás 26 SA
Ferjubakki 3 NA
Ferjufjall 60 NV
Ferjuhylur 60 NV
Ferjukot 3 NA
Ferjunes 45 SV
Ferstikla 3 SA
Festarfjall 1 SA
Félagslundur 45 SV
Fimmvörðuháls 44
Fingurbjörg 40 NA
Finnafjörður 30 SV
Finnastaðaá 23 NA
Finnastaðaheiði 24
Finnastaðir 22 NV
Finnastaðir 23 NA
Finnbogastaðir 16 NA
Finnmörk 17 SV
Finnsstaðadalur 22 SA
Finnsstaðir 34 SV

Finnstunga 18 NV
Fiskalón 2 SA
Fiskidalsfjall 1 SA
Fiskidalsháls 60 SA
Fiskilækur 3 SA
Fiskivatn 8 SA
Fiskivatn 8 SV
Fiskivötn 10 SA
Fiskivötn 28 NA
Fit 43 NA
Fit 54 NA
Fitjaá 8 NA
Fitjahnjúkur 54 NA
Fitjakot 2 NV
Fitjamýri 43 NA
Fitjar 2 NV
(Fitjar) 4 NV
(Fitjar) 16 SV
Fitjar 18 SA
Fitjar 22 SA
Fitjarásar 50 SV
Fitjaskógar 46 NA
Fitjá 4 NV
Fitjárdalur 17 SV
Fitjárdrög 55 NA
Fífilgerði 24 NV
Fíflholt 3 NV
Fíflholt eystra 43 NV
Fífustaðadalur 11 NA
Fífustaðir 11 NA
Fjaðrárgljúfur 41 NA
Fjalir 14 NA
(Fjall) 18 NA
(Fjall) 21 SA
(Fjall) 21 NV
Fjall 45 NA
Fjallabaksleið-Nyrðri 47 SA
Fjallabaksleið-Syðri 41 NV
Fjallagjá 26 SV
Fjallaheiði 28 SV
Fjallalda 59 SV
Fjallalækjarsel 29 SA
Fjallgarðadalur 60 NA
Fjallgarður 15 NA
Fjallgarður 29 SA
Fjallkirkja 49 NA
Fjallkollur 60 SA
Fjallsárlón 40 SA
Fjallsendagígar 59 SV
Fjallsendar 28 NA
Fjallsendi 32 SV
Fjallsendi 59 SV
Fjallshali 33 SV
Fjallsjökull 40 NA
(Fjallssel) 33 SA
Fjarðará 21 NA
Fjarðará 34 SV
Fjarðará 38 NV
Fjarðardalur 34 SV
Fjarðarfjall 38 NV
Fjarðarheiði 34 SV
Fjarðarheiði 38 NV
Fjarðarhorn 8 NV
(Fjarðarhorn) 15 SA
Fjarðarhornsdalur 15 SA
Fjarðarströnd 34 SV
Fjárhóladyngja 59 SA
Fjárhólar 59 SA
Fjórðungakvísl 51 NA
Fjórðungsalda 31 SA
Fjórðungsalda 50 NV
Fjórðungsalda 58 SV
Fjórðungsháls 33 SA
Fjórðungshóll 29 SV
Fjórðungssandur 50 NA
Fjórðungsvatn 58 SV
Fjósaból 14 SA
Fjósatunga 24 NV
Fjósatungufjall 24 NV
Fjöll 28 SV
Fjölsvinnsfjöll 40 NA
Flaga 17 SA
(Flaga) 23 NA
Flaga 29 SA
Flaga 33 SA
(Flaga) 36 NV
Flaga 41 NA
Flaga 45 SV
Flagbjarnarholt 45 SA
Flagðahraun 51 SV
Flankastaðir 1 NV
Flatadyngja 59 SA
Flatafjall 11 SA
Flatafjall 34 NV
Flatatunga 18 SA
Flatey 9 NV
Flatey 22 NA
Flatey 37 SA
Flateyjardalsheiði 22 NA
Flateyjardalur 22 NA
Flateyjarskagi 22 NA
Flateyjarsund 22 NA
Flateyri 13 SV
Flatholt 45 NA
Flatnefsstaðafell 17 NV
(Flatnefsstaðir) 17 NV
Flatsfjall 12 NV
Flautafell 29 SA
Fláajökull 37 NA
Fláatindur 38 NV
Fláfjall 37 NA
Flár 22 SV
Flár 26 NA
Flár 31 NV
Flár 31 NV
Flekkudalur 3 SA
Flekkudalur 7 NV
Flekkur 40 NA
Fles 32 NV
Flesjustaðir 7 SV
Flesjutangi 34 SA
Fljót 14 NV
Fljót 21 NA
Fljótakrókar 42 NV
Fljótavatn 14 NV
Fljótavík 13 NA
Fljótavík 21 NV
Fljóteyrar 42 NA
Fljótsalda 58 NV
Fljótsbakki 24 NA
Fljótsbakki 33 NA
Fljótsborg 52 NV
Fljótsbotn 41 NA
Fljótsdalsheiði 33 SV
Fljótsdalsheiði 46 SA
Fljótsdalur 33 SA
Fljótsdalur 44 NV
Fljótsheiði 24 NA
Fljótshlíð 43 NA
Fljótshnjúkur 58 NA
Fljótshólar 45 SV
Fljótshverfi 39 SV
Fljótsoddi 48 NA
Fljótstunga 8 SA
Flosajökull 49 NV
Flosaskarð 8 SA
Flosavötn 49 NV
Flóamannaalda 50 SA
Flóavatn 8 SA
Flóðatangi 3 NA
Flóðið 17 NA
Flóðvangur 17 NA
Flói 2 SA
Flókadalsvatn 21 NV
Flókadalur 4 NV
Flókadalur 21 NV
Flókalundur 12 SV
Flókavatn 29 SA
Flugufell 60 NA
Flugumýrarhvammur 18 NA
Flugumýri 18 NA
Flugustaðadalur 35 SA
Flugustaðatindar 35 SA
Flugustaðir 35 SA
Flúðir 33 NA
Flúðir 45 NA
Flyðrur 3 NA
Flæðar 28 SV
Flæður 53 NV
Flögudalur 23 NV
Flögukerling 23 NV
Flögutindur 36 NV
Flötufjöll 35 SA
Flötufjöll 36 SV
Flötufjöll 38 NA
Fnjóskadalur 24 NV
Fnjóská 22 SA
Fnjóská 24 SV
Folafótur 15 NA
Fontur 30 NA
Fornastaðafjall 22 SA
Fornhagi 22 SV
Fornhagi 25 NV
Fornhólar 22 SA
(Fornihvammur) 8 SV
Fornusandar 43 NA
Fornustekkar 38 NV
Forsæludalskvíslar 56 NV
Forsæludalur 17 SA
Forsæti 43 NV
Forsæti 45 SV
Forviðarfjall 35 NA
Forvöð 26 NV
Foss 6 SV
Foss 9 SA
Foss 12 SV
(Foss) 31 SV
Foss 42 NV
Foss 46 NV
Fossabrekkur 55 NA
Fossadalsheiði 14 SA
Fossadalur 40 NA
Fossahlíð 15 NV
Fossahraun 39 NV
Fossalda 46 NV
Fossalda 46 NA
Fossaleiti 52 NV
Fossar 18 SA
Fossar 42 NV
Fossar 60 NV
Fossatún 4 NV
Fossavík 20 SV
Fossá 12 SA
Fossá 16 SA
Fossá 31 SA
Fossá 46 NV
Fossá 46 NA
Fossá 46 NV
Fossá 57 NV
Fossárdalur 18 SA
Fossárdalur 35 SA
Fossárdrög 47 NV
Fossárfell 35 NA
Fossárfell 36 NV
Fossárfell 57 NV
Fossárfjall 12 SA
Fossármúli 57 NA
Fossártunga 31 SA
Fossárvík 36 SV
Fossárvötn 35 NV
Fossbrekka 56 NA
Fossbunga 20 SV
Fossdalur 11 SA
Fossdalur 21 NA
Fossdalur 36 NV
Fossdalur 8 NV
Fossfjörður 12 SV
Fossgerði 34 SV
Fossheiði 12 SV
Fossheiði 31 SV
Fossheiði 46 NA
Fosshólar 45 SA
Fosshóll 8 NA
Fosshóll 18 NA
Fosshóll 24 NA
(Fosssel) 8 NV
Fossvellir 32 SV
Fossölduver 46 NA
Foxufell 7 SV
(Fótur) 15 NV
Frakkavatn 45 SA
Frambruni 59 SV
Framfjöll 28 SV
Framgil 41 NV
(Framland) 23 NA
Framland 60 NV
Framnes 18 NA
Framnes 28 SV
Framnes 32 SA
Framnes 36 SV
Framnes 38 NV
Framnes 44 SA
Framnes 45 SA
Fremra-Deildarvatn 29 NV
Fremrafjallshlíð 29 SA
Fremra-Sandfell 50 NV
Fremri Nýpur 31 NA
Fremri-Breiðidalur 13 SA
Fremribrekka 10 SV
Fremridalur 29 SV
Fremri-Eyrar 48 SA
Fremri-Fitjar 17 SV
Fremri-Fjallshali 60 SV
Fremri-Grímsstaðanúpur 26 SA
Fremri-Gufudalur 9 NA
Fremriháls 4 SV
Fremri-Hlíð 31 SA
Fremri-Hrafnabjörg 7 NA
Fremrihús 13 SA
Fremrihvesta 11 NA
Fremrikot 23 SV
Fremri-Lambá 24 SV
Fremri-Langey 6 NA
Fremrinámar 59 NA
Fremriskúti 50 NV
Fremri-Tungnaárbotnar 48 NV
Fremsta-Bálkafell 52 NV
Fremstafell 24 NA
Fremstafell 60 NV
Fremstagil 17 NA
Fremstuhús 12 NV
Freyjulundur 22 SV
Freyshólar 33 SA
Freysnes 40 SV
Friðarstaðir 2 NA
(Friðheimur) 34 SV
Friðmundarvötn 18 SV
Friðufell 31 SV
Frostastaðavatn 47 SA
Frostastaðir 18 NA
Fróðastaðir 8 SV
(Fróðá) 5 SA
Fróðárheiði 5 SA
Frægðarvershnúkur 50 SV
Frökkufjall 32 SV
Fuglabjargaá 31 NA
Fuglabjargarnes 32 NV
Furubrekka 6 SV
Furufjörður 14 NA
Furuvík 27 SA
Fúinshyrna 23 NV
Fúlakvísl 50 NV

Fúlavík 30 NA
Fúlukinnarrani 23 SV
Fýlingjakvísl 10 SA
Fýlsdalsfjall 16 NA
Færnes 39 NA
Fögrufjöll 48 NV
Fönn 34 SV

G

Gafl 17 SA
Gafl 45 SV
Gaflfell 10 SV
Gaflfellsheiði 10 SV
Gaflsbunga 17 SA
Gaflstjörn 17 SA
Gagnadagahnjúkur 26 NA
Gagnheiðarhnjúkar 34 SV
Gagnheiði 4 SA
Gagnheiði 34 SV
Gagnheiði 36 NV
Galtaból 18 SV
Galtafell 45 NA
Galtalækur 3 SA
Galtalækur 45 NA
Galtalækur 46 NV
Galtanes 17 SV
(Galtará) 9 NA
Galtarárskáli 56 NA
Galtardalur 7 NV
Galtardalur 13 SV
Galtarholt 3 NA
Galtarholt 3 SA
(Galtartunga) 7 NV
Galtarvatn 56 NV
Galtastaðir 45 SV
Galtastaðir fram 32 SV
Galtastaðir út 32 SV
Galtárhnjúkur 23 SA
Galti 48 SV
Gamalhnúkar 7 NA
Gamlaeyri 6 SA
Gamlahraun 2 SA
Gamlavík 5 NV
Gamligarður 37 SA
Gamli Þingvallavegurinn 2 NA
Garðabær 2 NV
Garðakot 18 NA
Garðakot 44 SA
Garðar 1 NA
Garðar 3 SA
Garðar 6 SV
Garðar 44 SA
Garðá 30 SV
Garðhús 18 NA
Garðsá 24 NV
Garðsárdalur 24 NV
Garðsdalur 29 SA
Garðsfell 22 SA
Garðsheiði 25 NA
Garðshorn 22 SV
Garðshorn 23 NA
Garðskagi 1 NV
(Garðsstaðir) 15 NV
Garðsvík 22 SA
Garður 1 NV
(Garður) 15 SV
Garður 18 NA
Garður 21 NA
Garður 25 SA
Garður 25 NV
Garður 28 SV
Garður 29 SA
Garpsdalsfjall 10 NV
Garpsdalur 10 NV
(Gata) 22 SV
Gata 45 NA
Gata 45 SA
Gata 2 SV
Gatfell 4 SA
Gatfjall 34 NA
Gauksmýri 17 SV
Gauksstaðir 20 SV
(Gauksstaðir) 33 SV
(Gaul) 6 SV
Gaulverjabær 45 SV
Gautastaðamúli 7 NV
Gautavík 36 SV
Gautland 21 NV
Gautlönd 25 SA
Gautsdalur 10 NV
Gautsdalur 18 NV
Gautsstaðir 22 SA
Gálmaströnd 10 NA
Gáluvík 5 SV
Gámur 51 SA
Gásar 22 SV
Gedduvatn 10 NV
Gedduvatn 15 SA
Gedduvatn 56 NV
Gefla 28 NA
Gegnishólar 45 SV
Geirakot 2 SA
Geirakot 5 NA
Geirastaðir 13 SA
(Geirastaðir) 25 SA
Geirastaðir 32 SV
Geirfuglasker 43 SV
Geirhnúkur 7 SV
Geirland 2 NV
Geirland 42 NV
Geirlandsá 41 NA
Geirlandsárbotnar 48 SA
Geirlandshraun 41 NA
Geirmundarstaðir 9 SA
Geirmundarstaðir 16 SV
Geirmundarstaðir 18 NV
Geirólfsnúpur 14 NA
(Geirólfsstaðir) 33 SA
Geirsfjall 14 SV
Geirshlíð 4 NV
Geirshlíð 7 NA
Geirvörtur 39 NV
Geirþjófsfjörður 12 SV
Geitaberg 4 NV
Geitafell 17 NV
(Geitafell) 17 NV
Geitafell 25 NV
Geitafell 37 NA
Geitafell 46 NV
Geitafell 60 NA
Geitagerði 33 SA
Geitagil 11 SV
Geitahlíð 1 SA
Geitakarlsvötn 19 NA
Geitakinn 37 NA
Geitarfell 2 SV
Geitasandur 45 SA
Geitasandur 60 NA
Geitaskarð 17 NA
Geitaskarð 18 NV
(Geitavík) 34 NA
Geitdalsá 35 NA
Geitdalur 35 NA
Geitdalur 35 NA
Geiteyjarströnd 25 SA
Geithamarstindur 38 NA
Geithamrar 17 NA
Geithellaá 35 SA
Geithelladalur 35 SA
Geithellar 36 SV
Geitland 32 SA
Geitlandshraun 4 NA
Geitlandsjökull 49 NV
Geldingaá 3 SA
Geldingadalsfjöll 46 NV
Geldingafell 5 SV
Geldingafell 7 NA
Geldingafell 8 NV
Geldingafell 31 SV
Geldingafell 35 SV
Geldingafell 46 NV
Geldingafell 49 SA
Geldingafell 49 SA
Geldingafell 60 NV
Geldingafellsjökull 35 SV
Geldingafjall 32 SA
Geldingafjöll 46 SV
Geldingaholt 18 NA
Geldingaholt 45 NA
Geldingalækur 45 SA
Geldinganes 2 NV
Geldingaskörð 32 SA
Geldingavatn 31 SV
Geldingsá 57 NA
Geldingsárdrög 57 NA
Geldungur 43 SV
Geldærhnjúkur 54 NA
Gemla 12 NV
Gemlufall 12 NV
Gemlufallsheiði 12 NV
Gerðakot 2 SA
Gerðhamradalur 13 SV
(Gerðhamrar) 12 NV
Gerði 3 SA
Gerði 23 NA
Gerði 37 SV
(Gerðuberg) 6 SA
Gerpir 34 SA
Gervidalsfjall 15 SA
(Gervidalur) 15 SA
Gervidalur 15 SA
Gestreiðarstaðaháls 60 NA
Gestsstaðir 10 NV
Gestsstaðir 36 NV
Geysir 49 SV
Gil 12 NV
Gil 18 NV
Gil 18 NV
(Gil) 23 NA
Gil 33 NA
Gilá 17 SA
Gileyri 11 SA
Gilhagadalur 18 SA
(Gilhagi) 8 NV
Gilhagi 18 SA
Gilhagi 28 SA
Giljadalur 23 SV
Giljahlíð 4 NV
Giljaland 8 NV
Giljamúli 23 SV
Giljar 4 NA
Giljar 23 SV
Giljur 44 SA
Gillastaðir 7 NA
Gillastaðir 9 NA
Gilsá 23 SA
Gilsá 33 NV
Gilsá 34 NV
Gilsá 35 NA
Gilsá 36 NV
Gilsárdalur 34 NV
Gilsárdalur 35 NA
Gilsárdalur 36 NV
Gilsárdalur 36 NA
Gilsárstekkur 36 NV
Gilsárteigur 34 NV
Gilsártindur 34 SA
Gilsártunga 30 SV
Gilsárvellir 32 SA
Gilsárvötn 35 NV
Gilsbakkaá 28 SA
Gilsbakki 4 NA
Gilsbakki 22 SV
(Gilsbakki) 23 SV
Gilsbakki 23 NA
Gilsbakki 28 SA
Gilsbrekkuheiði 13 SA
(Gilsfjarðarbrekka) 10 NV
Gilsfjarðarmúli 10 NV
Gilsfjörður 10 NV
(Gilstaðir) 16 SV
Gilstreymi 4 NV
Gilsvatn 18 SV
Gimbrafell 57 NA
Gígjarfoss 50 NV
Gígjukvísl 39 SA
Gígjur 39 SA
Gígjökull 44 NV
Gígöldur 53 NV
Gíma 51 SA
Gíslabær 5 SV
Gíslastaðagerði 33 SA
Gíslastaðir 33 SA
(Gíslastaðir) 45 NA
Gíslatangi 36 SV
Gíslavatn 8 SV
Gíslholt 45 SA
Gjafi 6 NV
Gjallandi 52 NV
Gjábakkahraun 4 SA
Gjádalstindar 38 NV
Gjádalur 38 NV
Gjáfjöll 48 NV
Gjáfjöll 59 NA
Gjáin 46 NA
Gjálp 52 SA
Gjánúpur 37 NA
Gjástykki 25 NA
Gjástykkisbunga 25 NA
Gjátindur 48 SV
Gjögrafjall 11 SV
Gjögrahorn 30 NA
(Gjögur) 16 NA
Gjögur 22 NV
Gjögurtá 22 NV
Glanni 7 SA
Glaumbær 6 SV
(Glaumbær) 17 NA
Glaumbær 18 NA
Glaumbær 24 NA
Gláma 4 NV
Gláma 12 NA
Glámsflói 6 SV
Glerá 22 SV
Glerá 23 NA
Glerárdalur 23 NA
(Glerárskógar) 7 NA
Glerárskógarfjall 10 SV
Glerdalur 10 SV
Glerhallavík 20 SV
Glettingsnes 34 NA
Glettingur 34 NA
Glissa 16 NA
Glitstaðir 7 SA
Gljá 41 SA
Gljá 42 NA
Gljá 43 NA
Gljúfraborg 36 NA
Gljúfradalur 15 SV
Gljúfrasteinn 2 NV
Gljúfur 2 NA
Gljúfurá 7 NV
Gljúfurá 17 SA
Gljúfurárdalur 18 NA
Gljúfurárholt 2 SA
Gljúfurárjökull 23 NV
Gljúfurleit 47 NV
Gljúfurleitarfoss 47 NV
Gljúfursárdalur 32 SV
(Gloppa) 23 NA
Gloppufjall 23 NA

Glóðafeykir 18 NA
(Glóra) 39 SV
Glóra 45 SV
Glúmsdalur 14 NV
Glúmsstaðadalur 60 SA
Glúmsstaðir 35 NV
Glúmsstaðir II 35 NV
Glymur 4 SV
Glæðuás 26 SV
Glæður 26 SV
Glæsibær 18 NA
Glæsibær 20 NA
Glæsibær 22 SV
Glæsistaðir 43 NV
Gnúpufell 23 SA
(Gnýstaðir) 17 NV
Goddastaðir 7 NA
Goðaborg 34 SA
Goðaborg 35 SV
Goðaborg 36 SV
Goðaborgarfjall 34 SA
Goðabunga 35 SV
Goðabunga 44 NA
Goðafjall 40 SV
Goðafoss 24 NA
Goðahnjúkar 35 SV
Goðahraun 44 NV
Goðahryggur 37 NA
Goðaland 43 NA
Goðaland 44 NV
Goðalandsjökull 44 NA
Goðasteinn 44 NV
Goðdaladalur 23 SV
(Goðdalir) 16 SA
Goðdalir 23 SV
Goðdalur 16 SA
Goðheimar 35 SV
Graddabunga 25 SA
Grafarbakki 45 NA
Grafardalur 4 NV
Grafarfjall 9 SA
(Grafargil) 13 SV
Grafarkot 17 SV
Grafarlandaá 60 NV
Grafarlönd 24 SA
Grafarlönd 60 NV
Grafarós 20 SA
Grafartindar 7 NA
Grafheiði 7 SV
Granastaðafjall 22 SA
Granastaðir 22 SA
Grandahorn 12 NV
Granni 46 NA
Grasadalsfjall 30 SV
Grasafjall 26 SA
Grasafjöll 27 SA
Grasás 17 SV
(Grasgeiri) 29 NA
Grasleysufjöll 46 SA
Grasöxl 33 SA
Grautarflói 33 SV
Grábergshnjúkar 54 NA
Grábrók 7 SA
Gráðvík 9 NV
Gráfell 46 SV
Gráfell 46 SA
Grágæsadalur 54 NV
Grágæsahnjúkar 54 NV
Grágæsavatn 54 NV
Grákinn 38 NV
Grákollur 34 SA
Grákollur 50 NA
Grásíða 28 SV
Grástakkur 37 NA
Grásteinsfjall 6 NA
Grenbotnar 48 SV
Grendill 35 SV
Grenisalda 35 NV
Grenisöldur 35 NV
Grenivík 22 SV
Grenivík 27 NV
Grenivíkurfjall 22 NV
Grenjadalsfell 17 SV
Grenjaðarstaður 25 NV
Grenjanes 30 NV
Grenlækur 42 NV
Grettir 48 SV
Grettishæð 56 NV
Grettislaug 20 SV
Grindarskörð 2 SV
Grindavík 1 SV
Grindur 20 SA
Gripdeild 60 NA
Gríðarhorn 52 SA
Grímarsfell 2 NV
Grímarsstaðir 3 NA
Grímsá 3 NA
Grímsá 20 SV
Grímsdalsheiði 13 SV
Grímsey 16 SA
Grímsey 27 NV
Grímsfell 16 SV
Grímsfjall 6 NV
Grímsfjall 24 SA
Grímsfjall 52 SA
Grímsgerði 22 SA
Grímshafnartangi 28 NA
Grímshóll 15 SV
Grímslækur 2 SA
Grímsnes 45 NV
Grímsstaðadalur 26 SA
Grímsstaðadalur eystri 31 SV
Grímsstaðaheiði 25 SA
Grímsstaðakerling 26 SA
Grímsstaðamúli 7 SV
Grímsstaðir 3 NA
Grímsstaðir 3 SA
Grímsstaðir 25 SA
Grímsstaðir 26 SA
Grímsstaðir 45 SA
Grímsstaðir 4 NV
(Grímstunga) 17 SA
Grímstunga 26 SA
Grímstunguheiði 17 SA
Grímsvötn 52 SA
Grísafell 18 NA
Grísará 24 NV
Grísatungufjöll 25 NV
Grísatungur 35 SA
Gríshóll 6 NV
Grjót 8 SV
Grjót 26 SA
Grjót 60 NV
Grjótagjá 25 SA
Grjótakvísl 51 SV
Grjótalda 60 SA
Grjótá 48 SV
Grjótá 50 SV
Grjótá 54 NA
Grjótárdalur 23 NV
Grjótárhnjúkur 23 NV
Grjótárhnjúkur 35 SV
Grjótárhnjúkur 54 NA
Grjótártunga 50 SV
Grjótárvatn 7 SV
(Grjóteyri) 3 NA
Grjóteyri 3 SA
Grjótfjall 32 SA
Grjótfjall 32 SA
Grjótfjöll 29 NA
Grjótfjöll 29 SV
Grjótgarðsháls 60 NA
Grjótgarður 22 SV
Grjótháls 8 SV
Grjótháls 25 NV
Grjótháls 26 NV
Grjótháls 33 SV
Grjóthólatindur 36 SV
Grjótnes 28 NA
Grjótskálahorn 12 NV
Grjóttunga 32 SV
Grjótufs 33 SV
Grófargerði 33 SA
Grófargil 18 NA
Grótta 1 NA
Gróustaðir 10 NV
Grund 3 NA
Grund 5 NA
(Grund) 7 NV
(Grund) 7 SV
Grund 9 NA
(Grund) 17 SV
Grund 17 NA
Grund 21 SA
(Grund) 21 NA
Grund 22 SV
Grund 24 NV
(Grund) 25 SV
(Grund) 30 SV
Grund 32 SA
Grund 33 SV
Grund 41 SA
Grund 45 SV
Grundará 17 SV
Grundarfjörður 5 NA
Grundargil 24 NA
(Grundarhóll) 26 SA
Grundarvatn 9 NA
Grunnavatn 3 NV
Grunnuvötn 8 SA
Grýta 24 NV
Grýta 34 NV
Grýttagil 54 NV
Grýtubakki 22 SV
Grænaborg 1 NA
Grænafell 34 SA
Grænafell 34 SA
Grænafell 36 NV
Grænafell 37 NA
Grænafjall 47 SA
Grænahlíð 11 NA
Grænahlíð 13 NA
Grænahlíð 17 NA
Grænahlíð 23 SA
Grænahlíð 32 SA
(Grænahlíð) 36 NV
Grænahraun 38 NV
Grænalág 26 NV
Grænalón 39 NA
Grænalón 47 SA
Grænalónsjökull 39 NV
Grænamýri 18 NA
Grænanes 16 SV
Grænanes 34 SA
Grænatjörn 57 NA
Grænavatn 1 SA
Grænavatn 25 SA
Grænavatn 39 NA
Grænavatn 47 NA
Grænavatn 50 SV
Grænavatnsbruni 25 SA
Grænhóll 12 SV
Grænhóll 22 SV
Grænifjallgarður 48 SV
Grænihnjúkur 22 SA
Grænihvammur 17 SV
Grænilækur 31 SA
(Grænumýrartunga) 8 NV
Grænumýrarvatn 3 NV
Grænöxl 60 SA
Gröf 3 SA
Gröf 5 NA
Gröf 5 SA
Gröf 6 SA
Gröf 7 NA
Gröf 9 NA
Gröf 10 NA
Gröf 17 SA
Gröf 17 SV
Gröf 20 SA
Gröf 24 NV
(Gröf) 34 NV
Gröf 41 NA
Guðlaugsstaðir 18 SV
Guðlaugstungur 56 NA
Guðlaugsvík 10 NA
(Guðmundarstaðir) 31 SA
Guðnahæð 55 SA
Guðnastaðir 43 NA
Guðnasteinn 44 NV
Guðrúnarstaðir 17 SA
Gufudalur 2 NA
Gufudalur 9 NA
Gufufjörður 9 NA
(Gufuskálar) 5 NV
Gullbrekka 23 SA
Gullbringa 1 SA
Gullfoss 49 SA
Gullkista 6 NA
Gulllaugarfjall 38 NV
Gullþúfa 34 SV
Gunnarsholt 45 SA
Gunnarshólmi 2 NV
Gunnarshólmi 43 NA
Gunnarssonavatn 55 SA
Gunnarsstaðir 7 NV
Gunnarsstaðir 30 SV
(Gunnhildargerði) 32 SV
Gunnlaugsstaðir 7 SA
Gunnlaugsstaðir 33 SA
Gunnólfsvík 30 SV
Gunnólfsvíkurfjall 30 SV
Gunnsteinsstaðafjall 18 NV
(Gunnsteinsstaðir) 18 NV
Gunnúlfsfell 6 NV
Gustahnjúkur 25 NA
Guttormshagi 45 SA
Gvendarfell 44 SA
Gvendarhnjúkur 58 NA
Gvendarstaðir 25 NV
Gyðuhnjúkur 27 SA
Gyldarás 45 NV
Gylta 18 NV
Gyltuskarð 18 NV
Gýgjarhóll 18 NV
Gýgjarhóll 49 SA
Gýgjarhólskot 45 NA
Gýgjarhólskot 49 SA
Gægir 50 NA
Gæsabringur 39 NV
Gæsadalur 12 SA
Gæsadalur 15 SV
Gæsadalur 28 SV
Gæsafjöll 25 NA
Gæsagilsárdrög 31 NA
Gæsaheiði 37 NA
Gæsahnjúkur 52 NA
Gæsahnúkur 8 NV
Gæsatungur 41 NV
Gæsavatn 29 SV
Gæsavatn 44 SA
Gæsavatnaleið 52 NA
Gæsavötn 52 NV
Göltur 7 NV
Göltur 10 SV
Göltur 13 SV
Göltur 44 NV
(Göltur) 45 NV
Gönguhnjúkur 21 SV
Gönguskarð 22 SA
Gönguskarð 24 NV
Gönguskörð 18 NV

(Göngustaðir) 16 SA
Göngustaðir 21 SA
Götur 44 SA
Götuvötn 7 NV

H

Haffjarðará 6 SA
Haffjörður 6 SA
(Hafgrímsstaðir) 18 SA
Hafnaberg 1 SV
Hafnaheiði 1 SV
Hafnarbjarg 34 NA
Hafnardalsfjall 15 NA
Hafnardalur 3 NA
Hafnardalur 15 NA
Hafnareyjar 9 SV
Hafnarfjall 3 NA
Hafnarfjall 11 SV
Hafnarfjall 14 NV
Hafnarfjörður 1 NA
Hafnarhorn 13 SV
Hafnarnes 11 NA
Hafnarnes 36 NA
Hafnarnes 36 NA
Hafnarnes 38 NV
Hafnarskarð 14 NV
Hafnartangi 38 SV
Hafnarvík 2 SA
Hafnasandur 1 SV
Hafnir 1 SV
Hafnir 19 NA
Hafradalstindur 38 NV
Hafrafell 6 NV
Hafrafell 8 SA
Hafrafell 9 NA
Hafrafell 23 NV
Hafrafell 28 SA
Hafrafell 33 SA
Hafrafell 36 NV
Hafrafell 37 NV
Hafrafell 40 NV
Hafrafell 46 SV
Hafrafellstunga 28 SA
Hafragil 8 SA
(Hafragil) 20 SV
Hafragilsfoss 26 NV
Hafrahvammar 60 SA
Hafralón 31 NV
Hafralónsá 30 SV
Hafralækur 25 NV
Hafranes 36 NA
Hafratindur 9 SA
Hafravatn 2 NV
Hafrárdalur 23 NA
Hafrárhnjúkur 23 NA
Hafsteinsstaðir 18 NA
(Hafursá) 33 SA
Hafursey 41 SV
Hafursfell 6 SA
Hafursfell 54 NA
Hafursstaðaheiði 24 SA
Hafursstaðavatn 26 NV
(Hafursstaðir) 26 NV
(Hafursstaðir) 58 NA
Hafurstaðir 19 SA
Hafþórsstaðir 8 SV
Hagafell 46 SA
Hagafell 47 SV
Hagafell 49 SV
Hagafjall 23 NV
Hagafjall 46 NV
Hagahraun 7 SV
Hagajökull Fremri 58 SV
Hagajökull Innri 58 SV
Hagaland 29 SA
Hagalækur 59 NV
Haganes 21 NV
Haganes 25 SA
Haganesvík 21 NV
Hagatafla 12 SV
Hagavaðall 12 SV
Hagavatn 49 SV
Hagavatn 59 NV
Hagavík 2 NA
Hagavíkurhraun 2 NA
Hagá 23 SA
(Hagi) 4 NV
Hagi 12 SV
Hagi 17 NA
Hagi 25 NV
Hagi 38 NV
Hagi 45 NA
Hagi 45 SA
Hagi 46 NV
Halakot 1 NA
Halakot 45 SV
Halaskógafjall 25 SA
(Hali) 17 NA
Hali 37 SV
Hali 45 SV
Hallandi 45 SV
Hallarmúli 7 SA
Hallárdalur 20 SV
Hallbjarnareyri 6 NV
Hallbjarnarstaðatindur 35 NA
(Hallbjarnarstaðir) 25 SV
Hallbjarnarstaðir 27 SA
Hallbjarnarstaðir 35 NA
Halldórsfell 47 SA
Halldórsstaðir 18 NA
Halldórsstaðir 23 SA
Halldórsstaðir 24 SA
Halldórsstaðir 25 NV
Hallfreðarstaðahjáleiga 32 SV
Hallfreðarstaðir 32 SV
Hallgeirsey 43 NV
Hallgeirsstaðir 32 SV
Hallgilsstaðir 22 SA
Hallgilsstaðir 22 SV
Hallgilsstaðir 30 SV
Hallkelshólar 45 NV
Hallkelsstaðaheiði 8
Hallkelsstaðahlíð 7 SV
Hallkelsstaðir 8 SA
Hallland 22 SA
Hallmundarhraun 8 SA
Hallmundarhöfði 49 NA
Hallormsstaðaháls 33 SA
Hallormsstaður 33 SA
Hallsstaðir 7 NV
(Hallsstaðir) 15 NA
(Hallsteinanes) 9 NA
Hamar 2 NV
Hamar 3 NA
Hamar 7 SA
(Hamar) 7 NA
Hamar 11 NA
Hamar 12 SV
Hamar 18 NV
Hamar 18 NA
Hamar 24 NV
Hamar 32 NV
Hamar 36 SV
Hamar 45 SV
Hamar 54 NA
Hamarinn 52 SV
Hamarland 9 NA
Hamarsá 35 SA
Hamarsdalsdrög 35 SA
Hamarsdalur 15 NA
Hamarsdalur 35 SA
Hamarsfjall 15 NA
Hamarsfjörður 36 SV
Hamarsháls 16 SA
Hamarsheiði 25 SA
Hamarshlíð 20 SV
Hamarshlíð 20 SV
Hamarshyrna 12 SV
Hamarskriki 52 SV
Hamarslón 52 SV
Hamarssel 36 SV
Hamarsvatn 35 SA
Hamraborg 36 SV
Hamraborgir 7 NA
Hamraendafjall 5 SA
Hamraendar 4 NV
Hamraendar 7 NA
Hamrafell 48 NV
Hamrafjall 7 NA
Hamrafjall 35 SA
(Hamragarðar) 43 NA
(Hamragerði) 34 NV
Hamragil 2 NA
Hamrahlíð 18 SA
Hamrahóll 45 SA
(Hamrar) 4 NV
Hamrar 5 NA
Hamrar 7 NA
Hamrar 8 SV
Hamrar 24 NA
Hamrar 45 NA
Hanhóll 13 SA
Hanskafell 18 SV
Hanskafell 56 NV
Harastaðir 7 NV
(Harastaðir) 17 NV
Harðbaksvík 29 NA
Harðivöllur 49 SA
Harrastaðir 7 NA
Hatta 44 SA
Hattalda 58 NA
Hattardalsfjall 13 SA
Hattardalur 13 SA
Hattarfjall 14 NA
Hattfell 44 NA
Hatthryggur 54 NV
Hattsker 41 NA
Hattur 47 SA
Hattur 60 SV
Haugafjall 35 NA
Haugakvísl 56 NA
Hauganes 22 SV
Haugar 35 NA
Haugar 36 NA
Haugsnibba 26 SA
Haugsvatn 26 NA
Haugsvörðugjá 1 SV
Haugsöræfi 26 SA
Haugur 8 NA
Haugur 26 NA
Haukaberg 11 SA
Haukabergsfell 12 SV
(Haukabrekka) 6 NA
Haukabrekkuvatn 6 NA
Haukadalsheiði 49 SA
Haukadalsskarð 8 NV
Haukadalsvatn 7 NA
Haukadalur 7 NA
Haukadalur 12 NV
(Haukadalur) 46 SV
Haukadalur 49 SV
Haukagil 4 NV
Haukagil 17 SA
Haukagilsdragi 8 SV
Haukagilsheiði 17 SA
Haukagilsheiði 18 SA
Haukatunga 7 SV
Haukholt 45 NA
Hauksstaðaheiði 31 SV
Hauksstaðir 31 SA
Hauksstaðir 33 NA
(Hausthús) 6 SA
Háaberg 2 SV
Háaborg 9 NA
Háabrún 16 SV
Háabunga 44 NA
Háabunga 52 SA
Háafell 4 NV
(Háafell) 4 NV
Háafell 7 NA
Háafell 15 NA
Háafell 16 SA
Háafell 24 NV
Háafell 32 SV
Háafell 45 NV
Háafjall 43 NA
Háaheiði 14 NV
(Háakotey) 41 SA
Háalda 35 SA
Háalda 39 SA
Háalda 41 NV
Háalda 47 SV
Háalda 51 NA
Háalda 54 NA
Háaleiti 36 NV
Háasúla 4 SV
Háaþóra 22 NV
Háás 30 SV
Háás 35 SA
Hábarmur 47 SA
Háborgarás 3 NA
Hábunga 2 NV
Hábunga 57 SV
Hádegisfell nyrðra 4 NA
Hádegisfell syðra 4 NA
Hádegisfjall 8 NV
Hádegisfjall 13 SA
Hádegisfjall 16 NV
Hádegisfjall 24 SA
Hádegisfjall 32 SA
Hádegisfjall 34 NA
Hádegisfjall 36 NV
Hádegishnjúkur 18 SA
Háfjall 32 SV
Háfsvatn 3 NA
Háfsvatnsalda 60 NA
Háfur 7 NA
Háfur 45 SV
Hágangaheiði 31 NA
Hágangaurð 31 NA
Hágöng 22 NA
Hágöng 25 SA
Hágöng syðri 22 NA
Hágöng ytri 22 NA
Hágönguhraun 51 SA
Hágöngulón 51 NA
Hágöngur 24 SV
Hágöngur 39 NV
Hágöngur 51 SA
Háheiði 18 NV
Háheiði 18 SA
Háhraun 10 NV
Háhyrna 51 NA
Háifoss 46 NA
Háihnjúkur 59 SV
Hákambur 21 SA
Hákonarstaðaflóar 60 SA
Hákonarstaðir 33 SV
Háleggsstaðir 20 SA
Háleiksmúli 7 SV
Háleiksvatn 7 SV
Háleyjabunga 1 SV
Hálfdán 11 SA
Hálfdánarfell 11 SA
Háls 3 SA
Háls 5 NA
Háls 6 NA
Háls 21 NA
Háls 22 SA
Háls 22 SV
Háls 22 SA

(Háls) 23 NA
Háls 23 SA
Háls 25 NA
Hálsabunga 14 SA
Hálsaheiði 37 NA
Hálsaleira 41 NA
Hálsar 3 NA
Hálsar 41 NV
Hálsasveit 4 NV
Hálsatindur 37 SV
Hálsá 22 SV
Hálshæðir 29 NA
Hálsinn 4 NV
Hálslón 54 NA
Hámundarstaðir 22 SV
Hámundarstaðir 31 NA
Hánefsstaðir 22 SV
Hánefsstaðir 34 SA
Hánefur 22 NA
Hánípa 41 NV
Háreksstaðaháls 60 NA
(Háreksstaðir) 8 SV
Háskerðingur 6 NA
Háskerðingur 47 SA
Hásteinar 51 NV
Háteigur 31 SA
Hátungur 16 SV
Hátún 18 NA
Hátún 42 NV
Hátún 43 NA
Háufs 35 NA
Háumýrar 51 NA
Háumýrar 60 SV
Háurðir 31 NV
Háutungnahryggur 18 SA
Háutungur 18 SA
Hávaðavötn 8 SA
Hávarðsdalsfjall 26 NA
(Hávarðsstaðir) 30 SV
Hávík 18 NV
Háölduhraun 51 NA
Háöldujökull 57 SA
Háöldukvísl 39 SA
Háöldukvísl 51 NA
Háöldulón 54 NA
Háöldur 54 NA
Háöldur 57 SA
Háöxl 36 NV
Háöxl 40 SV
Heggsstaðir 3 NA
Heggstaðanes 10 NA
Heggstaðir 7 SV
Heggstaðir 10 NA
Heggstaðir 17 SV
Hegrabjarg 18 NA
Hegranes 20 SA
Heiðabæjarheiði 10 NV
Heiðarborg 3 SA
Heiðarbót 25 NV
Heiðarbraut 24 NA
Heiðarbrún 45 NA
Heiðarbrún 45 SA
Heiðarbær 2 NA
Heiðarbær 10 NV
Heiðarbær 25 NV
Heiðarbær 45 SA
Heiðarendi 33 NA
Heiðarenni 12 NV
Heiðarfjall 23 SV
Heiðarfjall 30 NA
Heiðarhnjúkur 34 SV
Heiðarhorn 3 NA
Heiðarhóll 31 NV
Heiðarhöfn 30 NV
(Heiðarhöfn) 30 NV
Heiðarnes 30 NV
Heiðarsel 33 NA
(Heiðarsel) 48 SA
Heiðarskarð 10 NV
Heiðartjörn 45 NV
Heiðartoppur 2 SV
Heiðarvatn 34 SV
Heiðarvatn 44 SA
Heiði 18 NV
(Heiði) 21 NV
(Heiði) 25 SA
(Heiði) 30 NV
Heiði 45 SA
Heiði 45 NA
Heiði 45 SA
Heiðin há 2 SV
Heiðmörk 2 NV
Heiðmörk 24 NA
Heiðnafjall 13 SA
Heilagsdalsfjall 25 SA
Heilagsdalur 59 NV
Heimabær 13 SA
Heimaey 43 SA
Heimaklettur 43 SA
Heimaland 43 NA
Heimari-Lambá 24 SV
Heimdalur 18 NA
Heinabergsdalur 37 NA
Heinabergsfjöll 37 NA
Heinabergsjökull 37 NV
Hekla 46 SA
Helgafell 2 NV
Helgafell 2 NV
Helgafell 6 NV
Helgafell 10 SA
Helgafell 11 NA
Helgafell 21 SA
Helgafell 29 SA
Helgafell 43 SA
Helgastaðafjall 39 SV
Helgastaðir 7 SV
Helgastaðir 24 SV
Helgastaðir 25 NV
Helgastaðir 45 NA
Helgavatn 8 SV
Helgavatn 17 SA
Helgavatn 47 NV
Helgeyjarlönd 9 NA
Helgrindur 5 NA
Helgufell 7 SV
Helgufell 56 NA
Helguhvammur 17 SV
Helgustaðir 21 NA
(Helgustaðir) 34 SA
Helguvík 1 NV
Heljardalsfjöll 26 NA
Heljardalsheiði 21 SA
Heljardalur 21 NV
Heljardalur 26 NA
Heljarfjall 21 SA
Heljargjá 48 NV
Heljargnípa 40 NA
Heljarkambur 44 NV
Heljarkinn 46 NV
Helkunduheiði 30 SV
(Hella) 16 SA
Hella 22 SV
Hella 25 SA
Hella 45 SA
Hellar 46 NV
Hellatún 45 SA
Hellisá 8 SV
Hellisá 41 NA
Hellisá 48 SV
Hellisárbotnar 48 SA
Hellisdalur 7 SV
Hellisdalur 8 SV
Hellisey 9 NV
Hellisey 43 SV
Hellisfjall 5 SA
Hellisfjarðará 34 SA
Hellisfjarðarmúli 34 SA
Hellisfjörður 34 SA
(Hellisfjörubakkar) 31 NA
Hellisheiði 2 NA
Hellisheiði 32 NV
Hellisholt 45 NA
Hellissandur 5 NV
Hellistungur 8 SV
Hellisvík 22 NA
Hellisöxl 31 SA
Hellnafell 6 SV
Hellnafjall 48 SV
Hellnamýri 41 NA
Hellnar 5 SV
Hellufell 18 SA
Hellufjall 12 SV
Hellufjall 36 NA
Hellufjall 46 SA
Helluhólmi 9 SA
Helluland 18 NA
Helluland 22 SV
Helluland 25 NV
Helluland 30 SV
Hellur 1 NA
Hellur 4 NV
Hellur 25 NV
Hellur 45 SV
Helluvað 25 SV
Helluvað 45 SA
Helluvatn 12 SV
Hemla 43 NA
Hemra 41 NA
Hengibjörg 56 SV
Hengifoss 33 SV
Hengifossárvatn 33 SV
Hengill 2 NA
Hengladalir 2 NA
Herbjarnarfell 47 NV
Herdísarvík 2 SV
(Herdísarvík) 2 SV
Herdísarvíkurfjall 2 SV
Herdísarvíkurhraun 2 SV
Herðubreið 48 SV
Herðubreið 59 SA
Herðubreiðarfjöll 59 NA
Herðubreiðarlindir 60 NV
Herðubreiðartögl 59 SA
Herfell 34 NV
Hergilsey 12 SA
Herjólfslækur 56 NA
(Herjólfsstaðir) 20 SV
Herjólfsstaðir 41 SA
Herjólfsvík 34 NA
Hermannaskarð 40 NV
Hermundarfell 29 SA
Herríðarhóll 45 SA
Hesjuvellir 22 SV
Hestabeinahæð 15 SA
Hestalda 46 NA
Hestás 17 SA
Hesteyrarfjall 35 NA
Hesteyrarfjörður 14 NV
Hesteyrarskarð 14 NV
Hesteyri 14 NV
Hesteyri 34 SA
Hesteyru 45 NV
Hestfjall 3 NA
Hestfjall 21 SA
Hestfjall 21 NA
Hestfjall 45 SV
Hestfjarðarbrúnir 15 NA
Hestfjarðarheiði 12 NA
(Hestfjarðarkot) 15 NV
Hestfjöll 46 NV
Hestfjörður 15 NA
Hestgerði 37 SA
Hestgerðislón 37 SA
Hesthallarvatn 8 NV
Hestháls 35 NA
Hesthöll 8 NV
Hestleiðarkollur 60 NA
Hestskarð 21 NA
Hestur 3 NA
Hestur 6 SA
Hestur 7 SA
Hestur 13 SA
Hestur 15 NA
(Hestur) 15 NV
Hestur 42 NV
(Hestur) 45 SV
Hestvatn 45 NV
Hestvík 2 NA
Heydalir 36 NV
Heydalsá 10 NA
Heydalur 7 NV
Heydalur 10 NV
Heydalur 10 NA
(Heydalur) 10 NA
Heydalur 15 SV
Heydalur 17 SV
Heyklif 36 NA
(Heykollsstaðir) 33 NA
Heylækur 43 NA
Heynes 3 SA
Heysholt 45 SA
Heyvatn 3 NV
Héðinsdalur 23 NV
Héðinsfjarðarvatn 21 NA
Héðinsfjörður 21 NA
Héðinshöfði 27 SA
Héðinshöfði 27 SA
Héðinsvík 27 SA
Héraðsdalur 18 SA
Héraðsflói 32 NA
Héraðssandur 32 SA
Héraðsvötn 18 NA
Hindisvík 17 NV
Hituhólar 25 NA
Hitulaugardrag 58 SA
Hítará 7 SV
Hítardalur 7 SV
Hítarnes 3 NV
Hítarnes 6 SA
Hítarneskot 6 SA
Hítarvatn 7 SV
Hjallaháls 9 NA
Hjallaland 17 SA
Hjallaland 18 NA
Hjallanes 45 SA
Hjallar 2 NV
Hjallatún 11 SA
(Hjallholt) 17 NV
Hjalli 2 SA
Hjalli 4 SV
Hjalli 18 NA
(Hjalli) 22 NV
Hjalli 24 NA
(Hjallkárseyri) 12 NV
Hjaltabakki 17 NA
Hjaltadalsá 24 SA
Hjaltadalsheiði 23 NV
Hjaltadalsjökull 23 NV
Hjaltadalur 4 SV
Hjaltadalur 23 NV
Hjaltadalur 24 NA
Hjaltalundur 32 SA
Hjaltastaðaþinghá 32 SA
Hjaltastaðir 18 NA
(Hjaltastaðir) 21 SA
Hjaltastaðir 25 NV
Hjaltastaður 32 SA
Hjalteyri 22 SV
Hjarðarás 28 NA
Hjarðarból 2 SA
Hjarðarból 33 SA
Hjarðarbrekka 43 NV

Hjarðardalur 12 NV
Hjarðardalur 13 SV
Hjarðarfell 6 SV
Hjarðarfell 10 SA
Hjarðargrund 33 NV
Hjarðarhagaheiði 33 NV
Hjarðarhagi 18 NA
Hjarðarhagi 33 NV
Hjarðarhlíð 35 NA
Hjarðarholt 4 NV
Hjarðarholt 7 NA
Hjarðarholt 22 SA
Hjarðarhvoll 32 SA
Hjarðarland 45 NA
(Hjarðarnes) 3 SA
Hjarðarnes 12 SA
Hjarðarnes 38 NV
Hjartafell 51 NV
Hjartarfell 41 NA
Hjartarstaðir 34 NV
Hjassi 2 NV
Hjálmarnes 29 SA
Hjálmarvík 29 SA
Hjálmárdalsheiði 34 NV
Hjálmeyri 36 NV
Hjálmholt 45 SV
Hjálmsstaðir 45 NV
Hjálparfoss 46 NV
Hjörleifshöfði 41 SV
Hjörsey 3 NV
Hlaðhamar 10 SA
Hlaðir 3 SA
Hlaðir 22 SV
Hlaupfell 60 SV
Hleiðólfsfjall 30 SV
Hleinargarður 32 SA
Hlemmiskeið 45 NA
Hlégarður 32 SV
Hléskógar 22 SV
Hliðsnes 1 NA
Hlíð 1 NA
Hlíð 2 NA
Hlíð 3 SA
Hlíð 7 NA
(Hlíð) 9 NA
(Hlíð) 10 NA
(Hlíð) 17 NV
Hlíð 19 SA
Hlíð 21 NA
Hlíð 21 SV
Hlíð 21 SA
Hlíð 25 NV
Hlíð 30 NV
(Hlíð) 33 NA
Hlíð 38 NA
Hlíð 41 NA
Hlíð 45 NA
Hlíðar 4 SV
Hlíðarás 4 SV
Hlíðarberg 37 NA
Hlíðarbær 22 SV
Hlíðarendakot 43 NA
Hlíðarendi 2 SV
Hlíðarendi 20 SA
Hlíðarendi 24 NA
Hlíðarendi 36 NV
Hlíðarendi 43 NA
Hlíðarfell 31 SV
Hlíðarfjall 2 NA
Hlíðarfjall 23 NA
Hlíðarfjall 25 SA
Hlíðarfjall 30 SV
Hlíðarfjall 38 NA
Hlíðarfjöll 32 SV
Hlíðarfótur 3 NA
(Hlíðargarður) 32 SV
Hlíðarhagi 23 SA
Hlíðarholt 5 SA
Hlíðarholt 24 NA
Hlíðarhorn 29 SA
(Hlíðarhús) 14 SV
Hlíðarhús 32 SV
Hlíðarmúli 7 SV
Hlíðartúnsfjall 7 SA
Hlíðarvatn 2 SV
Hlíðarvatn 7 SV
Hlíðarvatn 55 NA
(Hlíðskógar) 24 NA
Hljóðabunga 14 SA
Hljóðaklettar 26 NV
Hlöðufell 49 SV
Hlöðutún 3 NA
Hlöðuvellir 49 SV
Hlöðuvík 14 NV
Hnakkholt 45 SA
Hnappadalur 7 SV
Hnappadalur 38 NV
Hnappalda 50 NV
Hnappar 40 SV
Hnappavallaós 40 SA
Hnappavellir 40 SA
Hnaukar 38 NA
(Hnaus) 45 SV
Hnaus 47 SA
Hnausafjall 22 NA
Hnausafjall 36 NV
(Hnausakot) 8 NA
Hnausar 17 NA
Hnausar 42 SV
Hnausar 47 SA
Hnausaver 51 SV
Hnausheiði 49 SA
Hnefill 33 NV
Hnefill 60 SA
Hnefilsdalur 33 NV
Hnefla 33 SV
Hneflumóðir 33 SV
Hnikill 56 SV
Hnitbjörg 16 SV
(Hnitbjörg) 32 SV
Hniti 60 SA
Hnífafjall 13 SA
Hnífá 50 NA
Hnífárbotnar 50 NA
Hnífárver 51 SV
Hnífsdalur 13 SA
Hnjótafjall 21 SA
Hnjótsheiði 11 SV
Hnjótur 11 SV
Hnjúkafell 54 SA
Hnjúkahlíð 17 NA
Hnjúkakvísl 57 NA
Hnjúkar 21 SV
Hnjúksvatn 33 SV
Hnjúkur 17 SA
Hnjúkur 21 SA
Hnúabak 55 NA
Hnúður 52 NV
Hnúkar 2 SV
Hnúkar 47 SA
Hnúkar 47 SA
(Hnúksnes) 9 SV
Hnúksvatn 7 NA
Hnúkur 3 SA
Hnúkur 9 SA
Hnúta 34 SV
Hnúta 36 SV
Hnúta 38 NV
Hnúta 39 SV
Hnúta 40 SA
Hnúta 54 NV
Hnúta 54 NA
Hnútulón 54
Hnöttóttaalda 51 SV
Hof 17 SA
Hof 19 SA
Hof 20 SA
Hof 21 SV
Hof 22 SV
Hof 22 SV
(Hof) 23 SV
Hof 31 SA
Hof 33 SA
Hof 34 SA
Hof 35 SA
Hof 40 SV
Hofakur 10 SV
Hoffell 37 NA
Hoffellsá 38 NV
Hoffellsdalur 38 NV
Hoffellsfjall 37 NA
Hoffellsjökull 37 NA
Hofgarðar 40 SV
Hofmannaflöt 4 SA
Hofsafrétt 57
Hofsá 12 NA
Hofsá 22 SV
Hofsá 31 SV
Hofsá 31 SA
Hofsá 35 SA
Hofsá 57 NV
Hofsárdalur 31 SV
Hofsdalur 23 NV
Hofsdalur 23 SV
Hofsdalur 35 SA
Hofsfjall 40 SV
Hofsháls 31 SA
Hofshólmar 36 SV
Hofsjökull 35 SV
Hofsjökull 57 SV
Hofsnes 40 SV
Hofsós 20 SA
Hofsstaðir 25 SA
Hofstaðafjall 18 NA
Hofstaðasel 18 NA
Hofstaðavogur 6 NV
Hofstaðir 3 NV
Hofstaðir 4 NV
Hofstaðir 6 NV
Hofstaðir 6 SV
Hofstaðir 9 NA
(Hofstaðir)18 NA
Hofströnd 34 NA
Hofsvellir 23 SV
Hofsvík 2 NV
Hofteigsalda 31 SA
Hofteigsfjall 33 NV
Hofteigsheiði 33 NV
Hofteigur 22 SV
Hofteigur 33 NV
Hoftún 2 SA
Hoftún 6 SV
Hokinsdalur 12 NV
Holárfjall 21 SA
(Holárkot) 21 SA
Holt 13 SV
Holt 17 NA
Holt 18 NV
Holt 30 SV
Holt 33 SA
Holt 37 NA
Holt 41 SA
Holt 41 NA
Holt 44 NV
Holt 45 SA
Holt 45 SV
Holtahlíð 10 NV
Holtahólar 37 NA
Holtakot 24 NA
Holtakot 45 NA
Holtasel 37 NA
Holtasker 39 NA
Holtastaðir 18 NV
Holtavörðuheiði 8 NV
Holtavörðuvatn 8 NV
Holtsdalur 11 SA
Holtsdalur 21 SA
Holtsdalur 41 NA
Holtskot 18 NA
Holtsmúli 18 NA
Holtsmúli 45 SA
Holtsós 44 SV
Holtssel 24 NV
Holuhraun 53 NV
Holusund 36 SV
Holuvatn 55 NA
Horn 2 NV
(Horn) 3 NA
Horn 14 NV
Horn 23 NV
Horn 36 NV
(Horn) 38 SV
Hornafell 4 SV
Hornafjarðarfljót 37 NA
Hornafjarðarós 38 SV
Hornafjörður 38 SV
Hornatær 12 SV
Hornbjarg 14 NA
Hornbjargsviti 14 NA
Hornbrynja 35 NA
Hornsstaðir 7 NA
Hornstrandir 14 NA
Hornsvík 38 SV
Hornvík 14 NV
Hófaskarð 29 NA
Hófsvað 47 NA
Hólabak 17 NA
Hólabrekka 37 NA
Hólabrekka 1 NV
Hólabyrða 23 NV
Hólabær 18 NV
Hólafjall 12 NV
Hólafjall 23 NA
Hólafjall 24 SV
Hólafjall 34 SA
(Hólagerði) 36 NV
Hólaheiði 29 SV
Hólahólar 5 SV
Hólakot 20 SA
Hólakot 23 SA
Hólakot 45 NA
Hólakotshyrna 21 NA
Hólar 6 NA
Hólar 10 NV
Hólar 10 SV
(Hólar) 16 SV
Hólar 21 SV
Hólar 23 SA
(Hólar) 23 NA
(Hólar) 25 SV
Hólar 38 NV
Hólar 45 SV
Hólar 46 SV
Hólasandur 25 SA
Hólaskjól 48 SV
Hólaströnd 34 SA
Hólatagl 16 SV
Hólatindar 5 SV
Hólavatn 23 SA
Hólavatn 43 NA
Hólavötn 59 NV
Hólárjökull 40 SA
Hólknaheiði 10 SV
Hólkot 1 NV
Hólkot 5 SA
Hólkot 20 SA
(Hólkot) 21 NA
Hólkot 25 NV
Hólkotsmúli 9 SA
Hóll 3 SA
Hóll 4 NV
(Hóll) 7 NV

Hóll 7 NA
Hóll 8 SV
Hóll 11 NA
Hóll 13 SA
Hóll 18 NA
Hóll 18 SV
Hóll 18 SA
Hóll 20 SV
Hóll 21 SA
Hóll 22 NV
Hóll 22 SV
Hóll 25 NV
(Hóll) 26 SA
(Hóll) 27 SA
Hóll 28 SV
Hóll 29 NA
(Hóll) 30 SV
Hóll 32 SA
Hóll 13 SA
Hólmaborgir 34 SV
Hólmafjall 37 SV
Hólmakot 3 NV
Hólmar 34 SV
Hólmar 43 NA
Hólmasel 45 SV
Hólmatindur 34 SV
Hólmatunga 32 SV
Hólmatungur 26 NV
Hólmavatn 8 SA
Hólmavatn 8 NA
Hólmavatn 10 SA
Hólmavatn 12 SA
Hólmavatn 15 SA
Hólmavatn 17 SA
Hólmavatn 29 NV
Hólmavatn 30 SV
Hólmavatn 31 NA
Hólmavatn 33 NV
Hólmavatn 35 NV
Hólmavatnsheiði 10 SA
Hólmavík 16 SV
Hólmavötn 33 SA
(Hólmi) 19 NA
Hólmkelsá 5 SV
(Hólmlátur) 7 NV
Hólmsá 41 NV
Hólmsárlón 41 NV
Hólmshraun 2 NV
Hólmshraun 7 SV
Hólmur 2 NV
Hólmur 37 SA
Hólmur 42 NV
Hólmur 43 NA
Hólsá 45 SA
Hólsdalur 18 SV
Hólsdalur 22 NV
Hólsfjall 6 SV
Hólsfjall 7 NA
Hólsfjall 7 NV
Hólsfjall 16 SA
Hólsfjall 21 NA
Hólsfjöll 26 NA
Hólsgerði 23 SA
Hólshús 24 NV
Hólshús 45 SV
Hólshyrna 21 NA
Hólskerling 26 SA
Hólssandur 26 NV
(Hólssel) 26 SV
Hólsselskíll 26 SV
Hólsselsmelar 26 SV
Hólsvatn 3 NV
Hólsvatn 3 NV
Hólsvík 29 NA
Hóp 17 NA
Hraðastaðir 2 NV
Hrafnabjargatunga 18 SV
Hrafnabjörg 4 SV
Hrafnabjörg 4 SA
(Hrafnabjörg) 11 NA
Hrafnabjörg 15 NV
Hrafnabjörg 18 SV
Hrafnabjörg 21 SA
Hrafnabjörg 30 NA
Hrafnabjörg 32 SV
Hrafnabjörg 47 NV
Hrafnadalsfjall 10 SA
(Hrafnadalur) 10 SA
(Hrafnagil) 20 SV
Hrafnagil 24 NV
Hrafnatindar 34 NA
Hrafnatjarnir 4 NV
Hrafndalur 19 SA
Hrafnfjörður 14 NV
(Hrafnhóll) 21 SV
Hrafnkela 60 SA
Hrafnkelsdalur 60 SA
Hrafnkelsstaðir 3 NV
Hrafnkelsstaðir 33 SA
Hrafnkelsstaðir 45 NA
Hrafnseyrarheiði 12 NV
Hrafnseyri 12 NV
(Hrafnsgerði) 33 SA
Hrafnsstaðir 21 NA
Hrafnsstaðir 25 NV
Hrafnsurðarhnjúkur 23 SV
Hrafntinnuborg 6 SV
Hrafntinnuhraun 47 SV
Hrafntinnusker 47 SV
Hranastaðir 24 NV
Hranavör 5 SV
Hrappsey 6 NA
Hrappsey 9 SA
Hrappsstaðir 7 NA
(Hrappsstaðir) 17 SA
Hrappsstaðir 31 SA
Hraukalda 54 NV
Hraukbær 22 SV
Hraukur 33 SA
Hraun 1 SA
Hraun 1 NA
Hraun 2 SA
(Hraun) 11 NA
(Hraun) 13 SV
Hraun 13 SA
Hraun 14 SA
Hraun 18 SA
Hraun 20 NA
Hraun 20 NV
Hraun 21 NV
(Hraun) 23 NA
Hraun 24 SV
Hraun 25 NV
Hraun 35 SV
Hraun 39 NV
Hraun 41 NA
Hraun 46 SV
Hraunatangi 30 SA
Hrauná 24 SV
Hrauná 58 SA
Hraunárdalur 23 SA
Hraunártungur 24 SV
Hraunborgir 45 NV
Hraunból 42 NV
Hraunbrún 28 SV
Hraunbær 25 NV
Hraunbær 41 SA
Hraundalsháls 15 NA
Hraundalur 7 SV
Hraundalur 15 NA
Hraundalur 32 SA
Hraundalur 34 SV
Hrauneyjalón 47 NV
Hrauneyjar 12 SA
Hrauneyjar 47 NV
(Hraunfell) 31 SA
Hraunfellshnjúkur 31 SA
Hraunfellspartur 31 SA
Hraunfjall 22 NV
Hraunfossar 8 SV
Hraungarðshaus 56 NA
Hraungarður 35 NA
Hraungarður 56 NA
Hraungerði 25 NV
Hraungerði 41 SA
Hraungerði 45 SV
Hraungil 51 SA
Hraunhafnartangi 29 NV
Hraunhafnarvatn 29 NV
Hraunháls 6 NV
Hraunholt 7 SV
Hraunhólar 45 NA
Hraunjarðir 45 NV
Hraunkot 25 NV
Hraunkot 38 NA
Hraunkot 42 NV
(Hraunkot) 45 NV
Hraunkvísl 52 NV
Hraunkvíslar 58 SV
Hraunlandarif 5 SA
Hraunnes 30 NA
Hraunsás 4 NA
Hraunsfjall 20 SA
Hraunsfjarðarvatn 6 NV
Hraunsfjörður 6 NV
Hraunsmúli 5 SA
Hraunsmúli 7 SV
Hraunsnef 7 SA
Hraunsvatn 20 NV
Hraunsvatn 23 NA
Hraunsvík 1 SA
Hraunsvík 6 NV
Hraunsvík 20 NV
Hrauntindar 46 SA
Hrauntunga 24 SA
Hrauntungur 24 SA
(Hrauntún) 4 SA
Hrauntún 7 SV
Hraunvatn 20 SV
Hraunvötn 47 NA
Hraunþúfudrög 57 NV
Hreðavatn 7 SA
(Hreðavatn) 7 SA
Hreðavatnsskáli 7 SA
Hrefnubúðir 50 NV
Hreggi 7 NV
Hreggnasi 5 SV
Hreggnasi 6 NA
Hreggnasi 11 SV
Hreggsstaðir 2 NV
Hreggstaðir 11 SA
Hreiðarsstaðafjall 21 SA
Hreiðarsstaðir 21 SA
Hreiðarsstaðir 33 SA
Hreiðurborg 2 SA
Hreimsstaðir 7 SA
Hreimsstaðir 32 SA
Hreindýrahraun 35 NA
Hrepphólar 45 NA
Hreppsendasúlur 21 NA
Hreysisalda 51 NV
Hreysiskvísl 51 NA
Hrifla 24 NA
Hringsbjarg 28 SV
(Hringsdalur) 11 NA
(Hringsdalur) 22 NV
(Hringstaðir) 17 NV
(Hringver) 27 SA
Hrífunes 41 NA
Hrímalda 53 NV
Hrísafell 6 NA
Hrísakot 17 NV
Hrísalækir 50 NV
Hrísar 4 NV
Hrísar 6 NA
Hrísar 17 SV
Hrísar 22 NV
Hrísar 23 SA
Hrísar 24 NA
Hrísateigur 25 NV
Hrísdalur 6 SV
Hrísey 9 NA
Hrísey 22 NV
Hrísgerði 22 SA
Hrísholt 45 NA
Hríshóll 9 NA
Hríshóll 24 SV
Hríshólsfjall 9 NA
(Hrísnes) 12 SV
Hrísnesheiði 41 NA
Hrollaugseyjar 37 SV
Hrollaugsstaðafjall 30 NA
Hrollaugsstaðaheiði 30 NA
Hrollaugsstaðir 37 SV
(Hrollaugsstaðir) 30 NA
Hrolleifsborg 14 SA
Hrolleifsborgarháls 14 SA
Hrolleifsdalur 20 NA
Hrolleifshöfði 20 NA
Hrossaborg 9 SA
Hrossaborg 10 SV
Hrossaborg 26 SV
Hrossabrekkur 2 NV
Hrossadalur 2 NV
Hrossadalur 4 SA
Hrossakambur 17 SA
Hrossakambur 17 SA
Hrossamýrar 38 NV
Hrossatindar 35 SA
Hrossatindur 36 SV
Hrossatindur 38 NA
Hrossatungur 3 NA
Hrossatungur 48 SV
Hrosshagi 45 NA
Hrossholt 6 SA
Hrosshæð 4 SA
Hróaldsbrekka 12 SV
Hróaldsstaðaheiði 31 NA
Hróaldsstaðir 31 NA
Hróarsdalur 18 NA
Hróarsdalur 36 NV
Hróarsholt 45 SV
Hróarsstaðir 19 SA
Hróasstaðir 22 SA
Hróarstunga 32 SV
Hróbjargastaðafjall 7 SV
Hróðnýjarstaðir 7 NA
Hrófá 16 SV
Hrófberg 16 SV
Hrófbergsfjall 16 SV
Hrólfsdalur 45 NV
Hrólfshólar 45 NV
Hrólfssker 22 NV
Hrólfsstaðahellir 46 SV
Hrólfsstaðir 33 NA
Hrómundartindar 2 NA
Hrunaheiðar 46 NV
Hrunajökull 44 NA
Hruni 42 NV
Hruni 45 NA
Hrútabjörg 48 NV
Hrútaborg 7 SA
Hrútadalur 15 SV
Hrútafell 10 SV
Hrútafell 36 NV
Hrútafell 44 SV
Hrútafjall 23 NA
Hrútafjallahitur 25 NA
Hrútafjarðará 8 NV
Hrútafjarðarháls 8 NV
Hrútafjöll 25 NA
Hrútafjöll 31 SV

Hrútafjöll 41 NA
Hrútafjörður 10 NA
Hrútagil 23 SV
Hrútaskálarhnjúkur 21 SA
Hrútatunga 8 NV
Hrútatunga 8 NV
Hrútá 40 SA
Hrútárjökull 40 SA
Hrútey 25 SA
Hrúteyjar 9 NA
Hrúteyjaráll 6 NV
Hrúteyjarnesmúli 16 NV
Hrútfell 50 NV
Hrúthálsar 59 NA
Hrútsfjall 40 SV
Hrútsfjall 40 NV
Hrútsholt 6 SA
Hrútsrandir 59 NA
Hrútsstaðir 7 NA
Hrútsvatn 45 SA
Hryggir 44 SA
Hryggjarfjall 18 NV
Hryggstekkur 33 SA
Hryggur 45 SV
Hryggur 56 SA
Huldufjöll 41 SV
Huldujökull 41 SV
Humarkló 37 NV
Hundadalsheiði 7 SA
Hundadalur 7 NA
Hundastapi 3 NV
Hundavötn 56 SV
Hungurskarð 46 SA
Hunkubakkar 42 NV
Huppahlíð 17 SV
Hurðarbak 3 SA
Hurðarbak 4 NV
Hurðarbak 45 SV
Hurðarbök 41 NA
(Húkur) 8 NA
Húnafjörður 17 NA
Húnaflóaáll 19 NV
Húnaflói 19 SV
Húnavatn 17 NA
Húnavellir 17 NA
Húnaver 18 NV
Húngilsdalur 21 NA
Húnsstaðir 17 NA
Húsabakki 25 NV
Húsabrekka 22 SA
Húsadalur 15 SV
Húsadalur 15 SA
Húsadalur 16 NV
Húsafell 4 NA
Húsagarður 46 SV
(Húsanes 5 SA)
Húsatóftir 45 NA
Húsatún 12 NV
Húsavík 10 NV
Húsavík 27 SA
(Húsavík) 34 NA
Húsavík 34 NA
Húsavíkurfjall 27 SA
Húsá 33 SV
Húsárfjall 33 SV
Húsárvatn 33 SV
Húsbóndi 52 SV
Húsey 18 NA
Húsey 32 SV
Húsfell 2 NV
Húsfellsbruni 2 NV
Húsmúli 2 NA
Hvalárvötn 16 NV
Hvalfell 4 SV
Hvalfjall 36 NV
Hvalfjörður 3 SA
Hvalhnúkur 2 SV
Hvallátradalur 12 NA
Hvallátur 9 NV
Hvallátur 11 SV
Hvalnes 20 NV
(Hvalnes) 38 NA
Hvalnes 38 NA
Hvalnesfjall 38 NA
Hvalnesskriður 38 NA
(Hvalsá) 10 NA
Hvalsárdalur 10 SA
Hvalseyjar 3 NV
Hvalshöfði 8 NV
Hvalsíki 42 NA
Hvalsker 11 SA
Hvalsnes 1 NV
Hvalvatn 4 SV
Hvalvatnsfjörður 22 NA
Hvalvík 28 NA
Hvammabrúnir 35 SA
Hvammafjöll 28 NA
Hvammfjöll 59 NA
Hvammhöfuð 44 SA
Hvammsá 31 NA
Hvammsdalur 18 NA
Hvammsfjall 12 NV
Hvammsfjall 18 NA
Hvammsfjall 21 SV
Hvammsfjall 22 SV
Hvammsfjörður 7 NV
(Hvammsgerði) 31 NA
Hvammsheiði 22 NV
Hvammsheiði 38 NV
Hvammshlíðarfjall 20 SV
Hvammskarð 18 NV
Hvammsmúli 8 SV
Hvammssveit 7 NA
Hvammstangi 17 SV
Hvammsvík 4 SV
Hvammur 2 NA
(Hvammur) 3 SA
Hvammur 4 NA
Hvammur 4 NV
Hvammur 6 SV
Hvammur 8 SV
Hvammur 10 SV
Hvammur 12 SV
Hvammur 12 NV
Hvammur 17 SA
Hvammur 18 SV
Hvammur 18 NV
(Hvammur) 20 SV
Hvammur 22 NV
Hvammur 22 SV
Hvammur 23 NV
Hvammur 24 NV
Hvammur 30 SV
Hvammur 33 SA
Hvammur 36 NA
Hvammur 38 NV
Hvammur 41 NA
Hvammur 43 NA
Hvammur 44 SA
Hvammur 45 SA
Hvammur 46 NV
Hvannabrekka 36 NV
Hvannadalsborg 16 NV
Hvannadalshnúkur 40 SV
Hvannadalur 15 SA
Hvannadalur 16 SV
Hvannadalur 37 SV
Hvannafell 32 SA
Hvannahlíðarfjall 9 NA
Hvannakrar 13 SV
Hvannalindir 54 NV
(Hvannavellir) 35 SA
Hvanná 60 NV
Hvannárgil 60 NV
Hvannárheiði 33 NV
Hvanney 38 SV
Hvanneyrardalur 15 SV
Hvanneyri 3 NA
Hvannfell 25 SA
Hvanngil 47 SV
Hvanngiljakvísl 50 SA
Hvannstaðafjallgarður 26 NA
Hvannstóð 32 SA
Hvannstóðsfjöll 60 SV
Hvanntó 11 NA
Hvanntóarhryggur 30 SA
(Hvarf) 17 SV
Hvarf 24 NA
Hvarfdalur 21 SA
Hvarfnúpur 13 NA
Hvassafell 7 SA
Hvassafell 23 SA
Hvassafellshnjúkur 23 SA
Hverabakki 45 NA
Hveradalir 2 NA
Hveradalur 53 NA
Hveragerði 2 NA
Hveragil 53 NA
Hveratunga 16 SA
Hveravellir 25 NV
Hveravellir 56 SA
Hveravík 16 SA
Hverfell 25 SA
Hverfisfljót 39 SV
Hverhólar 18 SA
Hverir 25 SA
Hvesta 13 NA
Hvestudalur 11 NA
Hvestunúpur 11 NA
Hvilft 13 SV
Hvilftarvatn 29 NA
Hvirfildalur 39 SA
Hvirfill 2 SV
Hvítafell 34 NA
Hvítanes 3 SA
Hvítanes 15 NV
Hvítanes 15 NV
Hvítanes 43 NA
Hvítarhlíð 10 NA
Hvítavatn 39 NV
Hvítá 3 NA
Hvítá 4 NV
Hvítá 45 NA
Hvítá 49 SA
Hvítárbakki 3 NA
Hvítárbakki 45 NA
Hvítárdalur 45 NA
Hvítárdrög 8 SA
Hvítárholt 45 NA
Hvítármúli 23 SA
Hvítárnes 49 NA
Hvítároddi 39 NV
Hvítársíða 8 SV
Hvítárvatn 49 NA
Hvítárvellir 3 NA
Hvíteyrar 18 SA
Hvítidalur 10 SV
Hvítihnúkur 6 SV
Hvítlækjarfjall 23 NA
Hvítserkur 14 NA
Hvítserkur 17 NV
Hvoll 2 SA
Hvoll 10 SV
Hvoll 17 SV
Hvoll 39 SV
Hvolsfjall 10 NV
Hvolsvöllur 45 SA
(Hyrningsstaðir) 9 NA
Hyrningur 49 NA
Hyrnukjölur 14 NA
Hýrumelur 8 SV
Hæðarbrún 45 NV
Hæðarendi 45 NV
Hæðargarður 42 NV
Hæðin 12 NV
Hæðir 2 NA
Hæðir 40 SV
Hægindi 4 NV
Hækingsdalur 4 SV
Hælavík 14 NV
Hælavíkurbjarg 14 NV
Hæli 17 NA
Hæll 4 NV
Hæll 45 NA
Hælsheiði 4 NV
Hælsvík 1 SA
Hænsnaver 50 NV
Hænuvík 11 SV
Hænuvíkurháls 11 SV
Hænuvíkurhlíðar 11 SV
Hæringsfell 43 NA
Hæringsstaðir 21 SA
Hærriöxl 12 NA
Hærukollsnes 36 SV
Hæstimúli 14 SA
Höfðabrekka 34 SA
Höfðabrekka 41 SV
Höfðabrekkuheiði 41 SV
Höfðadalur 20 NA
Höfðahús 36 NA
Höfðamelar 41 SA
Höfðasker 16 SA
Höfðastrandardalur 14 SV
Höfðaströnd 14 NV
Höfðavatn 20 NA
(Höfði) 6 SA
Höfði 7 SA
Höfði 12 NV
Höfði 14 NV
Höfði 20 NA
Höfði 22 SV
Höfði 25 SA
Höfði 29 NA
Höfði 33 SA
Höfn 3 NA
Höfn 14 NV
Höfn 22 SA
Höfn 34 NA
Höfn 38 SV
Höfuðreiðar 25 NV
Högg 10 NA
Högnastaðir 7 SA
Högnhöfði 49 SV
Hölkná 29 SA
Hölkná 30 SV
Hölkná 31 NA
Hölkná 60 SA
Hölknárdalur 29 SA
Hölknárkrókur 31 SV
Hölknármúli 57 NA
Höll 7 SA
(Höll) 8 SV
Höllustaðir 9 NA
Höllustaðir 18 SV
Hörðuból 7 NA
Hörðudalur 7 NA
Hörðudalur 7 NV
Hörfell 20 SV
Hörgárdalsheiði 23 NV
Hörgárdalur 23 NA
Hörgárdalur 23 NV
Hörgsdalur 42 NV
Hörgshlíð 15 SA
Hörgshlíðarfjall 15 SA
Hörgsholtshraun 6 SA
Hörgsland 42 NV
Hörgslandskot 42 NV
Höskuldarnes 29 NA
Höskuldarvellir 1 SA
Höskuldsbjalli 46 SV
Höskuldsey 6 NV
(Höskuldsstaðasel) 36 NV

Höskuldsstaðir 7 NA
Höskuldsstaðir 17 NA
Höskuldsstaðir 18 NA
Höskuldsstaðir 24 NV
Höskuldsstaðir 25 NV
Höskuldsstaðir 36 NV
Höskuldsvatn 25 NV
Höskuldsvatnshnjúkur 25 NV
Höttur 34 SV
Höttur 59 SA

I

Iða 45 NA
Iðavellir 33 SA
Iðunnarstaðir 4 NV
Illagil 39 SV
Illagilsfjall 22 SV
Illagilshnúkar 39 SV
Illahraun 50 NA
Illaver 51 NV
Illikambur 38 NV
Illugafjall 29 NA
(Illugastaðir) 9 NV
(Illugastaðir) 17 NV
(Illugastaðir) 18 NV
(Illugastaðir) 20 SV
Illugastaðir 24 NV
Illugaver 51 SV
Illviðrahnjúkar 57 NA
Illviðrajökull 57 SA
Illviðrishnjúkur 18 NV
Illviti 10 SV
Indriðastaðir 3 NA
Inghóll 45 NV
(Ingjaldshóll) 5 NV
Ingjaldssandur 13 SV
Ingjaldsstaðir 24 NA
Ingjaldur 21 SA
Ingólfsfjall 45 NV
Ingólfsfjörður 16 NA
Ingólfshöfði 40 SV
Ingunnarstaðir 4 SV
Ingunnarstaðir 10 NV
Ingvarir 21 SA
Ingveldarstaðir 18 NA
Ingveldarstaðir 20 SA
Ingveldarstaðir 28 SV
Innhlíðar 39 SV
Innra-Grjótárhöfuð 48 SV
Innra-Hólafjall 34 SV
(Innraleiti) 7 NV
Innra-Sandfell 4 NA
Innra-Sandfell 50 NV
Innraskarð 14 SV
Innribót 35 SA
Innri-Eyrar 48 NA
Innrihólmur 3 SA
Innrikleif 36 NV
(Innri-Kóngsbakki) 6 NV
Innri-Sauðahraun 32 SA
Innri-Skeljabrekka 3 NA
Innriskúti 50 NV
Innri-Tungnaárbotnar 51 SA
Innri-Veðrará 13 SA
Innsta-Bálkafell 52 NV
Innsta-Jarlhetta 49 NA
Innstatunga 11 SA
Innstivogur 3 SV

Í

Í Fjörðum 22 NV
Írafell 6 NV
Ísabakki 45 NA
Ísalón 49 NV
Írafellsbunga 18 SA
Ísafjarðardjúp 15 NV
Ísafjörður 13 SA
Ísafjörður 15 SA
Ísavatn 9 NA
Ísdalshyrna 35 SV
Íshólsdalur 24 SA
Íshólsvatn 24 SA
(Ísólfsskáli) 1 SA
Ísólfsstaðir 27 SA

J

Jaðar 4 NV
Jaðar 10 SA
Jaðar 18 NA
(Jaðar) 22 NV
Jaðar 24 NA
(Jaðar) 30 SV
Jaðar 33 SA
Jaðar 37 SV
Jaðar 49 SA
Jafnafell 6 NA
Jafnafell 24 NA
(Jafnaskarð) 7 SA
Jaki 49 NV
Jarðbrú 21 SA
Jarðlangsstaðir 3 NA
Jarlhettur 49 SA
(Jarlsstaðir) 22 SV
Jarlsstaðir 24 NA
Járngerðarstaðir 1 SV
Járnhryggur 18 SA
Jódísarstaðir 25 NV
Jókhóll 45 NV
(Jónasel) 10 SA
Jónsfjall 32 SA
Jónsnípa 25 NA
(Jónssel) 10 NA
Jónsskarð 59 SV
Jórukleif 2 NA
Jórunnarkot 23 SA
(Jórvík) 32 SA
(Jórvík) 36 NV
Jórvík 41 SA
Jórvík 45 SV
Jósepsdalur 2 NV
Jökladalir 14 NA
Jökulbunga 14 SA
Jökuldalir 14 NV
Jökuldalsheiði 60 NA
Jökuldalur 33 SV
Jökuldalur 36 NV
Jökuldalur 57 NA
Jökulfall 50 NV
Jökulfall 58 SV
Jökulfell 38 NV
Jökulfell 39 NA
Jökulfirðir 14 NV
Jökulfitjar 48 NA
Jökulfjall 23 NV
Jökulgilstindar 38 NV
Jökulgrindur 51 SA
Jökulháls 5 SV
Jökulheimar 48 NV
Jökulhnjúkur 21 SA
Jökulholt 14 SA
Jökulhæð 35 SA
Jökulhæð 35 SV
Jökulkambur 52 SV
Jökulkinn 26 SA
Jökulkrókur 49 NA
Jökulkrókur 49 NA
Jökulkrókur 50 NA
Jökulkvísl 41 NV
Jökulkvísl 57 SA
Jökulsá 32 SA
Jökulsá 40 NA
Jökulsá 44 SV
Jökulsá á Brú 32 SV
Jökulsá á Brú 60 SA
Jökulsá á Fjöllum 26 SV
Jökulsá á Fjöllum 59 SA
Jökulsá í Fljótsdal 35 NV
Jökulsá í Lóni 38 NV
Jökulsáraurar 53 NA
Jökulsárgljúfur 26 NV
Jökulsárgljúfur 38 NV
Jökulsárlón 40 NA
Jökulsárós 28 SV
Jökulsársandur 38 NV
Jökulstallar 56 SV
Jökultunga 57 NV
Jökultungur 47 SV
Jökulvellir 56 SV
Jörfahnúkur 7 NA
Jörfi 7 SV
(Jörfi) 7 NA
Jörfi 17 SA
Jörundur 26 SV
Jötnagarðar 8 NV
Jötunsfell 6 NV

K

(Kaðalstaðir) 22 NV
Kaðla 22 NA
Kagaðarhóll 17 NA
Kalastaðakot 3 SA
Kalastaðir 3 SA
Kaldaðarnes 2 SA
Kaldakinn 7 NA
(Kaldakinn) 9 SA
Kaldakinn 17 NA
Kaldakinn 25 NV
Kaldakinn 30 SA
Kaldakinn 45 SA
Kaldaklifsjökull 44 NV
Kaldaklofafjall 33 SV
Kaldaklofsfjöll 47 SV
Kaldakvísl 27 SA
Kaldakvísl 47 NV
Kaldakvísl 51 SV
Kaldalón 14 SV
Kaldalónsjökull 14 SA
Kaldá 7 SV
(Kaldá) 13 SV
Kaldárbakki 7 SV
Kaldárbotnar 2 NV
Kaldárgil 32 SV
Kaldárholt 45 NA
Kaldárhöfði 45 NV
Kaldárós 6 SA
Kaldártungur 32 SV
Kaldárvatn 14 SA
Kaldbaksdalur 16 SA
Kaldbaksfjall 46 NV
Kaldbakshnjúkur 23 SV
Kaldbakshorn 16 SA
Kaldbaksvík 16 SA
Kaldbakur 12 NV
Kaldbakur 12 NV
Kaldbakur 16 SA
(Kaldbakur) 16 SA
Kaldbakur 18 NV
Kaldbakur 22 NV
Kaldbakur 25 NV
Kaldbakur 42 NV
Kaldbakur 46 NV
Kaldbakur 46 SV
Kaldhöfði 32 SV
Kaldidalur 4 NA
Kaldnasi 5 NA
Kaldrananes 16 SA
Kaldranavík 19 NA
Kaldrani 10 NV
Kalmanstunga 8 SA
Kambakot 19 SA
Kambanes 36 NA
Kambar 38 NV
Kambar 48 SV
Kambavatn 48 SV
Kambfell 24 SA
Kambfell 34 SV
Kambfell 35 SA
Kambfellsfjall 23 SA
Kambfjall 36 NV
Kambfjall 36 NV
Kambsfell 23 NA
Kambsfell 52 NV
Kambsfjall 10 NV
Kambsfjall 23 NA
Kambsheiði 5 SA
Kambshóll 3 NA
Kambshóll 17 SV
Kambsnes 7 NA
Kambsnes 13 SA
Kambsskarð 23 NA
Kambsstaðir 22 SA
Kambur 8 SV
Kambur 10 NV
Kambur 15 SA
Kambur 16 NA
Kambur 22 SA
Kambur 24 NV
Kambur 45 SV
Kambur 45 SA
Kambur 46 NV
(Kampholt) 45 SV
Kanafjöll 41 NA
Kanastaðir 43 NA
(Kanastaðir) 44 NV
Kanna 14 NA
Kapelluhraun 1 NA
Kappeyri 36 NA
Karhraun 4 SA
Karl og Kerling 26 NV
Karlfell 34 NV
Karlfell 53 NA
(Karlsá) 22 NV
Karlsey 9 NA
(Karlsstaðir) 21 NA
Karlsstaðir 36 SV
Kastalabrekka 45 SA
Kastali 34 SA
Kasthvammur 24 NA
Katadalur 17 NV
Katanes 3 SA
Katastaðafjall 28 SA
Katastaðir 28 SA
Katla 44 NA
Katlafjall 19 SA
Katlar 59 NV
Kattarhryggir 47 SA
Kattartjarnir 2 NA
Kattárdalur 32 NV
Kattbekingur 59 SV
Kaupangur 24 NV
Kálfadalur 9 NA
Kálfafell 16 SV
Kálfafell 18 NV
Kálfafell 33 SA
Kálfafell 37 SV
Kálfafell 39 SV
Kálfafellsdalur 37 SV
Kálfafellsfjöll 37 SV
Kálfafellsheiði 39 SV
(Kálfafellskot) 39 SV
Kálfafellsmelar 39 SA
Kálfafellsstaður 37 SV
Kálfafellstindur 37 SV
Kálfafjöll 29 SV
Kálfagerði 24 SV
(Kálfanes) 16 SV
Kálfasléttur 41 NA
Kálfaströnd 25 SA
Kálfatindar 14 NA
Kálfatindar 16 NA

Kálfatjörn 1 NA
Kálfaurafjöll 35 SA
(Kálfavík) 15 NV
Kálfavík 17 NV
Kálfá 41 NA
Kálfá 46 NV
Kálfárdalur 20 SV
Kálfárvellir 5 SA
Kálfborgará 24 NA
Kálfborgarárfell 24 NA
Kálfborgarárvatn 24 NA
Kálffell 31 SV
Kálffell 60 SA
Kálffellsheiði 1 SA
Kálfholt 45 SA
Kálfhóll 45 SA
Kálfsá 21 NA
Kálfsárkot 21 NA
Kálfshamarsvík 19 NA
Kálfsskinn 22 SV
Kálfsstaðir 18 NA
Kálfsstaðir 43 NV
Kálfstindar 4 SA
Kálfstindur 49 SV
Kálkur 34 SV
Kápugil 36 SV
Kárafell 6 NA
Kárahnjúkar 60 SA
Káranes 3 SA
Káraneskot 3 SA
Kárasker 40 NA
Kárastaðir 2 NA
Kárastaðir 3 NA
Kárastaðir 18 NA
Káratindur 40 NA
Kárdalstunga 17 SA
Kárhóll 24 NA
Kársstaðir 6 NA
Keflavík 1 NV
Keflavík 11 SV
Keflavík 13 SV
Keflavík 18 NA
(Keflavík) 22 NV
Keflavíkurbjarg 5 NV
Keflavíkurflugvöllur 1 NV
Kegsir 14 SA
Keilir 1 SA
Keilisnes 1 NA
(Keisbakki) 7 NV
Keldhólar 33 SA
Keldnahraun 46 SV
Kelduá 35 NV
Kelduárlón 35 SV
Keldudalsmúli 57 NA
Keldudalur 11 NA
Keldudalur 18 NA
Kelduhverfi 28 SV
Kelduhæð 15 SA
Kelduland 19 SA
Kelduland 23 SV
Keldunesheiði 25 NA
Keldunúpur 42 NV
(Keldur) 21 NV
Keldur 46 SV
Kelduskógar 36 NV
Kelduvík 20 NV
Kerahnjúkur 21 NA
Kerið 45 NV
Kerling 23 NA
Kerling 34 NV
Kerlingaháls 11 SV
Kerlingar 51 SA
Kerlingaralda 50 NV
Kerlingará 50 NV
Kerlingardalur 41 SV
Kerlingardyngja 59 NA
Kerlingarfjall 6 NV
Kerlingarfjall 34 NA
Kerlingarfjöll 46 SA
Kerlingarfjöll 50 NA
Kerlingarfjörður 9 NV
Kerlingarfoss 5 NV
Kerlingarhnjúkur 23 SA
Kerlingarhnúkar 41 NV
Kerlingarhraun 28 SA
Kerlingarhryggur 29 SV
Kerlingarhryggur 53 NA
Kerlingarskarð 6 NV
Keta 18 NA
Keta 20 NV
Ketilás 21 NA
Ketildyngja 59 NA
Ketilfjall 25 NA
Ketilhnjúkur 54 NA
Ketilhraun 33 SV
Ketilhyrnur 59 NA
Ketillaugarfjall 38 NV
Ketilseyri 12 NV
Ketilsstaðafjall 32 SV
Ketilsstaðir 7 NA
Ketilsstaðir 27 SA
Ketilsstaðir 32 SV
Ketilsstaðir 33 SA
Ketilsstaðir 44 SA
Ketilsstaðir 45 SA
Ketla 45 SA
Ketubjörg 20 NV
Ketubruni 20 NV
Kiðafell 3 SA
Kiðagil 24 NA
Kiðagil 58 NA
Kiðagilsdrög 58 NV
(Kiðjaberg) 45 NV
Kiðufell 33 SV
Kiðufell 35 NV
Kimbastaðir 18 NA
Kinn 1 SV
Kinn 28 SA
Kinnarfell 24 NA
Kinnarfjall 23 SV
Kinnarfjöll 22 SA
Kinnarstaðir 9 NA
Kirkjuból 3 SA
Kirkjuból 4 NA
(Kirkjuból) 9 NV
Kirkjuból 10 NV
Kirkjuból 12 NV
(Kirkjuból) 12 SA
(Kirkjuból) 12 NV
Kirkjuból 13 SV
Kirkjuból 13 SV
Kirkjuból 13 SA
Kirkjuból 15 SA
(Kirkjuból) 16 SV
Kirkjuból 34 SA
Kirkjubólsdalur 12 NV
Kirkjubólsfjall 10 NV
Kirkjubólsfjall 13 SA
Kirkjubólsnúpur 11 NA
Kirkjuburst 18 SA
Kirkjubæjarklaustur 42 NV
Kirkjubær 13 SA
Kirkjubær 32 SV
Kirkjufell 5 NA
Kirkjufell 47 SA
Kirkjufellsvatn 47 SA
Kirkjuferja 2 SA
Kirkjufjall 23 NA
Kirkjufjall 23 NA
(Kirkjuhvammur) 17 SV
Kirkjujökull 49 NA
Kirkjuland 2 NV
Kirkjulækjarkot 43 NA
Kirkjumelur 34 SA
Kirkjutungufjall 16 SV
Kirkjutungur 3 NA
Kisa 50 SA
Kista 17 NV
Kista 23 NA
Kistualda 51 NA
Kistufell 1 SA
Kistufell 2 SV
Kistufell 2 NV
Kistufell 4 NV
Kistufell 5 NA
Kistufell 14 NV
Kistufell 31 NV
Kistufell 34 SV
Kistufell 34 SA
Kistufell 35 NA
Kistufell 41 NA
Kistufell 52 NA
Kistufjall 21 NA
Kistufjall 22 SV
Kistufjall 23 NA
Kistufjall 23 SA
Kistufjall 25 NA
Kistufjall 30 SA
Kistufjall 36 NV
Kistufjöll 31 NV
Kisubotnahnúkur 50 NA
Kisuhraun 50 SA
Kílafjöll 31 NV
Kílhraun 45 SA
Kíll 30 NV
Kjalardalur 3 SA
Kjalarnes 2 NV
Kjalfell 50 NV
Kjalfell 60 NV
Kjalfjall 35 NA
Kjalfjall 36 SV
Kjalhraun 50 NV
Kjalvötn 50 SA
Kjalöldur 50 SA
(Kjaransstaðir) 12 NV
Kjaransvíkurskarð 14 NV
Kjarará 8 SV
Kjararárdalur 8 SV
(Kjarlaksstaðir) 10 NA
Kjarlaksvellir 10 SV
Kjarnaskógur 24 NV
Kjarnholt 49 SV
Kjarni 22 SV
Kjarr 2 SA
Kjarrdalsheiði 38 NV
Kjartansstaðir 45 SV
Kjarvalsstaðir 18 NA
Kjálkafjarðartungur 9 NV
Kjálkafjörður 9 NV
Kjálkanes 22 NV
Kjálkarversfoss 50 SA
Kjálkavatn 12 SA
Kjálkavatn 15 SV
Kjálki 23 SV
Kjóastaðir 49 SA
Kjós 3 SA
Kjós 40 NV
Kjósarheiði 2 NA
Kjósarnes 14 NV
Kjölfjall 38 NA
Kjölur 4 SV
Kjölur 11 SV
Kjölur 14 SV
Kjölur 20 NV
Kjölur 25 NV
Kjölur 34 SA
Kjölur 56 SA
Kjörseyrartunga 10 SA
Kjörseyri 10 SA
Kjörvogur 16 NA
Klakkafell 48 NV
Klakksjökull 57 SA
Klakkeyjar 6 NA
Klakksalda 50 NV
Klakkur 6 NV
Klakkur 6 SV
Klakkur 12 SV
Klakkur 49 NV
Klakkur 50 NA
Klakkur 57 SA
Klambrafell 8 NV
Klambrasel 25 NV
Klapparáshnjúkur 35 NA
Klapparlækjarflói 33 SV
Klapparós 28 SA
Klauf 24 NV
Klaufabrekkur 21 SA
Klausturheiði 42 NV
Klausturhólar 45 NV
Klaustursel 33 SV
Klausturselsheiði 33 SV
Kleif 20 NV
(Kleif) 35 NV
Kleifaheiði 11 SA
Kleifakotsmúli 15 SA
Kleifar 10 NV
(Kleifar) 13 SA
(Kleifar) 15 SV
(Kleifar) 15 NV
(Kleifar) 16 SA
(Kleifar) 16 SA
Kleifar 17 NA
Kleifar 23 NV
Kleifarháls 36 NV
Kleifarvatn 1 SA
(Kleifastaðir) 9 NA
Kleiksvötn 8 NV
Kleppavatn 8 SA
Kleppjárnsreykir 4 NV
Kleppjárnsstaðir 33 NA
(Kleppustaðir) 16 SV
Klettar 45 NA
Klettsháls 15 SA
Klettstía 7 SA
(Klettur) 9 NV
Klettur 10 NV
Klifatindur 38 SV
Klifmýri 9 SA
Klifsárdalur 24 SV
Klifsborg 7 SV
Klifshagavallakvísl 47 NA
Klifshagavellir 47 NA
Klifshagi 28 SA
Klifurárjökull 44 NA
Klofajökull 55 SA
Klofningsheiði 13 SV
Klofningur 9 SA
Klofningur 44 SA
Klukkufell 9 NA
Klukkufjall 24 SA
Klukkutindar 4 SA
(Klungurbrekka) 6 NA
Klúka 10 NV
Klúka 16 SA
(Klúka) 32 SA
Klúka 35 NA
Klyfberadrag 58 NV
Klyfberatungur 24 NV
(Klyppsstaður) 34 NV
Klængshóll 21 SA
Klængssel 45 SV
Klömbur 25 NV
Klöpp 22 SV
Klöpp 1 NV
(Knappsstaðir) 21 NA
Knararfjall 5 SA
(Knarrarhöfn) 10 SV
Knarrarnes 3 NV
Knútsstaðir 25 NV
Knörr 5 SA
Kofaalda 54 NA
Kofahraun 35 SV

Kofri 13 SA
Kolbeinsá 10 NA
Kolbeinsdalsá 21 SA
Kolbeinsdalur 21 SV
Kolbeinsskarð 44 NV
Kolbeinsstaðafjall 7 SV
Kolbeinsstaðir 7 SV
Kolbeinstangi 31 NA
(Kolbeinsvík) 16 SA
(Kolfreyja) 36 NA
Kolfreyjustaður 36 NA
Kolgerði 22 SV
Kolgrafardalur 37 NA
Kolgrafarfjörður 6 NV
Kolgrafargil 24 NV
Kolgrafir 6 NV
Kolgríma 37 SA
Kolgrímsvötn 55 NA
Kolgröf 18 NA
Kolkuós 20 SA
Kollabúðadalur 9 NA
Kollabúðaheiði 10 NV
Kollafjarðarheiði 15 SA
Kollafjarðarnes 10 NA
Kollafjörður 2 NV
Kollafjörður 9 NV
Kollafjörður 10 NA
Kollalda 26 NV
Kollaleira 36 NV
Kollavík 29 NA
Kollfell 36 NV
Kollfjall 7 NV
Kollhólsfjall 38 NA
Kollóttaalda 59 NV
Kollóttadyngja 59 NA
Kollóttafjall 26 SV
Kollsá 10 SA
Kollsárhæðir 10 SA
Kollseyra 31 SV
Kollseyrudalur 60 NA
Kollslækur 4 NA
(Kollsstaðagerði) 33 SA
Kollsvík 11 SV
Kollufell 31 SV
Kollufell 36 NV
Kollufjall 22 SA
Kollumúlaheiði 35 SV
Kollumúlavatn 35 SV
Kollumúli 32 NV
Kollumúli 35 SV
Kollur 34 SV
Kollur 59 SA
Kolmúli 36 NA
Kolsholt 45 SV
(Kolsstaðir) 7 NA
Kolsstaðir 8 SV
Kolufell 52 NV
Kolugafjall 20 SV
Kolugil 17 SA
Kolugil-Syðra 17 SA
Kolugljúfur 17 SV
Kolviðarnes 6 SA
Korná 18 SA
Kornbrekkur 46 SV
Kornsá 17 SA
Kornvellir 45 SA
Korpudalur 13 SA
Korri 5 SA
(Kot) 21 SA
Kotadalur 22 NA
Kotafjall 21 SA
Kotahnjúkur 22 NA
Kotárjökull 40 SV
Kotlaugar 45 NA
Kotströnd 2 SA
Kóngavörður 46 NV
Kóngsás 47 NV
(Kóngsgarður) 18 SA
Kóngshæð 11 SV
(Kóngsstaðir) 21 SA
Kópanes 11 NA
Kópareykir 4 NV
Kópasker 28 NA
Kópavogur 2 NV
Kópsvatn 45 NA
Kópur 11 NA
(Kóreksstaðagerði) 32 SA
Krafla 25 SA
Krakatindur 46 NA
Kráka 5 SA
Kráká 59 NV
Krákshali 56 NV
rákshamarsfjall 36 SV
Krákshraun 56 NV
Krákuhyrna 6 NV
Krákur 56 NV
Kreppa 54 NV
Kreppa 60 SV
Kreppa 60 SV
Kreppuhagar austari 54 NV
Kreppuhagar vestari 54 NV
Kreppuháls 60 SV
Kreppuhraun 54 NV
Kreppuhryggur 54 NV
Kreppulindir 60 SV
Krepputunga 60 SV
Krepputunguhraun 54 NV
Kriki 41 SV
Kringilsá 54 NV
Kringilsárrani 54 NV
Kringla 7 NA
Kringla 17 NA
Kringla 45 NA
Kringla 47 SV
Kringla 53 NA
Kringlumýri 18 NA
Kringlur 48 SV
Kristínartindar 40 NV
Kristnes 24 NV
Kritháll 18 NA
Krithólsgerði 18 NA
Kríuvötn 48 SA
Kroppinbakur 56 SV
Kroppstaðafjall 13 SA
Kroppstaðahorn 13 SV
Kroppur 24 NV
Kross 4 NV
(Kross) 9 SA
Kross 12 SV
Kross 20 SA
Kross 22 SA
Kross 33 SA
Kross 36 SV
Kross 43 NV
Krossafjall 22 SV
Krossanes 17 NV
Krossanes 18 NA
Krossanesfjall 38 NA
Krossanesvík 17 NV
Krossar 22 SV
Krossastaðir 23 NA
Krossavík 13 SV
Krossavík 29 NA
Krossavík 31 NA
Krossavíkurfjöll 32 SV
Krossá 58 NA
(Krossárbakki) 10 NA
Krossárdalur 10 NV
Krossárjökull 44 NA
Krossbrún 8 NV
Krossbær 38 NV
Krossdalur 9 SA
Krossdalur 36 SA
Krossdalur 36 SV
Krossfjall 7 NV
Krossfjall 12 SV
Krossfjall 32 SA
Krossfjöll 2 SA
Krossfjöll 2 NA
(Krossgerði) 36 SV
Krosshnjúkar 51 NA
Krossholt 7 SV
Krossholt 12 SV
Krosshóll 45 SV
Krosshólsfjall 21 SA
Krossi 11 NA
Krossnes 3 NV
Krossnes 5 NA
Krossnes 16 NA
Krossnesfjall 16 NA
Krossvatnshæðir 33 SV
Krossvík 3 SV
Krókafell 57 NV
Krókagil 53 NA
Krókagiljabrún 46 NA
Krókahraun 46 SV
(Krókar) 17 SV
Krókar 24 SA
Krókatjarnir 4 SA
Krókavatn 8 SA
Krókavatn 12 NA
Krókavatn 30 SV
Krókavatn 55 NA
Krókavatn 60 NA
Krókavatnshæð 26 NA
Krókavötn 12 SV
Krókavötn 26 NA
Krókárgerðisfjall 23 SV
Krókdalur 58 NA
Krókdalur 58 NA
Krókmelshellur 26 SV
Krókmelur 26 SV
Króksbjarg 19 NA
Króksfell 16 SV
Króksfjarðarnes 10 NV
Króksfjörður 9 NA
Króksháls 8 SV
Krókslón 47 NA
Krókssel 19 NA
(Króksstaðir) 17 SV
Króksvatn 8 SV
Króktorfa 41 NA
Krókur 2 SA
Krókur 2 NA
Krókur 8 SV
Krókur 37 SA
Krókur 41 NA
Krókur 45 SV
Krókur 45 NA
Krókur 45 SA
Krókur 45 SV
Krónustaðir 23 SA
Krubbar 26 NA
Krummaskarð 26 SA
Krýsuvík 1 SA
Krýsuvíkurberg 1 SA
Krýsuvíkurhraun 1 SA
Kræðufell 22 SA
Kröflustöð 25 SA
Kumlafell 36 NA
Kúðafljót 41 SA
(Kúðá) 29 SA
Kúfhóll 43 NA
(Kúfustaðir) 18 SA
Kúgilsheiðar 22 SV
Kúludalsá 3 SA
Kúluheiði 56 NV
Kúluhyrna 12 NV
Kúskerpi 17 NA
Kúskerpi 18 SA
(Kúvíkur) 16 NA
Kvarningsdalur 18 SV
Kvennabrekka 7 NA
Kvennahóll 6 NA
Kverká 30 SV
Kverká 31 NV
Kverká 54 NV
Kverkáralda 54 NV
Kverkárnes 54 NV
Kverkárrani 54 NV
Kverkártunga 30 SV
Kverkfell 54 SA
Kverkfjallahraun 53 NA
Kverkfjallahryggur 53 SA
Kverkfjallarani 53 NA
Kverkfjallaslóð 60 SV
Kverkfjöll 53 SA
Kverkhnjúkar 53 NA
Kverkhnjúkaskarð 53 NA
Kverkjökull 53 NA
Kverná 5 NA
Kvernárfjall 5 NA
Kverngrjót 10 SV
Kvistás 28 SV
Kvistir 2 SA
Kvíaból 25 NV
Kvíabrekka 21 NA
Kvíabryggja 5 NA
Kvíadalur 14 NV
Kvíafjall 14 NV
Kvíar 8 SV
(Kvíar) 14 NV
Kvíarholt 45 SA
Kvíavatn 52 NV
Kvíárjökull 40 SA
Kvígindisdalur 7 SA
Kvígindisdalur 11 SA
Kvígindisdalur 24 NA
Kvígindisdalur 34 SA
Kvígindisfell 4 SA
Kvígindisfell 11 NA
Kvígindisfjörður 9 NV
(Kvígindisfjörður) 9 NV
Kvígindisháls 11 SA
Kvígsstaðir 3 NA
Kvíhólafjöll 25 NA
Kvísker 40 SA
Kvíslajökull 57 SV
Kvíslamót 31 NV
Kvíslar 54 NV
Kvíslardalur 34 SV
Kvíslargil 53 NA
Kvíslarhóll 27 SA
Kvíslarhæð 57 SA
Kvíslarjökull 35 SV
Kvíslavatn 51 NV
Kvíslavötn 8 NA
Kvíslavötn 8 SA
(Kvíslhöfði) 3 NV
Kyrfugilsheiði 38 NA
Kýrholt 18 NA
Kýrskarð 2 NV
(Kýrunnarstaðir) 10 SV
Kögur 14 NV
Kögur 20 NA
Kögur 32 SA
Köldukvíslarbotnar 52 NV
Köldukvíslarjökull 52 SV
Kötlufjall 22 SV
Kötluháls 22 SV
Kötluhraun 34 SV
Kötlujökull 41 SV
Kötlutangi 41 SV

L

Lagarfljót 33 SA
Lagarfoss 32 SV
Lagarfossstöð 32 SV
Lakagígar 48 SV
Lakalandsgil 44 NA
Lakar 44 NA

Laki 48 SV
Lambadalsfjall 12 NA
Lambadalur 12 NV
Lambafell 2 NA
Lambafell 4 NA
Lambafell 10 SV
Lambafell 10 NV
Lambafell 36 NA
Lambafell 36 NA
Lambafell 36 NV
Lambafell 38 NV
Lambafell 47 NV
Lambafell 50 SV
Lambafell 50 SA
Lambafell 60 SA
Lambafellsheiði 44 NV
Lambafellshraun 2 NV
Lambafjall 29 SA
Lambafjöll 25 NV
Lambafjöll 31 NV
Lambafjöll 60 NV
Lambahlíðar 4 NA
Lambahnjúkur 21 SA
Lambahnúkar 7 SA
Lambahnúkur 6 NV
Lambahraun 8 SV
Lambahraun 49 SV
Lambahraun 57 NV
Lambalækjardrög 57 NA
Lambamúli 32 SA
Lambamúli 34 NV
Lambanes 10 NV
Lambanes 21 NA
Lambanes 30 NV
Lambanesreykir 21 NA
Lambastaðir 3 NV
Lambatindur 16 SA
Lambatunga 8 NV
Lambatunga 15 SA
Lambatungnajökull 35 SV
Lambatungnatindur 35 SV
Lambatungur 8 SA
Lambatungur 42 NV
Lambatungusker 35 SA
Lambavatn 11 SA
Lambavatn 48 SV
Lambá 4 NA
Lambá 8 SA
Lambárfell 57 NV
Lambárfjall 22 SV
Lambárhnjúkur 23 NV
Lambárskálar 22 NA
Lambárstykki 22 NA
Lambey 38 NV
Lambeyrar 7 NA
Lambeyrarháls 11 SA
Lambeyri 11 SA
Lambeyri 30 NA
Lambhagatjarnir 5 SV
Lambhagi 2 SA
Lambhagi 3 SA
Lambhagi 45 SA
Lambleiksstaðir 37 SA
Land 23 SV
Land 38 NA
Land 46 SV
Landafjall 23 NA
Landakot 1 NA
(Landamót) 22 SA
Landamótssel 24 NA
Landbrot 42 NV
Landbrotshólar 42 NV
Landbrotsvötn 42 NV
Landeyjasandur 43 NA
Landmannalaugar 47 SA
Landmannaleið 47 SV
Landsendafjall 32 NV
Landsendi 20 SA
(Landsendi) 32 NV
Landsendi 34 NA
Landsheiði 26 NV
Langadalsfjall 17 NA
Langadalsströnd 15 NA
Langadrag 52 NV
Langadrag 58 NA
Langadrag 59 SV
Langafell 10 NA
Langafell 49 SV
Langafjall 34 SA
Langagil 39 NV
Langagilsfjall 35 SA
Langahlíð 23 NA
Langahlíð 33 SA
Langahlíð 45 NV
Langahlíð 46 NV
Langahlíð 53 NA
Langahlíð 60 NA
Langaholt 6 SV
Langalda 46 NV
Langalda 47 NV
Langalda 49 SV
Langalda 59 NV
Langamýri 18 NA
Langamýri 45 SA
Langanes 12 NV
Langanes 30 NA
Langanesströnd 30 SV
Langasker 39 NV
Langatjörn 54 NV
Langavatn 2 NV
Langavatn 6 SV
Langavatn 7 SA
Langavatn 8 SA
Langavatn 20 NV
(Langavatn) 25 NV
Langavatn 8 SA
Langavatn 31 SV
Langavatn 35 NV
Langavatn 49 SV
Langavatnsdalur 7 SA
Langavatnsmúli 7 SA
Langá 3 NA
Langárfoss 3 NA
Langás 4 NA
Langekra 45 SA
(Langeyjarnes) 6 NA
Langháls 44 NA
Langháls 52 NV
Langholt 4 NV
Langholt 42 SV
Langholt 45 SV
Langholtskot 45 NA
Langhóll 1 SV
Langhólmavatn 31 SV
Langhús 21 NV
Langhús 35 NV
Langidalur 15 SA
Langidalur 18 NV
Langidalur 31 SV
Langidalur 60 NA
Langihnjúkur 54 NA
Langihryggur 57 NA
Langijörfi 55 SA
Langisjór 48 NV
Langjökull 49 NA
Langsstaðir 45 SV
Langvíuhraun 46 SV
Laufafell 47 SV
Laufahraun 46 SA
Laufaver 51 NV
Laufás 3 NA
Laufás 17 SA
Laufás 17 SV
Laufás 22 SA
Laufás 28 SV
Laufás 32 SV
Laufbalavatn 48 SA
Laufbali 48 SA
Lauffell 41 NA
Lauffellsmýrar 48 SV
Laufhóll 20 SA
Laufskálafjallgarður 29 SV
Laufskálar 18 NA
Laufskálavarða 41 SA
Lauftún 18 NA
Laugaból 12 NV
Laugaból 15 SA
Laugaból 15 NV
Laugaból 24 NA
Laugabólsdalur 15 SA
Laugabólsfell 15 NV
Laugabólsfjall 12 NV
Laugafell 24 NA
Laugafell 57 NA
Laugafellshnjúkur 57 NA
Laugagerðisskóli 6 SA
Laugakúla 52 NV
Laugakvísl 52 NV
Laugakvísl 57 NA
(Laugaland) 9 NA
Laugaland 15 NA
Laugaland 21 NV
Laugaland 22 SV
Laugaland 24 NV
Laugaland 45 SA
Laugalandsfjall 15 NA
Laugar 10 SV
Laugar 24 NA
Laugarás 4 NV
Laugarás 45 NA
Laugarbakkar 18 SA
Laugarbakkar 45 SV
Laugarbakki 17 SV
Laugarbrekka 5 SV
Laugardalshólar 45 NA
Laugardalur 7 SA
Laugardalur 15 NV
Laugardalur 18 SA
Laugardælir 45 SV
Laugarfell 10 SV
Laugarfell 35 NV
Laugarháls 47 SA
Laugarholt 4 NV
Laugarholt 8 NV
Laugarholt 15 NA
Laugarholt 18 SA
Laugarhóll 16 SA
Laugarvalladalur 60 SA
Laugarvatn 45 NV
Laugarvatnsfjall 45 NV
Laugarvatnsvellir 45 NV
Laugasteinn 21 SA
Lautir 24 NA
Laxamýri 25 NV
Laxá 2 NA
Laxá 4 SV
Laxá 6 SA
Laxá 7 NV
Laxá 7 NA
Laxá 17 NA
Laxá 25 SV
Laxá 25 NV
Laxá 30 SV
Laxá 38 NV
Laxá 38 NV
Laxárbakkaflói 6 SA
Laxárbakki 25 SV
Laxárdalsfjöll 18 NV
Laxárdalsháls 7 NA
Laxárdalsheiði 8 NV
Laxárdalsheiði 10 NV
Laxárdalsheiði 24 NA
Laxárdalshæðir 33 NA
Laxárdalur 7 NA
Laxárdalur 10 SA
Laxárdalur 18 NV
Laxárdalur 20 SV
Laxárdalur 25 SV
Laxárdalur 30 SV
Laxárdalur 32 SV
Laxárdalur 38 NV
Laxárdalur 38 NV
Laxárdalur 45 NA
Laxárgljúfur 46 NV
Laxárholt 3 NV
Laxárklettur 49 SA
Laxárstöð 25 NV
Laxárvatn 8 NV
Laxárvatn 17 NA
Laxárvatn 19 NA
Laxeyri 4 NA
Laxholt 3 NA
Laxnes 2 NV
Lágafell 2 NV
Lágafell 4 SA
(Lágafell) 36 NV
Lágafell 43 NA
Lágafellsháls 6 SV
Lágheiði 21 SA
Lágheiði 33 NA
Lágheiði 36 SV
Láginúpur 11 SV
Lágmúli 20 NV
Lágsteinar 57 SA
Lárvaðall 5 NA
Lás 14 NA
Lásfjall 14 NV
Látrabás 13 NA
Látrabjarg 11 SV
Látradalur 11 SV
Látraheiði 11 SV
(Látrar) 13 NA
Látraröst 11 SV
Látraströnd 22 NV
Látravík 5 NA
Látravík 11 SV
Látravík 14 NA
Látur 15 NA
(Látur) 22 NV
Leggjabrjótur 4 SV
Leggjabrjótur 50 NV
Leggjabrjótur 55 SA
Leiðarhnjúkur 21 SA
Leiðarhöfn 31 NA
Leiðarjökull 56 SV
Leiðólfsfell 41 NA
Leiðólfsstaðir 7 NA
Leifshús 22 SA
Leifsstaðafell 18 SA
Leifsstaðir 18 SV
Leifsstaðir 24 NV
Leifsstaðir 28 SA
Leifsstaðir 43 NA
Leikskálar 7 NA
Leira 1 NV
Leirá 3 SA
Leirá 41 NV
Leirá 49 SA
Leirárgarðar 3 SA
Leirárleirar 50 SV
Leirárvogur 3 SA
Leirdalir 45 NV
Leirdalsheiði 22 NA
Leirdalsöxl 22 NA
Leirdalur 2 NV
Leirdalur 22 NA
Leirfjall 34 NA
Leirhafnarfjöll 28 NA
Leirháls 35 SA
Leirhnjúkshraun 25 SA
Leirhnjúkur 25 SA
Leirhöfn 28 NA

Leirubakki 46 SV
Leirufell 36 NA
Leirufjall 14 SV
Leirufjarðarjökull 15 SA
Leirufjörður 14 NV
Leirulækjarsel 3 NV
Leirulækur 3 NA
Leirur 2 NV
Leirur 40 SV
Leirvogsá 2 NV
Leirvogstunga 2 NV
Leirvogsvatn 2 NA
Leiti 45 NA
Leynidalur 52 SV
Leyningshólar 23 SA
Leyningur 23 SA
Leynir 45 NA
Leysingjastaðir 10 SV
Leysingjastaðir 17 NA
Lifrarfjöll 46 SA
Lindaá 60 NV
Lindabær 18 NA
Lindabær 21 NV
Lindafjöll 53 NA
Lindahraun 53 NA
Lindahraun 60 NV
Lindakeilir 54 NV
Lindarbakki 38 NV
(Lindarberg) 17 SV
Lindarbrekka 28 SV
Lindarbrekka 30 SA
Lindarbrekka 36 NV
(Lindarbær) 45 SA
Lindarholt 10 NV
Lindarhvoll 7 SA
Lindartún 43 NV
Lindir 26 SV
Litfari 44 NA
Litla kaffistofan 2 NA
Litla Sandfell 2 SV
Litla-Ármót 45 SV
Litla-Ásgeirsá 17 SV
Litla-Ávík 16 NA
Litla-Björnsfell 4 NA
Litla-Breiðavík 36 NA
Litlabrekka 3 NA
Litlabrekka 10 NV
Litlabrekka 20 SA
Litlabrekka 22 SV
Litla-Búrfell 18 NV
Litladalsfjall 23 SA
Litladalshorn 11 NA
Litla-Dímon 43 NA
Litlaeyri 12 SV
Litlafell 37 NV
Litla-Fell 19 SA
Litla-Fellsöxl 3 SA
Litla-Fjarðarhorn 10 NA
Litlafljót 45 NA
Litla-Giljá 17 NA
Litlagröf 3 NA
Litla-gröf 18 NA
Litlaheiði 44 NV
Litlaheiði 44 SA
Litlahekla 46 NA
Litla-Hildisey 43 NV
(Litlahlíð) 12 SV
Litlahlíð 17 SA
Litlahlíð 23 SV
Litlahof 40 SV
Litlahraun 2 SA
(Litla-Hvalsá) 10 SA
Litlakista 59 SA
Litla-Krafla 25 SA
Litla-Kverká 31 NV
Litlaland 2 SA
Litla-Melfell 47 NV
Litlanes 9 NV
Litlanes 30 NV
Litla-Sandfell 33 SA
Litla-Sandvík 2 SA
Litla-Sauðafell 2 NA
Litla-Seta 50 NA
Litlasíki 40 SA
(Litlaskarð) 7 SA
Litlaskarðsfjall 7 SA
Litla-Skarðsmýrarfjall 2 NA
Litla-Stakfell 31 NV
Litlaströnd 25 SA
Litla-Svalbarð 60 NA
Litla-Svínafell 56 NV
Litlatunga 45 SA
(Litla-Vatnshorn) 7 NA
(Litlaþúfa) 6 SA
Litlaþverá 8 SV
Litli Hamar 24 NV
Litlibakki 32 SV
Litlibær 1 NA
(Litlibær) 15 NA
Litlidalur 18 SA
Litlidalur 18 NV
(Litlidalur) 23 SA
Litli-Dunhagi 22 SV
Litli-Garður 23 SA
Litlihvammur 22 SV
Litlihvammur 22 SA
Litli-Kambur 5 SA
(Litliklofi) 46 SV
Litli-Kroppur 4 NV
Litli-Langidalur 6 NA
Litli-Leppir 50 SV
Litli-Meitill 2 SA
Litli-Múli 10 SV
Litli-Ós 17 SV
Litlisandur 18 SA
Litlisjór 47 NA
Litlu-Reykir 45 SV
(Litluskógar) 3 NA
Litluvallafjall 24 SA
Litluvellir 24 SA
Líkárvatn 35 NA
Ljárskógafjall 10 SV
(Ljárskógar) 7 NA
Ljónsstaðir 45 SV
Ljósafell 35 SV
Ljósafjall 36 NA
Ljósaland 31 NA
Ljósaland 36 NV
Ljósalandsvík 32 NV
Ljósaskriða 5 SV
Ljósavatn 22 SA
Ljósavatnsfjall 22 SA
Ljósavatnsskarð 22 SA
Ljósártungur 47 SV
Ljóshólar 51 SA
Ljósufjöll 6 SA
Ljósufjöll 48 NV
Ljósvetningabúð 25 NV
Ljótarjökull 14 NA
Ljótarstaðaheiði 41 NV
Ljótarstaðir 41 NA
Ljótarstaðir 43 NA
Ljótipollur 47 SA
Ljótshólar 18 SV
Ljótsstaðir 20 SA
Ljótsstaðir 31 NA
Ljótunnarstaðir 10 SA
Ljúfustaðir 10 NA
Loðmundarfjörður 34 NA
Loðmundur 50 NA
Loðnugiljahaus 41 NV
(Loftsalir) 44 SA
Loftsárhnjúkur 39 NV
(Loftsstaðir) 45 SV
Lokatindur 34 SA
Lokatindur 59 SV
(Lockstindur) 59 SV
Loki 29 NA
Lokinhamrar 11 NA
Lokufjall 3 SA
Lómagnúpur 39 SA
Lómatjörn 22 SV
Lómavatn 16 SV
Lón 8 SA
Lón 18 NA
Lón 28 SV
Lón 34 SA
Lón 38 NA
Lónaengi 28 SA
Lónafjörður 14 NV
Lónafjörður 30 SV
Lónanúpur 14 NV
Lóndjúp 15 NA
Lóndrangar 5 SV
Lónfell 12 SV
Lónfellshnúkur 12 SV
Lónhorn 14 NV
Lónkot 20 NA
Lónsá 30 SV
Lónseyrarfjall 15 NA
(Lónseyri) 14 SV
Lónsfjörður 38 NA
Lónsháls 34 NV
Lónsheiði 38 NA
Lónshnjúkur 60 SV
Lónsjökull 49 NV
Lónsós 28 SV
Lónsvík 38 NA
Lónsöræfi 38 NV
Lunansholt 45 SA
Lundar 4 NV
Lundarbrekka 24 SA
Lundareykjadalur 4 NV
Lundarháls 4 NV
Lundartunga 4 NV
Lundey 2 NV
Lundey 18 NA
Lundey 27 SA
Lundur 4 NV
Lundur 22 NV
Lundur 22 SA
Lundur 28 SA
Lundur 33 SA
Lurkárdalur 9 NV
Lúdent 25 SA
Lúdentarborgir 25 SA
Lúdentarhæð 25 SA
Lútur 22 NV
Lykkja 2 NV
Lyklafell 2 NV
Lyklafell 4 NA
Lyklafell 56 SV
Lymska 4 NV
Lyngar 42 SV
Lyngás 45 SA
Lyngbrekka 3 NA
Lyngbrekka 7 NV
Lyngbrekka 24 NA
Lyngdalsheiði 45 NV
Lyngdalur 45 NV
Lyngey 6 NV
Lyngey 16 SA
Lyngfell 48 NV
Lyngfellsgígar 48 NV
Lynghagi 43 NA
Lyngholt 8 NV
Lyngholt 12 NV
Lyngholt 17 SV
Lyngholt 18 NV
Lyngholt 24 NA
Lynghóll 33 SA
Lyngskjöldur 2 SV
Lýsudalur 5 SA
Lýsuhóll 5 SA
Lýsuhyrna 5 SA
Lýsuvatn 5 SA
Lýtingsstaðir 18 SA
Lýtingsstaðir 45 SA
Lækir 28 SV
Lækir 59 NV
(Lækjamót) 6 SA
Lækjamót 17 SA
Lækjamót 22 SA
Lækjamót 36 NA
Lækjamót 45 SV
Lækjarbakki 43 NA
Lækjarbakki 44 SA
Lækjarbakki 45 SV
Lækjarbrekka 45 NA
Lækjarbugur 7 SV
Lækjardalur 17 NA
Lækjarheiði 12 SV
Lækjarhlíð 23 NV
Lækjarhús 37 SV
Lækjarhvammur 17 SV
Lækjarhvammur 43 NA
Lækjarhvammur 45 NV
Lækjarkot 3 NA
Lækjarós 12 NV
Lækjartún 2 SA
Lækjartún 45 SA
Lækjarvellir 24 NA
Læknesstaðaheiði 30 NA
(Læknesstaðir) 30 NA
Lækur 2 SA
Lækur 12 NV
Lækur 18 NA
Lækur 45 SA
Lækur 45 SV
Löðmundarvatn 47 SV
Löðmundur 47 SV
(Lögmannshlíð) 22 SV
Lönd 36 NA
Löngubrekkur 2 NV
Löngufjörur 6 SA
Lönguhlíðar 2 SV
Lönguhlíðarfjall 23 NA
Löngukvíslarjökull 57 SA
Löngusker 6 SV
Lönguvík 5 SV
Lönguvötn 7 NV

M

Magagil 60 SA
Magnavík 28 SA
Magnússkógar 10 SV
(Malarrif) 5 SV
Malland 20 NV
Mannfjall 13 NA
Mannsfjall 10 SV
Mannskaðahóll 20 SA
Marardalur 2 NA
Marbæli 18 NA
Marbæli 20 SA
Marðarnúpsfjall 17 SA
(Marðarnúpur) 17 SA
Margrétarvatn 15 SA
Maríubakki 39 SV
Maríutungur 54 NA
Markarfljót 43 NA
Markarfljótsaurar 44 NV
Markaskarð 43 NA
Markhnúkur 41 NA
Markhöfði 8 NV
Marteinstunga 45 SA
Matarhnjúkur 36 NV
(Máberg) 11 SA
Mábergsfjall 11 SA
Málmey 20 NA
Málmeyjarsund 20 NA
Mánafell 14 NV

Mánahaugur 20 NV
(Mánaskál) 18 NV
(Máná) 21 NA
Máná 27 SA
Máná 28 SV
Mánárbakki 27 SA
Mánáreyjar 27 NA
Mánárfjall 21 NA
Másbúðasund 1 NV
(Máskelda) 10 NV
Máskot 24 NA
Mássel 32 SV
Másvatn 24 NA
Mávabót 42 NV
Mávabyggðarjökull 40 NA
Mávabyggðir 40 NV
Mávahlíð 5 NA
Mávahlíðar 1 SA
Mávavötn 7 NV
Mávavötn 15 NA
Mávavötn 16 NV
Meðaldalur 12 NV
Meðalfell 3 SA
(Meðalfell) 38 NV
Meðalfellsvatn 3 SA
Meðalheimur 17 NA
Meðalheimur 22 SA
Meðalholt 45 SV
Meðalland 42 SV
Meðallandsbugur 42 SA
Meðallandsfjörur 42 SV
Meðallandssandur 42 SV
Meðalnesfjall 12 NA
Meiðavallaskógur 28 SA
Meiðavellir 28 SA
Meingilstindur 38 NV
(Meiribakki) 13 SV
Meiritunga 45 SA
Melagerði 3 SA
Melakvísl 8 NV
Melaleiti 3 SA
Melanes 11 SA
Melar 2 SA
Melar 3 SA
Melar 8 NV
(Melar) 9 SV
Melar 16 NA
Melar 21 SA
Melar 22 NV
Melar 23 NA
Melar 24 NV
Melar 33 SA
Melatangi 38 SV
Melavellir 3 SA
(Melavellir) 30 SA
(Melgraseyri) 15 NA
Melhagi 46 NV
Melhóll 41 SA
Meljaðrafjall 60 SA
Melkot 3 SA
Melós 39 SA
Melrakkaás 30 SV
Melrakkadalur 17 SA
Melrakkadalur 17 SA
Melrakkaey 5 NA
Melrakkafell 20 NV
Melrakkafell 38 NV
Melrakkanes 29 NA
Melrakkanes 36 SV
Melrakkanesós 36 SV
Melrakkaslétta 29 NV
Melrakkavatn 17 SA
Melsgil 18 NA
Melshorn 36 NV
Melstaður 17 SV
Melstaður 20 SA
Melur 7 SV
Melur 18 NA
Merki 22 SA
Merki 32 SA
Merki 33 SV
Merki 36 SV
Merkidalur 23 SV
(Merkigil) 23 SV
Merkigil 24 NV
Merkigiljasandur 41 NV
Merkigilsfjall 23 SV
Merkjahryggur 7 SA
Merkjalækur 17 NA
Merkurheiði 42 NV
Merkurhraun 46 NV
Merkurjökull 44 NA
Messuholt 18 NV
Meyjardalur 14 SA
Meyjarhóll 22 SA
Meyjarland 20 SA
Meyjarmúli 14 SA
Meyjarsæti 4 SA
Miðaftansfjall 14 SA
Miðaftansfjall 18 NV
Miðaftansfjall 26 NV
Miðaftanshorn 11 SA
Miðaftanstindur 35 SA
Miðalda 59 NV
Mið-Bálkafell 52 NV
Miðbollar 2 SV
Miðbælisbakkar 44 SV
Miðbær 12 NV
Miðbær 34 SA
Miðdalsfjall 4 SA
Miðdalsgröf 10 NV
Miðdalsheiði 2 NV
Miðdalskot 45 NA
Miðdalsmúli 15 SA
Miðdalsvatn 31 NV
Miðdalur 2 NV
Miðdalur 3 SA
Miðdalur 10 NV
Miðdalur 13 SA
Miðdalur 18 SA
Miðdalur 45 NA
Miðdegisfjall 16 SA
Miðdegistindar 60 NV
Miðengi 45 NV
Miðey 43 NA
Miðfell 2 NA
Miðfell 5 SA
Miðfell 5 SV
Miðfell 14 SV
Miðfell 17 NV
Miðfell 34 NV
Miðfell 37 NA
Miðfell 37 SV
Miðfell 37 NA
Miðfell 38 NV
Miðfell 38 NA
Miðfell 38 NV
Miðfell 39 SV
Miðfell 40 NV
Miðfell 45 NA
Miðfell 49 SV
Miðfell 59 SA
Miðfell 60 NV
Miðfellshraun 45 NV
Miðfjall 3 NA
Miðfjall 10 SV
Miðfjall 32 SA
Miðfjarðará 30 SV
Miðfjarðarárdrög 31 NV
Miðfjarðarheiði 30 SV
Miðfjarðarnes 30 SA
Miðfjarðarvatn 17 SV
Miðfjörður 17 SV
Miðfjörður 30 SA
Mið-Fossar 3 NA
Miðgarðar 7 SV
Miðgarður 27 NV
(Miðgil) 17 NA
Mið-Grund 18 NA
Miðheiðarháls 33 SA
Miðheiðarháls 35 NV
Miðheiðarvatn 16 SV
Miðhjáleiga 43 NA
Miðhlíð 12 SV
Miðhlutadrög 57 NV
Miðhóp 17 NA
Miðhraun 6 SA
Miðhús 3 NV
Miðhús 5 SA
Miðhús 9 NA
Miðhús 10 NA
(Miðhús) 15 NA
Miðhús 17 SA
Miðhús 18 NA
Miðhús 20 SA
Miðhús 31 NA
Miðhús 34 SV
Miðhús 45 NA
Miðhúsasel 33 SA
Miðhvammur 25 NV
Miðjanes 9 NA
(Mið-Kárastaðir) 17 SV
Miðkot 22 NV
Miðkot 43 NV
Miðkriki 45 SA
Miðkvísl 41 SV
Miðkvíslar 57 NA
Miðleiðarsker 9 NV
Miðleiðisalda 26 NV
Miðmelabót 46 SV
Mið-Mór 21 NV
Miðmundahnúkur 4 NA
Miðmundaholt 45 SA
Miðmundahorn 11 NA
Miðmundahorn 14 SA
Miðmundahæð 11 SV
Miðmörk 43 NA
Miðnesheiði 1 NV
Miðsandur 4 SV
Miðsitja 18 NA
(Miðskáli) 44 NV
Miðskógur 7 NA
(Miðtún) 28 NA
Miðtún 45 SA
Miðvatn 10 SV
Miðvík 13 NA
(Miðvík) 22 SV
Miðvíkurfjall 22 SA
Miðvörðudalur 11 SA
Miklaalda 50 SV
Miklafell 32 SV
Miklafell 48 SA
Miklafell 57 SA
Miklafell 60 NV
Miklafellsjökull 57 SA
Miklaholt 45 NA
Miklaholt 6 SA
Miklalækjarbotnar 50 SA
Miklavatn 18 NA
Miklavatn 21 NV
Miklavatn 25 NV
Miklavatn 30 SV
Miklavatn 32 SA
Mikley 25 SA
Miklholtshellir 45 SV
Miklholtssel 6 SA
Miklibær 18 NA
Miklibær 20 SA
Miklidalur 11 SV
Miklidalur 11 SA
Miklidalur 12 SV
Mikligarður 10 SV
Mikligarður 23 NA
Miklilækur 50 SA
Miklukvíslarjökull 57 SV
Miklumýrar 50 SV
Mikluöldubotnar 50 SV
Mikluölduvatn 50 SV
Minnahof 43 NA
Minnaholt 21 NA
Minni-Akrar 18 NA
Minniborg 45 NV
Minnibrekka 21 NV
Minni-Mástunga 46 NV
Minninúpur 46 NV
Minni-Reykir 21 NV
Minni-Vatnsleysa 1 NA
Minnivellir 45 SA
Mígindisdalur 28 NA
Mjaðmá 24 SV
Mjaðmárdalur 24 SV
(Mjóaból) 8 NV
Mjóadalsá 24 SA
Mjóadalsfjall 18 NV
Mjóafjarðarheiði 34 SV
Mjóanes 2 NA
Mjóanes 33 SA
Mjóaneshraun 4 SA
Mjóavatn 2 NA
Mjóavatn 18 SV
Mjóavatn 29 NV
Mjóháls 51 NA
Mjóidalur 12 NV
Mjóidalur 17 NA
Mjóidalur 24 SA
Mjóifjörður 9 NV
Mjóifjörður 15 NA
Mjóifjörður 34 SA
Mjólká 12 NA
Mjósyndi 45 SV
Molastaðir 21 NA
Moldarmúli 7 SA
Moldbrekka 17 SV
Moldhaugar 22 SV
Moldnúpur 44 NV
Molduxi 12 SV
Molduxi 18 NV
Moldöxl 9 NA
Morastaðir 3 SA
Morinsheiði 44 NV
Morsárdalur 40 NV
Morsárjökull 40 NV
Mosahjallavegur 15 SV
Mosahnjúkur 22 NA
Mosalda 50 SV
Mosar 22 SA
Mosar 26 NA
Mosaskarðsfjall 49 SV
Mosdalur 12 NV
Mosfell 2 NV
Mosfell 17 NA
Mosfell 18 NV
Mosfell 36 NA
Mosfell 45 NA
Mosfell 50 NV
Mosfellsbær 2 NV
Mosfellsheiði 2 NA
Moshvoll 43 NA
Mosvallafjall 13 SV
Mosvallaheiði 38 NV
Mosvellir 13 SV
Móafellsdalur 21 SA
Móafellshyrna 21 SA
Móar 2 NV
Móar 3 SA
Móar 26 SV
Móberg 18 NV
Móberg 32 SA
Móeiðarhvoll 45 SA
Mófell 3 NA
Mófell 25 NA
Mófell 44 NV

Mófell 49 SV
Mófellsstaðakot 3 NA
Mófellsstaðir 3 NA
Mógil 22 SA
Mógil 60 SA
Mógilsá 2 NV
Mógilshöfðar 47 SV
Mókollar 49 NV
Mókollar 51 SA
Mórauðavatn 60 SV
Mórauðifjallgarður 26 NA
Mórilludalur 26 NA
Mórudalur 12 SV
Móskarðahnúkar 2 NV
Móskjónuhlíð 46 NV
Munaðarnes 3 NA
(Munaðarnes) 16 NA
(Munaðstunga) 9 NA
Mundafell 46 SA
Mundafellshraun 46 SA
Munkaþverá 24 NV
Múlaá 35 NA
Múladalur 14 SV
Múlaeyjar 9 NV
Múlafjall 4 SV
Múlafjall 10 NV
Múlafjall 15 SA
Múlafjall 15 SA
Múlaheiði 25 NV
Múlaheiði 38 NV
Múlahraun 35 SV
Múlahyrna 12 SV
Múlajökull 51 NV
Múlakot 4 NV
Múlakot 42 NV
Múlakot 43 NA
Múlakvísl 41 SV
Múlar 29 SA
Múlar 50 NV
Múlar 50 NA
Múlastaðir 4 NV
Múli 9 NA
(Múli) 9 NA
Múli 12 SV
Múli 14 NV
(Múli) 15 SA
Múli 17 SV
Múli 25 NV
Múli 25 SA
Múli 34 SV
Múli 35 NV
Múli 35 SA
Múli 36 NA
Múli 36 NV
Múli 37 NA
Múli 40 NA
Múli 40 SA
Múli 41 NA
Múli 45 NA
Múli 50 NV
Múli 60 SA
Mynnisfjallgarður 60 NA
Mynnisvötn 26 NA
Mynnisöxl 26 NA
Myrká 23 NA
Myrkárbakki 23 NA
Myrkárdalur 23 NV
Myrkárjökull 23 NV
Myrkholt 49 SA
Mýflugnavatn 15 SV
Mýnes 34 SV
Mýrabugur 37 SA
Mýrafellstindur 36 SV
Mýrakot 20 SA
Mýrar 3 NV
Mýrar 5 NA
Mýrar 12 NV
Mýrar 33 SA
Mýrar 37 SA
Mýrar 41 SA
Mýrar 45 SV
Mýrar 10 SA
Mýrarfjall 14 SV
Mýrarkot 27 SA
(Mýrarkot) 45 NV
Mýrarlandsfjall 9 NA
Mýrartunga 10 NV
Mýrdalsjökull 44 NA
Mýrdalssandur 41 SA
Mýrdalur 7 SV
Mýrdalur 44 SA
Mýri 24 SA
Mýrnatangi 41 SA
Mýrnavík 21 NV
Mývatn 25 SA
Mývatnsheiði 59 NV
Mývatnssandur 25 SA
Mývatnsöræfi 59 NA
Mælifell 1 SA
Mælifell 2 NA
Mælifell 5 SA
Mælifell 18 SA
Mælifell 23 SA
Mælifell 31 SV
Mælifell 38 NA
Mælifell 41 SV
Mælifell 41 NV
Mælifellsá 18 SA
Mælifellsá 31 SV
Mælifellsdalur 18 SA
Mælifellsheiði 31 NV
Mælifellshnjúkur 18 SA
Mælifellssandur 44 NA
Mælifellssandur 47 SV
Mælivellir 33 NV
Mænir 50 NA
Möðrudalsfjallgarður austari 60 NA
Möðrudalsfjallgarður vestari 60 NA
Möðrudalshryggur 60 NA
Möðrudalur 60 NV
Möðrufell 23 N
Möðruvallafjall 24 SV
Möðruvellir 4 SV
Möðruvellir 21 SA
Möðruvellir 22 SV
Möðruvellir 24 SV
Mörk 17 SV
Mörk 22 SA
Mörk 28 SA
Mörk 42 NV
Mörtunga 42 NV
Mörtunguheiði 42 NV

N

Nafarfjall 28 SV
Naggur 52 SA
Napi 11 SA
Narfastaðafell 24 NA
Narfastaðir 18 NA
Narfastaðir 24 NA
Narfeyri 6 NA
Nasi 13 NA
Naust 6 NV
Naustanes 2 NV
(Naustavík) 10 NA
Naustavík 22 NA
Naustin 30 SA
(Nautabú) 17 SA
Nautabú 18 NA
Nautabú 18 SA
Nautagil 59 SA
Nautalda 51 NV
Nautatungufjall 26 NA
(Nauteyri) 15 SA
Nauthagajökull 51 NV
Nautholt 38 NA
Nauthólaflatir 1 SA
Nálhúshnjúkar 54 NA
Námafjall 25 SA
Námaskarð 25 SA
Náttfaravíkur 22 NA
Nátthagafoss 49 SA
Náttmálafjall 16 NV
Náttmálafjall 34 NA
Náttmálatindur 38 NV
Neðra-Apavatn 45 NV
Neðranes 4 NV
(Neðranes) 20 NV
Neðrasel 45 SA
Neðraskarð 3 SA
Neðravatn 15 NV
Neðra-Vatnshorn 17 SV
Neðri-Arnardalur 13 SA
Neðriás 20 SA
Neðribotnar 58 SA
Neðri-Breiðidalur 13 SA
Neðri-Brunná 10 NV
Neðribær 11 NA
Neðribær 37 SV
Neðridalur 49 SV
(Neðri-Fitjar) 17 SV
Neðri-Harrastaðir 19 SA
Neðriháls 3 SA
Neðri-Hjarðardalur 12 NV
Neðri-Hreppur 3 NA
Neðrimýrar 17 NA
Neðri-Núpur 8 NA
Neðri-Rauðalækur 23 NA
Neðri-Rauðsdalur 12 SV
Neðri-Svertingsstaðir 17 SV
Neðri-Torfustaðir 17 SV
Neðritunga 11 SV
Neðri-Vindheimar 23 NA
Neðri-Þverá 17 NV
Neðriöxl 12 NA
Neðstavatn 7 NA
Nefsholt 45 SA
Nefsteinn 52 NV
Nes 21 NV
Nes 22 SA
Nes 22 SV
Nes 23 SA
Nes 25 NV
Nesá 20 NV
Nesdalur 13 SV
Neshóll 41 NA
Neshraun 5 SV
Neshyrna 21 NV
Nesjaey 2 NA
Nesjahverfi 38 NV
Nesjar 1 NV
Nesjar 2 NA
Nesjavatn 8 NV
Nesjavellir 2 NA
Neskaupstaður 34 SA
(Neskot) 21 NV
Nesskriður 21 NA
Nestá 17 NV
Nibba 39 NA
Nipi 60 NV
(Níp) 9 SA
Nípa 34 SA
Nípá 22 SA
Nípukot 17 SV
Njarðvík 1 NV
Njarðvík 32 SA
Njarðvíkurheiði 1 SV
Njálsbúð 43 NV
Njálsstaðir 17 NA
Njörfafell 38 NV
Nollur 22 SV
Norðdalshnjúkur 34 NV
Norðdalur 10 NV
Norðdalur 12 SV
Norðdalur 34 NV
Norðfjall 12 SV
Norðfjarðará 34 SV
Norðfjarðarflói 34 SA
Norðfjörður 34 SA
Norðlingaalda 50 SA
Norðlingafljót 8 SA
Norðlingalægðarjökull 40 NA
Norðmelur 26 NV
Norðtunga 7 SA
Norðurá 3 NA
Norðurá 23 SV
Norðurárdalur 8 SV
Norðurárdalur 20 SV
Norðurárdalur 23 SV
Norðurbrún 34 SV
Norðurdalur 35 NA
Norðurdalur 35 NV
Norðurdalur 36 NV
Norðurdalur 39 NA
Norðurfell 34 SV
Norðurfell 35 NV
Norðurfell 39 NA
Norðurfjöll 26 SV
Norðurfjörður 16 NA
(Norðurgröf) 2 NV
Norðurhjáleiga 41 SA
Norðurhlíð 25 NV
Norðurhnúta 35 SV
Norðurhraun 46 SV
Norðurhvoll 44 SA
Norðurjökull 49 NA
Norðurkot 3 SA
Norður-Lambatungur 35 SV
Norðurleit 50 SA
Norðurnámur 47 SA
Norður-Reykir 8 SV
Norðurtungnajökull 35 SV
Norðurvellir 2 NA
Nónás 28 NA
Nónás 30 SV
Nónborg 9 NA
Nónborg 12 SV
Nónbrík 22 NV
Nóney 9 NA
Nónfell 13 NA
Nónfjall 7 SA
Nónfjall 10 NV
Nónfjall 14 NA
Nónfjall 18 SA
Nónfjall 32 SA
Nónfjall 34 SA
Nóngilsskarð 14 NV
Nónhnjúkur 60 SA
Nónhnúkar 16 NV
Nónhyrna 21 SA
Nónhyrnur 15 NV
Nónöxl 30 SV
Núpafjallsendi 39 SV
Núpahraun 39 SV
Núpakot 44 NV
Núpar 2 SA
Núpar 25 NV
Núpar 28 SA
Núpar 33 NA
Núpar 37 NA
Núpar 39 SV
Núpaskot 26 SA
Núpá 24 SV
Núpsá 8 NA
Núpsá 39 NA
Núpsártangi 39 NA
Núpsdalstunga 55 NV
Núpsdalur 8 NA
Núpsdalur 12 NV
Núpsheiði 41 NA
Núpshlíðarháls 1 SA

Núpskatla 28 NA
Núpsstaðarheiði 39 SV
Núpsstaðarmelar 39 SA
Núpsstaðarskógar 39 NA
Núpsstaður 39 SV
Núpstindur 36 SA
Núpstún 45 NA
Núpsvatn 28 SA
Núpsvötn 39 SA
Núpur 12 NV
Núpur 12 SA
(Núpur) 18 NV
Núpur 28 SA
Núpur 36 SA
Núpur 43 NA
Núpur 52 NV
Nyðri-Háganga 51 NA
Nykhóll 44 SA
Nykurvatn 31 SA
Nyrðra-Fjallabak 47 SA
Nyrðra-Sauðafell 55 SA
Nyrðra-Vatnalautavatn 16 NV
Nýhóll 26 SA
Nýhöfn 3 NA
Nýhöfn 28 NA
Nýibær 42 NV
Nýibær 43 NA
Nýidalur 51 NA
Nýiós 39 SA
Nýjabúð 6 NV
Nýjabæjarafrétt 57 NA
Nýjabæjarfjall 23 SA
Nýjagras 32 SA
Nýjahraun 26 SV
Nýjahraun 46 NA
Nýjunúpar 54 SA
Nýlenda 1 NV
Nýlendi 20 SA
Nýpsfjörður 31 NA
Nýpslón 31 NA
Nýpugarður 37 SA
Næfurholt 46 SV
Næfurholtsfjöll 46 NV

O

Oddaflóð 45 SA
Oddastaðavatn 7 SV
Oddavatn 11 SA
Oddgeirshólar 45 SV
Oddhóll 45 SA
Oddi 16 SA
Oddi 45 SA
Oddkelsalda 51 NV
Oddkelsver 51 NV
Oddsnes 28 SA
Oddsskarð 34 SA
Oddsstaðaholt 28 NA
Oddsstaðir 4 NV
(Oddsstaðir) 7 NA
Oddsstaðir 8 NV
Ok 4 NA
Ok 7 SV
Okhryggir 4 NA
Oköxl 4 NA
Olnbogahyrna 21 SA
Ormarslón 29 NA
Ormarsstaðir 33 SA
Ormsá 8 NV
Ormsdalur 17 SV
Ormskot 44 NV
Ormsstaðir 6 NA
Ormsstaðir 34 SA
Ormsstaðir 34 NV
Ormsstaðir 36 NA
(Ormsstaðir) 39 SV
Ormsstaðir 45 NA
Ormur 56 SV
Orrahóll 7 NV
(Orrastaðir) 17 NA
Orravatn 57 NA
Orravatnsrústir 57 NA
Orrustuhóll 42 NV
Orrustuhólshraun 2 NA
(Orrustustaðir) 39 SV
Otradalur 12 SV
Oxi 18 SV

Ó

Ódáðahraun 59 NA
Ódáðavötn 35 NA
Ódrjúgsháls 9 NA
Ófeigsfjall 34 SV
Ófeigsfjall 34 SV
Ófeigsfjarðarheiði 14 SA
Ófeigsfjörður 16 NV
Ófeigsstaðir 25 NV
Ófærufoss 48 SV
Ófærumúli 37 NA
Ógöngur 51 NA
Ólafarhnjúkur 23 NV
Ólafsdalur 10 NV
Ólafsey 6 NA
Ólafseyjar 9 NV
Ólafseyjarsund 6 NA
Ólafsfell 51 NV
Ólafsfjarðarfjall 21 NA
Ólafsfjarðarmúli 21 NA
Ólafsfjarðarskarð 21 NA
Ólafsfjörður 21 NA
Ólafshaus 41 NV
Ólafsvallahverfi 45 NA
Ólafsvík 5 NV
Ónýtafell 47 NA
Ónýtavatn 47 NA
Ós 3 SA
Ós 12 NV
Ós 13 SA
Ós 16 SV
Ós 22 SV
Ós 34 NA
Ós 36 NA
Ósabakki 45 NA
Ósafell 17 NV
Ósar 1 SV
Ósar 17 NV
Ósdalsheiði 38 NV
Óseyri 2 SA
Óseyri 36 NA
Ósfjöll 32 SA
Óshlíð 13 SA
(Óshöfn) 32 SA
Ósland 20 SA
Óslandshlíðarfjöll 21 SV
Óspakseyri 10 NA
Óspakshöfði 14 NA
Óspaksstaðir 8 NV
Óþoli 13 SV

P

Papafjörður 38 NV
Papey 36 SV
Papós 38 NV
Patreksfjörður 11 SA
Páfastaðir 18 NA
Pálmholt 22 SV
Pálmholt 25 NV
Pálsfell 46 NV
Pálsfjall 39 NV
Pálssteinshraun 46 SV
Penná 12 SV
Pétursborg 22 SV
Pétursey 44 SA
Pétursborn 49 NA
Pílagrímsfell 24 SA
Pokafell 20 SV
Polladæld 35 SV
Pottfjall 16 SA
Prestahnúkur 4 NA
Prestahraun 5 NV
Prestbakkahlíð 10 SA
Prestbakkakot 42 NV
Prestbakki 10 SA
Prestbakki 42 NV
Prestfell 40 NA
Prestfjall 23 NV
Presthólar 28 SA
Presthús 44 SA
Presthvammur 25 NV
Pula 45 SA
Purka 13 SV
Purkey 6 NA
(Purkugerði) 32 N
Pöntun 16 SA

R

Raftholt 45 SA
Ragnarstindur 40 NV
Ragnheiðarstaðir 45 SV
Ranafell 20 SV
Randafell 56 SV
Randarfjall 14 SA
Randarhólar 26 NV
Randir 25 NA
Rangali 10 SV
Rangá 25 NV
Rangá 33 NA
Rani 60 SA
Rannveigarstaðir 35 SA
Rauðaberg 37 NA
Rauðaberg 39 SV
Rauðabergsheiði 39 SV
Rauðabergsós 39 SA
Rauðaborg 15 SA
Rauðafell 9 NA
Rauðafell 24 SA
Rauðafell 26 SA
Rauðafell 36 NV
Rauðafell 36 NA
Rauðafell 49 SV
Rauðafell 50 NV
Rauðafell 57 NV
Rauðakúla 6 NA
Rauðakúlur 5 SA
Rauðalækur 45 SA
Rauðamelsfjall 6 SA
Rauðamelsheiði 7 NV
Rauðamelsölkelda 6 SA
Rauðamelur 1 SV
Rauðamýrarfjall 15 SA
(Rauðamýri) 15 SA
Rauðanes 3 NA
Rauðanúpsvatn 14 SA
Rauðanúpur 30 SA
Rauðasandur 11 SV
Rauðaskriða 25 NV
Rauðavatn 2 NV
Rauðavík 22 SV
Rauðavík 22 NA
Rauðá 24 NA
Rauðá 46 NA
Rauðá 52 NV
Rauðárhlíð 50 SV
Rauðbarðaholt 10 SV
Rauðfeldsgjá 5 SV
Rauðfossafjöll 47 SV
Rauðháls 44 SA
Rauðhálsahraun 7 SV
Rauðholt 32 SA
Rauðhólar 26 NV
Rauðhólar 31 SA
Rauðhólar 39 NV
Rauðhóll 25 NA
Rauðhóll 48 SA
Rauðibotn 41 NV
Rauðinúpur 14 SA
Rauðinúpur 26 SA
Rauðinúpur 28 NA
Rauðiskógur 45 NA
Rauðkembingar 46 NA
Rauðkollar 50 NA
Rauðkollsstaðir 6 SA
Rauðkollur 17 SA
Rauðkollur 51 NA
Rauðkúla 52 NV
Rauðnefsstaðafjall 46 SV
Rauðseyjar 9 SV
Rauðsgil 4 NV
Rauðsstaðahorn 12 NV
Rauðuhnúkar 2 NV
Rauðukambar 46 NV
Rauðuskriður 43 NA
Rauðutindar 53 NA
Rauðöldur 46 SV
Raufarfell 44 NV
Raufarhafnarheiði 29 NV
Raufarhafnarvötn 29 NV
Raufarhólshellir 2 SA
Raufarhöfn 29 NA
Refasveit 17 NA
Refkelsvatn 56 NV
Refshali 20 SV
(Refshöfði) 33 NA
Refsmýri 33 SA
Refsstaðir 4 NA
Refsstaður 31 SA
(Refsteinsstaðir) 17 NA
Reftjarnarbunga 18 SV
Reiðarvatn 31 NA
Reiðaxlarvatn 30 SV
Reiðaxlir 30 SV
Reiðgilshnjúkur 23 SV
Reiðholt 45 NA
Reiðskarð 20 SV
Reifsdalur 38 NV
Rein 25 NV
Reiphólsfjöll 15 SA
Reistanes 28 NA
Reitsfjall 21 NV
Reitur 24 NA
Rekavatn 19 NA
Rekavík 13 NA
(Reyðará) 21 NA
Reyðará 21 NA
Reyðará 27 SA
(Reyðará) 38 NA
Reyðarártindur 38 NA
Reyðarbarmur 4 SA
Reyðarbunga 14 SA
Reyðarfell 4 NV
Reyðarfell 57 NA
Reyðarfjall 36 NA
Reyðarfjörður 36 NV
Reyðarvatn 4 NA
(Reyðarvatn) 46 SV
Reyðarvatn 57 NA
Reyður 26 NV
Reykholt 4 NV
Reykholt 45 NA
Reykholt 46 NV
Reykholtsdalur 4 NV
Reykhólar 9 NA
Reykhús 24 NV
Reykir 2 NV
Reykir 4 NV
Reykir 10 SA
Reykir 17 NA
Reykir 17 SV
Reykir 18 SA
(Reykir) 20 SV

(Reykir) 21 NA
Reykir 23 NV
Reykir 24 NV
Reykir 45 NA
Reykjaból 45 NA
Reykjadalur 2 NA
Reykjadalur 7 NA
Reykjadalur 21 NA
Reykjadalur 45 NA
Reykjadiskur 20 SV
Reykjafell 2 NV
Reykjafjall 18 SA
Reykjafjall 24 NV
Reykjafjall 25 NV
Reykjafjöll 47 SV
Reykjaflöt 45 NA
Reykjaheiði 25 NV
Reykjahlíð 25 SA
Reykjahlíðarheiði 25 SA
Reykjakot 2 NA
Reykjanes 1 SV
Reykjanes 9 NA
Reykjanes 15 NA
Reykjanes 16 NA
(Reykjanes) 45 NA
Reykjanesfjall 9 NA
Reykjanestá 1 SV
Reykjará 60 SA
Reykjarfjarðarfjall 16 NA
Reykjarfjarðarháls 15 SA
Reykjarfjarðarjökull 14 SA
Reykjarfjörður 12 SV
Reykjarfjörður 14 NA
Reykjarfjörður 15 SA
(Reykjarfjörður) 16 NA
Reykjarfjörður 16 NA
Reykjarhóll 21 NV
Reykjarhóll 21 NA
Reykjarvíkurfjall 16 SA
Reykjaströnd 20 SA
Reykjasúla 34 SA
Reykjavatn 55 SA
Reykjavellir 18 NA
Reykjavellir 25 NV
Reykjavellir 45 NA
Reykjavík 2 NV
Reynhólar 17 SV
Reynihlíð 25 SA
Reynir 3 SA
Reynir 44 SA
(Reynisdalur) 41 SV
Reynisdrangar 44 SA
Reynisfjara 44 SA
Reynisstaðir 25 NV
Reynisstaður 25 NV
Reynistaður 18 NA
Reynivallaháls 4 SV
Reynivellir 4 SV
Reynivellir 37 SV
Réttarfell 20 SV
Réttarfell 41 NA
Réttarfoss 26 NV
Réttarholt 18 NA
Réttarholt 19 SA
Réttarholt 22 SV
Réttarmúli 7 SA
Réttarvatn 55 SA
Rif 5 NV
Rifkelsstaðir 24 NV
Rifnihnjúkur 54 NV
Rifnihnjúkur 59 SA
Rifshalakot 45 SA
Rifshæðavötn 29 NV
Rifsnes 19 NA
Rifstangi 28 NA
Rifsvík 28 NA
Rimar 22 SV
Ríp 18 NA
Rípill 22 NV
Rjóður 18 SV
Rjúkandisdalur 14 SV
Rjúpnaborgir 5 SV
Rjúpnabrekka 52 NV
Rjúpnabrekkujökull 52 NV
Rjúpnabrekkukvísl 52 NV
Rjúpnafell 8 NV
Rjúpnafell 9 NA
Rjúpnafell 10 SA
Rjúpnafell 31 SA
Rjúpnafell 34 NA
Rjúpnafell 41 NV
Rjúpnafell 44 NV
Rjúpnafell 49 SV
Rjúpnafell 50 SV
Rjúpnafell 56 SA
Rjúpnafellsvatn 50 SV
Roðafell 53 NA
Róðhóll 20 NA
Róðuhólshnjúkur 20 NA
Rófuborg 6 SV
Rófuskarð 17 SA
Rótarfjall 37 NV
Rótarfjallshnjúkur 40 SV
Rugludalsbunga 18 SV
Rugludalur 18 SV
(Rugludalur) 18 SV
Runafjall 18 SA
Runná 36 SV
Rúfeyjar 9 SV
Rútsstaðir 18 SV
Rútsstaðir 24 NV
Rytur 13 NA
Röðull 17 NA
Röðull 38 NV
Röst 6 NA

S

Safamýri 45 SA
Sakka 22 SV
Salthöfði 40 SA
Saltvík 25 NV
Saltvík 25 NV
Saltvíkurhnjúkar 25 NV
Samkomugerði 24 NV
Samtún 22 SV
Sandabotnafjall 25 SA
Sandadalur 60 SV
Sandafell 12 NV
Sandafell 46 NA
Sandahlíð 2 NV
Sandahnjúkavatn 31 NV
Sandalda 49 SA
Sandamýri 41 SA
Sandar 17 SV
Sandar 60 NV
Sandaskörð 32 SA
Sandá 24 SA
Sandá 24 SV
Sandá 28 SA
Sandá 29 SA
Sandá 33 SA
Sandá 46 NV
Sandá 49 SA
Sandá 50 SV
Sandárhnjúkur 23 NV
Sandártunga 49 SA
Sandbakki 45 SV
Sandbrekka 32 SA
Sanddalur 8 SV
Sandey 2 NA
Sandfell 1 SV
Sandfell 2 NV
Sandfell 4 NA
Sandfell 6 SA
Sandfell 9 SA
Sandfell 10 NA
Sandfell 10 NA
Sandfell 10 SV
Sandfell 16 SA
Sandfell 17 SA
Sandfell 18 NV
Sandfell 20 SV
Sandfell 25 SA
Sandfell 25 SV
Sandfell 28 SA
Sandfell 33 SA
Sandfell 33 NV
Sandfell 36 NA
(Sandfell) 40 SV
Sandfell 41 NV
Sandfell 49 SV
Sandfell 54 NA
Sandfell 57 NV
Sandfell 60 NV
Sandfell 60 SA
Sandfell 20 SA
Sandfell 28 SA
Sandfellsflói 33 NV
Sandfellshagi 28 SA
Sandfellsheiði 40 SV
Sandfellsjökull 41 NV
Sandfjall 12 NA
Sandfjöll 8 SA
Sandgerði 1 NV
(Sandhaugar) 24 NA
Sandhnjúkar 31 SV
Sandhólaferja 45 SA
Sandhólar 10 NA
Sandhólar 23 SA
Sandhólar 27 SA
Sandhólar 33 SA
(Sandhóll) 42 SV
Sandkluftavatn 4 SA
Sandkúlufell 56 NV
Sandkúlur 5 SV
Sandlækur 45 NA
Sandmerkisheiði 37 NA
Sandmúladalsá 58 NA
Sandmúli 25 NA
Sandmúli 58 NA
Sandsfjöll 11 SV
Sandsheiði 11 SA
Sandsheiði 13 SV
Sandskeið 2 NV
Sandur 4 SV
Sandur 7 NV
Sandur 8 SV
Sandur 25 NV
(Sandur) 32 SA
Sandvatn 7 SV
Sandvatn 24 NA
Sandvatn 25 SA
Sandvatn 29 SA
Sandvatn 33 SA
Sandvatn 47 SA
Sandvatn 49 SA
Sandvatnshlíðar 49 SA
Sandvík 5 NA
Sandvík 24 NA
Sandvík 28 NA
Sandvík 31 NA
Sandvík 34 SA
Sandvíkur 1 SV
Sandvíkurheiði 31 NA
Sauðadalahnúkar 2 NV
Sauðadalsá 17 NV
Sauðadalur 17 SA
Sauðadalur 26 NV
Sauðafell 7 NA
Sauðafell 18 NV
Sauðafell 23 SV
Sauðafell 26 NV
Sauðafell 28 SV
Sauðafell 31 SA
Sauðafell 44 SA
Sauðafell 46 NA
Sauðafell 51 SV
Sauðafell 54 NA
Sauðafell 54 NA
Sauðafell 56 NV
Sauðafell 60 NA
Sauðafellsalda 54 NV
Sauðafellsmúlar 29 SV
Sauðafellsvatn 46 NA
Sauðahlíðar 35 NA
Sauðahlíðarfjall 34 SV
Sauðahnjúkar 25 SA
Sauðahnjúkur 18 NV
Sauðahnjúkur 54 NA
Sauðanes 13 SV
Sauðanes 17 NA
Sauðanes 21 NA
Sauðanes 30 SV
Sauðanes 38 NV
Sauðanesháls 30 SV
Sauðaneshnjúkur 21 NA
Sauðá 17 NV
Sauðá 54 NV
Sauðárháls 54 NV
Sauðárkrókur 18 NV
Sauðárlón 31 SA
Sauðárvatn 35 SV
Sauðdalsfell 36 NV
Sauðeyjar 12 SV
Sauðfell 34 SA
Sauðfellingamúli 8 NV
Sauðhagi 33 SA
Sauðhamarstindur 38 NV
Sauðhóll 5 SV
Sauðhóll 56 SA
Sauðhús 7 NA
Sauðhúsvöllur 43 NA
Sauðhyrna 14 SV
(Sauðlauksdalur) 11 SA
Sauðleysur 47 SV
Saurar 6 NV
Saurar 7 NA
(Saurar) 17 SV
(Saurar) 19 NA
Sauratjörn 6 SV
Sauravatn 3 NV
Saurbæjará 30 SV
Saurbæjarháls 30 SV
Saurbæjarvatn 30 SV
Saurbær 2 SA
Saurbær 3 SA
Saurbær 3 SA
Saurbær 10 NV
(Saurbær) 11 SA
Saurbær 17 SA
Saurbær 17 NV
Saurbær 18 NA
Saurbær 23 SA
(Saurbær) 30 SV
Saurbær 45 SA
Saurhóll 10 NV
Saurstaðir 7 NA
Saxhóll 5 SV
Sámsstaðir 4 NV
Sámsstaðir 7 NA
Sámsstaðir 24 NV
Sámsstaðir 43 NA
Sámstaðaá 10 SA
Sáta 6 NA
Sáta 7 SA
Sáta 57 SV
Sáta 57 NV
Sátudalur 7 NV
Sátujökull 57 SV
Sátur 36 SA
Seftjörn 12 SV

Seglbúðir 42 NV
Sel 45 NA
Selalækur 45 SA
Selatangar 1 SA
Selá 8 NV
Selá 20 NV
Selá 22 SV
Selá 31 NA
Selá 31 SV
Selá 38 NA
Selárbotnar 31 SV
Selárdalsfjall 11 NA
Selárdalsheiði 11 NA
Selárdalshlíðar 11 NA
Selárdalur 7 NA
(Selárdalur) 11 NA
Selárdalur 16 SV
Selárdalur 31 NA
Selárfoss 31 NA
Seldalsá 23 SA
Seldalsfjall 23 SV
Seldalsfjall 32 NV
(Seldalur) 34 SA
(Seleyri) 15 NV
Selfell 19 NA
Selfell 42 NV
Selfjall 2 NA
Selfjall 2 NV
Selfjall 4 NA
Selfjall 4 SV
Selfjall 22 NA
Selfjall 23 SA
Selfjall 23 NV
Selfjall 30 SA
Selfjall 31 NA
Selfjall 35 SA
Selfjall 38 NA
Selfjöll 29 NA
Selflói 6 NV
Selfoss 26 NV
Selfoss 45 SV
Selháls 30 SV
Selhnjúkur 18 SA
Selhólmur 41 SA
Seljabrekka 2 NV
(Seljadalur) 4 SV
Seljadalur 10 SV
Seljadalur 21 SV
Seljadalur 23 NV
Seljafell 6 NV
Seljafell 6 SV
Seljafjall 14 SV
Seljaheiði 29 SA
Seljahjallagil 25 SA
Seljaland 7 NA
(Seljaland) 39 SV
Seljaland 43 NA
Seljalandsdalur 12 NA
Seljalandsdalur 13 SA
Seljalandsheiði 39 SV
Seljalandssel 43 NA
Seljanes 9 NA
Seljanesfjall 16 NV
(Seljateigur) 36 NV
Seljatunga 45 SV
Seljavellir 38 NV
Seljavellir 44 NV
Selland 32 SV
Sellandafjall 59 NV
Sellandsfjall 24 NV
Sellátrafjall 11 NA
(Sellátrar) 11 NA
(Sellátur) 34 SA
Sellönd 31 NA
Sellönd 38 NA
Sellönd 59 NV
Selmýrar 41 NA
Selnes 20 NV
Selpartur 45 SV
Selsá 31 SV
Selsker 5 NA
(Selsker) 9 NV
Selsker 11 SA
(Selskerssel) 9 NV
Selsstaðir 34 NV
Selströnd 16 SA
Selsund 46 SV
Selsundsfjall 46 SV
Seltindur 38 NV
Seltjarnarnes 1 NA
Seltjörn 1 SV
Seltungufjall 38 NA
Selvallavatn 6 NV
Selvangur 2 NV
Selvatn 2 NV
Selvatn 19 NA
Selvatn 20 SV
Selvellir 45 NV
Selvíkurtangi 19 NA
Selvogsheiði 2 SV
Selvogur 2 SV
Selöxl 35 NA
Setberg 1 NV
Setberg 5 NA
(Setberg) 6 NA
Setberg 33 SA
Setberg 38 NV
Setbergsheiði 38 NV
Seti 38 NV
Setrið 50 NA
Setuhraun 50 NA
Seyðisárdrög 56 NV
Seyðisfjarðarflói 34 NA
Seyðisfjörður 15 NA
Seyðisfjörður 34 SV
Seyðishólar 45 NV
Sigalda 47 NV
Sigga 22 SA
Siglufjarðarfjall 21 NA
Siglufjarðarskarð 21 NA
Siglufjörður 21 NA
(Siglunes) 11 SA
Siglunes 21 NA
Sigluneshlíðar 11 SA
Sigluvík 22 SA
Sigluvík 43 NV
Sigluvíkurnúpur 14 NA
Sigmundarhús 34 SA
Sigmundarstaðir 4 NA
Sigmundarstaðir 8 SV
Signýjarstaðir 4 NV
Sigríðarstaðasandur 17 NV
Sigríðarstaðavatn 17 NV
(Sigríðarstaðir) 17 NV
Sigríðarstaðir 21 NV
Sigríðarstaðir 22 SA
Sigtún 24 NV
Sigtún 28 SA
Sigtúnafjall 24 NV
Sigurðarfell 49 NV
Sigurðarfit 39 SA
Sigurðarstaðavík 28 NA
Sigurðarstaðir 24 NA
Sigurðarstaðir 28 NA
Silfrastaðafjall 23 SV
Silfrastaðir 18 SA
Silungavatn 26 NA
Síða 17 NA
Síða 17 SV
Síða 42 NV
Síðufjall 8 SV
Síðugrunn 42 SA
Síðujökull 39 NV
Síðumúlaveggir 4 NV
Síðumúli 4 NV
Síká 8 NV
Síki 40 SV
Síknaháls 41 SA
Sílalækur 25 NV
Sílastaðir 22 SV
Síreksstaðir 31 SA
Sjávarborg 18 NV
Sjávarhólar 2 NV
Sjávarmelar 42 SV
Sjávarsandur 25 NV
Sjóhúsavík 29 SA
Sjónarhólar 49 SV
Sjónarhóll 30 SV
Sjónfríð 12 NA
(Sjöundá) 11 SA
Skafhólar 24 SA
Skaftafell 40 NV
Skaftafellsfjara 39 SA
Skaftafellsfjöll 39 NA
Skaftafellsheiði 40 NV
Skaftafellsjökull 40 NV
Skaftá 41 NA
Skaftá 42 NV
Skaftá 48 NV
Skaftárdalur 41 NA
Skaftárfell 48 NA
Skaftárkatlar 52 SV
Skaftárjökull 48 NA
Skaftárós 42 NV
Skaftártunga 41 NV
Skaftholt 46 NV
Skagabrekkur 49 SV
Skagafell 34 SV
Skagafjall 13 SV
Skagafjörður 20 NV
Skagasel 20 NV
Skagastrandarfjöll 20 SV
Skagaströnd 19 SA
Skagatá 20 NV
Skagi 13 SV
Skagi 20 NV
Skagnes 44 SA
Skallabúðir 6 NV
Skallhólsmúli 7 NA
Skammbeinsstaðir 45 SA
Skammidalur 44 SA
Skarð 4 NV
Skarð 9 SA
(Skarð) 16 SA
Skarð 18 NV
Skarð 22 SA
Skarð 36 NV
Skarð 45 NA
Skarð 45 SA
Skarð 46 NV
Skarðaborg 25 NV
Skarðabrún 11 SA
Skarðaháls 25 NV
Skarðanúpur 12 NV
Skarðatindur 40 NV
Skarðatindur 40 SV
Skarðavötn 14 NV
Skarðavötn 14 SA
Skarðsá 9 SA
(Skarðsá) 18 NA
Skarðsá 26 SA
Skarðsfell 12 SV
Skarðsfjall 14 NA
Skarðsfjall 15 NV
Skarðsfjall 46 NV
Skarðsfjörður 38 SV
Skarðsfjöruviti 42 SV
Skarðshamrar 7 SA
Skarðsheiði 3 NA
Skarðshlíð 44 SV
Skarðsmýrarfjall 2 NA
Skarðsströnd 9 SA
Skarðsstöð 9 SA
Skarðsvík 5 NV
Skarðsöxl 14 NA
Skarðsöxl 24 SV
Skarfaflös 28 SV
Skarfaklettur 9 NV
Skarfatangi 10 NA
Skarfatangi 10 NA
Skarfshóll 17 SV
Skarfstangi 22 NA
Skarphéðinstindur 53 SA
(Skatastaðir) 23 SV
Skák 24 NV
Skál 5 SV
(Skál) 41 NA
Skál 52 NV
Skálabjarg 30 NA
Skálabjörg 40 NA
Skálabrekka 2 NA
Skálafell 1 SV
Skálafell 2 SA
Skálafell 2 NA
Skálafell 33 SA
Skálafell 33 NA
Skálafell 37 SA
Skálafell 47 NA
Skálafellsháls 4 SV
Skálafellshnúta 37 SA
Skálafellsjökull 37 SV
Skálafjall 3 NA
Skálafjall 10 SV
Skálafjöll 31 NA
Skálakot 44 NV
Skálanes 9 NA
Skálanes 28 NA
Skálanes 30 NV
Skálanes 32 SA
Skálanes 34 NA
Skálanesfjall 9 NA
Skálanesvík 30 NV
Skálar 23 SV
(Skálar) 30 NA
Skálarfell 46 NV
Skálarfjall 7 SV
Skálarfjall 60 SA
Skálarheiði 41 NA
Skálarhnúksdalur 20 SV
Skálarkambur 14 NV
Skálateigur 34 SA
Skálavatn 47 NA
Skálavík 13 SV
(Skálavík) 15 NA
Skálavík 22 NA
Skálavík 28 NA
Skálavíkurhnjúkur 22 NA
(Skálá) 21 NV
Skáldabúðaheiði 46 NV
Skáldabúðir 46 NV
Skáldsstaðir 23 SA
Skáldstaðir 9 NA
Skáley 6 NA
Skáleyjar 9 NV
Skálholt 45 NA
Skálholtsvík 10 NA
Skáli 36 SV
Skálm 41 SA
Skálmabæjarhraun 41 SA
Skálmarbær 41 SA
Skálmardalsheiði 15 SA
(Skálmardalur) 9 NV
Skálmardalur 15 SV
Skálmarfjörður 9 NV
Skálmarnesmúlafjall 9 NV
(Skálmarnesmúli) 9 NV
Skálmholt 45 SA
Skálpagerði 24 NV
Skálpanes 49 NA
Skálpastaðir 4 NV
Skálsvatn 17 SA
Skáney 4 NV

Skápadalsfjall 11 SA
Skápadalsmúli 11 SA
(Skápadalur) 11 SA
(Skárastaðir) 8 NA
Skefilsfjall 4 SA
Skefilsstaðir 20 SV
Skeggjabrekkudalur 21 NA
Skeggjastaðaheiði 33 SA
Skeggjastaðir 2 NV
Skeggjastaðir 8 NA
Skeggjastaðir 19 SA
Skeggjastaðir 30 SA
(Skeggjastaðir) 33 NA
Skeggjastaðir 33 SA
Skeggjastaðir 45 SA
Skeggstaðir 18 NV
(Skeggstaðir) 21 SA
Skeggtindar 38 NV
Skeggöxl 8 NV
Skeggöxl 9 SA
Skeglubjörg 30 NA
Skeið 21 SA
Skeið 45 NA
Skeiðará 40 SV
Skeiðarárjökull 39 SA
Skeiðarársandur 39 SA
Skeiðflötur 44 SA
Skeiðháholt 45 SA
Skeiðsfjall 21 SA
Skeiðsfossstöð 21 NA
Skeifnabrjótur 16 SA
Skeljafell 46 NV
Skeljafell 50 NV
Skeljavíkurfjall 16 SV
Skenkfell 26 SA
Sker 38 NV
Sker 41 SV
Skerðingsstaðir 9 NA
Skerðingsstaðir 10 SV
Skerðingur 51 NA
Skergarður 28 NA
Skerið milli skarðanna 40 NV
Skerjafjörður 1 NA
Skersháls 11 SA
Skersl 49 SA
Skersli 31 NA
Skersli 49 SA
Skersli 49 SV
Skessufjall 22 NA
Skessugil 24 SV
Skessuhorn 3 NA
Skessuhryggur 22 SA
Skessuskálarfjall 22 SA
Skifthóll 8 NA
Skinnalónsheiði 29 NV
Skinnastaðir 17 NA
Skinnastaður 28 SA
Skinneyjarhöfði 37 SA
Skinnhúfa 45 SA
Skinnstakkahraun 25 NA
Skipagerði 43 NV
Skipalón 22 SV
Skipalækur 33 SA
Skipanes 3 SA
Skipar 45 SV
Skipavík 28 NA
Skipeyri 14 NA
Skipholt 45 NA
Skipholt III 45 NA
Skipholtskrókur 50 NV
Skiphylur 3 NV
Skiptamelur 57 NV
Skíðadalur 21 SA
(Skíðastaðir) 20 SV
Skíðbakki 43 NA
Skíðsholt 3 NV
Skjaldalækur 22 SV
Skjaldarhæðir 8 SA
Skjaldarvík 22 SV
Skjaldbreið 19 NA
Skjaldbreið 42 NV
Skjaldbreiðarhraun 4 SA
Skjaldbreiðarvatn 19 NA
Skjaldbreiður 4 SA
Skjaldfannardalur 15 NA
Skjaldfannarfjall 15 NA
Skjaldfönn 15 NA
Skjaldklofi 33 NV
(Skjaldvararfoss) 12 SV
Skjaldþingsstaður 31 SA
Skjálfandadjúp 27 NV
Skjálfandafljót 24 SA
Skjálfandafljót 25 NV
Skjálfandafljót 58 SA
Skjálfandi 22 NA
Skjálftavatn 28 SV
Skjólbrekka 25 SA
Skjóldalsá 23 NA
Skjólfell 34 NV
Skjólkambur 44 SA
Skjólkvíahraun 46 NA
Skjónafell 24 SV
Skjöldólfsstaðaheiði 33 NV
Skjöldólfsstaðahnjúkur 33 SV
Skjöldólfsstaðir 36 NV
Skjöldólfsstaðir I 33 SV
Skjöldólfsstaðir II 33 SV
Skjöldur 6 NV
Skjöldur 11 NA
Skjöldur 11 NA
Skjöldur 11 SA
Skjöldur 34 NA
Skollagrenisás 60 NA
Skollagröf 45 NA
Skollholt 3 NV
Skor 11 SA
Skorar 40 NV
Skorarheiði 14 NA
Skoreyjar 6 NA
Skorholt 3 SA
Skorradalsháls 4 NV
Skorradalsvatn 4 NV
Skorradalur 4 NV
Skorrastaðir 34 SA
Skorravíkurmúli 7 NV
Skorufjall 41 NV
(Skoruvík) 30 NA
Skoruvíkurbjarg 30 NA
Skothryggur 7 NV
Skotmannsfell 4 NA
(Skottastaðir) 18 SV
Skógaeyrar 28 SV
Skógafjall 10 SA
Skógafjall 44 NA
Skógafoss 44 SV
Skógaheiði 44 NV
Skógahlíð 25 NV
(Skógar) 7 NV
Skógar 22 SA
Skógar 23 NA
Skógar 25 NV
Skógar 28 SA
Skógar 35 SA
Skógar 44 SV
Skógar I 31 NA
Skógar II 31 NA
Skógargerði 33 NA
Skógarhlíð 2 NV
Skógarhlíð 23 SV
Skógarhlíðarhraun 8 SA
(Skógarkot) 4 SA
Skógarnes 6 SA
Skógarströnd 7 NV
Skógasandur 44 SV
Skógdalsfjall 36 NV
Skógdalur 36 NV
Skógey 38 NV
Skóghlíð 33 NA
Skógshraun 46 SV
(Skógskot) 7 NA
Skógsnes 45 SV
(Skrapatunga) 17 NA
Skrauthólar 2 NV
Skrauti 52 NV
Skriða 4 SA
Skriða 23 NA
Skriðdalur 33 SA
Skriðinsenni 10 NA
Skriðnafellsnúpur 11 SA
(Skriðuból) 32 SA
(Skriðudalur) 23 NA
Skriðufell 32 SV
Skriðufell 46 NV
Skriðufell 49 NA
Skriðuheiði 46 NV
Skriðuklaustur 35 NA
Skriðuland 18 NV
Skriðuland 22 SV
Skriðutindar 4 SA
Skriðuvatn 35 NA
Skriðuvatnshæð 29 SA
Skrokkalda 51 SA
Skrúður 4 NV
Skrúður 12 NV
Skrúður 36 NA
Skuggabjörg 20 SA
(Skuggabjörg) 23 SV
Skuggadyngja 26 SV
Skuggafjöll 47 SA
Skuggahlíð 34 SA
Skutulsey 3 NV
Skutulsfjörður 13 SA
Skúfnavötn 16 SV
Skúfslækur 45 SV
Skúfsstaðir 18 NA
(Skúfur) 20 SV
Skúfur 20 SV
Skúlagarður 28 SV
Skúlaskeið 4 NA
Skúmhöttur 33 SA
Skúmhöttur 34 SA
Skúmhöttur 34 NA
Skúmhöttur 36 NV
Skúmsstaðavatn 43 NV
Skúmsstaðir 43 NV
Skúmstungur 46 NA
Skúmstungur 47 NV
Skúta 36 NV
Skútustaðir 25 SA
Skyggnir 45 NA
Skyggnir 47 NA
Skyggnisalda 50 SV
Skyggnishlíðar 46 SA
Skyggnisholt 45 SV
Skyggnishólar 50 SV
Skyggnisvatn 47 NA
Skyndidalsá 38 NV
Skyndidalur 38 NV
Skyrtunna 6 NA
Skýhnjúkur 34 NV
Sköflungur 2 NA
Sköflungur 47 NA
Sköflungur 49 SV
Skörð 25 NV
Skörð 7 NA
Skötufjarðarheiði 15 SV
Skötufjörður 15 NV
Slaga 40 SV
Sláttugil 24 SA
Sleðbrjótur 32 SV
Sleggjulækur 8 SV
Sleitustaðir 20 SA
Slembimúli 23 NA
Slenjudalur 34 SV
Slenjufjall 34 SV
Slétta 36 NV
Slétta 42 NV
Sléttaból 42 NV
Sléttafell 8 NA
Sléttafjall 12 SV
Sléttaland 45 SA
Sléttanes 11 NA
Sléttanes 34 NA
Sléttidalur 34 SV
Sléttisandur 31 SV
Sléttjökull 44 NA
Sléttubjörg 40 SV
Sléttuheiði 13 NA
Sléttuheiði 29 NV
Sléttuhlíð 20 NA
Sléttunes 13 NA
Sléttur 34 NA
Sléttuströnd 36 NV
Slórdalur 60 NV
Smáeyjar 43 SV
Smáfjöll 41 NA
Smáfjöll 44 NA
Smáhamrar 10 NA
Smáragil 8 NV
Smáragrund 33 NA
Smásandur 39 SA
Smárahlíð 45 NA
Smáratún 43 NA
Smátindafjall 36 SV
Smiðholt 45 NV
Smiðjuhóll 3 NV
Smiðjuteigur 25 NV
Smiðjuvík 14 NA
Smiðsgerði 20 SA
Smjörbítill 26 NV
Smjörbrekkuhnúkar 39 SV
Smjördalur 12 SV
Smjörfjallaskarð 31 SA
Smjörfjöll 31 SA
Smjörhnúkar 7 SA
Smjörhnúta 36 NV
Smjörhóll 28 SA
Smjörhólsá 26 NV
Smjörkollar 35 NA
Smjörtungufell 60 SA
Smjörvatnsheiði 31 SA
Smjörvötn 31 SA
Smyrlabjörg 37 SA
(Smyrlahóll) 8 NV
Snapadalur 52 NV
Snartarstaðanúpur 28 NA
Snartarstaðir 4 NV
Snartarstaðir 28 NA
Snartartunguheiði 10 NV
Snasir 45 SV
Snasir 46 NV
Sneis 23 SA
Sneisar 7 NV
Sniðafjall 36 SV
Sniðfoss 30 SV
Snjallsteinshöfði 45 SA
Snjóalda 47 SA
Snjófell 17 SA
Snjófell 34 SA
Snjófjall 37 NV
Snjófjöll 8 NV
Snjóholt 34 NV
Snjóöldufjallgarður 47 NA
Snjóölduhorn 47 SA
Snjóölduvatn 47 SA
Snorrastaðir 7 SV
Snorrastaðir 45 NV
Snotrunes 32 SA
(Snóksdalur) 7 NA
Snókur 3 NA
Snókur 14 NV
Snæbreið 40 NV

Snæbýli 41 NA
Snæbýlisheiði 41 NA
Snædalur 35 SA
Snæfell 5 SA
Snæfell 37 SV
Snæfell 54 NA
Snæfellsháls 54 NA
Snæfellsjökull 5 SV
Snæfellsnes 5 SA
Snæfellsnes 35 NV
Snæfjall 14 SV
Snæfjallaheiði 14 SV
Snæfjallaströnd 14 SV
(Snæfoksstaðir) 45 NV
Snæhetta 40 NV
Snæhvammur 36 NA
Snækollur 50 NA
Snæringsstaðir 18 SV
Sogn 2 NA
Sogn 4 SV
Sólarfjall 34 NA
Sólbakki 4 NV
Sólbakki 17 SV
Sólbakki 34 NA
Sólberg 22 SA
Sólbrekka 33 SA
Sólbrekka 34 SA
Sóleyjarbakki 45 NA
Sóleyjarhvammur 15 SA
Sóleyjarhöfði 51 SV
Sólgarðar 21 NV
Sólheimafjall 18 SA
Sólheimagerði 18 SA
Sólheimahjáleiga 44 SA
Sólheimajökull 44 NA
Sólheimakot 2 NV
Sólheimakot 44 SA
Sólheimar 8 NV
Sólheimar 18 NA
Sólheimar 18 NV
Sólheimar 18 NA
Sólheimar 33 SA
Sólheimar 45 NA
Sólheimar 45 NA
Sólheimar 45 SA
Sólheimasandur 44 SA
Sólheimatunga 3 NA
Sólheimatunga 44 SA
Sólkatla 49 NA
Sólvangur 2 SA
(Sólvangur) 19 SA
Sólvangur 22 SA
Sólvangur 22 SV
Sólvangur 27 SA
Sólvellir 22 SV
Sólvellir 45 SA
Sómastaðatindur 34 SV
Spanarhóll 33 SA
Spararfjall 36 NA
Spágilsstaðir 7 NA
Spákonufell 10 NA
Spákonufellsborg 19 SA
Spánskanöf 17 NA
Spenaheiði 8 SV
Sperðill 45 SA
Sporður 17 SV
Sporðöldulón 47 NV
Spóastaðir 45 NA
Spónsgerði 22 SV
Sprengisandur 58 SV
Staðarbakki 6 NV
Staðarbakki 17 SV
Staðarbakki 23 NA
Staðarbakki 43 NA
Staðarborg 36 NV
Staðardalur 14 NV
Staðardalur 16 SV
Staðarfell 7 NV
Staðarfjall 16 SV
Staðarfjall 25 NV
Staðarfjall 34 NA
Staðarfjall 37 SV
Staðarfjall 40 SA
Staðarflöt 8 NV
Staðarheiði 30 SA
Staðarhlíð 14 NV
Staðarhnúkur 7 SA
Staðarhóll 3 NA
(Staðarhóll) 10 SV
(Staðarhóll) 21 NA
Staðarhóll 25 NV
Staðarhólskirkja 10 NV
Staðarhraun 7 SV
Staðarhús 3 NA
Staðarnúpar 31 NA
Staðarskáli 8 NV
Staðarsveit 6 SV
Staðartunga 7 SA
Staðartunga 23 NA
Staðartunguháls 23 NA
Staðastaður 6 SV
Staður 8 NV
Staður 9 NA
Staður 13 SV
(Staður) 13 NA
(Staður) 14 NV
Staður 16 SV
Stafafell 38 NV
Stafárdalur 20 NA
Stafárdalur 21 NV
Stafdalsfell 34 SV
Staffell 33 SA
Staffell 33 SA
Stafholt 3 NA
Stafholtsey 4 NV
Stafholtsveggir 16 SA
Stafir 38 NV
Stafn 18 SA
Stafn 24 NA
Stafnafell 5 SA
Stafnes 1 NV
Stafnsrétt 18 SA
Stafnsvatnshæð 57 NV
Stafshóll 20 SA
Stagfell 5 SA
Stagley 9 SV
Stakfell 31 NV
Stakfell 48 NV
Stakfell 52 NV
Stakfellsurðir 31 NV
Stakimúli 50 NV
(Stakkaberg) 9 SA
(Stakkahlíð) 34 NA
Stakkanes 16 SV
(Stakkar) 11 SA
Stakkfell 5 SA
Stakkfell 18 NV
Stakkhamar 6 SV
Stakkholtsgjá 44 NV
Stakksfjörður 1 NV
Stakkshorn 22 NA
Stakkur 35 SA
Stallar 49 SV
Stallfjall 28 SV
Stangará 49 SA
Stangarás 33 SA
Stangarfjall 46 NA
Stangarháls 2 NA
Stapadalur 11 NA
Stapaey 36 SV
Stapaey 36 SV
Stapafell 1 SV
Stapafell 5 SV
Stapar 17 NV
Stapi 38 NV
Stardalur 2 NA
Starmýrardalur 38 NA
Starmýrarfjörur 36 SV
Starmýri 38 NA
Starrastaðir 18 SA
Starvatnsháls 15 SA
Stálfjall 11 SA
Steðji 4 NV
Stefánshellir 8 SA
(Steig) 14 NV
Steig 44 SA
Steinadalsheiði 10 NV
Steinadalur 10 NV
Steinafjall 37 SV
Steinafjall 44 NV
Steinar 44 NV
Steinar 7 SA
Steinasandur 37 SV
Steinavötn 37 SV
Steiná 18 SV
Steiná 35 SA
(Steinárgerði) 18 SV
Steinárháls 18 SV
Steindalur 27 SA
Steindórsstaðaöxl 4 NV
Steindyr 21 SA
Steinfell 24 SA
Steinfell 58 SA
Steingrímsfjarðarheiði 15 SA
Steingrímsfjörður 16 SA
Steinholt 34 SV
Steinhólar 23 SA
Steinketill 36 SV
Steinkirkja 24 NV
Steinnes 17 NA
Steinnýjarstaðir 19 SA
Steinólfsstaðir 14 NV
Steinsheiði 41 NA
Steinsheiði 43 NA
Steinsholt 44 NV
Steinshæðir 16 SA
Steinsnesdalur 34 SA
Steinsstaðabyggð 18 SA
Steinsstaðir 23 NA
Steinstún 16 NA
(Steintún) 7 NV
(Steintún) 30 SA
Stekkar 2 SA
Stekkeyri 14 NV
Stekkholt 45 NA
Stekkjardalur 18 NV
Stekkjarflatir 23 SV
Stekkjarflatir 24 SV
Stekkjarholt 10 NV
Stekkjarholt 18 SA
(Stekkjarhús) 21 SA
(Stekkjartún) 38 NA
Stekkjarvellir 6 SV
Stekkjatún 45 SA
Stemmulón 37 SV
Stemmuós 37 SV
Steypa 10 SV
Stélbrattur 56 SV
Stigafjöll 38 NV
Stigahlíð 13 SA
Stigárjökull 40 SV
Stíflisdalsvatn 2 NA
Stíflisdalur 2 NA
Stífluvatn 21 NA
Stjórnarsandur 42 NV
Stofufjall 28 SV
Stofufjall 28 NA
Stokkalækur 46 SV
Stokkseyri 2 SA
Stokksnes 38 SV
Stóra-Ármót 45 SV
Stóra-Ásgeirsá 17 SV
Stóra-Ávík 16 NA
Stóra-Björnsfell 4 NA
Stóraborg 44 SV
Stóraborg 45 NV
Stóra-Borg 17 NA
Stóraból 37 NA
Stóra-Breiðavík 36 NA
Stórabrekka 21 NV
Stórabunga 10 NA
Stóra-Búrfell 18 NV
Stóra-Dímon 43 NA
Stóra-Eyjarvatn 12 NA
Stórafell 33 NA
Stórafjall 3 NA
Stórafjall 30 SA
Stóra-Fjarðarhorn 10 NA
Stóraflá 18 SV
Stóraflesja 59 NV
Stóragerði 21 SV
Stóra-Giljá 17 NA
Stóra-Grænafjall 47 SV
Stóra-gröf 18 NA
Stóraheiði 44 SA
Stóra-Hildisey 43 NA
(Stórahof) 45 NA
Stórahof 45 SA
Stóraholt 21 NA
Stórahraun 6 SA
(Stóra-Hvalsá) 10 SA
Stóra-Jarlhetta 49 SA
Stórakista 59 SA
Stóra-Kjalalda 51 SV
Stóra-Kóngsfell 2 NV
Stóra-Kvígindisfjall 29 SA
Stóra-Laxá 46 NV
Stóralág 38 NV
Stóralón 8 SA
Stóra-Mástunga 46 NV
Stóra-Melfell 47 NV
Stóra-Mófell 44 NA
Stóramörk 43 NA
Stóra-Sandfell 2 SA
Stóra-Sandfell 33 SA
Stóra-Sandvík 2 SA
Stóra-Sauðafell 2 NA
Stóra-Seta 50 NA
Stóraseyla 18 NA
Stóra-Skálshæð 17 SA
Stóra-Skógfell 1 SA
(Stóra-Steinsvað) 32 SV
Stórasúla 47 SV
Stóra-Svalbarð 60 NA
(Stóratunga) 24 SA
Stóra-Tunga 7 NV
Stóravatn 11 SA
Stóravatn 33 SV
Stóra-Vatnshorn 7 NA
Stóra-Vatnsleysa 1 NA
Stóra-Vatnsskarð 18 NA
Stóraver 51 SV
Stóraverslón 51 SV
Stóra-Viðarvatn 29 SA
Stóraþúfa 6 SA
Stóraþverá 21 NA
Stóra-Öffursey 9 SA
Stóraöxl 33 SV
Stórholt 6 NV
Stórholt 39 SV
Stórholt 42 NV
Stórhóll 17 SV
Stórhóll 20 SV
Stórhóll 35 SA
Stórhólmavatn 7 NV
Stórhólmavatn 33 NV
Stórhólmavatn 60 NA
Stórhæð 11 SA
Stórhöfði 2 NV
Stórhöfði 43 SA
Stórhöfði 43 NA
Stóriás 4 NA

Stóriás 24 SA
Stóriás 31 NV
Stóriás 59 NV
Stóribakki 32 SV
Stóribolli 2 SV
Stóridalur 18 NV
Stóridalur 23 SA
Stóridalur 43 NA
Stóri-Dunhagi 22 SV
Stórifoss 31 NV
Stóri Hamar 24 NV
Stórihals 2 NA
Stórihnjúkur 22 SA
Stórihnjúkur 25 SA
Stórihólmur 1 NV
Stórihrútur 1 SA
Stóri-Kambur 5 SA
Stóri-Kálfalækur 3 NV
Stóriklofi 46 SV
Stórikollur 51 SA
Stóri-Kýlingur 47 SA
Stóri-Lambhagi 3 SA
Stóri-Langidalur 6 NA
(Stóri-Laugardalur) 11 SA
Stóri-Leppir 50 SV
Stóri-Meitill 2 NA
Stóri-Múli 10 NV
Stórinúpur 46 NV
Stórisandur 55 NA
Stórisandur 56 NV
Stóriskógur 7 NA
Stórkonufell 44 NA
Stórólfshvoll 45 SA
Stóru-Akrar 18 NA
Stóru-Breiðuvíkurhjáleiga 36 NA
Stórulaugar 24 NA
Stórureykir 25 NV
Stóru-Reykir 45 SV
(Stóru-Reykir) 21 NV
(Stóruskógar) 3 NA
Stórutjarnir 22 SA
Stóruvellir 24 NA
Stóruvellir 45 SV
Strandahlíð 14 NV
Strandarfjöll 16 NV
Strandargjá 2 SV
Strandarheiði 1 NA
Strandarhöfuð 43 NA
Strandarkirkja 2 SV
Strandartindur 34 SV
Strandhöfn 32 NV
Strandsel 15 NV
Strangakvísl 56 NA
Straumfjarðará 6 SV
Straumfjarðartunga 6 SV
(Straumfjörður) 3 NV
Straumnes 13 NA
Straumnes 14 NA
Straumnes 21 NV
Straumnesfjall 13 NA
Straumsfell 6 NA
Straumsvík 1 NA
Straumur 6 NA
Straumur 32 SV
Strákar 21 NA
(Streiti) 36 SA
Streitishvarf 36 SA
Strillir 26 SA
Strjúgsskarð 18 NV
(Strjúgsstaðir) 18 NV
Strútsfoss 35 NV
Strútsöldur 47 SA
Strútur 8 SA
Strútur 41 NV
Strýtuhraun 56 SV
Strýtur 50 NV
Strýtur 56 NV
Strönd 33 SA
Strönd 41 SA
Strönd 43 NV
Strönd 45 SA
Ströngukvíslarskáli 56 NA
Stuðlaheiði 36 NV
Stuðlar 25 SA
Stuðlar 36 NV
Stuðlar 45 SV
Sturluflöt 35 NV
Sturluhóll 17 NA
Stúfholt 45 SA
Stykkishólmur 6 NV
Stæður 11 SV
Stærri-Árskógur 22 SV
Stærribær 45 NV
Stöð 36 NA
Stöðvará 36 NA
Stöðvardalur 36 NA
Stöðvarfjörður 36 NA
Stöng 9 NV
Stöng 24 NA
(Stöng) 46 NA
Suðurá 24 SA
Suðurá 35 SA
Suðurá 59 NV
Suðurárbotnar 59 NV
Suðurárhraun 24 SA
Suður-Bár 5 NA
Suðurdalur 35 NA
Suðurdalur 36 NV
Suðurey 43 SV
Suðureyri 13 SV
Suðurfirðir 12 SV
Suðurfjall 35 SV
Suðurfjall 36 NV
Suðurfjall 38 NV
Suðurfjörur 37 SA
Suðurfljót 37 NA
Suðurfoss 44 SA
Suðurhálsar 2 SA
Suðurhvoll 44 SA
Suðurjökull 49 NA
Suður-Lambatungur 35 SV
Suðurlönd 9 NV
Suðurmannasandfell 55 NA
Suður-Nýibær 45 SA
Suður-Reykir 2 NV
Suðurskörð 59 SA
Suðursveit 37 SV
Suðurvatn 28 NA
Sultartangalón 46 NA
(Sultir) 28 SV
Sumarliðabær 45 SA
Sunddalur 13 SV
Sunndalur 14 SA
Sunndalur 16 SA
Sunnfjall 12 SV
Sunnudalsá 31 SA
(Sunnudalur) 31 SA
Sunnudalur 31 SA
Sunnuhlíð 17 SA
Sunnuhlíð 22 SA
Sunnuhlíð 31 SA
Sunnuhlíð 37 SA
Sunnuholt 34 SV
Sunnuhvoll 18 SA
Sunnuhvoll 24 NA
Sunnutindur 35 SA
Surtluflæða 58 SA
Surtsey 43 SV
Surtshellir 8 SA
Surtsstaðatunga 32 SV
Surtsstaðir 32 SV
Súðavík 13 SA
Súðavíkurhlíð 13 SA
Súgandafjörður 13 SV
Súla 39 SA
Súlendur 31 SV
Súlnadalur 4 SV
Súlnadalur 39 NA
Súlnafell 29 SA
Súlnafjallgarður 29 SA
Súlnasker 43 SV
Súlufell 2 NA
Súluholt 45 SV
Súlujökull 39 SA
Súlur 1 SV
Súlur 23 NA
Súlur 29 NA
Súlur 32 SA
Súlur 34 SA
Súlutindar 39 NA
(Súluvellir) 17 NV
Súluvellir-Ytri 17 NV
Svaðastaðir 18 NA
Svalbarð 17 NV
Svalbarð 29 SA
Svalbarðsá 29 SA
Svalbarðseyri 22 SA
Svalbarðsnúpur 29 SA
Svalbarðstunga 29 SA
(Svalvogar) 11 NA
Svanavatn 18 NA
Svanavatn 43 NA
Svansvík 15 SA
Svarfaðardalur 21 SA
Svarfhóll 3 SA
Svarfhóll 3 NA
Svarfhóll 7 NA
Svarfhóll 7 NA
Svarfhóll 10 NV
Svarfhólsmúli 7 SV
Svartadyngja 59 SA
Svartafell 17 SA
Svartafell 32 SV
Svartafell 41 NV
Svartafell 47 SA
Svartafjall 6 SA
Svartafjall 13 SA
Svartafjall 34 SA
Svartafjall 36 NA
(Svartagil) 4 SV
Svartagil 7 SA
Svartagilsheiði 38 NA
Svartahnúksfjöll 41 NV
Svartahraun 5 SV
Svartahraun 49 NV
Svartahæð 56 NV
Svartakvísl 56 NA
Svartalda 35 NV
Svartalda 52 SV
Svartaskarðsheiði 14 NA
Svartá 18 SA
Svartá 24 SA
Svartá 50 NV
Svartá 59 SA
Svartárbotnar 50 NV
Svartárdalsfjall 18 SV
Svartárdalur 18 SV
Svartárdalur 18 SA
Svartárdalur 24 SV
Svartárgil 24 SA
Svartárkot 24 SA
Svartárvatn 24 SA
Svartbakafell 5 NA
Svartfell 26 SA
Svartfell 31 SA
Svarthamar 6 SV
Svarthamar 9 SA
Svarthamar 13 SA
Svarthyrna 50 NA
Svarthöfði 59 SA
Svartibunki 52 SA
Svartifoss 40 NV
Svartihnúkur 16 NA
Svartikambur 47 SV
Svartikambur 48 NV
Svartikrókur 47 SA
Svartiskógur 32 SV
Svartitindur 3 NA
Svartnes 30 SA
Sveðja 51 SA
Sveðjustaðir 17 SV
Svefneyjar 9 NV
Sveifluháls 1 SA
Sveigsfjall 22 NV
Sveigur 23 NA
Sveinagarður 27 NV
Sveinagjá 59 NA
Sveinatunga 8 SV
Sveinatungumúli 8 SV
Sveinbjarnargerði 22 SA
Sveinsdalsvötn 31 NV
Sveinseyri 11 SA
Sveinseyri 12 NV
Sveinsstaðir 3 NV
Sveinsstaðir 17 NA
Sveinsstaðir 18 SA
Sveinstindur 40 SV
Sveinstindur 48 NV
Sveinungsvík 29 NA
Sveipur 23 SA
Svelgsá 6 NA
Svelgshraun 6 NA
Svertingsstaðir 24 NV
Svið 1 NA
Sviða 10 SA
Sviðinshornahraun 35 SA
Sviðningur 19 NA
Sviðnur 9 NV
Sviðugarðar 45 SV
Svignaskarð 3 NA
Sviptungur 38 NV
Svínabakkar 31 SA
Svínadalsá 4 SV
Svínadalsfjall 17 SA
Svínadalsháls 18 SV
Svínadalsháls 26 NV
Svínadalur 3 NA
Svínadalur 8 NV
Svínadalur 10 SV
Svínadalur 18 SV
(Svínadalur) 26 NV
Svínadalur 34 SV
Svínadalur 41 NA
Svínafell 7 NV
Svínafell 7 NA
Svínafell 19 NA
Svínafell 32 SA
Svínafell 37 NA
Svínafell 40 SV
Svínafell 49 SV
Svínafellsfjall 37 NA
Svínafellsfjara 40 SV
Svínafellsflá 19 NA
Svínafellsheiði 40 SV
Svínafellsjökull 37 NA
Svínafellsjökull 40 SV
Svínafellsvatn 37 NA
Svínafossá 7 NV
Svínahraun 2 NA
Svínahraun 49 SV
(Svínanes) 9 NV
Svínanesfjall 9 NV
(Svínaskógur) 7 NV
Svínavatn 7 NV
Svínavatn 17 NA
Svínavatn 18 SV
Svínavatn 18 NV
Svínavatn 45 NV
Svínavatnshæðir 18 SV
Svínárbotnar 39 NV
Svínárhnjúkur 22 NV
Svínbjúgur 7 SV

Svínhagi 46 SV
Svínheiði 24 SV
Svínholt 45 NV
Svínhólar 38 NA
Svínhóll 7 NA
Svíri 56 SV
Svöludalur 40 NA
Svörtubotnar 51 SV
Svörtuloft 5 SV
Svörtuloft 11 SA
Svörtutindar 7 SV
Svörtutindar 53 NA
Svörtutungur 56 SA
Syðra-Áland 29 SA
Syðrafjall 25 NV
Syðra-Fjallabak 41 NV
Syðra-Garðshorn 21 SA
Syðraholt 21 SA
(Syðrahvarf) 21 SA
Syðra-Langholt 45 NA
Syðra-Lágafell 6 SV
Syðra-Lón 30 SV
Syðra-Norðmelsfjall 26 NV
Syðra-Sauðafell 8 SA
Syðrasel 2 SA
Syðrasel 45 NA
Syðra-Skörðugil 18 NA
Syðravatn 18 SA
Syðriá 21 NA
Syðri-Ánastaðir 17 SV
Syðribakki 22 SV
(Syðri-Bakki) 28 SV
Syðribrekka 17 NA
Syðribrekkur 18 NA
Syðri-Brekkur 30 SV
Syðri-brú 45 NV
Syðri-Bægisá 23 NA
Syðridalur 13 SA
Syðri-Ey 19 SA
Syðri-Fjörður 38 NV
Syðri-Fljótar 42 SV
Syðri-Gagndagahnjúkur 26 NA
Syðrigróf 45 SV
Syðrigrund 17 NA
Syðrigrund 22 SA
Syðrihagi 22 SV
Syðri-Háganga 51 SA
Syðri-Hágangur 31 NA
Syðri-Hofdalir 18 NA
Syðrihóll 17 NA
(Syðri-Hraundalur) 7 SV
Syðri-Kambhóll 22 SV
Syðri-Kárastaðir 17 SV
Syðri-Knarrartunga 5 SA
Syðri-Kvíhólmi 43 NA
Syðri-Langamýri 18 SV
Syðri-Leikskálaá 25 NV
Syðrimúli 58 NA
Syðri-Neslönd 25 SA
Syðri-Ófæra 41 NV
Syðri-Rauðalækur 45 SA
(Syðri-Rauðamelur) 7 SV
Syðri-Reistará 22 SV
Syðrireykir 45 NA
Syðri-Sandhólar 27 SA
Syðri-Steinsmýri 42 NV
Syðri-Sýrlækur 45 SV
Syðritunga 27 SA
Syðri-Valdarás 17 SV
Syðri-Vellir 17 SV
Syðrivík 22 NV
Syðrivík 42 NV
Syðri-Vík 31 SA
Syðri-Þverá 17 NV
Syðsta-grund 18 NA
Syðstamörk 43 NA
Syðstasúla 4 SV
Syðsti-Mór 21 NV
Syðsti-Ós 17 SV
Syðstu-Fossar 3 NA
Syðstugarðar 7 SV
Sylgja 51 SA
Sylgjufell 51 SA
Sylgjujökull 52 SV
Systrafell 52 NV
Sýlingarhnjúkur 21 SA
Sýrfell 1 SV
Sýrnes 25 NV
(Sæberg) 10 SA
(Sæból) 13 NA
Sæból 13 SV
Sæból 17 SV
Sæla 21 SA
(Sælingsdalstunga) 10 SV
Sælingsdalur 10 SV
Sælufjall 22 SV
Sæluhúsaheiði 8 SV
Sæluhúsmúli 25 NA
Sæluhússvatn 39 SA
Sælusker 16 NA
Sæmundarhlíð 18 NA
Sæmundarsker 41 NA
Sænautafell 60 NA
(Sænautasel) 60 NA
Sænautavatn 60 NA
(Sænes) 22 NV
Sætrafjall 16 NA
Sætún 2 NV
Sætún 30 SV
Sævarendaströnd 36 NA
Sævarhólaland 37 SA
Sævarland 20 SV
Sævarland 29 SA
Söðlahnúkar 16 SV
Söðulfell 50 NA
Söðulfell 53 NA
Söðulsholt 6 SA
Sökkull 54 SA
Sölvabakki 17 NA
Sölvadalsá 24 SV
Sölvadalur 24 SV
Sölvahraun 46 NA
Sölvanes 18 SA
Sölvanöf 28 NA
Sölvholt 45 SV
Sönghellir 5 SV
(Sörlastaðir) 24 NA

T

Tafla 12 NV
Tafla 14 NV
Tagl 46 NA
Taglabunga 26 SV
Tangafoss 46 NA
Tangasporður 31 NA
Tangavatn 19 NA
Tangaver 50 NV
Tannastaðir 45 SV
Tannstaðabakki 10 SA
Tannstaðir 10 SA
Tarfavatn 5 SA
Tálknafjörður 11 SA
Tálkni 11 SA
Teigaból 33 SA
Teigar 38 NA
Teigargerðistindur 34 SV
Teigarhorn 36 SV
Teigasel I 33 NA
Teigasel II 33 NA
Teigaselsheiði 33 NA
Teigsaurar 43 NA
Teigsfjall 7 SA
Teigur 3 SV
Teigur 10 SV
Teigur 24 NV
Teigur 31 SA
Teisti 13 NA
Teygingarlækur 42 NV
Timburvalladalur 24 NA
Tindafell 33 SA
Tindafell 52 NV
Tindafjall 9 SA
Tindafjall 12 NV
Tindafjall 47 SA
Tindar 10 NV
Tindar 17 NA
Tindaskagi 4 SA
Tindastóll 20 SV
Tindaöxl 21 NA
Tindfell 5 SV
Tindfell 32 SA
Tindfjallajökull 46 SA
Tindfjöll 46 SA
Tindilfell 46 SV
(Tindur) 10 NV
Tinnárdalur 23 SV
Tjaldanes 10 NV
Tjaldarnesfell 12 NV
Tjaldfell 25 SA
Tjaldfell 46 NV
Tjaldgilsháls 41 NV
Tjaldskarð 40 NV
Tjarnaralda 50 NA
Tjarnardrag 58 SV
Tjarnarfjall 19 NA
Tjarnarkot 17 SV
Tjarnarland 22 SA
Tjarnarland 32 SV
Tjarnaver 51 NV
Tjarnheiði 50 NV
Tjarnir 20 NA
Tjarnir 23 SA
Tjörn 17 NV
Tjörn 19 NA
Tjörn 21 SA
Tjörn 25 NV
Tjörn 37 NA
Tjörn 45 NA
Tjörnes 27 SA
Tobbakot 45 SA
Torfadalur 15 SA
Torfajökull 47 SA
Torfalækur 17 NA
Torfastaðanúpur 31 NA
Torfastaðir 8 NA
Torfastaðir 31 NA
Torfastaðir 32 SV
Torfastaðir 45 NA
Torfastaðir 45 NV
Torfatindur 47 SV
Torfdalsmúli 15 SV
Torfdalsvatn 19 NA
Torfdalur 15 SV
Torffjall 9 SA
Torfnafjall 21 NA
Torfnahnjúkur 23 SA
Torfnes 36 NA
Torfufell 23 SA
Torfufell 23 SA
Torfufellsdalur 23 SA
Torfuhorn 30 SA
Torfunes 25 NV
Torfur 24 NV
(Torfustaðir) 18 SV
Tóarfjall 11 NA
Tóarfjall 32 SA
Tóarfjall 34 SA
(Tóarsel) 36 NV
Tóftir 45 SV
Tófuöxl 30 NA
Tókastaðir 34 NV
Tómasarhagi 3 NA
Tómasarhagi 51 NA
Tóveggur 28 SA
Traðir 3 NV
Traðir 6 SV
Trékyllisheiði 16 SA
Trékyllisvík 16 NA
Tréstaðir 22 SV
Trippafjöll 46 SV
Trippagil 47 NA
Trjábás 30 NA
Trostansfjörður 12 SV
Trumba 7 SA
Tröð 5 NA
Tröð 7 SV
Tröð 13 SV
Tröð 18 NV
Tröllabotnar 17 SA
Trölladalur 12 SV
Trölladalur 22 NV
Trölladyngja 1 SA
Trölladyngja 53 NV
Trölladyngjuskarð 59 SV
Tröllafell 14 SV
Tröllafjall 23 NA
Tröllafjall 36 NV
Tröllafoss 2 NV
Tröllagilslækur 54 NV
Tröllagígar 51 SA
Tröllaháls 12 SV
Tröllahraun 51 SA
Tröllakirkja 5 SV
Tröllakirkja 7 SA
Tröllakirkja 7 SV
Tröllakirkja 8 NV
Tröllakirkja 18 NV
Tröllakrókar 35 SV
Tröllamúr 23 NV
Tröllaskagi 21 SA
Tröllatindar 6 SV
Tröllatunga 10 NV
Tröllatunguheiði 10 NV
Tröllhamar 48 NA
Tröllháls 4 SA
Tröllháls 7 NA
Tröllkerling 5 SA
Tröllkonugil 14 SA
Tröllkonuhlaup 46 NV
Tröllkonuvatn 14 SA
Tumabrekka 20 SA
Tumastaðir 43 NA
Tumavík 30 SV
Tunga 5 NA
Tunga 3 SA
Tunga 4 NA
Tunga 7 NA
Tunga 8 NA
Tunga 13 SV
Tunga 13 SA
Tunga 13 SA
Tunga 18 NV
Tunga 36 NV
Tunga 43 NA
Tunga 45 SV
Tunga 60 SA
Tungá 46 NV
Tungnaá 47 NA
Tungnaá 48 NV
Tungnaárfjöll 48 NV
Tungnaárjökull 48 NA
Tungnafell 52 NV
Tungnafellsjökull 52 NV
Tungnafjall 24 NV
Tungnafjall 24 SV
Tungnahryggsjökull 23 NV
Tunguá 30 SV
Tunguá 31 SA
Tunguárfell 35 NV
Tungudalur 10 NV
Tungudalur 12 NV

Tungudalur 13 SA
Tungudalur 21 NA
Tungudalur 23 SV
Tungudalur 26 NV
Tungudalur 34 SV
Tungudalur 36 NV
Tungueyjar 6 NA
Tungufell 4 NV
Tungufell 7 NA
Tungufell 20 SV
Tungufell 34 SV
Tungufell 36 NV
Tungufell 36 NV
Tungufell 37 NA
Tungufell 49 SA
Tungufell 58 NA
Tungufjall 12 NV
Tungufjall 15 SA
Tungufjall 18 NA
Tungufjall 20 NA
Tungufjall 21 SV
Tungufjall 23 NV
Tungufjall 24 NV
Tungufjöll 26 SA
Tungufljót 41 NA
Tungufljót 49 SA
Tungufönn 57 SA
(Tungugröf) 10 NV
Tunguhagi 33 SA
Tunguháls 18 SA
Tunguháls II 18 SA
Tunguheiði 11 SA
Tunguheiði 11 SV
Tunguheiði 14 NV
Tunguheiði 28 SV
Tunguheiði 28 SA
Tunguheiði 31 SV
Tunguheiði 49 SA
Tunguhlíð 18 SA
Tunguhnjúkur 17 NA
Tunguhnjúkur 18 NV
(Tunguholt) 36 NV
Tunguhraun 58 SV
Tunguhvilftir 12 NV
Tungukambur 3 NA
Tungukollur 8 NA
Tungukollur 31 SA
Tungukotsfjall 16 SA
Tungulækur 3 NA
Tungulækur 42 NV
Tungumúlafjall 12 SV
Tungumúli 7 NV
Tungumúli 10 NV
Tungumúli 12 SV
Tungunes 22 SA
Tungur 37 NA
Tungur 52 NV
(Tungusel) 8 NV
Tungusel 30 SV
Tunguselsheiði 30 SV
Tungutindar 35 SA
Tunguvellir 27 SA
Tún 3 NA
Tún 45 SV
Túnsberg 45 NA
Tvídægra 8 SA
Tvífell 57 NV
Tvífellsjökull 57 SV
Tvífjöll 34 SA
Tvíhyrna 53 NA
Tvísker 40 SA
Tæputungur 38 NV
Töðuhraukur 54 NV
Tögl 36 SV
Tögl 41 SA

U

Ufsir 31 NA
Ufsir 33 SV
Ufsir 34 NV
Uggi 40 NA
Unadalur 21 SV
(Unaðsdalur) 15 NA
Unalækur 33 SA
Unaós 32 SA
(Undirfell) 17 SA
Undirhlíðar 2 NV
(Undirhraun) 41 SA
(Undirveggur) 28 SV
Undraland 10 NA
Unnarholt 45 NA
Uppsalafjall 11 NA
Uppsalir 4 NV
(Uppsalir) 11 NA
(Uppsalir) 12 SA
Uppsalir 17 SA
Uppsalir 17 SV
Uppsalir 18 SA
(Uppsalir) 22 SV
Uppsalir 24 NV
Uppsalir 34 SV
(Uppsalir) 37 SA
Uppsalir 43 NA
Uppsalir 45 SV
Upptyppingar 60
Upsaströnd 22 NV
(Upsir) 22 NV
Urðarás 55 NA
Urðarbak 17 SV
Urðarbrún 31 NA
Urðarfell 2 SV
Urðarfell 6 SA
Urðarfell 12 NV
Urðarfjall 30 SV
Urðarfjall 31 SA
Urðarháls 52 NA
Urðarhlíð 31 NA
Urðarmúli 6 SV
Urðarmúli 8 NV
(Urðarsel) 29 SA
Urðarteigur 36 SV
Urðarvatnsás 57 NA
Urðarvötn 57 NA
Urðhæðavatn 8 SA
Urðir 21 SA
Urðir 29 SV
Urðir 31 SV
(Urriðaá) 3 NA
Urriðaá 17 SV
Urriðafoss 45 SV
Urriðavatn 17 SV
Urriðavatn 33 NA
Urriðavatn 33 SA
Urriðavötn 16 SA
Utanverðunes 18 NA
Uxahryggir 4 NA
Uxahryggur 45 SA
Uxaskarð 22 NV
Uxaskarðsöxl 22 SA
Uxatindar 48 SV
Uxavatn 4 SA

Ú

(Úlfagil) 18 NV
Úlfarsdalssker 48 SV
Úlfarsdalur 48 SV
Úlfarsfell 2 NV
Úlfkelsvatn 18 SV
Úlfljótsvatn 2 NA
Úlfljótsvatn 45 NV
Úlfsbær 24 NA
Úlfsstaðir 18 SA
Úlfsstaðir 33 SA
Úlfsstaðir 43 NA
Úlfsvatn 8 SA
Útbruni 59 NV
Útey 45 NV
Útfall 48 NA
Útfjöll 28 SV
Úthlíð 41 NA
Úthlíð 45 NA
Úthlíðarhraun 49 SV
Útholt 45 NA
Útigönguhöfði 44 NV
Útigönguhöfði 47 SV
Útigönguhöfði 47 NA
Útigönguvatn 47 NA
Útkot 3 SA
Útland 60 NV
Útskálar 1 NV
Útstekkur 34 SA
Útverk 45 NA
Útvík 18 NV

V

Vað 25 NV
Vað 33 SA
Vaðalda 59 SA
Vaðalfjallaheiði 10 NV
Vaðalfjöll 9 NA
Vaðall 12 SV
Vaðalsfjall 12 SV
Vaðbrekka 60 SA
Vaðbrekkuháls 60 SA
Vaðfit 46 NA
Vaðhnjúkar 59 SA
Vaðhorn 36 NV
Vaðlafell 22 SA
Vaðlaheiði 22 SA
Vaðlar 13 SV
Vaðlar 31 SA
Vaðnes 45 NV
Vaðstakksey 6 NV
Vaglafjall 22 SA
Vaglar 18 NA
Vaglaskógur 22 SA
Vaglir 22 SA
Vaglir 24 NV
Vagnbrekka 25 SA
Vagnsstaðir 37 SA
Vakursstaðir 31 SA
Vakurstaðir 45 SA
Valabjörg 33 NA
(Valadalur) 18 NV
Valafell 46 NA
Valafell 52 NV
Valagerði 18 NA
Valagilsá 26 NV
Valagjá 46 NA
Valahnúkar 2 NV
Valahnúkar 46 NA
Valahnúkur 15 NV
Valahnúkur 44 NV
Valbjarnarvellir 3 NA
Valbjarnavallamúli 7 SA
Valdasteinsstaðir 8 NV
Vallaey 24 NA
Vallafjall 22 SV
Vallafjall 24 NA
Vallakot 25 SV
Vallanes 18 NA
Vallanes 33 SA
Vallá 2 NV
Vallholt 18 NA
Vallholt 22 SV
Vallholt 33 SA
Vallnavík 5 NA
Valshamar 3 NA
(Valshamar) 7 NV
Valshamarsá 6 NA
Valshamarsá 7 NV
Valshamarseyjar 6 NA
Valþjófsstaðafjall 28 SA
Valþjófsstaðir 28 SA
Valþjófsstaður 35 NV
Valþúfa 7 NV
Varmadalur 45 SA
Varmahlíð 18 NA
Varmahlíð 44 NV
Varmaland 4 NV
Varmaland 18 NA
Varmalækjarmúli 4 NV
Varmalækur 4 NV
Varmárdalur 48 SV
Varmárfell 48 SV
Varmidalur 2 NV
Varmilækur 18 SA
Varp 32 SV
Varpfjallgarður 26 SA
Vaská 23 SA
Vatn 7 NA
Vatn 20 NA
Vatnabúðir 5 NA
Vatnadalur 10 NV
Vatnadalur 11 SV
Vatnadalur 13 SV
Vatnadalur 16 SV
Vatnafell 18 SA
Vatnafellsflói 18 SA
Vatnafjallgarður 27 SA
Vatnafjöll 40 SA
Vatnafjöll 46 SA
Vatnaflói 60 NA
Vatnaheiði 6 NV
Vatnahryggur 53 NA
(Vatnahverfi) 17 NA
Vatnajökull 53 SV
Vatnamót 39 SV
Vatnaskógur 3 SA
Vatnastykki 29 NA
Vatnaöldur 2 NV
Vatnaöldur 47 NA
Vatneyri 11 SA
Vatnsás 47 NV
Vatnsdalsá 17 SA
Vatnsdalsfjall 17 SA
Vatnsdalsfjall 46 SV
Vatnsdalsgerði 31 NA
Vatnsdalshólar 17 NA
Vatnsdalsvatn 12 SA
Vatnsdalur 11 SA
Vatnsdalur 12 SA
Vatnsdalur 17 SA
Vatnsdalur 35 NA
Vatnsdalur 43 NA
Vatnsendi 2 NV
Vatnsendi 4 NV
(Vatnsendi) 17 NV
(Vatnsendi) 21 NA
Vatnsendi 22 SA
Vatnsendi 23 SA
Vatnsendi 45 SV
Vatnsfell 47 NA
Vatnsfjall 7 NA
Vatnsfjall 18 SA
Vatnsfjarðardalur 15 SA
Vatnsfjarðarnes 15 NA
Vatnsfjörður 12 SV
Vatnsfjörður 15 NA
Vatnsflói 6 SV
Vatnshamar 52 SA
Vatnshamrar 3 NA
Vatnsheiðarvatn 49 SV
Vatnsheiði 1 SA
Vatnsheiði 49 SV

Vatnshlíð 13 SA
Vatnshlíð 18 NV
Vatnshlíðarhnjúkur 18 NV
Vatnsholt 5 SA
(Vatnshorn) 16 SV
Vatnshóll 17 SV
Vatnskot 45 SA
Vatnsleysa 18 NA
Vatnsleysa 22 SA
Vatnsleysa 45 NA
Vatnsleysuströnd 1 NA
Vatnsleysuöldur 51 SA
Vatnsnes 1 NV
Vatnsnes 17 NV
Vatnsnes 45 NV
Vatnsnesfjall 17 NV
Vatnsskarð 2 SV
Vatnsskarðshólar 44 SA
Vatnsskógafjall 35 NA
Vatnsstæði 3 NV
Vatnsþverdalur 7 NA
Vattardalur 15 SV
Vattarfjall 12 SA
Vattarfjall 15 SV
Vattarfjörður 9 NV
(Vattarnes) 9 NV
Vattarnes 36 NA
Vattarnesfjall 12 SA
Veðramót 18 NV
(Veðramót) 30 SA
Veðurárdalsfjöll 40 NA
Vegafjall 31 SV
Vegahnjúkur 60 NV
Vegamót 6 SV
Vegamót 45 SA
Vegamótavatn 58 SV
Vellankatla 2 NA
Vellir 2 SA
Vellir 2 NV
Vellir 18 NA
Vellir 22 SV
Vellir 23 SA
Vellir 24 NA
(Vellir) 29 SA
Vellir 44 SA
Versalir 51 SV
Vestara-Land 28 SA
Vestari-Hagafellsjökull 49 NV
Vestari-Haugsbrekka 26 SA
Vestarihóll 21 NV
Vestari-Jökulsá 23 SV
Vestari-Skógarmannafjöll 26 SV
Vestdalsheiði 34 SV
Vestdalsvatn 34 SV
Vestdalur 34 SV
Vestmannaeyjar 43 SV
Vestmannsvatn 25 NV
Vestra-Fíflholt 43 NV
Vestrahorn 38 SV
Vestra-Sandfell 18 NV
Vestri-tunga 45 SA
Vesturá 8 NA
Vesturá 31 SV
Vesturárdalsháls 8 NA
Vesturárdalsháls 31 NA
Vesturárdalur 7 SA
Vesturárdalur 31 NA
Vesturárfjall 21 SA
Vesturbjallar 47 NA
Vesturbjörg 40 NA
Vesturbotn 11 SA
Vesturbugur 57 NA
Vesturdalsjökull 35 SV
Vesturdalsvötn 54 NV
Vesturdalur 21 SV
Vesturdalur 23 SV
Vesturdalur 26 NV
Vesturdalur 35 SV
Vesturdalur 57 NV
Vesturdalur 60 SA
Vesturfjall 22 SA
Vesturfjöll 53 NA
Vesturheiði 22 NA
(Vesturhlíð) 23 SV
(Vesturholt) 43 NA
Vesturhópshólar 17 NV
Vesturhópsvatn 17 SV
Vesturkinn 32 SV
Vesturlandafjall 11 SA
Vestur-Landeyjar 43 NV
Vestursandur 28 SV
Vestursléttuheiði 28 NA
Vesturöræfi 54 NA
Vetleifsholt 45 SA
Veturhúsaá 35 SA
Veturlandafjall 11 NA
Veturliðastaðir 22 SA
Vébjarnarnúpur 13 NA
Végarður 35 NA
(Végeirsstaðir) 22 SA
Viðafell 24 NA
Viðarfjall 29 SA
Viðarmúli 10 SA
Viðarvatn 26 SA
Viðborðsdalur 37 NA
Viðborðsfjall 37 NA
Viðborðshálsar 37 NA
Viðborðsjökull 37 NA
Viðborðssel 37 NA
Viðey 2 NV
Viðfell 31 SA
Viðfjarðará 34 SA
Viðfjarðarmúli 34 SA
Vegaskarð 60 NV
Vegatunga 45 NA
Veggir 4 SV
Veggir 26 SV
Veggjabunga 59 NA
Veggjafell 59 NA
Vegkambur 59 NV
Vegufs 33 SV
(Veiðileysa) 16 SA
Veiðileysa 16 NA
Veiðileysufjörður 14 NV
Veiðiós 39 SA
Veiðiós 42 NA
Veiðivatnahraun 47 NA
Veiðivötn 47 NA
Veisa 22 SA
Veisusel 22 SA
Viðfjörður 34 SA
Viðvík 18 NA
(Viðvík) 30 SA
Viðvíkurbjörg 30 SA
Viðvíkurfjall 18 NA
Viðvíkurheiði 30 SA
Vigdísarstaðir 17 SV
Vigdísarvellir 1 SA
Vigga 22 SA
Vigrafjörður 6 NA
Vigur 15 NA
Vikraborgir 59 SA
Vikradalur 60 SV
Vikrafell 59 SA
Vikrahraun 59 SA
Vikrar 46 NV
Vikravatn 7 SA
Villingadalur 8 NV
Villingadalur 9 SA
Villingadalur 35 NV
Villingafell 33 SV
Villingafell 35 NV
Villingaholt 45 SV
Villinganes 18 SA
Villingavatn 2 NA
Vindárdalur 18 NA
Vindárhnjúkur 21 SA
Vindás 4 SV
Vindás 5 NA
Vindás 43 NV
Vindáshlíð 4 SV
Vindbelgjarfjall 25 SA
Vindbelgjarskógur 25 SA
Vindbelgur 25 SA
(Vindfell) 32 NV
Vindfellsfjall 32 SV
Vindgjárfjall 28 NA
Vindháls 34 SA
Vindheimajökull 23 NA
Vindheimar 18 NA
Vindhæli 19 SA
Vindhælisstapi 19 SA
Virkisfell 53 NA
Virkishnjúkur 23 SV
Virkisjökull 40 SV
Víðastaðir 32 SA
Víðidalsá 16 SV
Víðidalsá 17 SA
Víðidalsá 33 SV
Víðidalsá 55 NA
Víðidalsdrög 35 SV
Víðidalsfjall 17 SA
Víðidalsfjöll 26 SA
Víðidalshnúta 35 SV
Víðidalshæðir 35 NA
Víðidalstunga 17 SV
Víðidalstunguheiði 8 NA
Víðidalur 7 SA
Víðidalur 10 NV
Víðidalur 17 SA
Víðidalur 18 NV
(Víðidalur) 26 SA
Víðidalur 33 SV
Víðidalur 35 SV
Víðidalur 35 SV
Víðifell 22 SA
Víðifell 22 SA
Víðigerði 4 NV
Víðigerði 17 SV
Víðigerði 24 NV
Víðihlíð 17 SV
Víðihlíð 46 NV
Víðiholt 25 NV
Víðiker 24 SA
Víðilækur 35 NA
Víðimelur 18 NA
Víðimýrarsel 18 NA
Víðimýri 18 NA
Víðines 2 NV
Víðines 18 NA
Víðinesdalur 21 SA
(Víðirhóll) 26 SA
Víðirhólsfjallgarður 26 SA
(Víðivellir) 16 SV
Víðivellir 18 SA
Víðivellir fremri 35 NA
Víðivellir ytri I 35 NA
Víðivellir ytri II 35 NA
Vífilsdalur 7 SA
Vífilsfell 2 NV
Vífilsfjall 21 SA
Vífilsmýrar 13 SA
Vífilsstaðaflói 33 NA
Vífilsstaðir 2 NV
Vífilsstaðir 33 NA
Vígabjargsfoss 26 NV
(Víganes) 16 NA
Vígholtsstaðir 7 NA
(Víghólsstaðir) 6 NA
Vík 16 SA
Vík 18 NV
(Vík) 21 NA
Vík 21 NV
Vík 36 NA
Vík 38 NA
Vík 44 SA
Víkingavatn 28 SV
Víkingavatnsheiði 28 SV
Víkingsfjall 23 NV
Víkingslækjarhraun 46 SV
Víkingsstaðir 33 SA
Víknafjöll 22 NA
Víkur 1 SV
Víkur 20 NV
Víkurbakkar 22 NA
Víkurbyrða 21 NA
Víkurdalur 10 NA
Víkurfjall 22 NA
Víkurfjall 38 NA
Víkurgerði 36 NA
Víkurheiði 34 SA
Víkurhyrna 21 NA
Víkurhöfði 22 NA
Víkurnes 25 SA
Víkurnúpur 17 NV
Víkursandur 59 SA
Víkurskarð 22 SA
Víti 25 SA
Víti 59 SA
Vítishæðir 25 NA
Voðmúlastaðir 43 NA
Vogaheiði 1 SA
Vogalækur 3 NV
Vogar 1 NA
(Vogar) 15 SA
Vogar 25 SA
Vogar 28 SV
Vogar 20 SA
Vogastapi 1 NV
Vogatunga 3 SA
Vogsósar 2 SV
(Vogur) 7 NV
Vogur 29 NA
(Vogur) 3 NV
Voladalstorfa 27 SA
Volasel 38 NV
Volga 53 NA
Vonarskarð 52 NV
Vondubjallar 46 SV
Vopnafjarðarströnd 32 NV
Vopnafjörður 31 NA
Vorsabær 2 SA
Vorsabær 43 NA
Vorsabær 45 NA

Vorsabær 45 SV
Votamýri 45 NA
Votmúli 45 SV
Votubjörg 14 SA
Vöðlavík 34 SA
Vökuland 24 NV
Völlur 43 NA
Vörðubrún 32 SV
Vörðufell 2 SV
(Vörðufell) 7 NV
Vörðufell 20 NV
Vörðufell 23 NV
Vörðufell 45 NA
Vörðufell 46 SA
Vörðufell 57 NA
Vörðukambur 58 SA
Vörsluvík 28 NA
Vötn 2 SA

W

Wattsfell 59 SV

Y

(Ystabæli) 44 SV
Ystafell 25 NV
Ystafell 60 NV
Ysta-Gerði 23 NA
Ystakot 43 NV
Ystavík 22 SA
Ystihvammur 25 NV
Ysti-Mór 21 NV
Ystiskáli 44 NV
Ystugarðar 7 SV
Ystuvíkurfjall 22 SA
Ytra-Áland 29 SA
Ytra-Bjarg 17 SV
Ytra-Dalsgerði 23 SA
(Ytrafell) 7 NV
Ytrafellsmúli 9 SA
Ytrafjall 25 NV
Ytra-Garðshorn 21 SA
Ytragil 24 NV
Ytrahraun 42 NV
Ytrahvarf 21 SA
Ytra-Lágafell 6 SV
Ytra-Leiti 6 NA
Ytra-Lón 30 SV
Ytranes 11 SA
Ytra-Norðmelsfjall 26 NV
Ytraskarð 14 SV
Ytra-Skörðugil 18 NA
Ytravatn 18 SA
Ytrárfjall 21 NA
Ytri Núpur 31 NA
Ytri-Ánastaðir 17 SV
Ytri-ásar 41 NA
Ytri-Bakki 22 SV
(Ytribakki) 28 SV
Ytri-Björg 19 NA
Ytribót 35 SA
Ytribrekkur 18 NA
Ytri-Brekkur 30 SV
Ytri-Bægisá 23 NA
(Ytri-Dalbær) 42 NV
Ytri-Ey 19 SA
Ytri-Fjallshali 60 SV
Ytri-Galtarvík 3 SA
Ytri-Grímsstaðanúpur 26 SA
Ytri-Hágangur 31 NA
Ytri-Hlíð 31 SA
Ytri-Hofdalir 18 NA
(Ytrihóll) 22 SA
Ytrihóll 24 NV
Ytri-Hóll 19 SA
Ytrihólmur 3 SV
Ytri-Hraunkúla 18 SA
Ytri-Knarrartunga 5 SA
(Ytri-Kóngsbakki) 6 NV
Ytri-Langamýri 18 NV
Ytrimosar 24 SA
Ytrimúli 58 NA
Ytri-Neslönd 25 SA
Ytri-Rangá 46 SV
(Ytri-Rauðamelur) 7 SV
Ytri-Reistará 22 SV
Ytri-Sauðahraun 32 SA
Ytri-Skeljabrekka 3 NA
Ytri-Sólheimar 44 SA
(Ytri-Svartárdalur) 18 SA
Ytri-Tindstaðir 3 SA
Ytritunga 27 SA
Ytri-Tunga 6 SV
Ytri-Valdarás 17 SV
Ytri-Varðgjá 22 SA
Ytri-Veðrará 13 SA
(Ytri-Vellir) 17 SV
Ytri-Villingadalur 23 SA
Ytrivík 22 NV
Ytri-Vík 22 SV

Ý

Ýdalir 25 NV

Þ

Þambárvellir 10 NA
Þaralátursfjörður 14 NA
Þaralátursnes 14 NA
Þeistareykir 25 NA
Þeistareykjabunga 25 NA
Þelamörk 22 SV
Þengilhöfði 22 SV
Þerna 22 NV
Þerney 2 NV
Þernunes 36 NA
Þernuvatn 29 NA
Þernuvatn 30 SV
Þernuvíkurháls 15 NA
Þiðriksvallavatn 16 SV
(Þiðriksvellir) 16 SV
Þiljuvellir 36 SV
Þing 17 NA
Þingamannadalur 12 SA
Þinganes 38 SV
Þingdalur 45 SV
Þingeyrar 17 NA
Þingeyrasandur 17 NA
Þingeyri 12 NV
Þingmannaheiði 12 SA
Þingmannaheiði 15 SV
Þingmúli 33 SA
Þingskálar 46 SV
Þingvallaskógur 4 SA
Þingvallavatn 2 NA
Þingvellir 2 NA
Þingvellir 6 NA
Þistilfjörður 30 NV
Þjóðbrókargil 16 SV
Þjóðfell 31 SV
Þjóðfellsbungur 26 SA
Þjóðólfshagi 45 SA
Þjófadalafjöll 56 SV
Þjófadalir 56 SV
Þjófadalur 22 NA
Þjófadalur 54 NA
Þjófafell 50 NV
Þjófafoss 46 NV
Þjófahnjúkar 54 NA
Þjófahraun 4 SA
Þjófakrókur 49 NV
Þjórsá 45 SV
Þjórsá 50 SA
Þjórsárdalur 46 NV
Þjórsárholt 45 NA
Þjórsárjökull 51 NV
Þjórsárkvíslar 51 NV
Þjórsártún 45 SA
Þjórsárver 45 SV
Þjórsárver 51 NV
Þjótandi 45 SV
Þorbergsstaðir 7 NA
Þorbergsvatn 53 SA
Þorbjargarstaðir 20 SV
Þorbjörn 1 SV
Þorbjarnartungur 23 SA
(Þorbrandsstaðir) 31 SA
(Þorfinnsstaðir) 13 SV
Þorfinnsstaðir 17 NV
Þorgeirsdys 29 NA
Þorgeirsfell 6 SV
Þorgeirsfjörður 22 NV
Þorgeirshöfði 22 NV
Þorgeirsstaðir 38 NV
Þorgeirsvatn 8 SA
Þorgerðarfjall 25 NV
Þorgerðarstaðadalur 35 NV
Þorgrímsstaðafjall 17 NV
Þorgrímsstaðir 17 NV
Þorgrímsstaðir 36 NV
Þorkelsgerði 2 SV
Þorkelshóll 17 SV
Þorlákshöfn 2 SA
Þorlákslindahryggur 60 SV
Þorlákslindir 60 SV
Þorláksmýrar 54 NV
Þorláksstaðir 4 SV
Þorleifskot 45 SV
Þorleifsstaðir 18 NA
(Þorljótsstaðir) 23 SV
Þormóðsdalur 2 NV
Þormóðsey 6 NV
Þormóðsfell 18 SA
Þormóðsholt 18 NA
(Þormóðshvammar) 35 SA
Þormóðssker 3 NV
Þormóðsstaðir 24 SV
Þorpar 10 NA
Þorskafjarðarheiði 16 SV
Þorskafjörður 9 NA
Þorskfjall 29 NA
Þorsteinsstaðir 18 SA
Þorsteinsstaðir 21 SA
(Þorsteinsstaðir) 30 SV
Þorvaldsdalur 22 SV
Þorvaldseyri 44 NV
Þorvaldsfjall 17 NV
Þorvaldshraun 59 SA
Þorvaldsstaðir 8 SA
Þorvaldsstaðir 30 SA
Þorvaldsstaðir 35 NA
Þorvaldsstaðir 36 NV
Þorvaldstindur 59 SA
Þorvaldsvatn 8 NA
Þórarinsdalur 7 SV
Þórarinsstaðir 45 NA
Þórarinsvatn 56 NV
Þórdísarstaðir 5 NA
Þórðarfell 1 SV
Þórðarhyrna 39 NV
Þórðarhöfði 20 NA
Þórðarskógar 24 NV
Þórðarstaðir 24 NV
Þóreyjarnúpur 17 SV
Þóreyjartungur 4 NV
Þórfell 26 NA
Þórfell 33 SV
Þórgautsstaðir 4 NV
(Þórisdalur) 38 NV
Þórisdalur 49 NV
Þóriseyjar 54 NA
Þóriseyri 28 SV
Þórisjökull 4 NA
Þórisstaðir 4 SV
Þórisstaðir 22 SV
Þórisstaðir 45 NA
Þóristindur 47 NA
Þóristungur 47 NV
Þórisvatn 47 NA
Þórisvatn 56 SA
Þórkötlumúli 10 NV
Þórkötlustaðir 1 SA
Þóroddsstaðir 2 SA
Þóroddsstaðir 8 NV
Þóroddsstaðir 21 NA
Þóroddsstaðir 45 NV
Þóroddsstaður 25 NV
(Þórormstunga) 17 SA
Þórólfsfell 44 NV
Þórólfsfell 49 SV
(Þórseyri) 28 SV
Þórshöfn 1 SV
Þórshöfn 30 SV
Þórshöfn 36 NA
Þórsmörk 22 SA
Þórsmörk 44 NV
Þórsnes 6 NV
Þórudalur 36 NV
Þórukot 17 SV
Þórunnarfjöll 25 NA
Þórunúpur 43 NA
Þórusfjall 36 NV
Þórustaðir 2 SA
Þórustaðir 10 NA
Þórustaðir 13 SV
Þórustaðir 24 NV
Þórutjörn 42 NV
Þrasaborgir 45 NV
Þrasastaðir 21 SA
Þrastarhóll 22 SV
(Þrastarlundur) 34 SA
Þrastarlundur 45 NV
Þrastarstaðir 20 SA
Þráinsskjaldarhraun 1 SA
Þrándarholt 45 NA
Þrándarjökull 35 SA
Þrándarlundur 45 NA
Þrándarstaðafjall 4 SV
Þrándarstaðir 4 SV
Þrándarstaðir 34 SV
Þrengslaborgir 25 SA
Þrengsli 2 NA

Þrengsli 14 NA
Þrep 34 SV
Þriggjahnjúkafjall 34 NA
Þrídrangur 43 SV
Þrífjöll 46 SV
Þríhyrningsá 60 SV
Þríhyrningsfjallgarður 60 NA
Þríhyrningsvatn 60 SA
Þríhyrningur 22 SV
Þríhyrningur 25 NA
Þríhyrningur 43 NA
Þríhyrningur 58 NA
Þríhyrningur 60 SA
Þríklakkar 36 NA
Þríklakkur 28 SV
Þrístapafell 49 NA
Þrístapajökull 49 NA
Þrístikla 18 SV
Þrístikla 55 NA
Þrístikluvatn 26 NV
Þrívörðuháls 33 SV
Þrívörðuháls 34 SV
Þrívörðuháls 60 NA
Þrúðardalur 10 NA
Þrúðufell 7 SA
(Þrælagerði) 26 SA
Þræláháls 35 NV
Þrælatindur 34 SA
Þrælavík 5 SV
Þrælsfell 17 SV
Þrætumúli 7 SV
Þrætuvatn 29 NV
(Þröm) 18 SV
Þröskuldar 10
Þröskuldar 12
Þröskuldar 30
Þumall 40 NV
Þurá 2 SA
Þuríðarstaðadalur 54 NA
Þuríðartindur 40 NV
Þuríðarvatn 31 SA
Þurranes 10 SV
Þursaborg 49 NA
Þursstaðir 3 NA
Þúfa 2 SA
Þúfa 3 SA
Þúfa 45 SA
Þúfa 45 SA
Þúfnanes 15 NA
Þúfnavellir 23 NA
Þúfufjall 4 SV
Þúfukot 3 SA
Þúfur 20 SA
Þúfutindur 36 NV
Þúfuver 51 NV
Þúfuvötn 51 SV
Þveit 38 NV
Þveralda 51 SV
Þverá 4 NV
Þverá 6 SA
Þverá 7 NA
Þverá 7 NV
(Þverá) 12 SV
Þverá 18 NA
Þverá 20 SV
(Þverá) 21 NA
Þverá 21 SA
Þverá 21 SA
Þverá 22 SA
Þverá 23 NA
Þverá 24 NV
Þverá 24 NV
Þverá 24 NA
Þverá 25 NV
Þverá 27 SA
Þverá 28 SA
Þverá 30 SVV
Þverá 42 NV
Þverá 45 SA
Þverá 46 NV
Þverárdalsfjall 18 NA
(Þverárdalur) 18 NV
Þverárdalur 21 SA
Þverárdalur 22 NV
Þverárdalur 22 SV
Þverárfjall 22 NA
Þverárfjall 22 SA
Þverárfjall 42 NV
Þverárflár 20 SV
Þverárhlíðarháls 8 SV
Þverárhyrna 28 SA
Þverárhyrna 30 SV
Þverárjökull 21 SA
Þverártindur 34 SV
Þverártindur 37 SV
Þverárvatn 8 SV
Þverárvatn 60 SA
Þverárvötn 20 SV
Þverbrekka 57 SV
Þverbrekknamúli 50 NV
Þverbrekkuhnjúkur 23 NA
Þverbrún 10 NV
Þverdalshnjúkur 22 NV
Þverdalshæð 14 SA
Þverdalsmúli 9 NA
Þverdalur 57 NA
Þverdalur 60 NA
Þverfell 4 NA
Þverfell 4 NV
Þverfell 7 SV
Þverfell 10 SV
Þverfell 11 SA
Þverfell 12 NA
Þverfell 13 SV
Þverfell 18 NV
Þverfell 29 SA
Þverfell 29 SV
Þverfell 30 SV
Þverfell 30 SA
Þverfell 31 NA
Þverfell 31 SV
Þverfell 35 NV
Þverfell 35 NV
Þverfell 36 NV
Þverfell 36 NA
Þverfell 39 SV
Þverfell 50 NA
Þverfell 56 SV
Þverfellsdalur 31 SV
Þverfellsvatn 29 SA
Þverfjall 9 SA
Þverfjall 11 NA
Þverfjall 21 NA
Þverfjall 23 SV
Þvergil 24 SA
Þvergil 57 NA
Þvergljúfur 41 NV
Þverhamar 36 NA
Þverhlíð 11 SA
Þverholt 3 NV
Þverkvísl 41 SV
Þverlækur 45 SA
Þvermóður 51 NA
Þverspyrna 45 NA
Þveröldujökull 57 SV
Þverölduvatn 51 SV
Þvottá 38 NA
Þvottárskriður 38 NA
Þykkvabæjarklaustur 41 SA
Þykkvibær 42 NV
Þykkvibær 45 SA
Þyrill 4 SV Þyrilsnes 4 SV
(Þönglabakki) 22 NV

Æ

Æðarvatn 3 NV
Æðey 15 NV
Æðeyjarsund 15 NV
Ægissíða 17 NV
Ærfjall 40 SA
Ærlækur 28 SA
Ærvík 25 NV
Æsubúðir 1 SA
Æsustaðafjall 18 NV
Æsustaðatungur 24 SV
Æsustaðir 18 NV
Æsustaðir 23 SA

Ö

Öðulbrúará 39 SV
Öðulbrúarárbotnar 48 SA
Öfuguggavatnshæðir 18 SA
Ögmundarhraun 1 SA
Ögmundarjökull 49 NV
Ögmundarstaðir 18 NA
Ögmundur 50 NV
Ögur 6 NV
Ögur 15 NV
Ögurbúðardalur 15 SV
Ögurdalur 15 NV
Ögurhólmar 15 NV
Ögurnes 15 NV
Öldufell 41 NV
Öldufellsjökull 41 NV
Öldugilsheiði 14 SV
Öldugilsvatn 14 SV
Ölduós 40 SA
Öldur 40 NA
Öldur 56 NV
Öldusker 48 SV
Ölduver 51 SV
Ölfus 2 SA
Ölfusá 2 SA
Ölfustjörn 6 SV
(Ölfusvatn) 2 NA
Ölfusvatnsvík 2 NA
Ölkelda 6 SV
Ölkelduháls 2 NA
Ölvaldsstaðir 3 NA
Ölver 3 NA
Ölversholt 45 SA
Ölvesvatn 20 NV
Ölvisholt 45 SV
Öndólfsstaðir 24 NA
Öndverðarnes 5 NV
Öndverðarnes 45 NV
Öngulsstaðir 24 NV
Önundarfjörður 13 SV
Önundarholt 45 SV
Önundarhorn 44 SV
Örfirsey 10 NA
Örlygshöfn 11 SV
Örlygsstaðir 19 SA
Örn 5 SA
Örnólfsdalssandur 8 SV
Örnólfsdalur 8 SV
Öræfabrún 47 NV
Öræfajökull 40 SV
Öræfi 40 SV
Öræfi 50 SV
Öskjufjallgarður 60 SV
Öskjuop 59 SA
Öskjuvatn 12 SA
Öskjuvatn 59 SA
Öskubakur 13 SV
Öskufjallgarður 26 SA
Öskuhlíð 14 NV
Öxafjarðarheiði 29 SV
Öxará 4 SV
Öxará 24 NA
Öxarfellsjökull 35 SV
Öxarfjarðardjúp 28 NV
Öxarfjörður 28 SV
Öxi 35 NA
Öxl 5 SA
Öxl 7 SA
Öxl 17 NA
Öxl 24 SV
Öxl 31 NA
Öxl 35 SV
Öxl 52 NV
Öxnadalsá 23 NA
Öxnadalsdrög 58 SA
Öxnadalsheiði 23 SV
Öxnadalur 23 NA
Öxnadalur 58 NA
Öxnafell 24 NV
Öxney 6 NA
Öxnhóll 23 NA

GÖTUNAFNASKRÁ HÖFUÐBORGARSVÆÐIS / INDEX TO CITY STREETS

Götuheiti	Kort	Bls.	Reitur
A			
Aðalland	3	69	A5
Aðalstræti	1	67	B4
Aðaltún	11	75	A3
Aðalþing	5	71	A5
Aflagrandi	1	67	D2
Aflakór	7	73	D5
Aftanhæð	6	72	C4
Aftantorg	8	74	C5
Akrabraut	6	72	C3
Akrakór	7	73	D5
Akraland	3	69	A4
Akralind	7	73	B4
Akrasel	7	73	D3
Akurgerði	3	69	A5
Akurholt	8	74	A4
Akurholt	11	75	B1
Akurhvarf	5	71	B4
Akurtorg	8	74	A4
Akurvellir	8	74	B4
Almannakór	7	73	D5
Amsturdam	11	75	D3
Amtmannsstígur	1	67	B4
Andarhvarf	5	71	B4
Andrésbrunnur	4	70	D4
Andvaravellir	7	73	C5
Apalskarð	8	74	C5
Aragata	2	68	A4
Arahólar	5	71	A2
Arakór	7	73	73
Aratún	6	72	B4
Arkarholt	11	75	B1
Arnarás	6	72	A4
Arnarbakki	7	73	D2
Arnargata	1	67	D4
Arnarhraun	8	74	C2
Arnarhöfði	11	75	A2
Arnarnes	6	72	B3
Arnarnesvegur	6	72	C3
Arnarsmári	6	72	C3
Arnartangi	11	75	A1
Askalind	7	73	B3
Asparás	6	72	A4
Asparfell	5	71	A3
Aspargrund	6	72	D2
Asparholt	9	75	A2
Asparhvarf	5	71	B4
Asparlundur	6	72	C5
Asparlundur	11	75	D3
Asparteigur	11	75	C2
Auðarstræti	2	68	B4
Auðbrekka	6	72	D2
Auðnukór	7	73	D5
Austurakrar	6	72	C4
Austurberg	5	71	B3
Austurbrún	3	69	B3
Austurfold	4	70	A3
Austurgata	8	74	C2
Austurgerði	3	69	B5
Austurgerði	6	72	C2
Austurhraun	8	74	D2
Austurkór	7	73	D5
Austurstræti	1	67	B4
Austurströnd	1	67	C2
Austurtún	9	75	B2
Axarhöfði	3	69	D5
Á			
Álafossvegur	11	75	C2
Álagrandi	1	67	D2
Álakvísl	3	69	D5
Álalind	7	73	B3
Áland	2	68	D5
Álfabakki	7	73	D2
Álfaberg	8	74	D2
Álfaborgir	4	70	B4
Álfabrekka	7	73	B2
Álfaheiði	7	73	B2
Álfahlíð	11	75	A2
Álfahvarf	5	71	B4
Álfaland	2	68	D5
Álfamýri	9	75	B2
Álfaskeið	8	74	C2
Álfatangi	11	75	B1
Álfatröð	6	72	D2
Álfatún	7	73	B2
Álfaþing	5	71	A5
Álfheimar	3	69	B4
Álfhella	8	74	A2
Álfholt	8	74	A4
Álfholt	11	75	B1
Álfhólsvegur	6	72	D2
Álfkonuhvarf	5	71	B4
Álftaás	8	74	C4
Álftahólar	5	71	A2
Álftaland	2	68	D5
Álftamýri	2	68	D4
Álftanesvegur	8	74	C1
Álftanesvegur	9	75	B3
Álmakór	7	73	D4
Álmgerði	3	69	A5
Álmholt	11	75	B1
Ánaland	3	69	A5
Ánanaust	2	67	A2
Árakur	6	72	C3
Árkvörn	3	69	D5
Árland	7	73	A1
Ármúli	3	69	A4
Ársalir	7	73	C4
Ársel	7	73	D3
Árskógar	7	73	C3
Ártúnsbrekka	3	69	C5
Árvað	5	71	D3
Ásabraut	6	72	A4
Ásakór	5	71	A4
Ásasel	7	73	D3
Ásavegur	11	75	D1
Ásaþing	5	71	B5
Ásbraut	6	72	C2
Ásbraut	8	74	C4
Ásbrekka	9	75	A3
Ásbúð	6	72	D4
Ásbúðartröð	8	74	B3
Ásendi	3	69	B5
Ásfjall	8	74	C4
Ásgarður	3	69	B5
Ásgarður	6	72	B4
Ásholt	2	68	C3
Ásholt	11	75	B1
Ásland	11	75	C1
Ástjörn	8	74	B4
Ástorg	8	74	B4
Ástu-Sólliljugata	11	75	D1
Ástún	7	73	B2
Ásvallabraut	8	74	B5
Ásvallagata	2	68	A3
Ásvegur	3	69	B3
Ásvellir	8	74	B4
B			
Bakkabraut	6	72	A2
Bakkaflöt	6	72	C5
Bakkagerði	3	69	A5
Bakkahjalli	7	73	B2
Bakkasel	7	73	D3
Bakkasmári	6	72	C3
Bakkastaðir	4	70	C1
Bakkavegur	9	75	A2
Bakkavör	1	67	B2
Baldursgata	1	67	C5
Bankastræti	1	67	B4
Barðastaðir	4	70	D1
Barðaströnd	1	67	C2
Barðavogur	3	69	B4
Barkarvogur	3	69	C3
Barmahlíð	2	68	C4
Barónsstígur	2	68	C3
Barrholt	11	75	B1
Baugakór	5	71	A4
Bauganes	2	68	A5
Baugatangi	2	68	A4
Baughús	4	70	B3
Baugshlíð	11	75	A2
Bárugata	1	67	A3
Bárugrandi	1	67	D2
Bárukinn	8	74	C3
Básbryggja	3	69	D4
Básendi	3	69	B5
Bergás	6	72	A4
Berghella	8	74	A5
Bergholt	11	75	B1
Bergrúnargata	11	75	D1
Bergsmári	6	72	C3
Bergsskarð	8	74	B5
Bergstaðastræti	1	67	C5
Bergþórugata	2	68	B3
Berjahlíð	8	74	D3
Berjarimi	4	70	A3
Berjavellir	8	74	A4
Bessastaðavegur	9	75	B2
Bessastaðir	9	75	B2
Beykihlíð	2	68	C5
Birkiás	6	72	A4
Birkiberg	8	74	D3
Birkigrund	6	72	D2
Birkihlíð	2	74	C5
Birkihlíð	8	68	D3
Birkiholt	9	75	A2
Birkihvammur	6	72	D2
Birkihvammur	8	74	C3
Birkihæð	6	72	D4
Birkimelur	2	68	A3
Birkiteigur	11	75	C2
Birtingakvísl	3	69	D5
Biskupsgata	4	70	D5
Bitruháls	4	70	A5
Bíldshöfði	3	69	D5
Bjallavað	5	71	D3
Bjargarstígur	1	67	B5
Bjargartangi	11	75	B1
Bjargslundur	11	75	D3
Bjargsskarð	8	74	B5
Bjargsvegur	11	75	D3
Bjarkarás	6	72	A4
Bjarkargata	1	67	A5
Bjarkarholt	11	75	B2
Bjarkavellir	8	74	A4
Bjarmahlíð	8	74	D3
Bjarmaland	7	73	A1
Bjarnarstígur	1	67	C5
Bjarnastaðavör	9	75	A3
Bjarnastaðir	9	75	A2
Bjarnhólastígur	6	72	D2
Bjartahlíð	11	75	A2
Björtusalir	7	73	C4
Bláhamrar	3	69	D4
Blásalir	7	73	C4
Bláskógar	7	73	D3
Blátún	9	75	A2
Bleikargróf	7	73	C1
Bleikjukvísl	3	69	D5
Blesabakki	11	75	B1
Blesavellir	7	73	C5
Blesugróf	7	73	C1
Blikaás	8	74	C4
Blikahjalli	7	73	B2
Blikahólar	5	71	A2
Blikahöfði	11	75	A2
Blikanes	6	72	B3
Blikastígur	9	75	B1
Blíðubakki	11	75	B1
Blómahæð	6	72	C4
Blómvallagata	1	67	A4
Blómvangur	8	74	C1
Blómvellir	8	74	B4
Blöndubakki	7	73	D2
Blönduhlíð	2	68	C4
Boðagrandi	1	67	D2
Boðahlein	8	74	B1
Boðaþing	5	71	B5
Bogahlíð	2	68	C4
Bogatangi	11	75	A2
Bolholt	2	68	D3
Bollagarðar	1	67	B1
Bollagata	2	68	C4
Bollasmári	6	72	D3
Bollatangi	11	75	A2
Borgarás	6	72	A5
Borgargerði	3	69	B5
Borgarholtsbraut	6	72	B2
Borgartangi	11	75	B2

Götuheiti	Kort	Bls.	Reitur
Borgartún	2	68	C2
Borgavegur	4	70	B2
Bókhlöðustígur	1	67	B4
Bólstaðarhlíð	2	68	D4
Bragagata	1	67	B5
Brattabrekka	6	72	D2
Brattagata	1	67	A4
Brattahlíð	11	75	A2
Brattakinn	8	74	C3
Brattatunga	6	72	D2
Brattholt	8	74	A4
Brattholt	11	75	B1
Brautarás	5	71	C1
Brautarholt	2	68	C3
Brautarholtsvegur	10	75	A1
Brautarland	3	69	A5
Brávallagata	1	67	A4
Breiðakur	6	72	B4
Breiðagerði	3	69	A5
Breiðahvarf	5	71	B4
Breiðamýri	9	75	A2
Breiðavík	4	70	B2
Breiðás	6	72	A4
Breiðhella	8	74	A2
Breiðholtsbraut	7	73	D3
Breiðhöfði	3	69	D5
Breiðvangur	8	74	B1
Brekknaás	5	71	C3
Brekkuás	6	72	A5
Brekkuás	8	74	D4
Brekkubyggð	6	72	C4
Brekkubær	5	71	C2
Brekkugata	8	74	C3
Brekkugerði	3	69	A5
Brekkuhjalli	7	73	B2
Brekkuhlíð	8	74	D3
Brekkuhús	4	70	B3
Brekkuhvammur	8	74	B3
Brekkuhvarf	5	71	B4
Brekkuland	9	75	A3
Brekkuland	11	75	D1
Brekkulækur	3	69	A2
Brekkusel	7	73	D3
Brekkuskógar	9	75	A3
Brekkusmári	6	72	D3
Brekkustígur	2	68	A2
Brekkutangi	11	75	A2
Brekkutröð	8	74	B3
Brekkutún	7	73	B2
Bríetartún	2	68	C3
Brúarás	5	71	C2
Brúarflöt	6	72	C5
Brúarvogur	3	69	C4
Brúnaland	3	69	A5
Brúnastaðir	4	70	C2
Brúnastekkur	7	73	D2
Brúnavegur	3	69	A3
Brúnás	6	72	A4
Brúnás	11	75	C1
Bryggjugarður	3	69	D4
Bryggjuhverfi	3	69	D4
Bryggjuvör	6	72	A2
Brynjólfsgata	2	68	A3
Bræðraborgarstígur	2	68	A2
Bræðratunga	6	72	C2
Bröndukvísl	3	69	D5
Bugða	5	71	D3
Bugðufljót	10	75	A2
Bugðulækur	3	69	A2
Bugðutangi	11	75	B2
Burknaberg	8	74	D3
Burknavellir	8	74	B4
Búagrund	10	75	A1
Búðakór	5	71	A4
Búðargerði	3	69	A5
Búðatorg	5	71	D3
Búðavað	5	71	C3
Búðir	6	72	C4
Búland	3	69	A5
Bústaðavegur	2	68	D5
Bústaðavegur	3	69	A5
Byggakur	6	72	C3
Byggðarbraut	8	74	A4
Byggðarendi	3	69	B5
Byggðarholt	11	75	B1
Bygggarðar	1	67	B1
Bæjarás	11	75	C1

Götuheiti	Kort	Bls.	Reitur
Bæjarbraut	5	71	B1
Bæjarbraut	6	72	C4
Bæjarbrekka	9	75	A3
Bæjarflöt	4	70	A3
Bæjargata	8	74	D5
Bæjargil	6	72	D4
Bæjarháls	5	71	B1
Bæjarholt	8	74	A4
Bæjarhraun	8	74	C1
Bæjarlind	7	73	B3
Bæjartorg	8	74	B2
Bæjartún	7	73	B2

C

Götuheiti	Kort	Bls.	Reitur
Cuxhavengata	8	74	B3

D

Götuheiti	Kort	Bls.	Reitur
Daggarmýri	9	75	B2
Daggarvellir	8	74	A4
Dalakur	6	72	B4
Dalaland	3	69	B5
Dalatangi	11	75	B2
Dalaþing	5	71	B5
Dalbraut	3	69	A2
Dalbrekka	6	72	D2
Dalhús	4	70	B3
Dalprýði	6	72	A3
Dalsás	8	74	D4
Dalsbyggð	6	72	C4
Dalsel	7	73	D3
Dalshlíð	8	74	D3
Dalshraun	8	74	C1
Dalsmári	6	72	D3
Daltún	7	73	B1
Dalvegur	7	73	B2
Deildarás	5	71	C2
Depluhólar	5	71	A2
Desjakór	5	71	A4
Desjamýri	11	75	B3
Digranesheiði	6	72	D2
Digranesvegur	7	73	A2
Dimmuhvarf	5	71	C4
Dísaborgir	4	70	A2
Dísarás	5	71	C2
Djúpslóð	2	68	A2
Dofraberg	8	74	D3
Dofraborgir	4	70	A2
Dofrakór	5	71	A4
Drafnarás	6	72	A5
Drafnarfell	5	71	A3
Dragavegur	3	69	B3
Dragháls	4	70	A5
Drangagata	8	74	B2
Drangahraun	8	74	D1
Drangakór	5	71	A4
Dranghella	8	74	A2
Drangsskarð	8	74	B5
Draumahæð	6	72	C3
Drápuhlíð	2	68	C4
Drekakór	5	71	A4
Drekavellir	8	74	A5
Drekavogur	3	69	B4
Dreyrarvellir	7	73	C5
Drífubakki	11	75	B1
Dugguvogur	3	69	B4
Dunhagi	1	67	D3
Dúfnahólar	5	71	A2
Dvergabakki	7	73	D2
Dvergaborgir	4	70	A2
Dverghamrar	3	69	D4
Dvergholt	8	74	A4
Dvergholt	11	75	B1
Dvergshöfði	3	69	D5
Dyngjuvegur	3	69	B3
Dynsalir	7	73	C4
Dynskógar	7	73	D3
Dyrhamrar	3	69	D3
Dýjagata	8	74	D5
Dælustöðvarvegur	11	75	D3

E

Götuheiti	Kort	Bls.	Reitur
Eddufell	5	71	A3
Efribraut	11	75	D1
Efstahlíð	8	74	D3
Efstakot	9	75	A3
Efstaland	3	69	A5

Götuheiti	Kort	Bls.	Reitur
Efstaland	11	75	C1
Efstaleiti	2	68	D5
Efstasund	3	69	B3
Efstihjalli	7	73	C2
Efstilundur	6	72	D5
Eggertsgata	2	68	A4
Egilsgata	2	68	B3
Eiðaþing	5	71	B5
Eiðismýri	1	67	C3
Eiðistorg	1	67	C2
Eiðsgrandi	1	67	C2
Eiðsgrandi	4	70	B1
Eikarás	6	72	A5
Eikjuvogur	3	69	B4
Einarsnes	2	68	A4
Einhella	8	74	A2
Einholt	2	68	C3
Einiberg	8	74	D2
Einihlíð	8	74	D3
Einilundur	6	72	C5
Einimelur	1	67	D3
Einiteigur	11	75	C2
Einivellir	8	74	A5
Eirhöfði	3	69	C4
Eiríksgata	2	68	B3
Ekrusmári	6	72	D3
Eldshöfði	3	69	D4
Elliðaárdalur	7	73	D1
Elliðabraut	5	71	C3
Elliðahvammsvegur	5	71	B5
Elliðavað	5	71	C3
Elliðavatn	5	71	C4
Elliðavatnsvegur	8	74	D4
Engihjalli	7	73	C2
Engihlíð	2	68	C4
Engimýri	6	72	C4
Engjahlíð	8	74	D3
Engjasel	7	73	D3
Engjasmári	6	72	D3
Engjateigur	2	68	D3
Engjatorg	8	74	A5
Engjavegur	3	69	A3
Engjavegur	11	75	D3
Engjavellir	8	74	A5
Ennishvarf	5	71	B4
Erluás	8	74	C4
Erluhólar	5	71	A2
Erluhraun	8	74	C2
Esjugrund	10	75	B1
Eskihlíð	2	68	C4
Eskiholt	7	73	A4
Eskihvammur	5	72	D2
Eskivellir	8	74	A5
Espigerði	3	69	A5
Espilundur	6	72	C5
Espimelur	2	68	A3
Eyjabakki	7	73	D2
Eyjarslóð	2	68	B1
Eyktarás	5	71	C2
Eyktarhæð	6	72	C3
Eyktarsmári	6	72	D3
Eyrarholt	8	74	A3
Eyrarland	3	69	A5
Eyrartröð	8	74	A3
Eyvindarstaðavegur	9	75	B2

F

Götuheiti	Kort	Bls.	Reitur
Fagraberg	8	74	D2
Fagrabrekka	7	73	B2
Fagrahlíð	8	74	D3
Fagrakinn	8	74	C3
Fagraþing	5	71	B5
Fagribær	5	71	B1
Fagrihjalli	7	73	B2
Fagrihvammur	8	74	B4
Fagurhæð	6	72	C3
Fannaborg	6	72	C2
Fannafold	4	70	A3
Fannahvarf	5	71	B4
Fannarfell	5	71	A3
Faxaból	5	71	C3
Faxafen	3	69	A4
Faxagata	1	67	C3
Faxaholt	7	73	A4
Faxahvarf	5	71	B4
Faxaskjól	1	67	D3
Faxatún	6	72	B4

Götuheiti	Kort	Bls.	Reitur
Fáfnisnes	2	68	A5
Fákafen	3	69	B4
Fákahvarf	5	71	B4
Fálkabakki	7	73	D2
Fálkagata	1	67	D4
Fálkahraun	8	74	C2
Fálkahöfði	11	75	A2
Fálkastígur	9	75	B1
Fellahvarf	5	71	B4
Fellasmári	6	72	D3
Fellsás	11	75	C1
Fellsmúli	3	69	A4
Fensalir	7	73	C4
Ferjubakki	7	73	D2
Ferjuvað	5	71	D3
Ferjuvogur	3	69	B4
Félagstún	2	68	C3
FH-torg	8	74	C2
Fischersund	1	67	B4
Fiskakvísl	3	69	D5
Fiskislóð	2	68	A2
Fitjalind	7	73	B3
Fitjasmári	6	72	D3
Fífuhjalli	7	73	B2
Fífuhvammsvegur	7	73	A3
Fífuhvammur	6	72	D2
Fífulind	7	73	B3
Fífumýri	6	72	C4
Fífurimi	4	70	B3
Fífusel	7	73	D3
Fífuvellir	8	74	B5
Fjallakór	5	71	A4
Fjallalind	7	73	B4
Fjallkonuvegur	4	70	A4
Fjarðarás	5	71	C2
Fjarðargata	8	74	C3
Fjarðarhraun	8	74	C1
Fjarðarsel	7	73	D3
Fjarðatorg	8	74	B3
Fjóluás	8	74	D4
Fjólugata	1	67	B5
Fjóluhlíð	8	74	D3
Fjóluhvammur	8	74	B3
Fjóluvellir	8	74	B5
Fjölnisvegur	2	68	B3
Fjörgyn	4	70	A4
Fjörugrandi	1	67	D2
Flatahraun	8	74	C2
Flensborgarstígur	8	74	B3
Flesjakór	5	71	A4
Flétturimi	4	70	A3
Fléttutorg	8	74	B5
Fléttuvellir	8	74	B5
Fljótasel	7	73	D3
Flókagata	2	68	C4
Flókagata	8	74	B2
Flugubakki	11	75	B1
Flugumýri	11	75	A3
Fluguvellir	7	73	C5
Flugvallarvegur	2	68	B4
Flúðasel	7	73	D3
Flyðrugrandi	1	67	D3
Foldasmári	6	72	D3
Fornahvarf	5	71	B4
Fornaströnd	1	67	C2
Fornhagi	1	67	D3
Fornistekkur	7	73	D2
Fornubúðir	8	74	B3
Forsalir	7	73	C4
Fossagata	2	68	A4
Fossahvarf	5	71	B4
Fossaleynir	4	70	C3
Fossavegur	10	75	A2
Fossháls	4	70	A5
Fossvogsbrún	7	73	C2
Fossvogsdalur	7	73	B1
Fossvogskirkjugarður	2	68	C5
Fossvogsvegur	2	68	D5
Frakkastígur	2	68	B3
Framnesvegur	2	68	A2
Fremristekkur	7	73	D2
Freyjubrunnur	4	70	D4
Freyjugata	1	67	C5
Friggjarbrunnur	4	70	D4
Fríkirkjuvegur	1	67	B5
Frjóakur	6	72	C4
Frostafold	4	70	A4
Frostaskjól	1	67	D3
Frostaþing	5	71	B5
Fróðaþing	5	71	B5
Fróðengi	4	70	B2
Funabakki	11	75	B1
Funafold	4	70	A4
Funaholt	7	73	A4
Funahvarf	5	71	B4
Funahöfði	3	69	D4
Funalind	7	73	B3
Furuás	6	72	A5
Furuás	8	74	D4
Furuberg	8	74	D2
Furubyggð	11	75	D3
Furugerði	3	69	A5
Furugrund	6	72	D2
Furuhjalli	7	73	B2
Furuhlíð	8	74	D3
Furulundur	6	72	C4
Furumelur	2	68	A3
Furuvellir	8	74	B5
Fylkisvegur	5	71	C2
Fýlshólar	5	71	A2

G

Götuheiti	Kort	Bls.	Reitur
Gagnvegur	4	70	B3
Galtalind	7	73	B3
Gamli kirkjugarðurinn	1	67	A5
Garðaflöt	6	72	B4
Garðaholtsvegur	8	74	A1
Garðahraun	8	74	D1
Garðastræti	1	67	A4
Garðatorg	6	72	B4
Garðavegur	8	74	A1
Garðavegur	8	74	B2
Garðfit	6	72	B5
Garðhús	4	70	B3
Garðsendi	3	69	B5
Garðsstaðir	4	70	C2
Garðstígur	8	74	C3
Gauksás	8	74	C4
Gaukshólar	5	71	A2
Gauksmýri	9	75	A2
Gautavík	4	70	B2
Gautland	3	69	A5
Gálgahraun	8	74	C1
Gefjunarbrunnur	4	70	D4
Geirsgata	1	67	B3
Geirsnef	3	69	C4
Geislalind	7	73	B3
Geitastekkur	7	73	D2
Geithamrar	3	69	D3
Geitland	3	69	A5
Geldinganes	4	70	B1
Gelgjutangi	3	69	C4
Gerðakot	9	75	A2
Gerðarbrunnur	4	70	D4
Gerðhamrar	3	69	D4
Gerðuberg	5	71	B3
Gerplustræti	11	75	D2
Gesthvammur	9	75	A2
Giljaland	3	69	A5
Giljasel	7	73	D3
Gilsbúð	6	72	D4
Gilsstekkur	7	73	D2
Gígjulundur	6	72	D5
Gjáhella	8	74	A2
Gjótuhraun	8	74	C2
Glaðheimar	3	69	B4
Glitberg	8	74	D2
Glitvangur	8	74	C1
Glitvellir	8	74	B5
Gljúfrasel	7	73	C3
Glósalir	7	73	C4
Glæsibær	5	71	B1
Glæsihvarf	5	71	B5
Gnitaheiði	7	73	B2
Gnitakór	5	71	A4
Gnitanes	2	68	A5
Gnípuheiði	7	73	B2
Gnoðarvogur	3	69	B4
Goðaborgir	4	70	A2
Goðaholt	7	73	A4
Goðakór	5	71	A4
Goðakur	6	72	B4
Goðaland	3	69	A5
Goðasalir	7	73	C4
Goðatorg	5	71	D3
Goðatorg	8	74	C3
Goðatún	6	72	B4
Goðheimar	3	69	B4
Góugata	2	68	A4
Grafarholtsvegur	4	70	C5
Granaholt	7	73	A4
Granaskjól	1	67	D3
Grandabrú	9	75	B2
Grandagarður	2	68	A2
Grandahvarf	5	71	B4
Grandatröð	8	74	A3
Grandavegur	1	67	D2
Grasarimi	4	70	B3
Greniás	7	72	A5
Greniberg	8	74	D2
Grenibyggð	11	75	D3
Grenigrund	6	72	D2
Grenilundur	6	72	C4
Grenimelur	1	67	D3
Grensásvegur	3	69	A4
Grettisgata	2	68	B3
Grímshagi	2	68	A4
Grjótagata	1	67	A4
Grjótasel	7	73	C3
Grjótás	6	72	A5
Grjótháls	4	70	A5
Grófarsel	7	73	C3
Grófarsmári	6	72	D3
Grófin	1	67	B3
Grótta	1	67	A1
Grundarás	5	71	C2
Grundargerði	3	69	A5

H

Götuheiti	Kort	Bls.	Reitur
Háberg	5	71	B2
Hábraut	6	72	C2
Hábær	5	71	B1
Hádegismóar	5	71	C2
Hádegisskarð	8	74	B5
Hádegistorg	8	74	B4
Háholt	7	73	A4
Háholt	8	74	A3
Háholt	11	75	B2
Háhæð	6	72	C3
Háihvammur	8	74	C3
Hákotsvör	9	75	A2
Hálsabraut	4	70	A5
Hálsasel	7	73	D3
Hálsaþing	5	71	B5
Hásalir	7	73	C4
Háteigsvegur	2	68	C3
Hátröð	6	72	D2
Hátún	2	68	D3
Hátún	9	75	B2
Hávallagata	2	68	A3
Hávegur	6	72	D2
Hegranes	6	72	B3
Heiðarás	5	71	C2
Heiðarbær	5	71	B1
Heiðargerði	3	69	A4
Heiðarhjalli	7	73	B2
Heiðarlundur	6	72	C4
Heiðarsel	7	73	C3
Heiðasmári	6	72	D3
Heiðaþing	5	71	B5
Heiðmerkurvegur	5	71	D4
Heiðnaberg	5	71	B2
Heiðvangur	8	74	B1
Heimalind	7	73	C3
Heimatún	9	75	B2
Heimsendahverfi	5	71	A5
Heimsendi	5	71	A5
Heigafellsvegur	11	75	C2
Heigaland	11	75	C1
Heigateigur	2	68	D3
Heigubraut	6	72	C2
Heigugrund	10	75	A1
Hellagata	8	74	D5
Hellisgata	8	74	B2
Hellnatorg	8	74	A5
Hellubraut	8	74	C3
Helluhraun	8	74	C2
Helluland	3	69	A5
Hellusund	1	67	B5

Götuheiti	Kort	Bls.	Reitur
Helluvað	5	71	D3
Herjólfsbraut	8	74	B1
Herjólfsgata	8	74	B2
Hesthamrar	3	69	D3
Hestavað	5	71	D3
Hestháls	4	70	B5
Héðinsgata	3	69	A2
Hjallabraut	8	74	C1
Hjallabrekka	6	72	D2
Hjallahlíð	11	75	A2
Hjallahraun	8	74	C2
Hjallaland	3	69	A5
Hjallasel	7	73	D3
Hjallavegur	3	69	B3
Hjaltabakki	7	73	D2
Hjarðarhagi	1	67	D3
Hjarðarland	11	75	C2
Hjálmakur	6	72	C3
Hjálmholt	2	68	D4
Hlaðbrekka	7	73	B2
Hlaðbær	5	71	B1
Hlaðhamrar	3	69	D3
Hlaðhamrar	11	75	B2
Hlemmur	2	68	C3
Hlégerði	6	72	B2
Hlésgata	2	68	A2
Hléskógar	7	73	D3
Hlíðabyggð	6	72	C4
Hlíðarás	6	72	A4
Hlíðarás	8	74	D4
Hlíðarás	11	75	C1
Hlíðarberg	8	74	D3
Hlíðarbraut	8	74	C3
Hlíðardalsvegur	7	73	B3
Hlíðarendi	8	74	D4
Hlíðargerði	3	69	A5
Hlíðarhjalli	7	73	B2
Hlíðarhús	4	70	B3
Hlíðarhvammur	6	72	C2
Hlíðartorg	8	74	D2
Hlíðartún	7	73	A3
Hlíðarvegur	6	72	D2
Hlíðarþúfur	8	74	D4
Hlíðasmári	6	72	D3
Hljóðalind	7	73	C3
Hlunnavogur	3	69	B4
Hlyngerði	3	69	A5
Hlynsalir	7	73	C4
Hnappatorg	8	74	B5
Hnappavellir	8	74	B5
Hnjúkasel	7	73	D3
Hnoðraholt	7	73	B4
Hnoðraholtsbraut	6	72	C4
Hnoðravellir	8	74	B5
Hnotuberg	8	74	D2
Hofakur	6	72	C3
Hofgarðar	1	67	B2
Hofsgrund	10	75	A1
Hofslundur	6	72	C5
Hofsstaðabraut	6	72	C4
Hofsvallagata	2	68	A3
Hofteigur	2	68	D3
Holtás	6	72	A4
Holtaberg	8	74	D3
Holtabraut	8	74	B3
Holtabyggð	8	74	A4
Holtagerði	6	72	B2
Holtasel	7	73	C3
Holtasmári	6	72	D3
Holtavegur	3	69	B3
Holtsbúð	6	72	C4
Holtsgata	2	68	A2
Holtsgata	8	74	C3
Holtsvegur	8	74	D5
Hófgerði	6	72	B2
Hólaberg	5	71	B2
Hólabraut	8	74	B3
Hólahjalli	6	72	D2
Hólasmári	6	72	D3
Hólastekkur	7	73	D2
Hólavað	5	71	D3
Hólavallagata	1	67	A4
Hólmasel	7	73	C3
Hólmaslóð	2	68	A2
Hólmasund	3	69	B3
Hólmatún	9	75	A2
Hólmaþing	5	71	B5

Götuheiti	Kort	Bls.	Reitur
Hólmgarður	3	69	A5
Hólmvað	5	71	D3
Hólsberg	8	74	D2
Hólshraun	8	74	C1
Hólsvegur	3	69	B3
Hrafnhólar	5	71	B2
Hrafnshöfði	11	75	A2
Hrannarstígur	1	67	A3
Hraunás	6	72	A4
Hraunberg	5	71	B2
Hraunbraut	6	72	C2
Hraunbrún	8	74	C2
Hraunbær	5	71	B1
Hraungata	8	74	D5
Hraunhella	8	74	A5
Hraunhólar	6	72	A5
Hraunhvammur	8	74	C2
Hraunkambur	8	74	C2
Hraunprýði	6	72	A3
Hraunprýði	8	74	B1
Hraunsás	5	71	C2
Hraunsholtsbraut	6	72	A4
Hraunsholtsvegur	6	72	B5
Hraunsskarð	8	74	C5
Hraunstígur	8	74	C2
Hraunteigur	2	68	D3
Hrauntorg	8	74	A5
Hrauntunga	6	72	D2
Hrauntunga	8	74	C2
Hraunvangur	8	74	B1
Hrefnugata	2	68	C3
Hringbraut	2	68	A3
Hringbraut	8	74	C3
Hringhella	8	74	A5
Hrímborg	6	72	C2
Hrísateigur	2	68	A3
Hrísholt	7	73	A4
Hrísmóar	6	72	C4
Hrísrimi	4	70	A3
Hrólfsskálavör	1	67	B2
Hryggjarsel	7	73	C4
Hulduborgir	4	70	A2
Huldubraut	6	72	C2
Hulduhlíð	11	75	A2
Hulduland	3	69	A5
Húsalind	7	73	C3
Hvaleyrarbraut	8	74	B3
Hvaleyri	8	74	B3
Hvammabraut	8	74	C3
Hvammsgerði	3	69	A5
Hvammsvegur	7	73	C3
Hvannakur	6	72	C3
Hvannalundur	6	72	C5
Hvannarimi	4	70	B3
Hvannatorg	8	74	A5
Hvannavellir	8	74	B5
Hvannhólmi	7	73	C2
Hvassaberg	8	74	D2
Hvassaleiti	2	68	D5
Hverafold	4	70	A4
Hveralind	7	73	C3
Hverfisgata	2	68	B3
Hverfisgata	8	74	C2
Hyrjarhöfði	3	69	D5
Hæðarbraut	1	67	B2
Hæðarbraut	6	72	D4
Hæðarbyggð	6	72	C4
Hæðargarður	3	69	A5
Hæðarsel	7	73	C4
Hæðasmári	6	72	D3
Höfðabakki	3	69	D5
Höfðabraut	9	75	A3
Höfði	2	68	C3
Hörðaland	3	69	A5
Hörðukór	5	71	A5
Hörgatún	6	72	B4
Hörgshlíð	2	68	C4
Hörgsholt	8	74	A4
Hörgsland	3	69	A5
Hörgslundur	6	72	C5
Hörpugata	2	68	A4
Hörpulundur	6	72	D5

I

Götuheiti	Kort	Bls.	Reitur
Iðalind	7	73	C3
Iðnbúð	6	72	C4
Iðufell	5	71	B3

Götuheiti	Kort	Bls.	Reitur
Iðunnarbrunnur	4	70	D4
Ingólfsstræti	1	67	C4

Í

Götuheiti	Kort	Bls.	Reitur
Írabakki	7	73	D2
Ísalind	7	73	C3
Íshella	8	74	A2

J

Götuheiti	Kort	Bls.	Reitur
Jaðarsel	7	73	D4
Jafnakur	6	72	C4
Jafnasel	7	73	D3
Jakasel	7	73	D4
Járnbraut	2	68	B2
Járnháls	4	70	A5
Jófríðarstaðarvegur	8	74	C3
Jónsgeisli	4	70	D4
Jónsteigur	11	74	C2
Jórsalir	7	70	C4
Jórufell	5	75	B3
Jórusel	7	73	D4
Jökiafold	4	70	A4
Jökialind	7	73	C3
Jöklasel	7	73	D4
Jökulgrunn	3	69	A2
Jökulhæð	6	72	C3
Jöldugróf	7	73	C1
Jörfabakki	7	73	D2
Jörfagrund	10	75	A1
Jörfalind	7	73	B3
Jörfavegur	9	75	B1
Jötnaborgir	4	70	B2
Jötunsalir	7	73	C4

K

Götuheiti	Kort	Bls.	Reitur
Kaldakinn	8	74	C3
Kaldakur	6	72	C4
Kaldalind	7	73	B3
Kaldasel	7	73	D4
Kaldárselsvegur	8	74	D4
Kaldárstígur	8	74	C3
Kalkofnsvegur	1	67	C3
Kambasel	7	73	D4
Kambavað	5	71	D3
Kambavegur	5	71	A4
Kambsvegur	3	69	B3
Kapellutorg	2	68	C5
Kaplahraun	8	74	D1
Kaplakriki	8	74	D2
Kaplaskjólsvegur	1	67	D3
Karfavogur	3	69	B4
Karlabraut	6	72	C4
Karlagata	2	68	C3
Kastalagerði	6	72	C2
Katnnarlind	4	70	D4
Katrínartún	2	68	C3
Kauptún	8	74	D5
Kárastígur	1	67	C5
Kársnesbraut	6	72	C2
Keilufell	5	71	B3
Keilugrandi	1	67	D2
Keldnaholt	4	70	C4
Keldugata	8	74	D5
Kelduhvammur	8	74	B3
Kelduland	3	69	B5
Keldutorg	4	70	B4
Kinnargata	8	74	D5
Kirkjubraut	1	67	C2
Kirkjubrekka	9	75	A3
Kirkjugarðsstígur	1	67	A4
Kirkjulundur	6	72	C4
Kirkjusandur	2	68	D2
Kirkjustétt	4	70	C5
Kirkjustræti	1	67	B4
Kirkjuteigur	2	68	D3
Kirkjutorg	1	67	B4
Kirkjutorg	8	74	A4
Kirkjuvegur	8	74	B2
Kirkjuvellir	8	74	A5
Kistuhylur	3	69	D5
Kjalarland	3	69	B5
Kjalarvogur	3	69	C3
Kjarrás	6	72	A4
Kjarrberg	8	74	D3
Kjarrhólmi	7	73	C2
Kjarrmóar	6	72	C4

Götuheiti	Kort	Bls.	Reitur
Kjarrvegur	2	68	C5
Kjartansgata	2	68	C4
Kjóahraun	8	74	C2
Kjóavellir	7	73	D5
Klappakór	5	71	A4
Klapparás	5	71	C2
Klapparberg	5	71	B2
Klapparhlíð	11	75	A2
Klapparholt	8	74	A3
Klapparstígur	1	67	C4
Klausturhvammur	8	74	C3
Klausturstígur	4	70	D5
Kleifakór	5	71	A4
Kleifarás	5	71	C2
Kleifarsel	7	73	D4
Kleifarvegur	3	69	A3
Kleppsgarðar	3	69	B3
Kleppsmýrarvegur	3	69	C4
Kleppsvegur	3	69	A2
Klettaás	6	72	A4
Klettaberg	8	74	D3
Klettabyggð	8	74	A4
Klettagarðar	3	69	A2
Klettagata	8	74	B2
Klettahlíð	8	74	D3
Klettahraun	8	74	C2
Klettakór	5	71	A4
Klettháls	5	71	C1
Kléberg	8	74	D3
Klifvegur	7	73	A1
Klukkuberg	8	74	D3
Klukkuholt	9	75	A3
Klukkurimi	4	70	B3
Klukkutorg	8	74	A5
Klukkuvellir	8	74	B5
Klyfjasel	7	73	D4
Knarrarvogur	3	69	C5
Kolbeinsmýri	1	67	C3
Kolbrúnargata	11	75	D2
Kolguvað	5	71	D3
Kornakur	6	72	C4
Korngarðar	3	69	B2
Korpúlfsstaðavegur	4	70	C2
Korpúlfsstaðir	4	70	C2
Kóngsbakki	7	73	D3
Kópalind	7	73	B3
Kópavogsbakki	6	72	C2
Kópavogsbarð	6	72	C2
Kópavogsbraut	6	72	B2
Kópavogsbrún	6	72	C2
Kópavogsdalur	6	72	D2
Kópavogsgerði	6	72	C2
Kópavogskirkjugarður7	73	B4	
Kópavogstún	6	72	C2
Kópavör	6	72	B2
Kóravegur	5	71	A4
Kórsalir	7	73	C4
Kringlan	2	68	D4
Kringlumýrarbraut	2	68	D4
Kristnibraut	4	70	C5
Krísuvíkurvegur	8	74	A5
Kríuás	8	74	C4
Kríuhólar	5	71	B2
Kríunes	6	72	B3
Kríunesvegur	5	71	C4
Krossakur	6	72	C4
Krossalind	7	73	B3
Krosseyrarvegur	8	74	B2
Krosshamrar	3	69	D3
Krosstorg	4	70	D5
Krókabyggð	11	75	D3
Krókahraun	8	74	C2
Krókamýri	6	72	C4
Krókatorg	4	70	B5
Krókavað	5	71	D3
Krókháls	4	70	B5
Krummahólar	5	71	B2
Krýsuvíkurvegur	8	74	A5
Kúrland	3	69	B5
Kvistaberg	8	74	D2
Kvistaland	7	73	B1
Kvistatorg	8	74	B5
Kvistavellir	8	74	B5
Kvisthagi	1	67	D3
Kvíholt	8	74	C3
Kvíslatunga	10	75	B3
Kænuvogur	3	69	B4

Götuheiti	Kort	Bls.	Reitur
Kögunarhæð	6	72	C3
Kögursel	7	73	D4
Köllunarklettsvegur	3	69	A2
Kötlufell	5	71	B3

L

Götuheiti	Kort	Bls.	Reitur
Lambasel	7	73	D4
Lambastaðabraut	1	67	C3
Lambastekkur	7	73	D2
Lambhagavegur	4	70	D4
Lambhagi	9	75	A3
Langabrekka	6	72	D2
Langafit	6	72	B5
Langagerði	3	69	B5
Langahlíð	2	68	C4
Langalína	6	72	A4
Langamýri	6	72	C4
Langeyrarvegur	8	74	B2
Langholtsvegur	3	69	B4
Langirimi	4	70	B3
Langitangi	11	75	B2
Laufás	6	72	A4
Laufásvegur	1	67	B5
Laufbrekka	6	72	D2
Laufengi	4	70	B3
Laufrimi	4	70	B2
Laufvangur	8	74	C1
Laugalind	7	73	B3
Laugalækur	3	69	A2
Laugarásvegur	3	69	A3
Laugardalur	3	69	A3
Laugarnes	3	69	A2
Laugarnestangi	2	68	D2
Laugarnesvegur	2	68	D3
Laugateigur	2	68	D3
Laugavegur	2	68	B3
Lautarvegur	2	68	D5
Lautasmári	6	72	D3
Laxakvísl	3	69	D5
Laxalind	7	73	B3
Laxatunga	10	75	A3
Lágaberg	5	71	B3
Lágholt	11	75	B1
Lágholtsvegur	1	67	D2
Lágmúli	2	68	D3
Láland	7	73	C1
Látrasel	7	73	D4
Látraströnd	1	67	C2
Leiðhamrar	3	69	D3
Leifsgata	2	68	B3
Leirdalur	7	73	C4
Leirtjörn	4	70	D3
Leirubakki	7	73	D3
Leirulækur	3	69	A2
Leirutangi	11	75	A1
Leirvogstunga	10	75	B3
Lerkiás	6	72	A4
Lerkihlíð	2	68	D5
Liljugata	11	75	D2
Lindarberg	8	74	D3
Lindarbraut	1	67	B2
Lindarbyggð	11	75	D3
Lindarflöt	6	72	B5
Lindargata	2	68	B3
Lindarhvammur	6	72	C2
Lindarhvammur	8	74	B3
Lindarsel	7	73	C4
Lindarvað	5	71	D3
Lindarvegur	7	73	B3
Lindasmári	6	72	D3
Lindastræti	8	74	D5
Linnetsstígur	8	74	C2
Listabraut	2	68	D5
Litlabæjarvör	9	75	A3
Litlagerði	3	69	B5
Litlahlíð	2	68	C4
Litlatún	6	72	B4
Litlavör	6	72	B2
Litlihjalli	7	73	C2
Litlikriki	11	75	B2
Línakur	6	72	C3
Ljárskógar	7	73	D3
Ljósaberg	8	74	D2
Ljósakur	6	72	C3
Ljósaland	7	73	C1
Ljósalind	7	73	B3
Ljósamýri	6	72	C4
Ljósatröð	8	74	D3
Ljósavík	4	70	B2
Ljósheimar	3	69	B4
Ljósvallagata	1	67	A4
Lofnarbrunnur	4	70	D4
Logafold	4	70	B4
Logaland	3	69	B5
Logasalir	7	73	C4
Lokastígur	1	67	C5
Lokinhamrar	3	69	D3
Lómasalir	7	73	C4
Lónsbraut	8	74	A3
Lóuás	8	74	C4
Lóugata	11	75	D2
Lóuhólar	5	71	B2
Lóuhraun	8	74	C2
Lundahólar	5	71	B2
Lundanes	6	72	B3
Lundarbraut	6	72	D2
Lundarbrekka	7	73	B2
Lyngás	6	72	A4
Lyngbarð	8	74	B4
Lyngberg	8	74	D2
Lyngbrekka	6	72	D2
Lynghagi	1	67	D4
Lyngháls	4	70	D5
Lyngheiði	7	73	B2
Lyngholt	9	75	A3
Lynghólar	6	72	A5
Lynghvammur	8	74	C3
Lynghæð	6	72	D3
Lyngmóar	6	72	C4
Lyngprýði	6	72	A3
Lyngprýði	8	74	B1
Lyngrimi	4	70	B3
Lækjarás	5	71	C2
Lækjarás	6	72	B4
Lækjarberg	8	74	D3
Lækjarfit	6	72	B4
Lækjargata	1	67	B4
Lækjargata	8	74	C3
Lækjarhjalli	7	73	C2
Lækjarhlíð	11	75	A2
Lækjarhvammur	8	74	C3
Lækjarkinn	8	74	C3
Lækjarmýri	9	75	A3
Lækjarsel	7	73	D4
Lækjarsmári	6	72	D3
Lækjartún	11	95	A3
Lækjarvað	5	71	D3

M

Götuheiti	Kort	Bls.	Reitur
Malarás	5	71	C2
Malarhöfði	3	69	C5
Malarsel	7	73	D4
Maltakur	6	72	C4
Marargata	2	68	A2
Marargrund	6	72	B4
Marbakkabraut	6	72	C2
Maríubakki	7	73	D2
Maríubaugur	4	70	C5
Markarflöt	6	72	C5
Markavegur	2	68	D5
Markholt	11	75	B2
Markland	3	69	B5
Markvegur	2	68	D5
Marteinslaug	4	70	D5
Mánabraut	6	72	B2
Mánagata	2	68	C3
Mánalind	7	73	B3
Mánastígur	8	74	C2
Mánatorg	5	71	D3
Mánatún	2	68	D3
Máshólar	5	71	B2
Mávahlíð	2	68	C4
Mávahraun	8	74	C2
Mávanes	6	72	B3
Meðalbraut	6	72	C2
Meðalholt	2	68	C3
Meistaravellir	1	67	D3
Melabraut	1	74	B2
Melabraut	8	67	B3
Melaheiði	7	73	B2
Melahvarf	5	71	C4
Melalind	7	73	B3
Melaskarð	8	74	C5
Melavegur	4	70	A2

Götuheiti	Kort	Bls.	Reitur
Melás	6	72	A5
Melbær	5	71	C1
Melgerði	3	69	A5
Melgerði	6	72	B2
Melhagi	1	67	D3
Melholt	8	74	C3
Melhæð	6	72	D3
Melsel	7	73	D4
Meltröð	6	72	D2
Menntasveigur	2	68	B5
Menntavegur	2	68	B5
Merkjateigur	11	75	C2
Merkurgata	8	74	B2
Miðakrar	6	72	C3
Miðbraut	1	67	B2
Miðhella	8	74	A4
Miðholt	8	74	A3
Miðholt	11	75	B2
Miðhraun	8	74	D1
Miðhús	4	70	B4
Miðleiti	2	68	D5
Miðsalir	7	73	D4
Miðskógar	7	73	D3
Miðskógar	9	75	A3
Miðstræti	1	67	B4
Miðtún	2	68	C3
Miðvangur	8	74	C1
Miklabraut	2	68	C4
Miklaholt	8	74	A3
Miklatún	2	68	C4
Mímisbrunnur	4	70	D4
Mímisvegur	2	68	B3
Mjóahlíð	2	68	C4
Mjóstræti	1	67	B3
Mjósund	8	74	C2
Mjölnisholt	2	68	C3
Mosabarð	8	74	B4
Mosagata	8	74	D5
Mosarimi	4	70	B3
Mosavegur	4	70	B2
Mosgerði	3	69	A5
Mosprýði	6	72	A3
Móabarð	8	74	B4
Móaflöt	6	72	C5
Móavegur	4	70	B2
Móberg	8	74	D3
Móbergsskarð	8	74	C5
Móhella	8	74	A2
Móvað	5	71	D3
Muruholt	9	75	A2
Mururimi	4	70	B3
Múlalind	7	73	B3
Múlavegur	3	69	A3
Myllulækjartjörn	5	71	D5
Mýrarás	5	71	C2
Mýrargata	1	67	A3
Mýrargata	8	74	C3
Mýrarkot 9	5	71	D5
Mýrsel	7	73	D4
Möðrufell	5	71	B3
Mörkin	3	69	B4

N

Götuheiti	Kort	Bls.	Reitur
Naustabryggja	3	69	D4
Naustahlein	8	74	B1
Naustavogur	3	69	C4
Naustin	1	67	B3
Nauthólstorg	2	68	B5
Nauthólsvegur	2	68	B5
Neðribraut	11	75	D2
Neðstaberg	5	71	B3
Neðstaleiti	2	68	D5
Neðstatröð	6	72	C2
Nesbali	1	67	B2
Neshagi	1	67	D3
Neshamrar	3	69	D3
Neströð	1	67	B1
Nesvegur	1	67	D3
Nesvör	6	72	B2
Nethylur	3	69	D5
Njarðargata	2	68	A4
Njarðargrund	6	72	B4
Njarðarholt	11	75	B2
Njálsgata	2	68	B3
Njörvasund	3	69	B4
Norðlingabraut	5	71	D3
Norðlingaholt	5	71	C4
Norðurás	5	71	C2
Norðurbakki	8	74	B2
Norðurbraut	8	74	B2
Norðurbrú	6	72	A4
Norðurbrún	3	69	B3
Norðurbugt	2	68	B2
Norðurfell	5	71	A3
Norðurhella	8	74	A5
Norðurhólar	5	71	B2
Norðurhraun	8	74	D1
Norðurnesvegur	9	75	B2
Norðurstígur	1	67	A3
Norðurströnd	1	67	B1
Norðurtún	9	75	B2
Norðurvangur	8	74	B1
Norðurvör	6	72	B2
Nóatún	2	68	C3
Nónhæð	6	72	D4
Nónsmári	6	72	D3
Nóntorg	8	74	C5
Núpabakki	7	73	D2
Núpalind	7	73	B3
Nýbýlavegur	6	72	D2
Nýhöfn	6	72	A4
Nýlendugata	1	67	A3
Næfurás	5	71	C2
Næfurholt	8	74	A3
Nökkvavogur	3	69	B4
Nönnufell	5	71	B3
Nönnugata	1	67	C5
Nönnustígur	8	74	C2

O

Götuheiti	Kort	Bls.	Reitur
Oddagata	2	68	A4
Ofanleiti	2	68	D5
Orrahólar	5	71	B2
Otrateigur	2	69	D3

Ó

Götuheiti	Kort	Bls.	Reitur
Óðinsgata	1	67	C5
Ólafsgeisli	4	70	C5
Ósabakki	7	73	D2
Óseyrarbraut	8	74	B3
Ósland	3	69	B5
Óttuhæð	6	72	D4

P

Götuheiti	Kort	Bls.	Reitur
Perlukór	5	71	A5
Pósthússtræti	1	67	B4
Prestastígur	4	70	D5
Prestbakki	7	73	D2

R

Götuheiti	Kort	Bls.	Reitur
Rafstöðvarvegur	7	73	D1
Rangársel	7	73	C3
Rastargata	2	68	A2
Rauðagerði	3	69	B5
Rauðalækur	3	69	A2
Rauðamýri	11	75	A3
Rauðarárstígur	2	68	C3
Rauðavað	5	71	D3
Rauðavatn	5	71	D2
Rauðás	5	71	C2
Rauðhamrar	3	69	D3
Rauðhella	8	74	A2
Rauðihjalli	7	73	C2
Raufarsel	7	73	C3
Ránargata	1	67	A3
Ránargrund	6	72	B4
Reiðvað	5	71	D3
Rekagrandi	1	67	C2
Reyðarkvísl	3	69	D5
Reykás	5	71	C2
Reykjabraut	11	75	D3
Reykjabyggð	11	75	D3
Reykjafold	4	70	B3
Reykjahlíð	2	68	C4
Reykjalundarvegur	11	75	C3
Reykjamelur	11	75	D3
Reykjanesbraut	5	71	A5
Reykjanesbraut	6	72	C5
Reykjavegur	3	69	A3
Reykjavegur	11	75	C2
Reykjavíkurflugvöllur	2	68	A4
Reykjavíkurhöfn	2	68	B2
Reykjavíkurvegur	2	68	A4
Reykjavíkurvegur	8	74	C1
Reyniberg	8	74	D2
Reynigrund	6	72	D1
Reynihlíð	2	68	D5
Reynihvammur	6	72	D2
Reynihvammur	8	74	B3
Reynilundur	6	72	C5
Reynimelur	1	67	D3
Reynisvatn	4	70	D5
Reynisvatnsvegur	4	70	D4
Reyrengi	4	70	B2
Réttarbakki	7	73	D2
Réttarháls	4	70	A5
Réttarholtsvegur	3	69	A5
Réttarsel	7	73	C3
Rimaflöt	4	70	A3
Rituhólar	5	71	B2
Rituhöfði	11	75	A2
Rjúpnahæð	6	72	D4
Rjúpnasalir	7	73	D4
Rjúpnavegur	5	71	A4
Rjúpufell	5	71	B3
Roðasalir	7	73	C4
Rofabær	5	71	B1
Rósarimi	4	70	B3
Rúgakur	6	72	C3

S

Götuheiti	Kort	Bls.	Reitur
17. júnítorg	6	72	A4
Safamýri	2	68	D4
Salavegur	7	73	C4
Salthamrar	3	69	D3
Samtún	2	68	C3
Sandakur	6	72	C4
Sandavað	5	71	C3
Sandprýði	6	72	A3
Sauðás	5	71	C2
Sefgarðar	1	67	B1
Seiðakvísl	3	69	D5
Seilugrandi	1	67	C2
Seinakur	6	72	C4
Selásbraut	5	71	C2
Selbraut	1	67	C2
Selbrekka	7	73	B2
Selhella	8	74	A4
Seljabraut	7	73	D3
Seljaland	3	69	B5
Seljaskógar	7	73	D3
Seljavegur	2	68	A2
Seljuás	6	72	A4
Seljugerði	2	68	D5
Selmúli	3	69	A4
Seltorg	8	74	A5
Selvað	5	71	D3
Selvogsgata	8	74	C3
Selvogsgrunnur	3	69	A2
Sifjarbrunnur	4	70	D4
Sigtún	2	68	D3
Sigurhæð	6	72	D4
Silfurteigur	2	68	D3
Silfurtún	6	72	B4
Silungakvísl	3	69	C5
Síðumúli	3	69	A4
Síðusel	7	73	C3
Sílakvísl	3	69	D5
Sjafnarbrunnur	4	70	D4
Sjafnargata	1	67	C5
Sjáland	6	72	A4
Sjávargata	9	75	A1
Sjávargrund	6	72	B4
Skaftahlíð	2	68	C4
Skagasel	7	73	C3
Skammadalsvegur	11	75	D2
Skarfagarður	3	69	A2
Skarhólabraut	11	75	A3
Skarphéðinsgata	2	68	C3
Skálaberg	8	74	D3
Skálagerði	3	69	A5
Skálaheiði	7	73	B2
Skálahlíð	11	75	A2
Skálholtsstígur	1	67	B5
Skeggjagata	2	68	C3
Skeiðakur	6	72	C4
Skeiðarás	6	72	B4
Skeiðarvogur	3	69	B4
Skeiðholt	11	75	B1
Skeifan	3	69	A4

Götuheiti	Kort	Bls.	Reitur
Skeljabrekka	6	72	C2
Skeljagrandi	1	67	C2
Skeljanes	2	68	A5
Skeljatangi	2	68	A5
Skeljatangi	11	75	A2
Skemmuvegur	7	73	C2
Skerjabraut	1	67	C3
Skerjafjörður	2	68	A4
Skerplugata	2	68	A4
Skerseyrarvegur	8	74	B2
Skildinganes	2	68	A5
Skildingatangi	2	68	A5
Skipalón	8	74	B3
Skipasund	3	69	B3
Skipholt	2	68	D3
Skjólbraut	6	72	C2
Skjólsalir	7	73	C4
Skjólvangur	8	74	B1
Skothúsvegur	1	67	B5
Skógarás	5	71	C2
Skógargerði	3	69	B5
Skógarhjalli	7	73	C2
Skógarhlíð	2	68	C4
Skógarhlíð	8	74	D3
Skógarhæð	6	72	D4
Skógarlundur	6	72	C5
Skógarprýði	8	74	C1
Skógarsel	7	73	C3
Skógarvegur	2	68	D5
Skólabraut	1	67	C2
Skólabraut	6	72	C4
Skólabraut	8	74	C2
Skólabraut	11	75	B1
Skólabrú	1	67	B4
Skólabær	5	71	C1
Skólagerði	6	72	B2
Skólastræti	1	67	B4
Skólatröð	6	72	D2
Skólatún	9	75	B2
Skólavörðustígur	1	67	C5
Skriðusel	7	73	C3
Skriðustekkur	7	73	D2
Skrúðás	6	72	A4
Skuggabakki	11	75	B1
Skuggasund	1	67	C4
Skúlagata	2	68	B3
Skúlaskeið	8	74	C2
Skútahraun	8	74	D1
Skútuvogur	3	69	C4
Skyggnisbraut	4	70	D4
Sléttahraun	8	74	C2
Sléttuvegur	2	68	D5
Smalarholt	6	72	D4
Smáagerði	2	68	D5
Smárabraut	8	74	B3
Smáraflöt	6	72	B5
Smáragata	2	68	B3
Smáraholt	7	73	A4
Smárahvammsvegur	6	72	D3
Smárahvammur	8	74	B4
Smárarimi	4	70	A2
Smáratorg	7	73	B3
Smáratún	9	75	B2
Smiðjustígur	1	67	C4
Smiðjuvegur	7	73	C2
Smiðsbúð	6	72	C4
Smiðshöfði	3	69	D4
Smyrilshólar	5	71	B2
Smyrilsvegur	1	67	D4
Smyrlahraun	8	74	C2
Snekkjuvogur	3	69	B4
Snorrabraut	2	68	C3
Snæfríðargata	11	75	D2
Snæland	3	69	B5
Sogavegur	3	69	B5
Sólarsalir	7	73	C4
Sólberg	8	74	D3
Sólbraut	1	67	C2
Sóleyjargata	1	67	B5
Sóleyjarhlíð	8	74	D3
Sóleyjarimi	4	70	A2
Sólheimar	3	69	B4
Sólland	2	68	C5
Sóltorg	4	70	C5
Sóltún	2	68	D3
Sólvallagata	2	68	A3
Sólvangsvegur	8	74	C2

Götuheiti	Kort	Bls.	Reitur
Spítalastígur	1	67	C5
Sporðagrunnur	3	69	A2
Sporhamrar	3	69	D3
Spóaás	8	74	C4
Spóahólar	5	71	B2
Spóahöfði	11	75	A2
Spöngin	4	70	B2
Staðarbakki	7	73	D2
Staðarberg	8	74	D3
Staðarhvammur	8	74	C3
Staðarsel	7	73	C3
Stakkahlíð	2	68	C4
Stakkahraun	8	74	C1
Stakkhamrar	4	70	A3
Stakkholt	2	68	C3
Stallasel	7	73	C3
Stangarholt	2	68	C3
Stangarhylur	3	69	D5
Stapagata	8	74	B3
Stapahraun	8	74	D1
Stapasel	7	73	C3
Stararimi	4	70	A2
Starengi	4	70	C2
Starhagi	1	67	D4
Starhólmi	7	73	C2
Starmýri	2	68	C4
Starrahólar	5	71	B2
Steinagerði	3	69	A5
Steinahlíð	8	74	D3
Steinasel	7	73	C3
Steinavör	1	67	B1
Steinás	6	72	A4
Steinhella	8	74	A5
Steinholt	8	74	A3
Stekkjarbakki	7	73	D2
Stekkjarberg	8	74	D3
Stekkjarflöt	6	72	B4
Stekkjarhvammur	8	74	C3
Stekkjarkinn	8	74	C3
Stekkjarsel	7	73	C3
Stelkshólar	5	71	B2
Stigahlíð	2	68	C4
Stíflusel	7	73	C3
Stígprýði	6	72	A3
Stjarnaholt	7	73	A3
Stjörnugróf	7	73	C1
Stokkasel	7	73	C3
Stóragerði	2	68	D5
Stórakur	6	72	C4
Stórás	6	72	A4
Stórholt	2	68	C3
Stórhöfði	3	69	D4
Stórihjalli	7	73	C2
Stórikriki	11	75	C3
Stóriteigur	11	75	C2
Strandasel	7	73	C3
Strandgata	8	74	C3
Strandvegur	4	70	A3
Strandvegur	6	72	A4
Straumsalir	7	73	C4
Straumur	3	69	D5
Strengur	3	69	D5
Strikið	6	72	A4
Strýtusel	7	73	C3
Stuðlaberg	8	74	D2
Stuðlaháls	4	70	A5
Stuðlasel	7	73	C3
Stuðlaskarð	8	74	C5
Sturlugata	2	68	A4
Stúfsel	7	73	C3
Stýrimannastígur	1	67	A3
Stöng	5	71	A3
Suðurás	5	71	C2
Suðurbakki	8	74	B3
Suðurbraut	6	72	B2
Suðurbraut	8	74	B3
Suðurfell	5	71	A3
Suðurgata	1	67	A4
Suðurgata	8	74	B3
Suðurhella	8	74	A5
Suðurhlíð	2	68	C5
Suðurholt	8	74	A4
Suðurhólar	5	71	B2
Suðurhraun	8	74	D1
Suðurhús	4	70	B4
Suðurhvammur	8	74	B4
Suðurlandsbraut	3	69	A4

Götuheiti	Kort	Bls.	Reitur
Suðurlandsvegur	4	70	B5
Suðurmýri	1	67	C3
Suðurnesvegur	9	75	A3
Suðursalir	7	73	C4
Suðurströnd	1	67	B2
Suðurtún	9	75	B2
Suðurvangur	8	74	C1
Suðurvör	6	72	B2
Sundaborg	3	69	A2
Sundagarðar	3	69	A2
Sundahöfn	3	69	B2
Sundlaugavegur	2	68	D3
Sunnakur	6	72	C4
Sunnubraut	6	72	B2
Sunnuflöt	6	72	C5
Sunnukriki	11	75	C2
Sunnuvegur	3	69	B3
Sunnuvegur	8	74	C2
Súðarvogur	3	69	C4
Súluhólar	5	71	B2
Súluhöfði	11	75	A1
Súlunes	6	72	C3
Svalbarð	8	74	B4
Svarthamrar	3	69	D3
Sveighús	4	70	B4
Sveinskot	9	75	A2
Sveinsstaðavegur	5	71	C4
Sviðholtsvör	9	75	A3
Svöluás	8	74	C4
Svöluhraun	8	74	C2
Svöluhöfði	11	75	A1
Sæbólsbraut	6	72	C1
Sæbraut	1	67	C2
Sæbraut	2	68	D2
Sægarðar	3	69	B3
Sæmundargata	2	68	A3
Sævangur	8	74	B1
Sævargarðar	1	67	B1
Sævarhöfði	3	69	C4
Sævarland	7	73	C1
Sæviðarsund	3	69	B3
Sölkugata	11	75	D2
Sölvhólsgata	1	67	C4
Sörlaholt	7	73	A3
Sörlaskjól	1	67	D3
Sörlastaðir	8	74	D5
Sörlatorg	8	74	D3

T

Götuheiti	Kort	Bls.	Reitur
Tangabryggja	3	69	D4
Tangarhöfði	3	69	D5
Teigabyggð	8	74	A4
Teigagerði	3	69	A5
Teigasel	7	73	C3
Teistunes	6	72	C3
Templarasund	1	67	B4
Thorsvegur	4	70	C2
Thorvaldsenstræti	1	67	B4
Tindasel	7	73	C3
Tinnuberg	8	74	D2
Tinnuskarð	8	74	C5
Tjaldanes	6	72	B3
Tjarnarból	1	67	C3
Tjarnarbraut	8	74	C2
Tjarnarbrekka	9	75	B3
Tjarnarflöt	6	72	C5
Tjarnargata	1	67	A4
Tjarnarmýri	1	67	C3
Tjarnarsel	7	73	C3
Tjarnarstígur	1	67	C3
Tjarnartorg	8	74	B4
Tjarnarvellir	8	74	B4
Tjörnin	1	67	B5
Torfufell	5	71	A3
Tómasarhagi	1	67	D4
Tónahvarf	5	71	B4
Traðarberg	8	74	D3
Traðarholt	2	68	C3
Traðarland	7	73	C1
Tranavogur	3	69	B4
Tryggvagata	1	67	B3
Tröllaborgir	4	70	A2
Tröllakór	5	71	A5
Tröllateigur	11	75	C2
Trönuhjalli	7	73	C2
Trönuhólar	5	71	B2
Trönuhraun	8	74	C1

Götuheiti	Kort	Bls.	Reitur
Tunguás	6	72	A4
Tungubakki	7	73	D2
Tunguháls	4	70	B5
Tunguheiði	7	73	B2
Tungusel	7	73	C3
Tunguvegur	3	69	B5
Tunguvegur	8	74	C2
Túnbrekka	7	73	B2
Túngata	1	67	A4
Túngata	9	75	A2
Túnhvammur	8	74	C3
Týsgata	1	67	C5

U

Götuheiti	Kort	Bls.	Reitur
Uglugata	11	75	D2
Ugluhólar	5	71	B2
Undraland	3	69	B5
Unnarbraut	1	67	B2
Unnarstígur	2	68	A2
Unnarstígur	8	74	B2
Unufell	5	71	A3
Uppsalir	7	73	B4
Urðarás	6	72	A4
Urðarbakki	7	73	D2
Urðarbraut	6	72	C2
Urðarbrunnur	4	70	D4
Urðarholt	11	75	B2
Urðarhvarf	5	71	B3
Urðarhæð	6	72	D4
Urðarstekkur	7	73	D2
Urðarstígur	1	67	B5
Urðarstígur	8	74	C2
Urriðaholtsstræti	8	74	D5
Urriðakotsholt	8	74	D5
Urriðakotsstígur	8	74	D5
Urriðakotsvatn	8	74	D5
Urriðakvísl	3	69	C5

Ú

Götuheiti	Kort	Bls.	Reitur
Úlfarsbraut	4	70	D4
Úthlíð	2	68	C4
Úthlíð	8	74	D4

V

Götuheiti	Kort	Bls.	Reitur
Vaðlasel	7	73	C3
Vaglasel	7	73	C3
Vagnhöfði	3	69	D5
Valahjalli	7	73	C2
Valhúsabraut	1	67	B2
Valhúsahæð	1	67	B2
Vallakór	5	71	A5
Vallarás	5	71	C2
Vallarbarð	8	74	B4
Vallarbraut	1	74	B3
Vallarbraut	8	67	B4
Vallarbyggð	8	74	A4
Vallargerði	6	72	B2
Vallargrund	10	75	B1
Vallarhús	4	70	B3
Vallarstræti	3	67	B4
Vallartröð	6	72	C2
Vallatorg	8	74	A4
Vallengi	4	70	B2
Vallhólmi	7	73	C2
Valshólar	5	71	B2
Varmahlíð	2	68	C5
Varmárvegur	11	75	D2
Vatnagarðar	3	69	B3
Vatnasel	7	73	C3
Vatnsendahvarf	5	71	B4
Vatnsendavegur	5	71	B4
Vatnsholt	2	68	D4
Vatnsmýrarvegur	2	68	B4
Vatnsmýri	2	68	A4
Vatnsstígur	2	68	B3
Vatnsveituvegur	5	71	B2
Vattarás	6	72	A4
Válastígur	1	67	C5
Vefarastræti	11	75	D2
Vegamótastígur	1	67	C4
Vegghamrar	4	70	A3
Veghús	4	70	C3
Veghúsastígur	1	67	C4
Vegmúli	3	69	A3
Veiðimannavegur	3	69	D5
Veltusund	1	67	B4

Götuheiti	Kort	Bls.	Reitur
Versalir	7	73	C4
Vesturakrar	6	72	C4
Vesturás	5	71	C3
Vesturberg	5	71	A2
Vesturbraut	8	74	B2
Vesturbrú	6	72	A4
Vesturbrún	3	69	A3
Vesturfold	4	70	A3
Vesturgata	1	67	A3
Vesturgata	8	74	B2
Vesturhlíð	2	68	C5
Vesturholt	8	74	A4
Vesturhólar	5	71	A2
Vesturhraun	8	74	D1
Vesturhús	4	70	B4
Vesturlandsvegur	4	70	C4
Vesturlandsvegur	10	75	B2
Vesturlandsvegur	11	75	B2
Vesturströnd	1	67	B2
Vesturtún	9	75	A2
Vesturvallagata	2	68	A2
Vesturvangur	8	74	B1
Vesturvör	6	72	B2
Vetrarbraut	7	73	A5
Vetrarmýri	7	73	A4
Viðarás	5	71	C2
Viðarhöfði	4	70	A5
Viðarrimi	4	70	A3
Viðey	3	69	C1
Viðjugerði	2	68	D5
Vindakór	5	71	A5
Vindás	5	71	C3
Vitastígur	2	68	B3
Vitastígur	8	74	C2
Víðiás	6	72	A4
Víðiberg	8	74	D2
Víðidalur	5	71	B3
Víðigrund	7	73	B1
Víðihlíð	2	68	C5
Víðihvammur	6	72	D2
Víðihvammur	8	74	C3
Víðilundur	6	72	C5
Víðimelur	2	68	A3
Víðiteigur	11	75	C2
Víðivangur	8	74	B1
Vífilsgata	2	68	C3
Vífilsstaðavegur	6	72	C5
Vífilsstaðir	7	73	A5
Víghólastígur	6	72	D2
Vík	4	70	B2
Víkurás	5	71	C3
Víkurbakki	7	73	D2
Víkurgata	8	74	D5
Víkurgrund	10	75	B1
Víkurhvarf	5	71	B3
Víkurskarð	8	74	C5
Víkurströnd	1	67	C2
Víkurvegur	4	70	C4
Vínlandsleið	4	70	C4
Vogaland	3	69	B5
Vogasel	7	73	C3
Vogatunga	6	72	C2
Vogatunga	10	75	A3
Vonarstræti	1	67	B4
Vorsabær	5	71	B1
Votakur	6	72	C4
Vættaborgir	4	70	B2
Völundarhús	4	70	C4
Völuteigur	11	75	C3
Völvufell	5	71	A3
Vörðuberg	8	74	D2
Vörðustígur	8	74	B2
Vörðutorg	8	74	C4
Vörðuvegur	8	74	D5

Y

Götuheiti	Kort	Bls.	Reitur
Yrsufell	5	71	A3
Ystasel	7	73	C3
Ystibær	5	71	B1

Þ

Götuheiti	Kort	Bls.	Reitur
Þangbakki	7	73	D2
Þarabakki	7	73	D2
Þernunes	6	72	B3
Þingasel	7	73	C3
Þingás	5	71	C2

Götuheiti	Kort	Bls.	Reitur
Þingholtsstræti	1	67	B4
Þinghólsbraut	6	72	B2
Þingmannaleið	5	71	B5
Þingtorg	5	71	D3
Þingvað	5	71	D3
Þjóðhildarstígur	4	70	C4
Þjórsárgata	2	68	A4
Þjóttusel	7	73	C3
Þokkabakki	11	75	B1
Þokkaholt	7	73	A3
Þorfinnsgata	2	68	B3
Þorláksgeisli	4	70	D5
Þorragata	2	68	A4
Þorrasalir	7	73	B4
Þórðarhöfði	3	69	C5
Þórðarsveigur	4	70	D5
Þóroddarkot	9	75	A2
Þórsberg	8	74	D2
Þórsgata	1	67	C5
Þórufell	5	71	A3
Þórunnartún	2	68	C3
Þrastahólar	5	71	B2
Þrastahraun	8	74	C2
Þrastanes	6	72	B3
Þrastarás	8	74	D4
Þrastargata	2	68	A3
Þrastarhöfði	11	75	A2
Þrastarlundur	6	72	C5
Þrándarsel	7	73	C3
Þrúðsalir	7	73	B4
Þrúðvangur	8	74	C1
Þrymsalir	7	73	B4
Þúfubarð	8	74	B4
Þúfusel	7	73	C3
Þúsöld	4	70	C4
Þverársel	7	73	C3
Þverás	5	71	C3
Þverbrekka	7	73	B2
Þverholt	2	68	C3
Þverholt	11	75	B2
Þvervegur	4	70	B3
Þykkvibær	5	71	B1
Þönglabakki	7	73	D2

Æ

Götuheiti	Kort	Bls.	Reitur
Æðarnes	6	72	B3
Ægisgata	1	67	A3
Ægisgrund	6	72	B4
Ægisíða	1	67	D3
Æsuborgir	4	70	B2
Æsufell	5	71	A3

Ö

Götuheiti	Kort	Bls.	Reitur
Ögurás	6	72	A4
Ögurhvarf	5	71	B3
Öldugata	1	67	A3
Öldugata	8	74	C3
Öldugrandi	1	67	C2
Öldusalir	7	73	C4
Öldusel	7	73	C3
Ölduslóð	8	74	C3
Öldutorg	8	74	C3
Öldutún	8	74	C3
Örfirisey	2	68	A1
Örvasalir	7	73	C4
Öskjuhlíð	2	68	B5